基于Python的数据分析丛书

数据分析基础
基于Python的实现

主　编　贾俊平
副主编　吴翌琳　甄　峰

中国人民大学出版社
·北京·

前　言

数据分析是从数据中提取信息并得出结论的过程，它所应用的方法既包括经典统计学方法，也包括现代机器学习技术。数据分析离不开统计软件应用，否则就是纸上谈兵。用于统计分析的商业统计软件有多种，如 SAS 和 SPSS 等。由于商业软件价格不菲，多数人难以接近。幸运的是，R 和 Python 的出现使价格问题不复存在，这就为很多人做数据分析提供了良好的条件。

R 和 Python 都是免费的开源编程语言，二者的侧重点有所不同。R 是一款数据分析和可视化的专业软件，它提供了几乎所有的数据分析解决方案，其函数和语法更符合统计人员的思维和逻辑，并具有强大的帮助功能，易于学习和使用。可以说，R 本身就是一本优秀的统计和数据分析教科书。Python 则是一种面向对象的解释型高级编程语言，因其简单易学、拥有丰富而强大的开源第三方库等诸多优点，被应用于系统和网络编程、数据处理、云计算、人工智能等多个领域，已成为目前广泛使用的编程语言之一。数据分析仅仅是 Python 功能的一部分，而且并不是它的特别关注点。实际上，Python 提供了数据处理、数据分析、科学计算、可视化等多个模块，如 pandas、numpy、statsmodels、matplotlib、seaborn 等，如果这些模块仍不能满足需要，那么使用者可以通过编程来解决数据分析问题。

本书是为高等院校各专业开设数据分析或统计学基础课程编写的通识教材，主要介绍经典的数据分析方法。考虑到数据分析的通识性和未来的发展方向，本书选择 Python 作为实现工具，书中例题解答均给出了详细的实现代码和结果。全书共 11 章，第 1 章介绍数据分析的相关概念以及 Python 的初步使用方法。第 2 章和第 3 章介绍数据的描述性分析方法，包括数据可视化分析和描述统计量分析。第 4 ~ 6 章介绍数据的推断分析方法，包括概率分布、参数估计和假设检验。第 7 ~ 11 章介绍实际中常用的一些数据分析方法，包括类别变量分析、方差分析、回归分析、时间序列分析等。本书代码的编写使用的是 Anaconda 平台的 Jupyter Notebook 界面，代码文件也均存成其专属格式，读者需要在 Jupyter Notebook 中打开代码文件并运行。

本书由贾俊平担任主编，并执笔第 1 ~ 6 章，吴翌琳和甄峰担任副主编，吴翌琳执笔第 7 章和第 11 章，甄峰和贾俊平执笔第 8 章、第 9 章和第 10 章。全书由贾俊平负责整体结构的设计以及最后的总纂和修改定稿。

本书可作为高等院校各专业开设数据分析或统计学基础课程的教材，也可作为数据分析工作者、Python 数据分析和可视化爱好者的参考书。Python 是个储量丰富的资源矿，其中的更多资源还需要读者自己挖掘。因作者水平所限，书中错误或不当之处在所难免，希望广大读者多提宝贵意见，以便进一步修改和完善。

贾俊平

目　录

第 1 章　数据分析与 Python 语言

在日常工作和生活中，经常会接触到各类数据，比如，空气质量（如 PM2.5）数据、国内生产总值（GDP）数据、居民消费价格指数（CPI）数据、股票交易数据、电商的经营数据等。这些数据如果不去分析，那它们就仅仅是数据，提供的信息十分有限，只有经过分析，数据才会有更大的价值。数据分析涉及三个基本问题：一是如何获得所需的数据；二是用什么方法分析这些数据；三是用何种工具（软件）来实现分析。

1.1　数据分析概述

1.1.1　数据及其来源

数据（data）是个广义的概念，任何可观测并有记录的信息都可以称为数据，它不仅包括数字，还包括文本、图像等。比如，一篇文章可以看作数据，一幅照片也可以视为数据，等等。

1. 变量和数据

观察某家电商的销售额会发现这个月和上个月有所不同；观察股票市场某只股票的收盘价格，今天与昨天不一样；观察一个班学生的月生活费支出，一个人和另一个人不一样；投掷一枚骰子观察其出现的点数，这次投掷的结果和下一次也不一样。这里的“电商销售额”“某只股票的收盘价”“月生活费支出”“投掷一枚骰子出现的点数”等就是变量。简言之，**变量**（variable）是描述所观察对象某种特征的概念，其特点是从一次观察到下一次观察可能会出现不同结果。变量的观测结果就是数据。

根据观测结果的不同，变量可以粗略分为类别变量和数值变量两类。

类别变量（categorical variable）是取值为对象属性或类别以及区间值（interval value）的变量，也称**分类变量**（classified variable）或**定性变量**（qualitative variable）。比如，观测人的性别、上市公司所属的行业、顾客对商品的评价，得到的结果就不是数字而是对象的属性。例如，观测性别的结果是“男”或“女”；上市公司所属的行业为“制造业”“金融业”“旅游业”等；顾客对商品的评价为“很好”“好”“一般”“差”“很差”。人的性别、上市公司所属的行业、顾客对商品的评价等取值不是数值而是对象的属性或类别。此外，学生的月生活费支出可能分为 1 000 元以下、1 000 ~ 1 500 元、1 500 ~ 2 000 元、2 000 元以上 4 个层级，“月生活费支出的层级”这 4 个取值也不是普通的数值而是数值区间，因而也属于类别变量。人的性别、上市公司所属的行业、顾客对商品的评价、学生月生活费支出的层级等都是类别变量。

类别变量根据取值是否有序可分为**无序类别变量**和**有序类别变量**两种。无序类别变量也称**名义**（nominal）**值变量**，其取值的各类别间是不可以排序的。比如，“上市公司所属的行业”这一变量取值为“制造业”“金融业”“旅游业”等，这些取值之间不存在顺序关系。再比如，“商品的产地”这一变量的取值为甲、乙、丙、丁，这些取值之间也不存在顺序关系。有序类别变量也称**顺序**（ordinal）**值变量**，其取值的各类别间可以排序。比如，“对商品的评价”这一变量的取值为“很好”“好”“一般”“差”“很差”，这 5 个值之间是有序的。取区间值的变量当然是有序的类别变量。只取两个值的类别变量称为**布尔变量**（boolean variable）或**二值变量**（binary variable），例如“性别”这一变量只取“男”和“女”两个值，“真假”这一变量只取“真”和“假”两个值，等等。

类别变量的观测结果称为**类别数据**（categorical data）。类别数据也称“分类数据”或“定性数据”。与类别变量相对应，类别数据分为无序类别数据（名义值）和有序类别数据（顺序值）两种。布尔变量的取值也称为布尔值。

数值变量（metric variable）是取值为数字的变量，也称**定量变量**（quantitative variable）。例如“电商销售额”“某只股票的收盘价”“月生活费支出”“投掷一枚骰子出现的点数”等变量的取值可以用数字来表示，都属于数值变量。数值变量的观测结果称为**数值数据**（metric data）或**定量数据**（quantitative data）。

数值变量根据取值的不同，可以分为**离散变量**（discrete variable）和**连续变量**（continuous variable）。离散变量的取值是只能取有限个值的变量，而且其取值可以列举，通常（但不一定）是整数，如“企业数”“产品数量”等就是离散变量。连续变量是可以在一个或多个区间中取任何值的变量，它的取值是连续不断的，不能列举，如“年龄”“温度”“零件尺寸的误差”等都是连续变量。

此外，还有一种较为特殊的变量，即**时间变量**（time variable）。如果所获取的是不同时间上的观测值，这里的时间就是时间变量，由时间和观测值构成的数据称为**时间序列数据**（time series data）。时间变量的取值可以是年、月、天、小时、分、秒等任意形式。根据分析目的和方法的不同，时间变量可以作为数值变量，也可以作为类别变量。比如，如果将时间序列数据绘制成条形图，旨在展示不同时间上的数值多少，这实际上是将时间作为类别处理了，此时可将时间视为离散值；如果要利用时间序列中的时间作为变量来建模，这实际上是将时间作为数值变量来处理，此时可将时间视为连续值。尽管如此，考虑到时间的特殊性，仍然可以将其单独作为一类。

图 1－1 展示了变量的基本分类。

了解变量或数据的分类是十分必要的，因为不同的变量或数据适用的分析方法是不同的。通常情况下，数值变量或数值数据适用的分析方法更多。在实际数据分析中，所面对的数据集往往不是单一的某种类型，而是类别数据、数值数据甚至是时间序列数据构成的混合数据，要对这样的数据做何种分析，取决于分析者的目的。

2. 数据的来源

从哪里取得所需的数据呢？对大多数使用者来说，使用的是别人调查或实验的数据，称为二手数据。二手数据主要是公开出版或公开报道的数据，这类数据主要来自各研究机构、国家和地方的统计部门、其他管理部门、专业的调查机构以及各种报纸、杂志、图书、广播、电视、网络等媒体。使用二手数据时应注意统计数据的含义、计量单位和计算方法，以免误用或滥用。同时，在引用二手数据时，一定要注明数据的来源，以尊重他人的劳动成果。

当已有数据不能满足需要时，可以亲自去调查或实验。比如，想了解某地区家庭的收

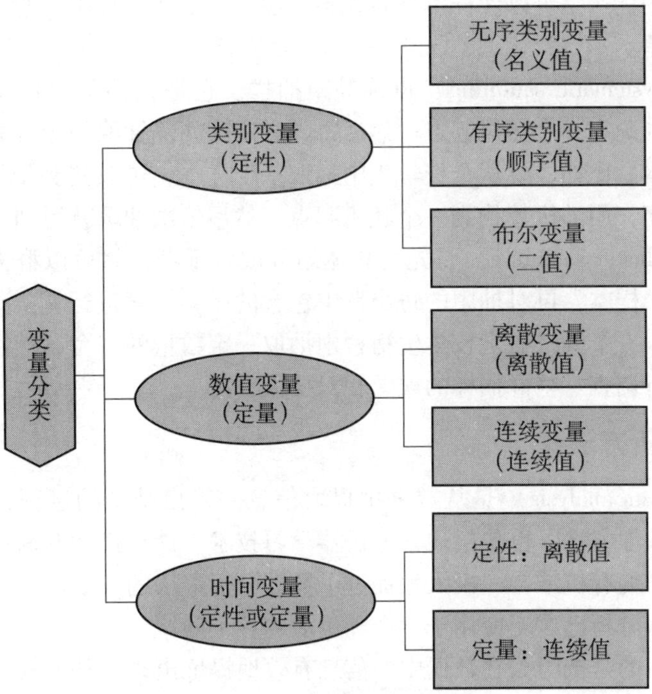

图1-1　变量的基本分类

入状况，可以从中抽出一个由2 000个家庭组成的样本，通过对样本的调查获得数据。这里“该地区所有家庭”是所关心的**总体**（population），它是包含所研究的全部元素的集合。所抽取的2 000个家庭就是一个**样本**（sample），它是从总体中抽取的一部分元素的集合。构成样本的元素的数目称为**样本量**（sample size），抽取2 000个家庭组成一个样本，样本量就是2 000。

怎样获得一个样本呢？要在某地区抽取2 000个家庭组成一个样本，如果该地区的每个家庭被抽中与否完全是随机的，而且每个家庭被抽中的概率是已知的，这样的抽样方法称为**概率抽样**（probability sampling）。概率抽样方法有简单随机抽样、分层抽样、系统抽样、整群抽样等。

简单随机抽样（simple random sampling）是从含有N个元素的总体中抽取n个元素组成一个样本，使得总体中的每一个元素都有相同的概率被抽中。采用简单随机抽样时，如果抽取一个个体记录下数据后，再把这个个体放回原来的总体中参加下一次抽选，这样的抽样方法叫做**有放回抽样**（sampling with replacement）；如果抽中的个体不再放回，从所剩下的个体中抽取第二个元素，直到抽取n个个体为止，这样的抽样方法叫做**无放回抽样**（sampling without replacement）。当总体数量很大时，无放回抽样可以视为有放回抽样。由简单随机抽样得到的样本称为**简单随机样本**（simple random sample）。多数统计推断都是以简单随机样本为基础的。

分层抽样（stratified sampling）也称分类抽样，它是在抽样之前先将总体的元素划分为若干层（类），然后从各个层中抽取一定数量的元素组成一个样本。比如，要研究学生的生活费支出，可先将学生按地区进行分类，然后从各类中抽取一定数量的学生组成一个样本。分层抽样的优点是可以使样本分布在各个层内，从而使样本在总体中的分布比较均匀，降低抽样误差。

系统抽样（systematic sampling）也称等距抽样，它是先将总体各元素按某种顺序排列，并按某种规则确定一个随机起点，然后每隔一定的间隔抽取一个元素，直至抽取 n 个元素组成一个样本。比如，要从全校学生中抽取一个样本，可以找到全校学生的名册，按名册中的学生顺序，用随机数找到一个随机起点，然后依次抽取就得到一个样本。

整群抽样（cluster sampling）是先将总体划分成若干群，然后以群为抽样单元从中抽取部分群组成一个样本，再对抽中的每个群中包含的所有元素进行调查。比如，可以把每一个学生宿舍看作一个群，在全校学生宿舍中抽取一定数量的宿舍，然后对抽中宿舍中的每一个学生都进行调查。整群抽样的误差相对要大一些。

1.1.2 数据分析方法

数据分析（data analysis）是从数据中提取信息并得出结论的过程，它所使用的方法既包括经典的统计学方法，也包括现代的机器学习技术。计算机和互联网的普及以及统计方法与计算机科学的有机结合，极大地促进了数据分析方法的发展，并有效地拓宽了其应用。可以说，数据分析已广泛应用于生产和生活的各个领域。

数据分析的目的是把隐藏在数据中的信息有效地提炼出来，从而找出所研究对象的内在特征和规律。在实际应用中，数据分析可帮助人们做出判断和决策，以便采取适当行动。比如，对股票交易数据的分析，可帮助分析者做出买进或卖出某只股票的决策；对客户消费行为数据的分析，可以帮助电商精准确定客户，并提供有效的产品和服务；对患者医疗数据的分析，可以帮助医生做出正确的诊断和治疗；等等。

数据分析有不同的视角和目标，因此可以从不同角度进行分类。

从分析目的看，数据分析可分为**描述性分析**（descriptive analysis）、**探索性分析**（exploratory analysis）和**验证性分析**（confirmatory analysis）三大类。其中，描述性分析是对数据进行初步的整理、展示和概括性度量，以找出数据的基本特征；探索性分析侧重于在数据之中发现新的特征，为形成某种理论或假设而对数据进行的分析；验证性分析则侧重于对已有理论或假设的证实或证伪。当然，这三个分析并不是截然分开的，多数情况下，数据分析是对数据进行描述、探索和验证的综合研究。

从所使用的统计分析方法看，数据分析可大致分为描述统计（descriptive statistics）和推断统计（inferential statistics）两大类。描述统计主要是利用图表形式对数据进行汇总和展示，并计算一些简单的统计量（诸如比例、比率、平均数、标准差等）进行分析，进而发现数据的基本特征。推断统计主要是根据样本信息来推断总体的特征，其基本方法包括参数估计和假设检验。参数估计是利用样本信息推断所关心的总体特征，假设检验则是利用样本信息判断对总体的某个假设是否成立。比如，从一批电池中随机抽取少数几块电池作为样本，测出它们的使用寿命，然后根据样本电池的平均使用寿命估计这批电池的平均使用寿命，或者检验这批电池的使用寿命是否等于某个假定值，这就是推断统计要解决的问题。

简言之，数据分析所使用的方法均可以称为统计学方法。因为统计学（statistics）本身就是一门关于数据分析的科学，它研究的是来自各领域的数据，提供的是一套通用于所有学科领域的获取数据、分析数据并从数据中得出结论的原则和方法。统计学方法是通用于所有学科领域的，而不是为某个特定的问题领域构造的。当然，统计学方法不是一成不变的，使用者在特定情况下需要根据所掌握的专业知识有选择地使用这些方法，如果需要，还要进行必要的修正。图1-2展示了数据分析方法的大致分类。

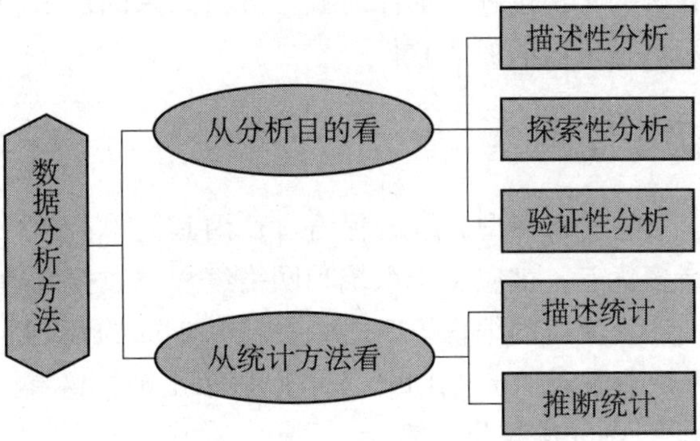

图1-2　数据分析方法

1.1.3　数据分析工具

实际分析中的数据量通常非常大，有些统计方法计算起来十分复杂，不用计算机处理和分析数据是很难实现应用的。在计算机时代到来之前，计算问题使统计方法的应用受到极大限制。在计算机普及的今天，各种数据分析软件的出现使数据分析变得十分容易，只要理解统计方法的基本原理和应用条件，就很容易使用统计软件进行数据分析。

统计软件大致可分为商业软件和非商业软件两大类。商业软件种类繁多，代表性的有SAS 、SPSS、Minitab、Stata等。多数人较熟悉的Excel虽然不是统计软件，但也提供了一些常用的统计函数，并提供了常用的数据分析工具，其中包含一些基本的数据分析方法，可供非专业人士做简单的数据分析。商业软件虽有不同的侧重点，但功能大同小异，基本上能满足大多数人做数据分析的需要。商业软件使用起来相对简单，容易上手，但其主要问题是价格不菲，多数人难以接近，而且，更新速度较慢，难以提供最新方法的解决方案。

非商业软件则不存在价格问题。目前较为流行的软件有R和Python，二者都是免费的开源编程语言。

R语言是一种优秀的统计软件，也是一种统计计算语言。R语言不仅支持各个主要计算机操作系统（在CRAN网站http：//www.r-project.org/上可以下载R的各种版本，包括Windows版本、Linux版本和Mac OX版本），还有其他诸多优点，比如：更新速度快，包含最新方法的解决方案；提供丰富的数据分析和可视化技术，功能十分强大；R软件中的**包**（package）和函数均由统计专家编写，函数中参数的设置更符合统计和数据分析人员的思维方式和逻辑，并有强大的帮助功能和多种范例，即便是初学者也很容易上手。

Python则是一种面向对象的解释型高级编程语言，拥有丰富且强大的开源第三方库，也具有强大的数据分析可视化功能。Python与R的侧重点略有不同。R的主要功能是数据分析和可视化，且功能强大，多数分析都可以由R提供的函数实现，不需要太多的编程，代码简单，容易上手。Python的侧重点则是编程，具有很好的普适性，但数据分析并不是其重点，虽然从理论上说都可以实现，但往往需要编写很长的代码，帮助功能也不够强大，这对数据分析的初学者来说可能显得麻烦，但仍然不失为一种有效的数据分析工具。

总之，商业软件不仅有不菲的价格，而且相对呆板，不是未来的趋势。相反，作为免费开源软件的 R 和 Python 则是未来的发展趋势，它们不仅功能强大，而且更有利于数据分析人员理解统计学方法的实现过程，加深对数据分析结果的理解和认识。我们推荐使用编程语言分析数据，而不是呆板的商业软件。

1.2 Python 的初步使用

Python 是一种面向对象的解释型高级编程语言，因其简单易学、免费、拥有丰富且强大的开源第三方库等诸多优点，被应用于系统和网络编程、数据处理、云计算、人工智能等多个领域，成为目前广泛使用的编程语言之一。在 Python 的 Lib 目录中 this. py 隐藏了一首诗，在 Python 的 IDLE 中输入“import this”可以显示出来，这首诗是 Python 之禅（The Zen of Python），表达了 Python 的思想：简单，明确，优美。

1.2.1 Python 的下载与安装

在写作本书时，Python 主要有两个版本，即 Python 2 与 Python 3，两个版本存在较大差异。Python 3 的使用者越来越多，也是未来的趋势，建议大家使用 Python 3。截至 2021 年 2 月 5 日，Python 的最新版本是 3. 9. 1。Python 的版本更新较快，每年有数十次更新。不建议使用时盲目更新到最新版本，因为 Python 已搭建的环境或者安装的模块对版本有依赖，升级后可能出现原环境或模块无法使用的情况。在有多个版本需求时，建议同时安装多个版本。

使用前，需要在计算机中安装 Python 软件。Python 有不同的开发环境或平台，使用者可根据个人偏好选择不同的平台下载和安装。

1. Python 的下载与安装

使用者可以根据自己的计算机操作系统和位数（32 位或 64 位）选择相应的版本。在 Python 官方网站（https：//www. python. org/）下载所需版本，包括 Windows 版本、Linux 版本和 Mac OX 版本。

如果使用的是 Windows 系统，下载完成后会在桌面出现带有 Python 版本信息的图标，双击该图标即可完成安装。注意安装时需要将 Python 加入系统环境变量即 PATH 中，如图 1 - 3 所示。

安装 Python 后，会自动安装一个自带的编辑器 IDEL。点击 Windows 的“开始”菜单，找到 Python 下的 IDEL，单击即可打开 IDEL。在提示符“ > > > ”后输入命令代码，每次既可以输入一条命令，也可以连续输入多条命令，命令之间用分号“ ；”隔开。命令输入完成后，按“Enter”键，Python 就会运行该命令并输出相应的结果。比如，在提示符“ > > > ”后输入 2 + 3，按“Enter”键后显示结果为 5。如果要输入的数据较多，超过一行，可以在适当的地方输入反斜杠“ \ ”后按“Enter”键，在下一行继续输入，如果代码前方有未闭合的括号，则无须输入反斜杠，直接换行即可。Python 软件会在断行的地方自动缩进。Python 对缩进要求非常严格，通常用 4 个空格表示一个缩进单位。这样写出来的 Python 代码整洁美观，易读性强。

图 1-3　Python 的安装界面

Python 代码虽然可以在提示符后输入，但如果输入的代码较多，难免出现输入错误。如果代码输入错误或书写格式错误，运行后，Python 会出现错误提示或警告信息。这时，在 Python 界面中修改错误的代码比较麻烦，也不利于保存代码，因此，Python 代码最好在脚本文件中编写，编写完成并保存到指定目录的文件夹后，点击工具栏的“运行”即可在 Python 中运行该代码并得到相应结果。

使用脚本文件编写代码时，先在 Python 控制台中单击“File”→“New File”，会弹出 Python 代码编辑器，在其中编写代码即可。要运行代码，可点击“Run”→“Run Module”，然后将代码文件保存在指定的目录中，即可运行并得到结果，如图 1-4 所示。

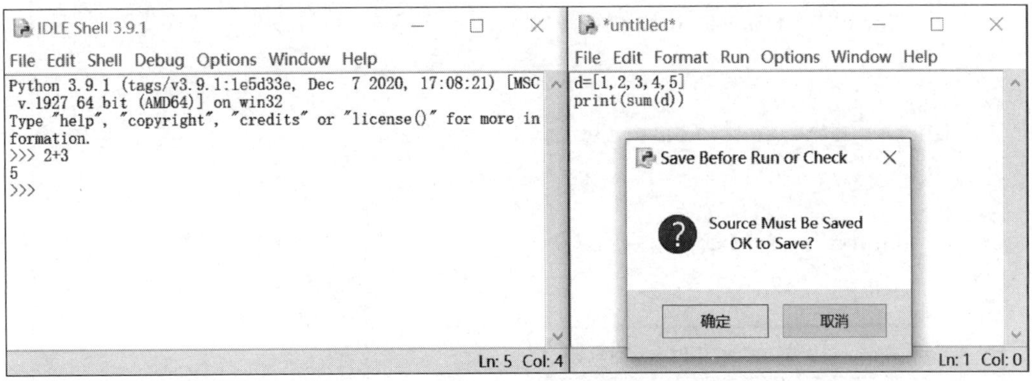

图 1-4　在 IDLE 中编写代码

2. Anaconda 的下载与安装

虽然安装好 Python 后就可以进行代码编写，但使用其他模块时需要另行安装，而 Anaconda 则不同，它是一种适合数据分析的 Python 开发环境，也是一个开源的 Python 版本。Anaconda 包含多个基本模块，如 numpy、pandas、matplotlib、IPython 等，安装 Anaconda 时，这些模块也就一并安装好了，Anaconda 还内置了 Jupyter Notebook 开发环境，十分方便代码的编写和修改。本书代码编写和运行使用的就是 Anaconda 平台的 Jupyter Notebook 界面，推荐初学者使用。Anaconda 下载与安装步骤如下。

首先，下载 Anaconda。进入官网（https://www.anaconda.com），点击右上角“Get Started”，如图 1－5 所示。

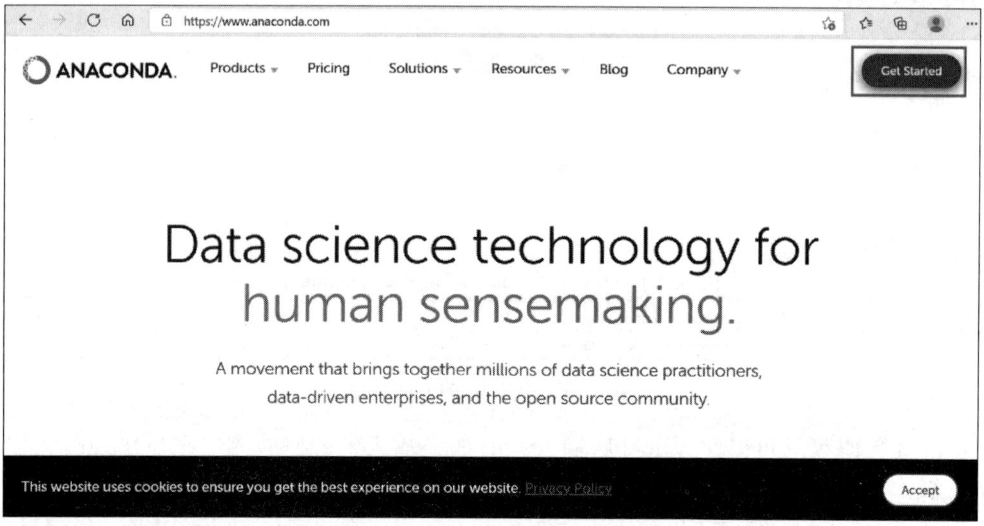

图 1－5　Anaconda 下载页面

然后选择 Anaconda 个人版选项，并单击。如图 1－6 所示。

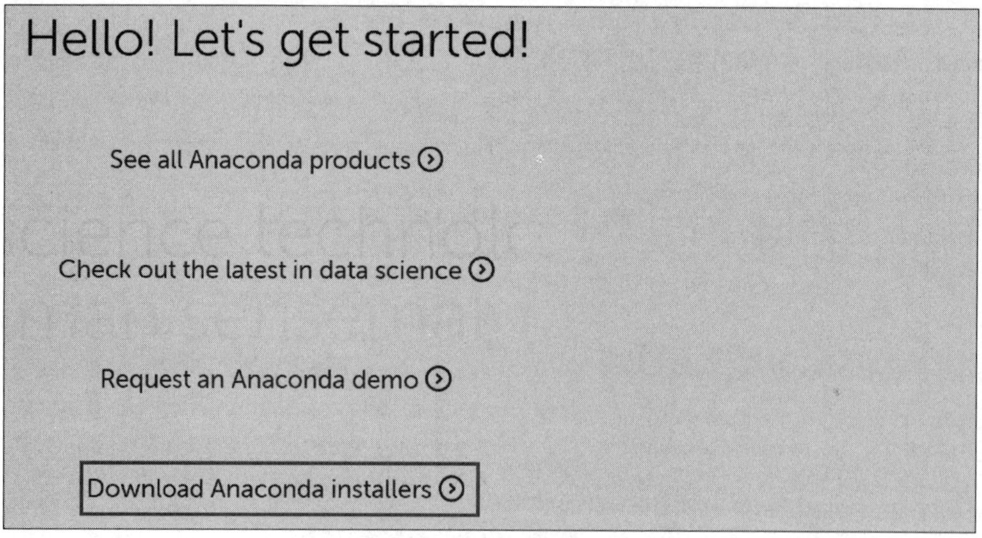

图 1－6　选择安装 Anaconda 个人版

在弹出的页面中选择自己的操作系统，如果是 Windows 系统，需要选择计算机操作系统的位数，比如 64 位，即可以下载。如图 1－7 所示。

图1-7　选择安装 Anaconda 的操作系统并下载

下载完成以后，即可根据提示完成安装。

3. Anaconda 的界面

Anaconda 有几种不同的界面可供使用，如 Jupyter Notebook、Spyder、Ipython 等，使用者可根据自身偏好选择。

Jupyter Notebook 是一个交互式编辑器，它以网页的形式打开程序，可以在线或非在线编写代码和运行代码，代码的运行结果可以直接在代码块下显示，这对使用者而言比较直观，易于进行代码的编写和修改。Jupyter Notebook 还可以使用 Markdown 和 HTML 来创建包含代码块和标题或注释的文档，便于代码块的区分。

（1）创建 Jupyter Notebook 文件。

打开 Jupyter Notebook，点击右上角的 New 按钮，选择 Python 3，即可创建一个 Python 文件，如图 1-8 所示。

图1-8　新建一个 Jupyter Notebook 文件

该文件以扩展名 ipynb 命名，如 Untitled. ipynb，使用者可点击 Files 下拉菜单中的 Rename 随时修改文件名。

（2）在 Jupyter Notebook 中编写代码。

创建好 Jupyter Notebook 文件后，点击该文件，系统会自动弹出一个窗口，如图 1-9 所示。

在 in ［ ］后的代码框（称为“cell”）中可输入代码。点击“运行”按钮或使用组合键 <Ctrl + Enter>，即可运行该代码，运行结果会在代码块的下面显示，其中 out ［ ］内的数字表示代码块的第几次运行输出。比如，输入 2 + 3，然后运行，结果会在代码块下显示 5。其中，in ［1］表示代码块的第 1 次运行，out ［1］表示代码块第 1 次运行的输出。

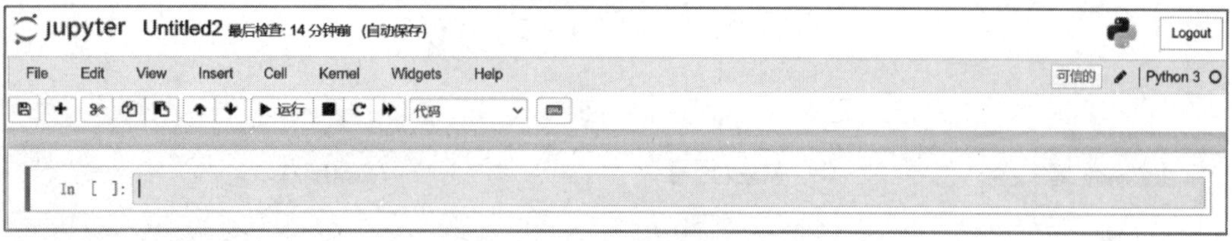

图 1-9　代码编辑窗口

要增加新的代码编辑框，可以点击“+”在上方或下方增加代码编辑框，点击 Insert，可以在上方或下方增加代码编辑框，即可继续编写代码。比如，要编写计算（80，87，98，73，100）这 5 个数值平均数的代码，然后运行，界面如图 1-10 所示。其中，in［2］表示代码块的第 2 次运行，out［2］表示第 2 次运行的输出结果。

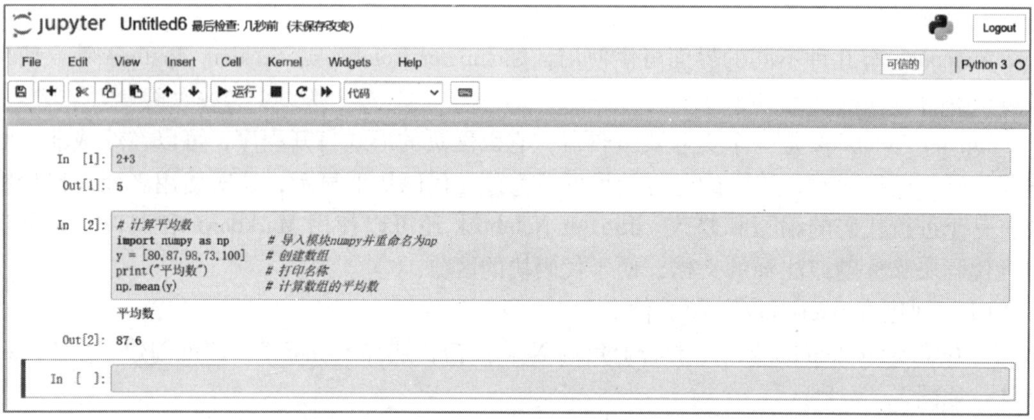

图 1-10　代码运行及结果

本书的代码编写及运行结果均使用 Jupyter Notebook 界面，代码文件也已存为 Jupyter Notebook 的专属格式，读者在 Jupyter Notebook 中打开文件即可运行或修改。

（3）保存 Jupyter Notebook 文件。

要保存编写的代码，常用的有两种格式，一种是 Jupyter Notebook 的专属文件格式，另一种是 Python 格式。

要保存成 Jupyter Notebook 格式，在文件界面中点击 File 菜单，选择 Save and Checkpoint，文件会自动保存在默认路径下，文件的扩展名为 ipynb。如果要保存在自己的文件夹中，可以在桌面上先建立一个文件夹，比如，Python_code，进入 Jupyter Notebook 后，点击 Desktop 就能显示你的文件夹 Python_code，点击该文件夹，并点击右上角的 New 按钮，选择 Python 3，即可创建一个 Python 文件，这个文件就会自动保存至文件夹 Python_code 中，可以建立多个不同名称的文件保存在该文件夹中。本书的代码文件均以各章的标题命名，并存储在特定的文件夹中。每个文件中均使用 Markdown 做了注释，以区分各代码块，便于读者查找和使用。

要保存成 Python 文件，点击 File 菜单，选择 Download as 下的 Python（.py），文件会自动保存在默认路径下。

Anaconda 还有一个 Spyder 界面，该界面类似于 RStudio。在 Windows 开始窗口找到

Anaconda，在子目录中找到Spyder，点击后即可打开Spyder界面。Spyder界面由多个窗格组成，使用者可根据需要调整位置和大小。左侧窗格是代码编辑器，右下窗格是输入的代码及代码运行结果的交互式控制台（Console），右上窗格可以查询帮助、导入数据等。图1－11是作者编写的代码和运行结果。

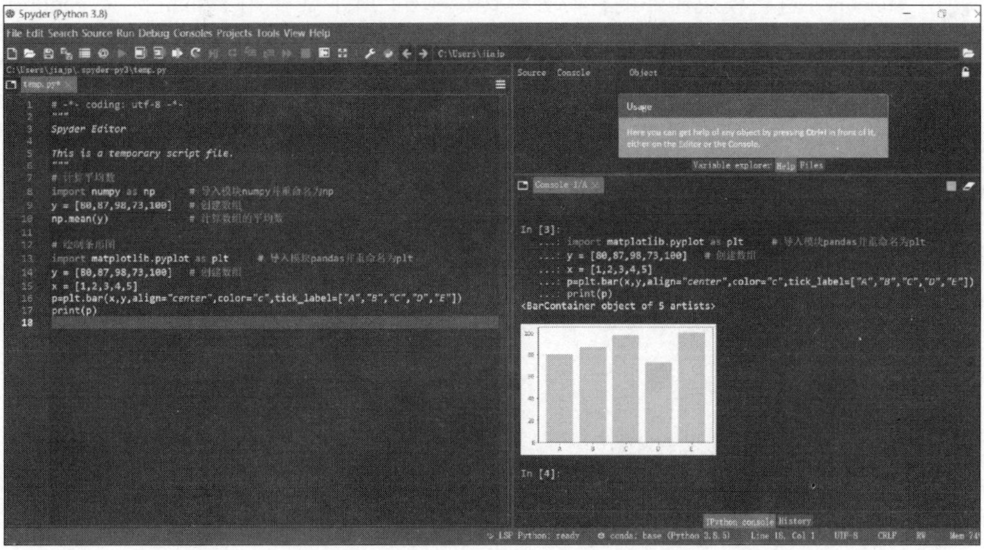

图1－11　Spyder运行界面

1.2.2　模块的安装与加载

Python中的**模块**（module）或称为**库**（package）是指包含Python类、函数等信息的集合，可以看作一个工具包。大部分统计分析和绘图都可以使用已有Python模块中的函数来实现。一个Python模块可能包含多个函数，能做多种分析和绘图，对于同一问题的分析或绘图，也可以使用不同模块中的函数来实现，用户可以根据个人需要和偏好选择所用的模块。模块的下载与安装可以在Python中进行，也可以在Anaconda中进行，这取决于使用的操作平台或环境。

在最初安装Python软件时，系统自带了一系列内置模块，如time、random、sys、os、json、pickle、shelve、xml、re、logging等。Python作为一个强大的编程语言，它的使用场景很多，因此内置模块多用来实现与操作系统的交互或用于不同数据格式的存储与读取。除内置模块外，Python还提供了丰富的开源第三方模块，常用的统计模块有数值计算模块numpy、数据处理模块pandas、作图模块matplotlib、统计计算模块statistics、统计建模模块statsmodels。内置模块与第三方模块提供了种类繁多的函数，使用前需要导入这些模块才能使用其中的函数。

pip工具是Python自带的第三方安装工具，在Python安装过程中已经安装完成，无须独立安装。如果安装Python时成功将其加入PATH，就可以在操作系统终端直接使用pip install <*模块名称*>命令安装第三方模块。Windows系统的操作是，同时按下电脑上的Win＋R键，在左下角弹出的运行窗口输入“cmd”即可打开终端。MacOS直接打开Terminal即可。

使用 Anaconda 安装模块需要在 Aandonda Prompt 中输入命令。点击 Windows 的“开始”按钮，在 Anaconda 点击 Aandonda Prompt，在打开的界面中输入安装命令即可完成安装。比如，要安装模块 pandas，输入 pip install <*模块名称*> 或 conda install <*模块名称*> 即可完成安装。完成安装后，使用该模块时，需要使用 import 命令将其加载到 Python 环境中。使用 Anaconda 进行模块操作的代码如代码框 1－1 所示（使用 Python 时将 conda 更换成 pip 即可）。

代码框 1－1　Python 模块的一些操作

```
# 安装模块
pip install pandas                     # 安装模块 pandas
# 导入模块
import numpy                           # 导入模块 numpy
# 导入模块并重命名
import numpy as np                     # 导入模块 numpy 并重命名为 np
# 显示已安装模块的名称
conda list                             # 列出已经安装的所有模块
# 卸载（删除）安装在 Python 中的模块
conda uninstall pandas                 # 从 Python 中彻底删除 pandas 模块
```

对于名称较长的模块，为方便使用，通常在导入后将其简化命名。比如，import pandas as pd 表示导入模块 pandas 并简化命名为 pd，import matpoltlib as plt 表示导入模块 matploylib 并简化命名为 plt，等等。因此，当你看到 pd. read_csv 时，意味着引用的是 pandas 模块中的 read_csv 函数；看到 np. average 时，意味着引用的是 numpy 模块中的 average 函数；等等。

1.2.3　查看帮助文件

Python 中的大部分计算和绘图均可由 Python 函数完成，这些函数通常来自不同的 Python 模块，每个 Python 模块和函数都有相应的帮助说明。使用中遇到疑问时，可以随时查看帮助文件。

查询 Python 内置的模块或函数时，直接使用 help（函数名）或 help（'模块名'）即可。比如，要想了解 sum 函数的功能及使用方法，可以使用 help（sum）或？sum 来查询。要了解 random 模块的功能及使用方法，可使用 help（'random'）查询，或先使用 import 导入该模块，再使用 help（random）查询。要查询从第三方平台安装的模块和其中的函数时，需要先用 improt 导入模块，确保环境内有这个对象，如代码框 1－2 所示。

代码框 1－2　查看帮助

```
help(sum)                      # 查看 sum 函数的帮助信息
help('random')                 # 查看模块 random 的帮助信息
# 或
import random                  # 导入 random 模块
help(random)                   # 查看模块 random 的信息
help(random.gauss)             # 查看模块 random 中 gauss 函数的信息
```

help（sum）会输出sum函数的形式、参数设定与用法信息，有时包含示例等内容。help（random）可以输出random模块的简短描述以及模块中各函数与方法的名称及其用法，help（random. gauss）可以查看random模块中gauss函数的用法。

1.2.4　编写代码脚本

在Python中完成任何一项工作都需要编写代码。一组代码称为代码块，它可以由一行或多行代码组成。

1. 对象赋值

Python是一门面向对象的语言，它有一个重要的概念，即一切皆对象。在Python中，数字、字符串、元组、列表、字典、函数、方法、类、模块，包括你写的代码都是对象(object)。

对象也就是给某个变量、数据集或一组代码起一个名字。比如，要对数据做多种分析，如计算平均数、标准差和绘制直方图等，若每次分析都要输入数据就非常麻烦，这时，可以将多个数据组合成一个数据集，并给数据集起一个名称，然后把数据集赋值给这个名称，也就是将某个数据集或一组代码暂时存储在这个对象下，需要运行的时候直接运行这个名字即可。比如，d = example1_1就是将数据框赋值给了对象d，要使用该数据框，直接使用d就可以了。

Python语言的标准赋值符号是“=”。使用者可以给对象赋一个值、一个列表、一个矩阵或一个数据框、一个代码块等。比如，将5个数据组成的列表［80，87，98，73，100］赋值给对象x，将数据文件example1_1赋值给对象d，等等，如代码框1-3所示。

代码框1-3　对象赋值与运行

```
x = [80,87,98,73,100]          #将5个数据组成的列表赋值给对象x
d = example1_1                 #将数据框example1_1赋值给对象y
s = sum(x)                     #计算对象x的总和并赋值给对象s
n = len(x)                     #计算对象x的元素个数并赋值给对象n
m = s/n                        #计算对象x的平均数并赋值给对象m
```

通过赋值可以方便数据引用和简化代码编写。比如，要分析80，87，98，73，100这5个数据，就可以直接分析对象x。比如，计算平均数可以写成s/n，要运行s/n直接运行m即可。尤其是在编写较复杂的代码块时，经常需要引用前面赋值的对象，从而简化代码。

代码框1-3中的“#”是Python语言的注释符号，运行代码遇到注释符号时，会自动跳过“#”后的内容不运行，未使用“#”标示的内容，Python都会视为代码运行，没有“#”符号的注释，Python软件会显示错误信息。

2. 变量命名

在分析数据时，通常需要写入变量或引用变量。在Python中，变量名是所指定的一种特定标识符（字符串）。Python的变量命名规则如下：

（1）标识符可以由字母、数字、下划线（_）组成，其中数字不能打头。字母并不局限于26个英文字母，可以包含中文字符等。

（2）Python 语言区分大小写，因此 abc 和 Abc 是两个不同的标识符。

（3）标识符不能包含空格。

另外，Python 有 33 个关键字，如表 1－1 所示。这些关键字在语法中有特定的含义和功能，不能作为变量名。使用关键字作为变量名时 Python 解释器会报错。

表 1－1 Python 的 33 个关键字

and	del	global	nonlocal	while
as	elif	if	not	with
assert	else	import	or	yield
break	expect	in	pass	FALSE
class	finally	is	raise	TRUE
continue	for	lambda	return	
def	from	None	try	

Python 有一些内置函数（Built-in Functions），不需要导入任何模块就可以使用，如代码框 1－2 中的 sum 函数和 len 函数，较常用的还有查看变量类型的 type 函数，创建整数序列的 range 函数。如果尝试使用内置函数的名字作为变量名，Python 解释器虽然不会报错，但该内置函数却被这个变量覆盖，该内置函数就不能使用了。

1.3 Python 数据处理

分析数据时，清楚数据的结构是十分必要的。本节首先介绍 Python 内置的数据结构，然后介绍 numpy 和 pandas 中的几种数据结构。

1.3.1 Python 的基本数据结构

Python 3 中有 6 种基本的数据结构或称数据类型，分别是**数字**（number）、**字符串**（string）、**元组**（tuple）、**列表**（list）、**字典**（dictionary）、**集合**（set），这 6 种数据类型通过不同的组成方式和定义可以产生更多的类型。使用内置函数 type（）可以查看数据的类型。

1. 数字

数字用于存储数值。Python 3 支持 4 种类型的数字，即 int（整数类型）、float（浮点类型，即取小数的数字）、bool（布尔类型，是只取 True 和 False 两个值的逻辑型数字，也可以用 0 和 1 表示）、complex（复数类型）。

2. 字符串

由数值、字母、下划线组成的字符。可以使用单引号（‘ ’）、双引号（“ ”）或三引号（‘‘‘ ’’’）指定字符串，使用“＋”连接两个字符串。

3. 元组

元组是一维序列，其定长是固定的、不可变的，内容不能修改，通常用“( )”标识，元素之间用“,”分隔。比如，输入（1，2，3，4，5）就生成了一个元组。

4. 列表

列表也是一维序列，与元组不同的是其长度是可变的，它所包含的内容也可以进行修改。列表中的元素可以是相同类型，也可以是不同类型，元素之间用“,”分隔，使用中括号“［ ］”或list类型函数可以创建列表，如代码框1-4所示。

代码框1-4　创建列表

```
a = [2,3,4,5]                        #生成同类型元素的列表
a
```
```
[2,3,4,5]
```
```
b = ["甲","乙","丙","丁"]             #元素同为字符串的列表
b
```
```
['甲', '乙', '丙', '丁']
```
```
c = ["甲", 23, True, [1,2,3]]         #不同类型元素的列表
c
```
```
['甲', 23, True, [1, 2, 3]]
```
```
d = list(range(10))                  #用range函数生成等差数列,起始值为0,步长为1
d
```
```
[0,1,2,3,4,5,6,7,8,9]
```
```
e = list(range(100,200,20))          #在100~200之间生成数列,步长为20
e
```
```
[100,120,140,160,180]
```

注:range函数是Python的内置函数,用于生成整数等差序列,共有三个参数,分别是起始值、终点值和步长.默认起始值为0,可以为负值,但不能是小数,默认步长为1,生成规则是左闭右开.

使用索引可以访问列表中的元素，索引的符号也是方括号。比如，访问代码框1-4中列表b的第一个元素，输入代码［0］，显示的结果为'甲'；访问列表第3个元素，输入代码c［2］，得到元素True。注意：Python的索引从左到右是从0开始的，从右到左是从-1开始的。

根据需要可以对列表进行其他一些操作，比如，使用append方法将元素添加到列表的尾部；使用insert方法将元素插入指定的列表位置；使用pop方法将列表中特定位置的元素移除并返回；使用sort方法对列表中的元素排序；使用“+”连接两个列表；等等。代码框1-5给出了列表的几种不同操作。

代码框1-5　列表的几种不同操作

```
#向列表追加或插入元素
a.append(6)              #将数字6追加到列表a的尾部
a
```
```
[2,3,4,5,6]
```
```
b.insert(2,'戊')         #在列表b的第3个位置插入"戊"(插入位置的范围从0到列表长度)
b
```
```
['甲', '乙', '戊', '丙', '丁']
```

```
#移除列表中特定位置的元素并返回
b.pop(2)        # 移除列表 b 中第 3 个位置的元素并返回
b
```

```
['甲', '乙', '丁']
```

```
#连接两个列表
ab = a + b          # 将列表 a 和列表 b 连接成一个新列表 ab
```

```
[2, 3, 4, 5, '甲', '乙', '丙', '丁']
```

```
#列表元素的排序
f = [2,3,4,5,2,8]     # 创建列表 f
f.sort()              # 列表元素的排序
f
```

```
[2, 2, 3, 4, 5, 8]
```

```
g = ['甲', '乙', '戊', '丙', '丁']     # 创建列表 g
g.sort()                               # 列表元素的排序
g
```

```
['丁', '丙', '乙', '戊', '甲']
```

注:使用 Python 的内置函数 sorted()也可以对列表中的元素进行排序.sorted(g)返回的结果与上述相同.Python 中的其他内置函数还有很多,如 len()返回列表中元素的个数;min()返回列表中的最小元素;max()返回列表中的最大元素;等等.

5. 字典

字典是 Python 最重要的内置结构之一，它是大小可变的键值对集，其中键（key）和值（value）都是 Python 对象。字典中的元素用大括号 { } 括起来，用“:”分割键和值，不同的键值组合之间用“,”分隔。用大括号“{ }”或 dict 函数可以创建字典，其形式如下:

dictionary = {key1: value1, key2: value2, …}

或写成:

dictionary = dict (key1 = value1, key2 = value2, …)

与列表类似，字典也有很多操作方法，代码框 1－6 列出了创建字典和字典操作的几个例子。

代码框 1－6　字典的一些简单操作

```
#用大括号{}创建字典
dc1 = {'刘文涛':68,'王宇翔':85,'田思雨':74,'徐丽娜':88,'丁文彬':63} #5 名学生考试分数的字典
dc1
```

```
{'刘文涛': 68, '王宇翔': 85, '田思雨': 74, '徐丽娜': 88, '丁文彬': 63}
```

```
#用 dict 函数创建字典
dc2 = dict(刘文涛 =68,王宇翔 =85,田思雨 =74,徐丽娜 =88,丁文彬 =63) #5 名学生考试分数的字典
dc2
```

```
{'刘文涛': 68, '王宇翔': 85, '田思雨': 74, '徐丽娜': 88, '丁文彬': 63}
```

```
#以列表的形式返回字典dc1中的键
dc1.keys()
```

```
dict_keys(['刘文涛', '王宇翔', '田思雨', '徐丽娜', '丁文彬'])
```

```
#以列表的形式返回字典dc1中的值
dc1.values()
```

```
dict_values([68, 85, 74, 88, 63])
```

```
#以列表的形式返回字典dc1中的键值对
dc1.items()
```

```
dict_items([('刘文涛', 68), ('王宇翔', 85), ('田思雨', 74), ('徐丽娜', 88), ('丁文彬', 63)])
```

```
#返回(查询)字典dc1中键k上的值
dc1['徐丽娜']        #返回徐丽娜(键)的分数
```

```
88
```

```
#删除字典dc1中的某个键值对
del dc1['田思雨']
dc1
```

```
{'刘文涛': 68, '王宇翔': 85, '徐丽娜': 88, '丁文彬': 63}
```

6. 集合

集合是由唯一元素组成的无序集，可看成是只有键没有值的字典。由于集合中的元素是无序的，不记录元素的位置，因此不支持索引、切片等类似序列的操作，只能遍历或使用in、not in等访问或判断集合元素。使用set（）函数或大括号“{}”的方式等可以创建集合，一个空集合必须使用set（）创建。集合的创建和一些简单操作如代码框1－7所示。

代码框1－7 集合的一些简单操作

```
#使用set函数创建集合
set1 = set([2,2,2,1,8,3,3,5,5])
set1
```

```
{1, 2, 3, 5, 8}
```

```
#使用大括号{}创建集合
set2 = {2,2,2,1,4,3,3,5,6,6}
set2
```

```
{1, 2, 3, 4, 5}
```

```
#两个集合的并集(两个集合中不同元素的集合)
set1 | set2        #或写成set1.union(set2)
```

```
{1, 2, 3, 4, 5, 6, 8}
```

```
# 两个集合的交集(两个集合中同时包含的元素)
set1&set2      # 或写成 set1.intersection(set2)
```

```
{1, 2, 3, 5}
```

除了 Python 提供的基本数据结构外，实际数据分析中经常使用的数据结构（类型）还有**数组**（array）、**序列**（series）、**数据框**（data frame）等。数组是 numpy 模块的主要对象，序列和数据框则是 pandas 模块的主要数据结构。

1.3.2　numpy 中的数组

numpy 是 numerical python 的简称，它是 Python 中数值计算的最重要的基础模块。其他一些模块也提供了基于 numpy 的函数功能。**n 维数组**（ndarray）是 numpy 模块中定义的对象，它可以是一维、二维和多维，数组中元素类型是数值型。n 维数组由实际数据和描述这些数据的元数据（数据维度和数据类型等）组成，一般要求所有元素类型相同，数组下标从 0 开始。

一维数组就是通常所说的**向量**（vector），二维数组就是通常所说的**矩阵**（matrix）。可以通过构造函数 array 创建 n 维数组，也可以使用 numpy 中的其他函数如 arange 函数、ones 函数以及 zeros 函数等创建 n 维数组。代码框 1－8 是有关数组的一些操作。

代码框 1－8　数组的一些操作

```
# 创建一维数组(向量)
import numpy as np
a1 =np.array([5,4,1,2,3])         # 使用 array 函数创建数组
a2 =np.arange(10)                 # 使用 range 函数生成等差数列,起始为 0,步长为 1
a3 =np.arange(2,6,0.5)            # 使用 arange 函数在 2 ~6 之间生成步长为 0.5 的等差序列
print('a1:',a1)                   # 输出结果
print('a2:',a2)
print('a3:',a3)
```

```
a1: [5 4 1 2 3]
a2: [0 1 2 3 4 5 6 7 8 9]
a3: [2.  2.5 3.  3.5 4.  4.5 5.  5.5]
```

```
#创建二维数组(矩阵)
a4 =np.array([[1, 2], [3, 4], [5, 6]])      # 创建 2 ×3 的矩阵
a4
```

```
array([[1, 2],
       [3, 4],
       [5, 6]])
```

```
#改变数组的形状
import numpy as np
a5 =np.arange(12)              # 创建一维数组
a6 = a5.reshape(3,4)           # 改变数组为 3 ×4 的二维数组(矩阵)
a6
```

```
array([[ 0,  1,  2,  3],
       [ 4,  5,  6,  7],
       [ 8,  9,  10,11]])
```

```
#数组的其他操作(读者自己运行代码查看结果)
a6.ndim              # 查看数组 a6 的维度
a6.shape             # 查看数组 a6 的形状
a6.dtype             # 查看数组 a6 的数据类型
a6.astype(float)     # 改变数组 a6 的数据类型为浮点值
a6[2]                # 访问数组 a6 中的第 3 组元素(索引从 0 开始)
a3[5]                # 访问数组 a3 中的第 6 个元素(索引从 0 开始)
a1.sort()            # 对数组 a1 中的元素排序
```

注:int 表示整数,如 int32 表示 32 数位整数;int64 表示 64 数位整数.
float 表示浮点数,如 float32(代码:f4 或 f)表示标准单精度浮点数;float64(代码:f8 或 d)表示标准双精度浮点数;float128(代码:f16 或 g)表示拓展精度浮点数.

1.3.3 pandas 中的序列和数据框

pandas 是 Python 中的核心数据分析模块，它提供了两种数据结构，即序列和数据框。这里主要介绍序列和数据框的创建及其一些简单操作。

1. *序列*

序列类似于一维数组，不同的是它由索引（index）和一维数值（values）组成。序列可以存储整数、浮点数、字符、Python 对象等多种类型的数据，但一个序列最好只存储一种类型的数据，若存在多种数据类型，该序列的类型会自动转换成对象（object）。使用构造函数 Series 函数可创建序列，使用前需要导入 pandas 模块。下面介绍几种比较常用的构造序列的方式。代码框 1-9 是用 pandas 创建序列的一些操作。

代码框 1-9 用 pandas 创建序列

```
import pandas as pd
s1 =pd.Series([2, 3, 4, 5])          # 省略索引时自动生成索引
s1
```

```
0    2
1    3
2    4
3    5
dtype: int64
```

```
s2 =pd.Series([5, 8, 7, 6], index = ['a', 'b', 'c', 'd'])          # 自行指定索引
s2
```

```
a    5
b    8
c    7
d    6
dtype: int64
```

```
#由标量生成序列时,不能省略索引
s3 =pd.Series([60,80,50], index = ['甲', 25, True])   # 索引可以是不同类型元素
s3
```

```
甲       60
25       80
True     50
dtype: int64
```

```
#由 Python 字典生成序列
s4 =pd.Series({'a': 1, 'b': 'boy', 'c': 3})     # 索引与数据以字典形式传入
s4
```

```
a      1
b    boy
c      3
dtype: object
```

```
#由其他函数生成序列
s5 =pd.Series(range(5))                # 使用 range 函数,类似列表
print(s5)            # print 函数用于标准输出(这里也可以直接运行对象 s5)
```

```
0    0
1    1
2    2
3    3
4    4
dtype: int64
```

Series 函数接受多种类型的数据并将其转为序列。理解序列最重要的两点是索引和数据。序列有两套索引并存，一个是自动索引，另一个是自定义索引（若未设置则不存在）。两套索引不能混用，即访问数据时只能使用一套索引。序列的访问同样使用方括号 [ ]。比如输入代码 s2 [1] 得到 8，输入 s2 [[1, 2]] 得到一个值为 [8, 7] 的序列切片，输入 s2 [['b', 'c']] 同样得到值为 [8, 7] 的序列切片。但不能输入 s2 [['a', 2]]，解释器会报错。

序列与序列索引都能设置名称（name）属性，序列的类型可以转换，序列对象的索引和数据可以随时修改并即刻生效。不同序列可以根据索引进行对齐运算。具体操作代码如代码框 1 - 10 所示。

代码框 1-10　序列的基本操作

```
#获取序列索引、数据、类型
import pandas as pd
s6 =pd.Series([5, 8, 7, 6], index = ['a', 'b', 'c', 'd'])
print('类型:',s6.index)                              # 获取序列索引
print('数据:',s6.values)                             # 获取序列数据
print('类型:',s6.dtype)                              # 获取序列类型
```

```
类型: Index(['a', 'b', 'c', 'd'], dtype ='object')
数据: [5 8 7 6]
类型: int64
```

```
#设置序列与索引的名称(name)属性
s6.name = '我是一个 pandas 的 Series'              # 设置序列名称
s6.index.name = '我是索引'                         # 设置序列索引名称
s6
```

```
我是索引
a    5
b    8
c    7
d    6
Name:我是一个 pandas 的 Series, dtype: int64
```

```
#转换序列类型
s6 = s6.astype(float)                    # 将整数型改为浮点数类型
s6
```

```
我是索引
a    5.0
b    8.0
c    7.0
d    6.0
Name:我是一个 pandas 的 Series, dtype: float64
```

```
#修改序列中的数据
s6[[1, 3]] = [2, 8]          # 将序列 s6 中的第 2 个值和第 4 个值修改为 2 和 8
s6
```

```
我是索引
a    5.0
b    2.0
c    7.0
d    8.0
Name:我是一个 pandas 的 Series, dtype: float64
```

```
#序列的对齐运算
s7 =pd.Series([1,2,3], index = ['a', 'c', 'e'], dtype = float)
s6 + s7                    # 两个序列相加
```

```
a    6.0
b    NaN
c    9.0
d    NaN
e    NaN
dtype: float64
```

注:序列的运算完全根据索引来对齐,如果两者都有自定义索引,优先使用自定义索引,如果只有一个有自定义索引,另一个是自动索引,还是会使用自定义索引,这种情况下运算结果会出现大量空值(NaN);如果两方都是自动索引,则根据自动索引进行对齐.

```
#序列的一些简单计算
s8 =pd.Series([1,2,3,4,5], index = ['a', 'b', 'c', 'd', 'e'], dtype = float)
c = s8.cumsum()    # 序列 s8 的累加
s = s8.sum()       # 序列 s8 求和
m = s8.mean()      # 求序列 s8 的平均数
print("累加:",'\n',c,'\n',"总和 =",s,'\n',"平均数 =",m)
```

```
累加:
a     1.0
b     3.0
c     6.0
d    10.0
e    15.0
dtype: float64
总和 = 15.0
平均数 = 3.0
```

2. 数据框

数据框是 pandas 中的另一个重要数据结构,它是一种表格结构的数据,类似于 Excel 中的数据表,也是较为常见的数据形式。数据框实际上是带标签的二维数组,一个数据框由行索引(index)、列索引(columns)和二维数据(values)组成。数据框的每一列和每一行都是一个序列。为了便于分析,一般要求数据框一列只存储一种类型的数据。

(1)创建数据框。

使用 pandas 的构造函数 DataFrame 可创建数据框,其中的参数 data 为数组或字典。也可以直接读入数据框形式的 csv 格式或 Excel 数据作为 pandas 的框数据。假定有 5 名学生 3 门课程的考试分数数据如表 1-2 所示。

表1-2 5名学生3门课程的考试分数（table1_1）

姓名	统计学	数学	经济学
刘文涛	68	85	84
王宇翔	85	91	63
田思雨	74	74	61
徐丽娜	88	100	49
丁文彬	63	82	89

表1-2就是数据框形式的数据。要在Python中创建这样的数据框，可以向DataFrame函数传入列表类型的字典，或者使用numpy的数组。代码和结果如代码框1-11所示。

代码框1-11 使用字典创建数据框

```
#使用字典创建数据框(未输入行索引将自动生成,从0开始)
import pandas as pd
d = {"姓名": ["刘文涛","王宇翔","田思雨","徐丽娜","丁文彬"],  #学生姓名列
"统计学": [68,85,74,88,63],                    #写入统计学分数列
"数学": [85,91,74,100,82],                     #写入数学分数列
"经济学": [84,63,61,49,89]}                    #写入经济学分数列
table1_1 =pd.DataFrame(d)                     #创建数据框并命名为table1_1
table1_1
```

	姓名	统计学	数学	经济学
0	刘文涛	68	85	84
1	王宇翔	85	91	63
2	田思雨	74	74	61
3	徐丽娜	88	100	49
4	丁文彬	63	82	89

虽然可以在pandas中创建数据框，但比较麻烦，不推荐这种做法。如果关注数据分析而非编程，建议在Excel中录入数据框形式的数据，然后在Python中读取该数据。

（2）数据框的操作方法。

将数据读入Python时会直接显示数据框，为方便后面的操作可以为其赋予一个名称来表示该数据框。要显示读入的数据框，输入数据框的名称即可。如果数据框中的行数和列数都较多，可以只显示数据框的前几行或后几行。比如，使用table1_1.head（）默认显示数据框table1_1的前5行，如果只想显示前3行，则可以写成table1_1.head（3）。使用table1_1.tail（）默认显示数据框table1_1的后5行，如果只想显示后3行，则可以写成table1_1.tail（3）。使用type函数可以查看数据的类型；使用table1_1.shape可以查看数据框table1_1的行数和列数属性。当数据量比较大时，可以使用info（）方法查看数据的结构。使用describe（）方法可以对数据框的数值型变量进行简单的描述统计，读者可以自己运行并查看结果。

假定数据的名称为 df，表 1－3 列出了数据框的一些操作方法及其描述。

表 1－3　数据框的操作方法及其描述

方法	描述	示例
columns	查看所有列名（列索引）	df. columns
dtypes	查看所有元素的类型	df. dtypes
head	查看前 n 行数据（默认前 5 行）	df. head（3）
index	查看所有行名（行索引）	df. index
info	查看数据结构（索引、数据类型等）	df. info
shape	查看行数和列数（行，列）	df. shape
T	数据框的行列转置	df. T
tail	查看后 n 行数据（默认后 5 行）	df. tail（3）
values	查看所有元素的值	df. values

在实际分析中，可能对数据框进行各种操作。比如，选择指定的列或行进行分析、增加列或行、删除列或行、修改列名称或行名称、修改数据等。代码框 1－12 列出了几种常用的数据框操作。

代码框 1－12　数据框的常用操作

```
import pandas as pd
df =pd.read_csv("C:/pydata/chap01/table1_1.csv",,encoding='gbk')
                                          #加载数据框 table1_1 并命名为 df

#选择指定的列
df[['数学']]          # 选择数学 1 列
```

	数学
0	85
1	91
2	74
3	100
4	82

```
df[['数学','统计学']]      # 选择统计学和数学 2 列
```

	数学	统计学
0	85	68
1	91	85
2	74	74
3	100	88
4	82	63

```
#选择指定的行
df.loc[2]                    #选择第3行数据,或写成df.iloc[2]
```

```
姓名      田思雨
统计学      74
数学        74
经济学      61
Name:2,dtype:object
```

```
df.loc[[2,4]]                #选择第2行和第4行数据,或写成df.iloc[[2,4]]
```

	姓名	统计学	数学	经济学
2	田思雨	74	74	61
4	丁文彬	63	82	89

```
df.loc[2:4]                  #连续选择第2行到第4行数据,或写成df.iloc[2:4]
```

	姓名	统计学	数学	经济学
2	田思雨	74	74	61
3	徐丽娜	88	100	49
4	丁文彬	63	82	89

注:使用方括号"[]"或点"."符号指定要分析的变量.比如,要分析统计学分数,可写成df['统计学']或写成df.统计学.如果要对指定行或指定行与列进行分析,可以使用loc[]方法或iloc[]方法,其中iloc[]的方括号中只能写自动索引,若存在自定义索引,则loc[]的方括号中只能写自定义索引,行和列可以使用自定义索引与自动索引,注意自动索引从0开始.比如,要分析第3行的数据,可写成df.loc[2]或df.iloc[2];要分析第2行和第4行的统计学列,可写成df.loc[[1,3],'统计学'].需要注意的是,数据框的每一行和每一列都可以看作一个序列Series,上面对于序列的基本操作在这里也适用.比如需要将统计学列由数值型转换为字符串型,可写代码df['统计学'] = df['统计学'].astype(str).

```
#增加列
df['会计学'] = [88,75,92,67,78]
        #在数据框的最后插入1列会计学分数,或写成df.loc[:,'会计学'] = [88,75,92,67,78]
df
```

	姓名	统计学	数学	经济学	会计学
0	刘文涛	68	85	84	88
1	王宇翔	85	91	63	75
2	田思雨	74	74	61	92
3	徐丽娜	88	100	49	67
4	丁文彬	63	82	89	78

```
df.insert(2,'会计学',[88,75,92,67,78])
          #在第2列后面插入1列会计学分数,或写成df.loc[:,'会计学'] = [88,75,92,67,78]
df
```

	姓名	统计学	会计学	数学	经济学
0	刘文涛	68	88	85	84

1	王宇翔	85	75	91	63
2	田思雨	74	92	74	61
3	徐丽娜	88	67	100	49
4	丁文彬	63	78	82	89

```
#删除数据
df.drop(['数学'],axis =1,inplace = True)
                #删除指定的列,或写成 df.drop(labels ='数学',axis =1,inplace = True)
df
```

	姓名	统计学	经济学
0	刘文涛	68	84
1	王宇翔	85	63
2	田思雨	74	61
3	徐丽娜	88	49
4	丁文彬	63	89

```
df.drop(index =2,inplace = True)   # 删除第 3 行数据
df
```

	姓名	统计学	经济学
0	刘文涛	68	84
1	王宇翔	85	63
3	徐丽娜	88	49
4	丁文彬	63	89

```
#修改列名称
df.rename(columns = {'经济学':'管理学','数学':'计算机'})
            #将"数学"名称修改为"计算机",将"经济学"名称修改为"管理学"
```

	姓名	统计学	计算机	管理学
0	刘文涛	68	85	84
1	王宇翔	85	91	63
2	田思雨	74	74	61
3	徐丽娜	88	100	49
4	丁文彬	63	82	89

```
#修改数据
df.iloc[2,1] =85   # 修改第 3 行(索引 2)田思雨的统计学成绩为 85
df
```

	姓名	统计学	数学	经济学
0	刘文涛	68	85	84
1	王宇翔	85	91	63

2	田思雨	85	74	61
3	徐丽娜	88	100	49
4	丁文彬	63	82	89

```
df.loc[:,'统计学'] = [73,90,79,88,68]   # 修改所有学生的统计学成绩为[73,90,79,88,68]
df
```

	姓名	统计学	数学	经济学
0	刘文涛	73	85	84
1	王宇翔	90	91	63
2	田思雨	79	74	61
3	徐丽娜	88	100	49
4	丁文彬	68	82	89

(3) 数据框的排序与合并。

有时需要对数据进行排序。使用 sort_values( ) 方法可以对数据框的某一列排序，函数默认参数 ascending = True，即升序排列，需要降序时，可设置参数 ascending = False。还可以按照索引排序，使用 sort_index( ) 方法，参数 axis 默认为0，按照行索引对行排序，设置 axis =1 即按照列索引对列排序，默认升序。部分排序如代码框 1-13 所示。

代码框 1-13　数据框排序

```
#按数据排序数据框
import pandas as pd
table1_1 =pd.read_csv("C:/pydata/chap01/table1_1.csv", encoding='gbk')
table1_1.sort_values(by='统计学')                # 按统计学升序对整个数据框排序
```

	姓名	统计学	数学	经济学
4	丁文彬	63	82	89
0	刘文涛	68	85	84
2	田思雨	74	74	61
1	王宇翔	85	91	63
3	徐丽娜	88	100	49

```
#按索引排序数据框
table1_1.sort_index(axis=1, ascending=False)   #按列索引字符串降序对整个数据框排序
```

	统计学	经济学	数学	姓名
0	68	84	85	刘文涛
1	85	63	91	王宇翔
2	74	61	74	田思雨
3	88	49	100	徐丽娜
4	63	89	82	丁文彬

如果需要合并不同的数据框，可使用 concat 函数。函数默认参数 axis 为 0（默认的参数设置可以省略不写），表示将不同的数据框按行合并，设置 axis = 1 表示将不同的数据框按列合并。需要注意，按行合并时，数据框中的列索引必须相同，按列合并时，数据框中的行索引必须相同，否则合并是没有意义的。假如除上面的数据框 table1_1 外，还有一个数据框 table1_2，如表 1 - 4 所示。

表 1 - 4　5 名学生 3 门课程的考试分数（table1_2）

姓名	统计学	数学	经济学
李志国	78	84	51
王智强	90	78	59
宋丽媛	80	100	53
袁芳芳	58	51	79
张建国	63	70	91

表 1 - 4 是另外 5 名学生相同课程的考试分数。如果将两个数据框按行合并，代码和结果如代码框 1 - 14 所示。

代码框 1 - 14　数据框合并

```
#按行合并数据框
import pandas as pd
table1_1 =pd.read_csv("C:/pydata/chap01/table1_1.csv", encoding ='gbk')
table1_2 =pd.read_csv("C:/pydata/chap01/table1_2.csv", encoding ='gbk')
mytable = pd.concat([table1_1, table1_2]).reset_index(drop = True)
mytable
```

	姓名	统计学	数学	经济学
0	刘文涛	68	85	84
1	王宇翔	85	91	63
2	田思雨	74	74	61
3	徐丽娜	88	100	49
4	丁文彬	63	82	89
5	李志国	78	84	51
6	王智强	90	78	59
7	宋丽媛	80	100	53
8	袁芳芳	58	51	79
9	张建国	63	70	91

reset_index（）方法将行索引重置为从 0 开始的连续整数。读者可以自行尝试比较重

置前后有什么不同。假定上面的10名学生还有两门课程的考试分数，可以将其按列合并到mytable中。

（4）数据框的应用函数。

对于数据框可以使用一些函数进行计算和分析，表1-5列出了数据框应用的一些主要函数。

表1-5　数据框（df）应用的一些主要函数及其描述

函数	描述	示例
describe	输出数据框的主要描述统计量	df. describe（）
count	返回每一列中非空值的个数	df. count（）
sum	返回每一列的和（无法计算时返回空值）	df. sum（）
max	返回每一列的最大值	df. max（）
min	返回每一列的最小值	df. min（）
argmax	返回最大值所在的自动索引位置	df. argmax（）
argmin	返回最小值所在的自动索引位置	df. argmin（）
idxmax	返回最大值所在的自定义索引位置	df. idxmax（）
idxmin	返回最小值所在的自定义索引位置	df. idxmin（）
mean	返回每一列的平均值	df. mean（）
median	返回每一列的中位数	df. median（）
var	返回每一列的方差	df. var（）
std	返回每一列的标准差	df. std（）

这些函数的引用参见以后各章，读者可以用table1_1代替示例中的df，运行代码查看输出结果。

1.3.4　随机数和数据抽样

有时需要生成某种分布的随机数用于模拟分析，或者从已知的数据中抽取样本进行分析。

1. 生成随机数

用Python产生随机数需要借助其他模块。内置模块random的函数一次只能生成一个随机数，第三方模块numpy中的random子模块可以同时生成多个随机数，还能组成不同形状的随机数数组。由于是随机生成，每次运行会得到不同的随机数。要想每次运行都产生相同的一组随机数，可在生成随机数之前使用函数seed（）设定随机数种子。可在括号内输入任意数字，如numpy. random. seed（12）。使用相同的随机数种子，每次运行都会产生一组相同的随机数。代码框1-15是产生几种不同随机数的代码。读者可以自己运行代码查看相应的结果。

代码框 1-15 生成随机数

```
#生成不同分布的随机数(每种分布产生 5 个)
import numpy.random as npr

npr.seed(15)                                    #设定随机数种子
r1 =npr.standard_normal(size =5)                #标准正态分布
r2 =npr.normal(loc =50,scale =5,size =5) #均值(loc)为 50、标准差(scale)为 5 的正态分布

r3 =npr.uniform(low =0, high =10, size =5) #0 ~10 之间的均匀分布
r4 =npr.chisquare(df =15, size =5)              #自由度为 15 的卡方分布
print('#标准正态分布:','\n',r1,'\n"#均值为 50、标准差为 5 的正态分布:','\n',r2,
      '\n"#0 ~10 之间的均匀分布:','\n',r3,'\n"#自由度为 15 的卡方分布:','\n',r4)
```

```
#标准正态分布:
 [-0.31232848  0.33928471 -0.15590853 -0.50178967  0.23556889]
#均值为 50、标准差为 5 的正态分布:
 [41.18197372 44.52068978 44.56117129 48.47414974 47.63125814]
#0 ~10 之间的均匀分布:
 [9.17629898 2.64146853 7.17773687 8.65715034 8.07079482]
#自由度为 15 的卡方分布:
 [11.65749531 11.98507727 22.67529789 11.13672652  9.05412533]
```

2. 数据抽样

使用 random 模块中的 sample 函数可以从一个已知的数据集中无放回抽样，choices 函数可以进行有放回抽样。比如，从 1 ~ 20 的数据中抽取 10 个数据，从 5 种颜色中有放回抽取 6 种颜色，代码和结果如代码框 1-16 所示。

代码框 1-16 数据抽样

```
#抽取随机样本
import random
a = range(1, 21)                                    #1 ~20 的数值序列
n1 =random.sample(population =a, k =10); n1         #无放回抽取 10 个数据
n2 =random.choices(population =a, k =10); n2        #有放回抽取 10 个数据
Ncols = ["black","red","green","blue","yellow"]     #5 种不同的颜色列表
ncols =random. choices(Ncols, k =6); ncols          #有放回抽取 6 种颜色
print('#无放回抽取:','\n',n1,'\n"#有放回抽取:','\n',n2,
      '\n"#有放回抽样 6 种颜色:','\n',ncols)
```

```
#无放回抽取:
[16, 9, 17, 12, 5, 7, 1, 6, 8, 20]
#有放回抽取:
[13, 10, 18, 5, 1, 13, 20, 8, 7, 5]
#有放回抽样 6 种颜色:
['green', 'black', 'green', 'yellow', 'blue', 'blue']
```

注:如果不设置随机数种子,每次运行上述代码都会得到不同的结果.

1.3.5　数据读取和保存

在对数据进行分析或绘图时，可以在 Python 环境中录入数据，但比较麻烦。如果使用的是已有的外部数据，如 Excel 数据、SPSS 数据、SAS 数据、Stata 数据等，可以将外部数据读入 Python 环境中。

1. 读取外部数据

Python 软件可以读取不同形式的外部数据，这里主要介绍如何读取 csv 格式和 Excel 格式的数据。本书使用的数据形式均为 csv 格式，其他很多类型的数据也可以转换为 csv 格式，比如，Excel 数据、SPSS 数据等均可以转换成 csv 格式。

使用 pandas 库中的 read_csv 函数可以将 csv 格式数据读入 Python 环境中。函数默认参数 header = 'infer'，即读取的 csv 数据将第一行作为标题（即列索引，如表 1 - 2 中的姓名，统计学、数学、经济学等课程名称）。如果数据中没有标题，可以使用 Names 参数手动设置，如果数据标题不是从第一行开始，可以使用 header 参数确定标题行。假定已将表 1 - 2 的数据取名为 table1_1，并以 csv 和 Excel 两种格式存放在路径"C：/pydata/chap01/"中，读取该数据的代码如代码框 1 - 17 所示。

代码框 1 - 17　读取 csv 格式数据

```
#读取 csv 格式数据
import pandas as pd
table1_1 =pd.read_csv("C:/pydata/chap01/table1_1.csv",encoding ='gbk')   # 指定编码格式为'gbk'
table1_1
```

	姓名	统计学	数学	经济学
0	刘文涛	68	85	84
1	王宇翔	85	91	63
2	田思雨	74	74	61
3	徐丽娜	88	100	49
4	丁文彬	63	82	89

注:读取 csv 格式数据时,需要设置参数 encoding ='gbk',也就是指定编码格式.因为 Python 的默认编码格式为"UTF -8".而我们将 Excel 文件另存为 csv 格式时,默认的编码格式为"GBK",因此,读取 csv 格式数据时需要指定编码格式为"GBK",与原文件的编码格式一致,否则系统会报错.

```
#读取 Excel 格式数据
import pandas as pd
df =pd.read_excel("C:/pydata/chap01/table1_1.xlsx")   # 读取数据并重命名为 df
df
```

注:运行 df 得到的结果与上述相同.

2. 保存数据

在分析数据时，如果读入的是已有的数据，并且未对数据做任何改动，就没必要保存，下次使用时，重新加载该数据即可。但是，如果在 Python 中录入的是新数据，或者对加载的数据做了修改，保存数据就十分必要。

如果在 Python 环境中录入新数据，或者读入的是已有的数据，想要将数据以特定的格式保存在指定的路径中，则先要确定保存成何种格式。如果想将数据框保存成 csv 格式，则数据文件的后缀必须是 csv，可以使用数据框的 to_csv 方法。如果要将数据保存成 Excel 格式，则数据文件的后缀必须是 xlsx，可以使用数据框的 to_excel 方法。假定要将 table1_1 保存在指定的路径中，代码如代码框 1－18 所示。

代码框 1－18　保存数据

```
#将数据保存成 csv 格式,并存放在指定的路径中
import pandas as pd
table1_1.to_csv("C:/pydata/chap01/df1.csv",index = False, encoding ='utf -8')
                        #将 table 保存在指定的目录下,并取名为 df1.编码格式为 utf -8
```

```
#将数据保存成 Excel 格式,并存放在指定的路径中
table1_1.to_excel("C:/pydata/chap01/df2.xlsx", index = False, encoding ='utf -8')
                        #将 table 保存在指定的目录下,并取名为 df2.编码格式为 utf -8
```

注：1. 两方法的 index 参数默认为 True，设置为 False 表示不保存行索引，encoding 选择文件编码形式，一般使用 utf -8 编码。
2. 如果已将数据保存成 Python 的默认编码格式“UTF -8”，再读取时可以省略编码格式，或写成“encoding ='utf -8'。

1.3.6　生成频数分布表

频数分布表（frequency distribution table）简称频数表，是对类别数据计数或数值数据类别化（分组）后计数生成的表格，用于展示数据的**频数分布**（frequency distribution），其中，落在某一特定类别的数据个数称为**频数**（frequency）。频数分布表本身也是对数据的一种呈现方式。

1. 类别数据频数表

由于类别数据本身就是一种分类，只要将所有类别都列出来，然后计算出每一类别的频数，就可生成频数分布表。根据观测变量的多少，可以生成一维表、二维表和多维表。

（1）一维表。

当只涉及一个类别变量时，这个变量的各类别可以放在频数分布表中“行”的位置，也可以放在“列”的位置，将该变量的各类别及其相应的频数列出来就是一维表，也称一维列联表（one-dimensional contingency table）。下面通过一个例子说明一维表的生成过程。

【例 1－1】（数据：example1_1. csv）某物业管理公司准备实行一项物业管理改革措施，为征求社区居民的意见，在所管理的 4 个社区随机调查 80 个住户，对户主进行调查。表 1－6 是被调查者所属的社区、性别及其对该项改革措施的态度数据（为节省篇幅，只列出前 5 行和后 5 行）。生成频数分布表，观察被调查者所属社区、性别以及对改革措施态度的分布状况。

表 1-6　被调查者所属的社区、性别及其对改革措施的态度数据（前 5 行和后 5 行）

社区	性别	态度	社区	性别	态度
A 社区	男	反对	B 社区	女	反对
B 社区	女	反对	D 社区	女	赞成
D 社区	女	反对	A 社区	男	反对
C 社区	男	反对	C 社区	男	赞成
A 社区	男	赞成	A 社区	男	赞成
……	……	……	……	……	……
A 社区	男	反对	A 社区	女	反对
B 社区	男	赞成	C 社区	男	赞成
A 社区	女	赞成	B 社区	男	赞成
C 社区	女	赞成	A 社区	女	赞成
A 社区	男	赞成	C 社区	女	反对

解：这里涉及 3 个类别变量，即被调查者所属的社区、性别和态度。对每个变量可以生成一维表，分别展示被调查者所属社区、性别和态度的分布状况。使用 Python 自带的 value_counts 函数、pandas 中的 pivot_table 函数等均可以生成一维表。以社区为例，使用 value_counts 函数可以生成一维表的代码和结果如代码框 1-19 所示。

代码框 1-19　生成单变量一维表

```
#使用 value.counts()函数生成一维表
import pandas as pd
example1_1 =pd.read_csv('C:/pydata/chap01/example1_1.csv',encoding='gbk')
example1_1['社区'].value_counts()      #生成频数表(类型是序列)
```

```
A社区    27
C社区    21
B社区    17
D社区    15
Name:社区, dtype: int64
```

```
#将频数表转化成百分比表
example1_1['社区'].value_counts(normalize=True)*100
```

```
A社区    33.75
C社区    26.25
B社区    21.25
D社区    18.75
Name:社区, dtype: float64
```

（2）二维表。

当涉及两个类别变量时，可以将一个变量的各类别放在“行”的位置，另一个变量的各类别放在“列”的位置（行和列可以互换），由两个类别变量交叉分类形成的频数分布表称为二维列联表（two-dimensional contingency table）或交叉表（cross table），简称二维表。比如，对例 1 - 1 的 3 个变量可以分别生成社区与性别、社区与态度、性别与态度的 3 个二维表。

使用 pandas 中的 crosstab 函数和 pivot_table 函数均可以生成二维表。在 crosstab 函数中，设置参数 margins = True 可为二维表添加边际和；设置参数 margins_name 可以修改边际和的名称；设置参数 normalize = 'index'可以计算各行数据占该行合计的比例；设置参数 normalize = 'columns'可以计算各列数据占该列合计的比例；设置参数 normalize = 'all'可以计算每个数据占总和的比例。以例 1 - 1 的社区和态度为例，由 crosstab 函数生成二维表的代码如代码框 1 - 20 所示。

代码框 1 - 20　生成两个变量的二维表

```
#使用 pd 中的 crosstab 函数生成二维表
import pandas as pd
df =pd.read_csv('C:/pydata/chap01/example1_1.csv',encoding ='gbk')
tab1 =pd.crosstab(df.社区,df.态度)
tab1
```

态度 社区	反对	赞成
A 社区	13	14
B 社区	5	12
C 社区	7	14
D 社区	8	9

```
#为二维表添加边际和并修改边际和的名称(默认为 all)
tab2 =pd.crosstab(df.社区,df.态度,margins =True,margins_name ='合计')
tab2
```

态度 社区	反对	赞成	合计
A 社区	13	14	27
B 社区	5	12	17
C 社区	7	14	21
D 社区	6	9	15
合计	31	49	80

```
#将二维表转化成百分比表
tab3 =pd.crosstab(df.社区,df.态度,margins =True,
              margins_name ='合计',normalize ='index')
round(tab3 *100,2)      #转换成百分比表,结果保留 2 位小数
```

态度	反对	赞成
社区		
A 社区	48.15	51.85
B 社区	29.41	70.59
C 社区	33.33	66.67
D 社区	40.00	60.00
合计	38.75	61.25

```
#计算各列所占的比例,并转换成百分比表
tab4 =pd.crosstab(df.社区,df.态度,margins = True,margins_name ='合计',normalize =
'columns')
round(tab4 *100,2)
```

态度	反对	赞成	合计
社区			
A 社区	41.94	28.57	33.75
B 社区	16.13	24.49	21.25
C 社区	22.58	28.57	26.25
D 社区	19.35	18.37	18.75

```
#计算各数据占总和的比例,并转换成百分比表
tab5 =pd.crosstab(df.社区,df.态度,margins =True,margins_name ='合计',normalize ='all')
tab5 *100
```

态度	反对	赞成	合计
社区			
A 社区	16.25	17.50	33.75
B 社区	6.25	15.00	21.25
C 社区	8.75	17.50	26.25
D 社区	7.50	11.25	18.75
合计	38.75	61.25	100.00

（3）多维表。

当有两个以上类别变量时，通常将一个或多个变量按“列”摆放，其余变量按“行”摆放，这种由多个类别变量生成的频数分布表称为**多维列联表**（multidimensional contingency table）或**高维表**（higher-dimensional tables），简称多维表。比如，对例 1－1 中的 3 个变量可以生成一个三维表，分别观察 3 个变量频数的交叉分布状况。

使用 pandas 中的数据透视表函数 pivot_table 可以生成多个类别变量的多维表（该函数可以生成一维表、二维表和多维表）。参数 index 用于指定行变量，columns 用于指定列变量（行和列可以互换，可根据需要指定）。参数 margins = True 可为多维表添加边际和，margins_name 可以修改边际和的名称。使用聚集函数 aggfunc 可以对类别数据计数（如果

数据框中有数值变量，设置其为 value，可以对其计算简单统计量，具体应用见第 3 章的例 3－12）。由 pivot_table 函数生成多维表的代码和结果如代码框 1－21 示。

代码框 1－21　生成多维表

```
#社区和性别为行变量、态度为列变量
import pandas as pd
import numpy as np
df =pd.read_csv('C:/pydata/chap01/example1_1.csv',encoding='gbk')
tab =pd.pivot_table(df,index=['社区','性别'],                # 设置行变量
               columns=['态度'],                             # 设置列变量
               margins=True,margins_name='合计',             # 添加边际和并重命名为合计
               aggfunc=len)                                  # 使用长度聚集函数
tab
```

社区	性别	反对	赞成	合计
A 社区	女	9	9	18
	男	4	5	9
B 社区	女	2	5	7
	男	3	7	10
C 社区	女	2	6	8
	男	5	8	13
D 社区	女	4	7	11
	男	2	2	4
合计		31	49	80

```
#性别和态度为行变量、社区为列变量
tab =pd.pivot_table(df,index=['性别','态度'],columns=['社区'],
               margins=True,margins_name='合计',aggfunc=len)
tab
```

性别	态度	A 社区	B 社区	C 社区	D 社区	合计
女	反对	9	2	2	4	17
	赞成	9	5	6	7	27
男	反对	4	3	5	2	14
	赞成	5	7	8	2	22
合计		27	17	21	15	80

```
#社区为行变量、性别和态度为列变量
tab =pd.pivot_table(df,index=['社区'],columns=['性别','态度'],
                margins=True,margins_name='合计',aggfunc=len)
tab
```

性别	女		男		合计
态度	反对	赞成	反对	赞成	
社区					
A 社区	9	9	4	5	27
B 社区	2	5	3	7	17
C 社区	2	6	5	8	21
D 社区	4	7	2	2	15
合计	17	27	14	22	80

2. 数值数据的类别化

生成数值数据的频数分布表，需要先将其类别化，即转化为类别数据，再生成频数分布表。类别化的方法是将原始数据分成不同的组别，比如，将一个班学生的考试分数分为 60 以下、60 ~ 70、70 ~ 80、80 ~ 90、90 ~ 100 五个区间，通过分组将数值数据转化为有序类别数据。类别化后再计算出各组别的数据频数，即可生成频数分布表。

下面结合具体例子说明数值数据频数分布表的生成过程。

【例 1 - 2】（数据：example1_2. csv）表 1 - 7 是某购物网站 120 天的销售额数据，生成频数分布表。

表 1 - 7　某购物网站 120 天的销售额　　单位：万元

272	197	225	183	200	217	210	205	191	194	171	186
181	236	172	195	222	253	205	217	224	241	203	238
225	198	252	196	201	206	212	237	204	203	238	216
199	196	187	239	224	248	218	217	224	224	200	234
188	199	216	196	202	181	217	218	188	235	209	199
240	200	243	198	193	207	214	203	225	208	210	235
191	172	246	208	203	172	206	219	222	233	226	220
204	234	207	199	261	207	215	207	209	216	223	238
192	161	243	252	203	216	265	222	226	229	206	196
212	254	167	200	218	205	215	218	228	230	243	233

首先，确定要分的组数。确定组数的方法有几种。设组数为 K，根据 Sturges 给出的组数确定方法，$K = 1 + \log_{10}(n)/\log_{10}(2)$。当然这只是个大概数，具体的组数可根据需要适当调整。表 1 - 7 共有 120 个数据，$K = 1 + \log_{10}(120)/\log_{10}(2) = 8$，因此，可以将数据大约分成 8 组。当然，这只是个大概数，实际分组时可根据需要适当调整。

其次，确定各组的组距（组的宽度）。组距可根据全部数据的最大值和最小值及所分的组数来确定，即组距 =（最大值 - 最小值）÷ 组数。在表 1 - 7 的数据中，最小值为 min (example1_2 ['销售额']) =161，最大值为 max (example1_2 ['销售额']) =272，则组距 = (272 - 161) /8≈14，因此组距可取 15（当然也可以取组距 =10，组距 =20，等等，使用者根据分析的需要确定一个大概数即可）。

最后，统计出各组的频数，即可生成频数分布表。在统计各组频数时，恰好等于某一组上限的变量值一般不算在本组内而算在下一组，即一个组的数值 x 满足 $a \leqslant x < b$（使用统计软件分组时，默认包含上限值，即 $a < x \leqslant b$）。

使用 pandas 中的 cut 函数可实现数据分组并生成频数分布表，代码和结果如代码框 1-22 所示。

代码框 1-22　数据分组与生成频数分布表

```
import pandas as pd
df =pd.read_csv('C:/pydata/chap01/example1_2.csv',encoding ='gbk')
f =pd.cut(df['销售额'],
          bins =[160,170,180,190,200,210,220,230,240,250,260,270,280],
          right =False)            # 分组不含上限值
tf =f.value_counts()               # 生成频数表
tab =tf.sort_index()               # 按索引排序(函数默认按数据即频数排序)
tab.index.name = '销售额分组'      # 添加索引名称
tab
```

```
销售额分组   频数
[160, 170)    2
[170, 180)    4
[180, 190)    7
[190, 200)   17
[200, 210)   27
[210, 220)   20
[220, 230)   16
[230, 240)   13
[240, 250)    7
[250, 260)    4
[260, 270)    2
[270, 280)    1
Name:销售额, dtype: int64
```

注:读者可以运行代码 pd.cut(df['销售额'], bins =12, right = True).value_counts().sort_index()查看不同的分组结果.

1.4　Python 绘图基础

1.4.1　Python 的主要绘图模块

Python 具有强大的可视化功能，可绘制式样繁多的图形。其中，最典型的可视化工具主要有两个：matplotlib 和 seaborn。此外，作为数据分析模块的 pandas 也提供了针对 DataFrame 对象的绘图函数，gglot 模块提供了类似于 R 中 ggplot2 的绘图方法。

1. matplotlib 模块

matplotlib 是 Python 最常用的一种 2D 绘图库，它是 Python 中的基础绘图模块，包含了大量的绘图工具，可以绘制灵活多样的图形，其中的 pyplot 子模块类似于 Matlab 的操作思想，上手简单。matplotlib 可以对图形进行精确的设置，也可以与其他绘图模块结合使用。由于 matplotlib 属于比较底层的绘图工具，要绘制漂亮或专业的图形，显得有些烦琐，需要编写大量的代码，因此，实际中通常将其与其他绘图模块结合使用。在官方网站（https：//matplotlib. org/tutorials/index. html）可以查看 matplotlib 的使用方法。

2. seaborn 模块

seaborn 可视为 matplotlib 的扩展模块，也可视为对 matplotlib 绘图的补充。它是在 matplotlib 的基础上进行了高级 API 封装，使用较少的代码就可以绘制出漂亮的图形，可用于绘制分面图、交互图、3D 图等。seaborn 主要用于绘制较专业的统计分析图，基本上能满足大部分统计绘图的需求，尤其适合绘制按因子分组的图形以及概率分布图等。

3. pandas 中的绘图函数

pandas 的数据结构主要是数据框，由于数据框中有行标签和列标签，使用 pandas 提供的针对 DataFrame 对象的绘图函数，绘图所需的代码要比 matplotlib 少，容易实现，而且 pandas 中也提供了数据框绘图的高级方法，可以实现快速绘图。与 matplotlib 的精细化设置结合起来，同样可以快速完成更有吸引力的图形。

4. ggplot 和 plotnine 绘图系统

ggplot 和 plotnine 是用于绘图的 Python 扩展模块，这两个模块基本上移植了 R 中 ggplot2 的绘图语法。对使用过 R 的 ggplot2 的读者来说，使用这两个模块绘图十分容易，输出的图形风格也与 R 的 ggplot2 十分类似。

下面主要介绍 matplotlib 模块的一些基本功能。

1.4.2　基本绘图函数

使用 matplotlib 绘图首先要明确两个对象，即画布（figure）和画像（axes）。画布即绘图的区域，画像即绘制的一幅图，如折线图、条形图、散点图等。所有绘图操作的第一步都是创建画布和画像，让 Python 明确你开始进行绘图操作，一个画布上可以放置多个画像。图 1-12 是 matplotlib 库官方文档中的一幅图，展示了一幅图由哪些组件组成。

matplotlib 使用不同的函数控制图像的各个组件，如 legend 函数控制图例的名称、大小、颜色及位置等属性，title 函数控制标题，xlabel 函数控制 x 轴（横坐标）标题，相应的 ylabel 函数控制 y 轴（纵坐标）标题，xticks 以及 yticks 函数分别控制 x 轴和 y 轴刻度等。根据需要选择不同的函数绘制图像的内容，如 plot 函数绘制折线图，hist 函数绘制直方图，barh 函数绘制水平条形图，scatter 函数绘制散点图等。

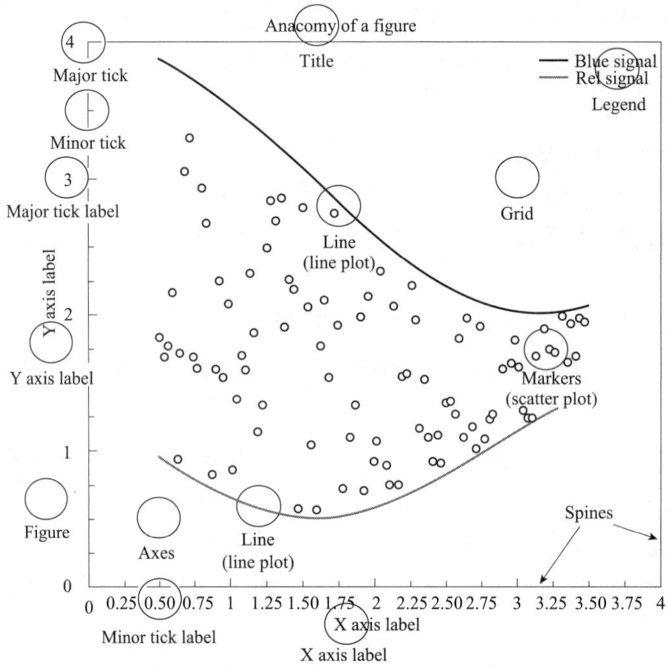

图 1-12　matplotlib 绘图的组件

下面通过一个例子简要说明使用 matplotlib 绘图的一些基本操作方法，如代码框 1-23 所示。

代码框 1-23　matplotlib 绘图的一些基本操作

```
# 图 1-13 的绘制代码
#导入相关模块
import numpy as np
import matplotlib.pyplot as plt
plt.rcParams['font.sans-serif'] = 'SimHei'                    # 显示中文
plt.rcParams['axes.unicode_minus'] = False                    # 显示负号

#生成绘图数据
np.random.seed(100)                                           # 设置随机数种子
x = np.random.standard_normal(200)                            # 产生 200 个标准正态分布随机数
y = 1 + 2 * x + np.random.normal(0, 1, 200)                   # 产生变量 y 的随机数

#绘制图像内容
plt.figure(figsize = (8, 6))                                  # 设置图形大小(长度和高度)
plt.scatter(x, y, marker = 'o',c = '',edgecolors = 'black')   # 绘制散点图

fit = np.poly1d(np.polyfit(x, y, deg = 1))                    # 使用一项式拟合
y_hat = fit(x)                                                # 得到拟合 y 值
plt.plot(x, y_hat, c = 'b')                                   # 绘制拟合直线
plt.plot(x.mean(), y.mean(), 'ro', markersize = 20, fillstyle = 'bottom')
                                    #添加均值点并设置点的大小、颜色和填充类型
```

```
plt.axhline(y.mean(), color='black', ls='--', lw=1)
                                        # 添加均值水平线并设置线的颜色、线型和线宽
plt.axvline(x.mean(), color='black', ls=(0, (5, 10)), lw=1)      # 增加均值垂直线

#绘制其他组件
plt.grid(linestyle=':')                         # 增加网格线

ax =plt.gca()                                   # 得到当前操作图像
ax.spines['right'].set_color('#4169E1')         # 设置边框颜色
ax.spines['left'].set_color('#4169E1')
ax.spines['top'].set_color('royalblue')
ax.spines['bottom'].set_color('b')

plt.text(x=0.4, y=-3, s=r'$ \hat{y} = \hat{ \beta}_0 + \hat{ \beta}_1x $',
            fontdict={'size':12, 'bbox':{'fc': 'pink', 'boxstyle': 'round'}}, ha='left')
                                                  # 添加文本注释
plt.annotate(text=r'均值点', xy=(x.mean(), y.mean()), xytext=(-0.6, 3),
               arrowprops = {'headwidth': 10, 'headlength': 5, 'width': 4,
               'facecolor': 'r', 'shrink': 0.1,},
               fontsize=14, color='red', ha='right')      # 添加带箭头的文本注释

plt.title('散点图及拟合直线\n并为图形增加新的元素', fontsize=14) # 添加标题，\n 表示断行
plt.xlabel('x=自变量', fontsize=10)      # 增加 x 轴标题
plt.ylabel('y=因变量', fontsize=10)      # 增加 y 轴标题
plt.legend(['拟合直线'], loc='best')     # 添加图例

plt.show()                               # 显示图像
```

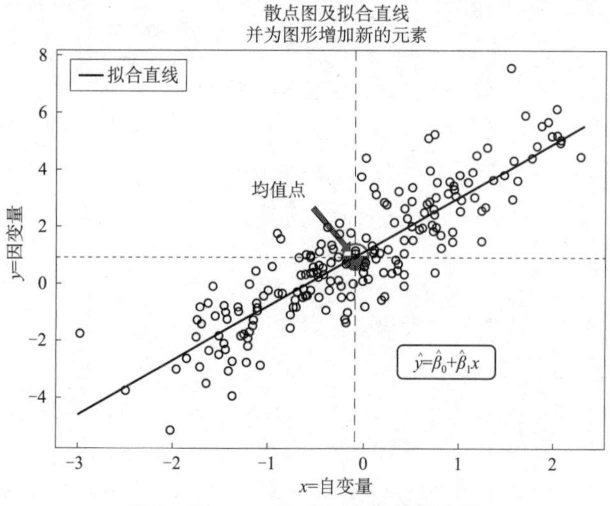

图 1－13　matplotlib 绘制的散点图

注:1. 直接使用 plt. 函数名绘图,会自动创建画布与画像对象.
2. 绘制散点图时,edgecolors 控制标记边框的颜色,c 控制标记填充的颜色,c = "表示空心.
3. plt 支持 Latex,文本内容可以是数学公式,在 $ $ 内写即可.
4. 使用 help(plt. 函数名)查看更多可以设置的参数.
5. 设置% config InlineBackend.figure_format ='svg' 可绘制矢量图以提高图片质量.

图 1-13 是用 matplotlib 的 pyplot 子模块中的 scatter 函数绘制的 x 和 y 散点图，并使用多个控制函数为散点图添加各种组件，以增强图形的可读性。这里只是演示在现有图形上添加新元素的方法，在实际应用时，可根据需要选择要添加的元素。

1.4.3 图形布局

一个绘图函数通常生成一幅独立的图形。有时需要在一个绘图区域（图形页面）内同时绘制多幅不同的图。使用 matplotlib 可以在一个画布上进行不同的布局，比如，用子图函数 subplots 等分画布，使用 add_gridspec 函数自定义分割画布，生成不同页面分割方法和图形组合方法。

1. 等分布局

在 matplotlib 模块的 pyplot 子模块中，使用函数 subplots 可以对画布等分布局。参数 nrows 和 ncols 可以将一个画布等分成 $nr \times nc$ 的矩阵，然后依照从左至右、从上至下的顺序在每个分割的区域填充一幅图像，figsize 参数控制整个画布的大小，如代码框 1-24 所示。

代码框 1-24 subplots 函数的等分布局

```
# 图 1 -14 的绘制代码
# subplots 函数的等分布局
import matplotlib.pyplot as plt
import numpy as np

np.random.seed(1010)
plt.subplots(nrows=2, ncols=2, figsize=(10, 7))
                        # 生成 2x2 网格,整幅图形的宽度为 10,高度为 7
plt.subplot(221)        # 在 2x2 网格的第 1 个位置绘图
plt.scatter(x=range(100), y=np.random.randint(low=0, high=100, size=100),
        marker='^', c='red')        #绘制散点图
plt.subplot(222)        # 在 2x2 网格的第 2 个位置绘图
plt.hist(np.random.normal(loc=5, scale=10, size=100),
      bins=10, color='lightgreen')  # 绘制直方图
plt.subplot(223)        # 在 2x2 网格的第 3 个位置绘图
plt.plot(range(20), np.random.normal(5,10,20), marker='o',
        linestyle='-.', linewidth=2, markersize=8)  # 绘制折线图
plt.subplot(224)        # 在 2x2 网格的第 4 个位置绘图
plt.bar(x=range(5), height=range(5, 0, -1), color=['cyan', 'pink'])  # 绘制条形图
plt.show()
```

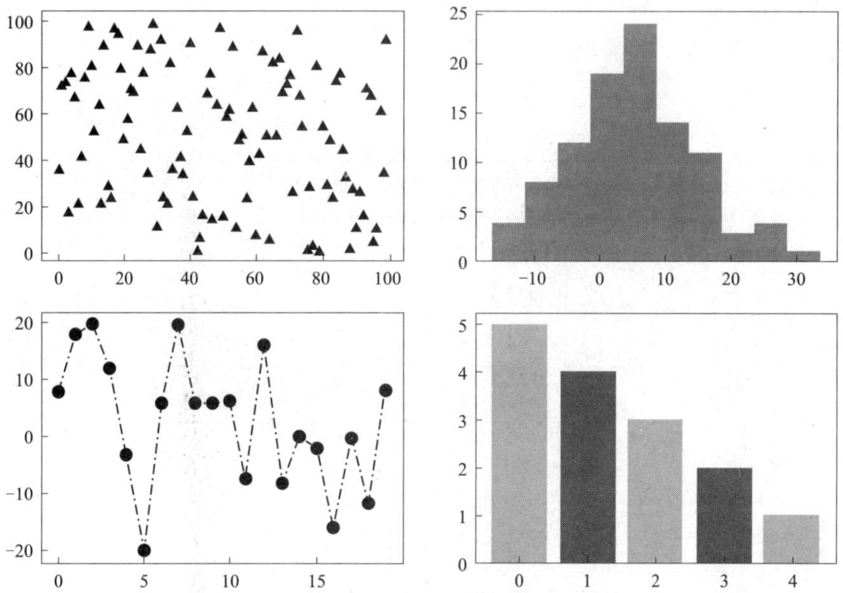

图1-14 subplots函数的页面布局

注:使用 plt.savefig('./图1-14subplots函数的布局.jpg')可保存图片.

2. 不等分布局

如果要对画布进行不等分布局，可以使用matplotlib中的函数GridSpec函数、subplot2grid函数、add_gridspec函数等，如代码框1-25所示。

代码框1-25 画布的不等分布局

```
#图1-15的绘制代码
#使用GridSpec函数布局
import matplotlib.pyplot as plt

fig =plt.figure(figsize=(6,5))    #创建新图形,并设置图形大小
grid=plt.GridSpec(3,3)            #生成3行3列的网格
plt.subplot(grid[0,:2])           #占据第1行前2列
plt.subplot(grid[0,2])            #占据第1行前3列
plt.subplot(grid[1,:1])           #占据第2行第1列
plt.subplot(grid[1,1:])           #占据第2行后2列
plt.subplot(grid[2,:3])           #占据第3行前3列
fig.tight_layout()                #紧凑布局
```

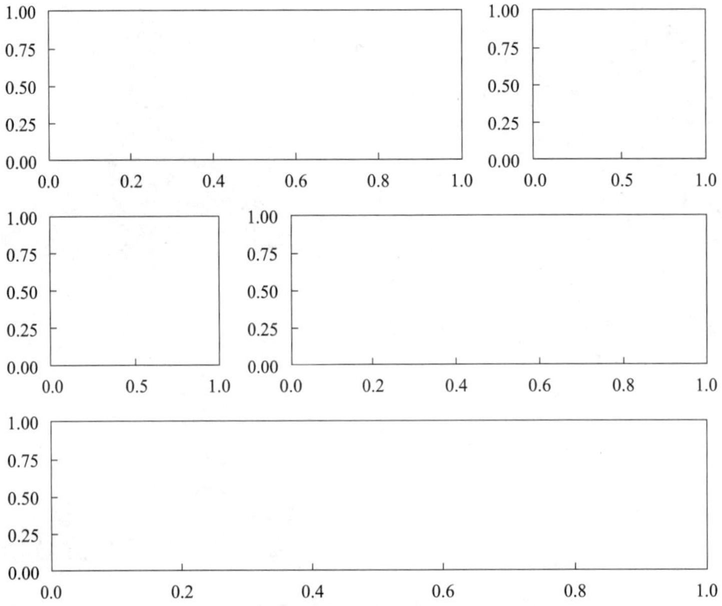

图 1-15　GridSpec 函数的不等分布局

```
#图 1-16 的绘制代码
#使用 subplot2grid 函数布局
import matplotlib.pyplot as plt

fig =plt.figure(figsize = (6, 4.5))   # 创建新图形,并设置图形大小

# 3 行 3 列的网格图布局
ax1 =plt.subplot2grid((3,3),(0,0),rowspan =2,colspan =2)  # 第 1 行第 1 幅图占据 2 行 2 列
ax2 =plt.subplot2grid((3,3),(0,2),rowspan =3,colspan =1)  # 第 1 行第 2 幅图占据 3 行 1 列
ax3 =plt.subplot2grid((3,3),(2,0),rowspan =1,colspan =1)  # 第 3 行第 1 幅图占据 1 行 1 列
ax4 =plt.subplot2grid((3,3),(2,1),rowspan =1,colspan =1)  # 第 3 行第 2 幅图占据 1 行 1 列
fig.tight_layout()
```

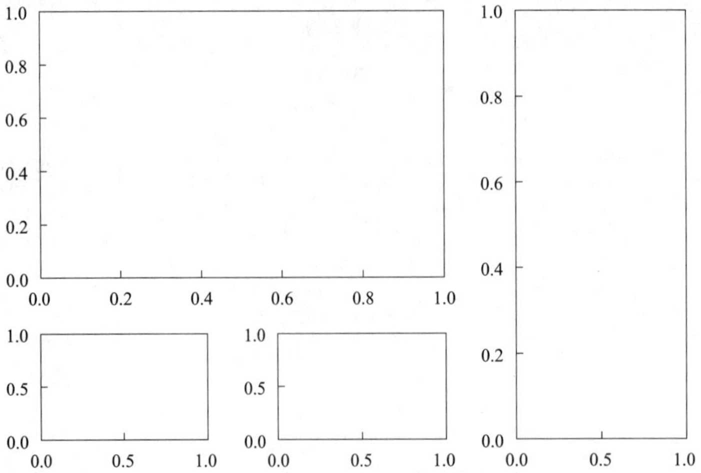

图 1-16　subplot2grid 函数的不等分布局

```
图1-17的绘制代码
#使用add_gridspec函数布局
import matplotlib.pyplot as plt
import numpy as np

np.random.seed(1010)
fig =plt.figure(figsize = (7, 4))
spec = fig.add_gridspec(nrows = 2, ncols = 6, width_ratios = [1,1,1,1,1,1],
height_ratios = [1,2])
fig.add_subplot(spec[0, 1:3])          # 占据第1行的2到3列
fig.add_subplot(spec[0, 3:])           # 占据第1行的后3列
ax = fig.add_subplot(spec[:, 0])       # 占据第1行的所有行
ax = fig.add_subplot(spec[1, 1:4])     # 占据第2行的1~4列
ax = fig.add_subplot(spec[1, 4:])      # 占据第2行第4列后的所有列(这里为5~6)
fig.tight_layout()
plt.show()
```

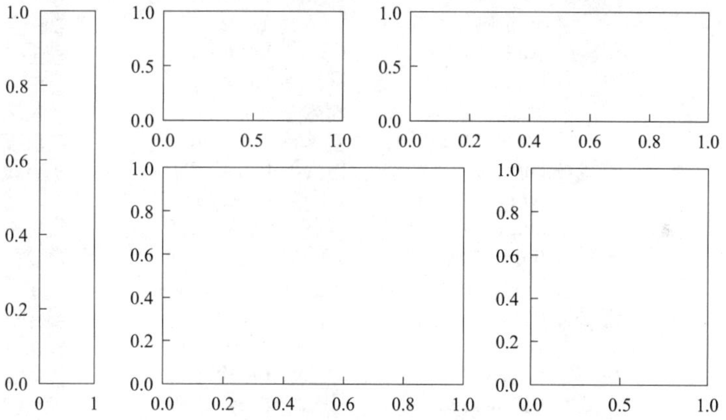

图1-17　add_gridspec函数的不等分布局

注:add_gridspec函数中的参数nrows和ncols是将一个画布分成nrows和ncols的网格,参数width_ratios和height_ratios用于控制每行每列的高度和宽度比,add_subplot函数在画布上选择使用哪几行与哪几列的位置,得到子图区域,最后可在子图区域上填充图像.

1.4.4　图形颜色、线型和标记

Python的每个绘图函数都有多个关键字参数，用于控制图形细节，如标记大小形状等。使用者可以用help（函数名）查阅函数参数的详细解释。绘图时，若不对参数做任何修改，则函数使用默认参数绘制图形。如果默认设置不能满足个人需要，可对其进行修改，以改善图形输出。图形参数可用于控制图形颜色、线条形状、标记属性等等。

图形配色在可视化中十分重要，从某种程度上说，颜色可以作为展示数据的一个特殊维度。Python软件提供了丰富的绘图颜色，使用参数color="" 控制图形的颜色，对于散

点图控制点的颜色，对于折线图控制线的颜色，对于直方图控制柱子的颜色，color 有时可简写为 c。字符串是颜色的名称，Python 对部分颜色有各自的命名，除了已命名的颜色外，Python 还支持 16 进制颜色字符串，以"#" 开头，如"#3FD462"，也可以使用调色板（palette）为图形配色。图 1－18 展示了 Python 支持的已命名的颜色。

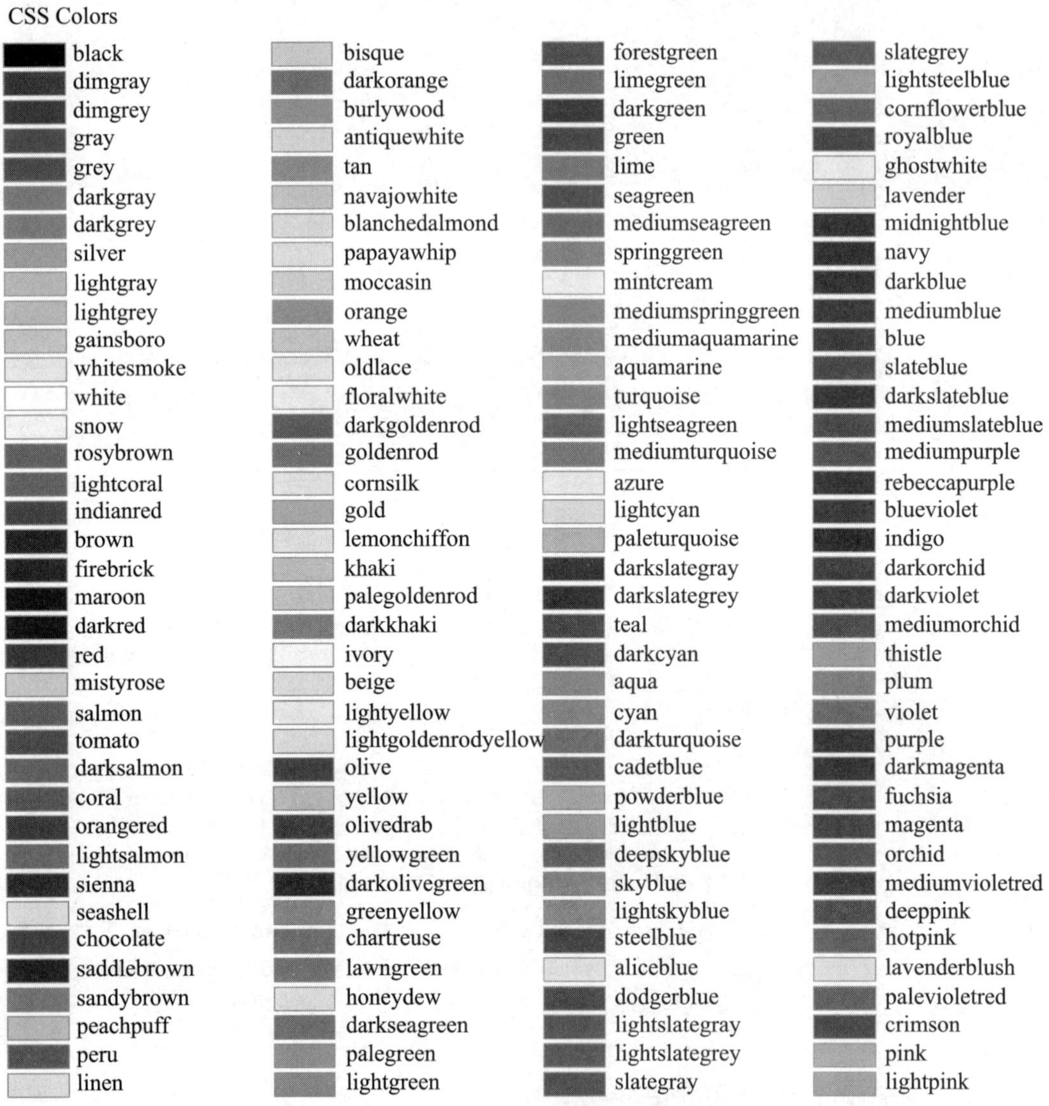

图 1－18　Python 的已命名颜色

Python 为几种主要颜色设置了简写，如'b'表示蓝色，'r'表示红色，'g'表示绿色，'k'表示黑色等。设置单一颜色时，表示成 color = "red" （或 color = 'r'）。设置多个颜色时，则为一个颜色列表，如 color = ［"red","green","blue"］。需要填充的颜色多于设置的颜色向量时，颜色会被重复使用。比如，要填充 10 个条的颜色，color = ［"red","green"］ 两种颜色被重复使用。

绘制线段或折线图时，若需要在图形中添加多个线条组件，可以使用线条粗细、线条形状等进行区分。Python 使用参数 linestyle = "" 控制线型，有时可简写为 ls，使用参数

linewidth 控制线条宽度，有时可简写为 lw。Python 常用的线型有：'-'表示实线，也可使用名称"solid"；'--'表示破折线，或使用名称"dashed"；':'表示点虚线，或使用名称"dotted"；'-.'表示点划线，或使用名称"dashdot"。还可设置空字符串"表示无线条。图1-19展示了Python支持的线型，包括很多未命名的使用参数表示的线型，使用时用名称下方的元组即可。

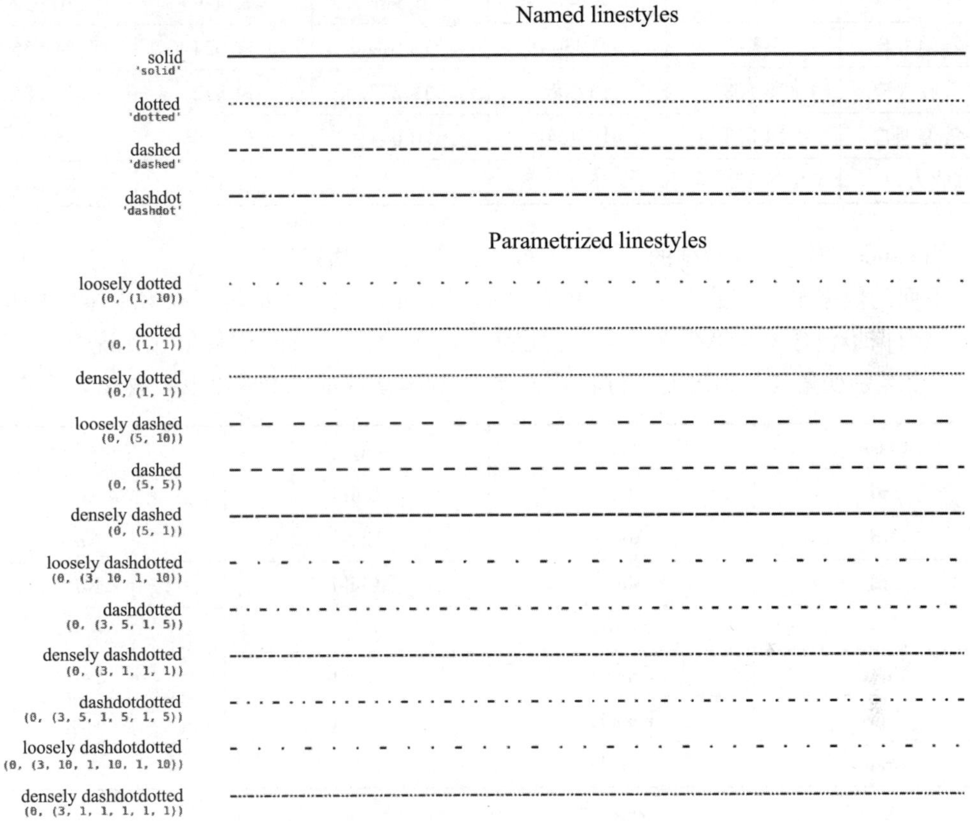

图1-19 Python支持的线型

绘制散点图和折线图等图形时会用到点标记，Python 使用 marker="" 参数控制标记的形状，使用 markersize 控制标记大小。图1-20展示了Python支持的标记形状。

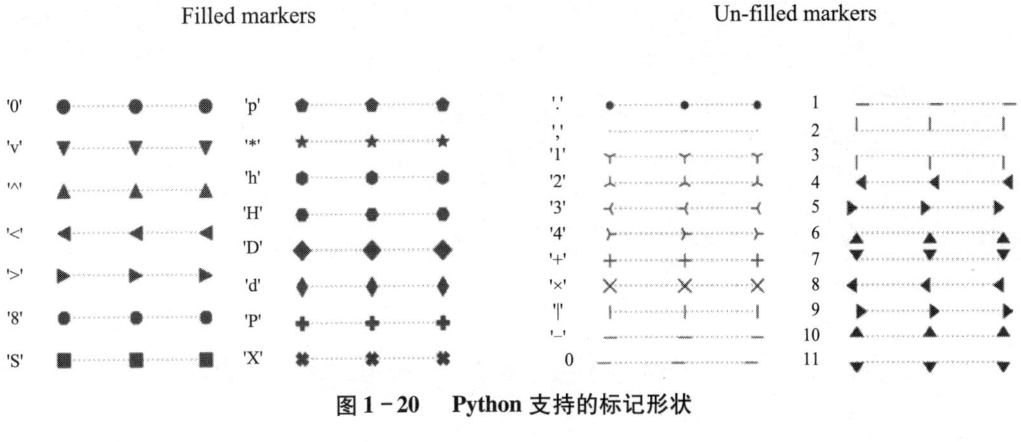

图1-20 Python支持的标记形状

习 题

1.1 下表是按收入五等分划分的某地区城镇居民平均每人纯收入数据（单位：元）。

收入户等级	2016 年	2017 年	2018 年	2019 年	2020 年
低收入户	3 750	4 647	6 545	8 004	10 422
中等偏下户	7 338	9 330	12 674	17 024	21 636
中等收入户	10 508	13 506	18 277	24 832	31 685
中等偏上户	14 823	19 404	26 044	35 576	45 639
高收入户	28 225	36 957	49 175	67 132	85 541

用 pandas 创建上表数据的一个数据框，并存为 csv 格式。

1.2 下面的数据集（该数据集来自 R 软件的 Titanic）记录了泰坦尼克号上乘客的信息，该数据集包含船舱等级（class）、性别（sex）、年龄（age）和生存状况（survived）4 个类别变量（只列出前 3 行和后 3 行）。根据该数据集生成以下频数表。

Class	Sex	Age	Survived
3rd	Male	Child	No
3rd	Male	Child	No
3rd	Male	Child	No
……	……	……	……
Crew	Female	Adult	Yes
Crew	Female	Adult	Yes
Crew	Female	Adult	Yes

（1）生成 Sex 和 Survived 两个变量的二维列联表，并为列联表添加上边际和。

（2）生成 Class、Sex、Age 和 Survived 4 个变量的多维列联表。

1.3 从均值为 200 、标准差为 10 的正态总体中产生 1 000 个随机数，并将这 1 000 个数据分成组距为 10 的组，生成频数分布表。

第 2 章　数据可视化分析

数据可视化（data visualization）是数据分析的基础，也是数据分析的重要组成部分。可视化分析是利用图形来展示数据的一种分析方法，它既是对数据的展示过程，也是对数据信息的再提取过程。可视化不仅可以帮助我们理解数据，探索数据的特征和模式，而且可以提供数据本身难以发现的额外信息。对使用者而言，可视化分析需要清楚三个基本问题，即数据类型、分析目的和实现工具。数据类型决定你可以画出什么图形；分析目的决定你需要画出什么图形；实现工具决定你能够画出什么图形。本章以数据类型和分析目的为基础，介绍数据分析中常见的一些图形。

2.1　类别数据可视化

对于类别数据，主要是关心各类别的绝对频数及频数百分比等信息，对于具有类别标签的其他数值（如各地区的 GDP 数据），则主要是关心不同类别上的其他数值的绝对值大小或百分比构成。这类数据可视化的基本图形主要有条形图和饼图及其变种。

本节图形适用的数据类型包括：一个或多个类别变量（数据）的频数及其百分比；具有类别标签的其他数值数据的绝对值及其百分比。比如，画出男女人数的条形图，这里的人数就是男或女这两个类别出现的频数；如果画出男女月平均收入的条形图，这里的平均收入并不是男或女这两个类别出现的频数，而是与这两个类别对应的其他数值。

2.1.1　条形图

条形图（bar plot）是用一定长度和宽度的矩形表示各类别频数多少的图形，主要用于展示类别数据的频数分布，也可以用于展示带有标签的数值数据。绘制条形图时，各类别可以放在 x 轴（横轴），也可以放在 y 轴（纵轴）。类别放在 x 轴的条形图称为**垂直条形图**（vertical bar plot）或柱形图①，类别放在 y 轴的条形图称为**水平条形图**（horizontal bar plot）。根据绘制的变量多少，条形图有简单条形图、并列条形图和堆叠条形图等。

1. 简单条形图

根据一个类别变量或一维表绘制的条形图就是简单条形图（simple bar plot），它是用一个坐标轴表示类别、另一个坐标轴表示类别频数绘制的条形图。

【例 2－1】（数据：example1_1. csv）沿用第 1 章的例 1－1。绘制不同性别、社区和态度的被调查者人数的简单条形图。

解： 绘制简单条形图的代码和结果如代码框 2－1 所示。

---

① 柱形图并不是一种单独的图形，它实际上就是条形图，只是将类别放在了 x 轴（横轴），也就是将图形旋转 90 度，并未改变图形的任何属性和特征。本书不使用柱形图概念，避免使人误解为它是与条形图不同的另一种图形。比如，一个人的名字叫王恒，他躺在床上睡觉时叫王恒，他站起来的时候还是叫王恒，不会改名叫王柱。

代码框 2-1　绘制简单条形图

```
#图 2-1 的绘制代码
import pandas as pd
import matplotlib.pyplot as plt
plt.rcParams['font.sans-serif'] = ['SimHei']   #显示中文
df = pd.read_csv('C:/pydata/chap01/example1_1.csv', encoding = 'gbk')

plt.subplots(1, 3, figsize = (15,4))        # 设置子图及其大小

plt.subplot(131)
t1 = df['性别'].value_counts()                # 生成一维表
p1 = t1.plot(kind = 'bar')                    # kind = 'bar'表示绘制条形图,默认绘制垂直条形图
plt.ylabel('频数')                            # 绘制 y 轴标签
plt.title('(a)性别垂直条形图')                # 绘制图形标题

plt.subplot(132)
t2 = df['社区'].value_counts()
p2 = t2.plot(kind = 'barh',alpha = 0.5)       # kind = 'barh'表示水平条形图,alpha 设置颜色透明度
plt.xlabel('频数')
plt.title('(b)社区水平条形图')

plt.subplot(133)
t3 = df['态度'].value_counts()
p3 = t3.plot(kind = 'bar')
plt.ylabel('频数')
plt.title('(c)态度垂直条形图')

plt.show()
```

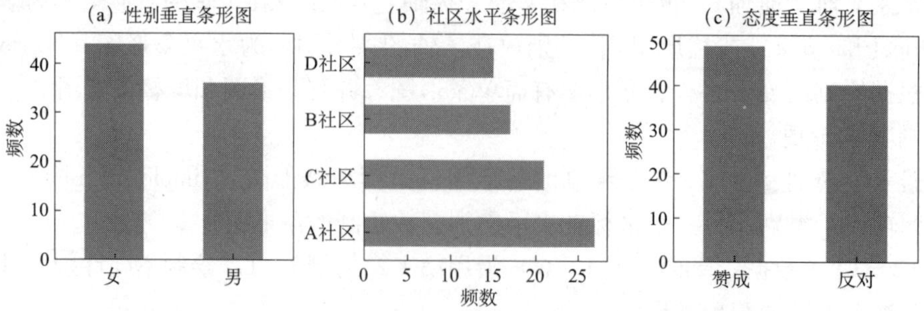

图 2-1　不同性别、社区和态度的被调查者人数的简单条形图

注:plot 函数绘制条形图时,根据频数的多少对各个条自动做了排序.

图 2－1（a）显示，在全部被调查者中，女性人数多于男性。图 2－1（b）显示，在全部被调查者中，A 社区的人数最多，D 社区的人数最少。图 2－1（c）显示，赞成的人数多于反对的人数。

2. 并列条形图和堆叠条形图

绘制两个类别变量的条形图时，可以先生成二维列联表再绘图。根据绘制方式不同有**并列条形图**（juxtaposed bar plot）和**堆叠条形图**（stacked bar plot）等。在并列条形图中，一个类别变量作为坐标轴，另一个类别变量各类别频数的条形并列摆放；在堆叠条形图中，一个类别变量作为坐标轴，另一个类别变量各类别的频数按比例堆叠在同一个条中。以例 1－1 的数据为例，绘制并列条形图和堆叠条形图的代码和结果如代码框 2－2 所示。

代码框 2－2　绘制并列条形图和堆叠条形图

```
#图 2-2 的绘制代码
#并列条形图
import pandas as pd
import matplotlib.pyplot as plt
df=pd.read_csv('C:/pydata/chap01/example1_1.csv', encoding='gbk')
plt.rcParams['font.sans-serif'] = ['SimHei']

t4=pd.crosstab(df.性别,df.态度)    #生成二维表
t4.plot(kind='bar')
plt.title('(a)垂直并列条形图')

t4.plot(kind='barh')
plt.title('(b)水平并列条形图')

#堆叠条形图
t5=pd.crosstab(df.社区,df.态度)
t5.plot(kind='bar',stacked=True)    #stacked=True 表示绘制堆叠条形图
plt.title('(c)垂直堆叠条形图')

t6=pd.crosstab(df.态度,df.社区)
t6.plot(kind='barh',stacked=True)
plt.title('(d)水平堆叠条形图')

plt.show()
```

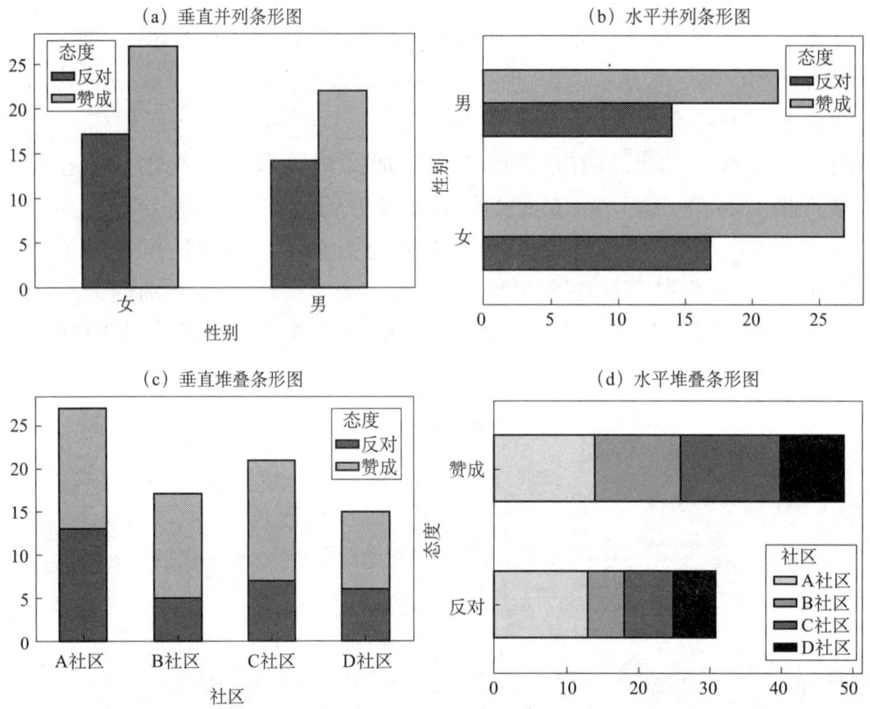

图 2-2 被调查者性别、所属社区、态度的并列条形图和堆叠条形图

下面再通过一个例子说明为条形图添加数值标签的方法。

【例 2-2】（数据：example2_2. csv）表 2-1 是 2019 年北京、天津、上海和重庆的人均各项消费支出数据。绘制北京和上海人均各项消费支出的简单条形图，以及北京、天津和上海人均各项消费支出的并列条形图和堆叠条形图，并为条形图添加人均各项消费支出的数值标签。

表 2-1 2019 年北京、天津、上海和重庆的人均各项消费支出 单位：元

支出项目	北京	天津	上海	重庆
食品烟酒	8 488.5	8 983.7	10 952.6	6 666.7
衣着	2 229.5	1 999.5	2 071.8	1 491.9
居住	15 751.4	6 946.1	15 046.4	3 851.2
生活用品及服务	2 387.3	1 956.7	2 122.8	1 392.5
交通通信	4 979.0	4 236.4	5 355.7	2 632.8
教育文化娱乐	4 310.9	3 584.4	5 495.1	2 312.2
医疗保健	3 739.7	2 991.9	3 204.8	1 925.4
其他用品及服务	1 151.0	1 154.0	1 355.9	501.3

解：绘制带有数值标签的条形图的代码和结果如代码框 2-3 所示。

代码框 2-3　绘制并列条形图和堆叠条形图

```
#图 2-3 的绘制代码(为简单条形图添加数值标签)
import pandas as pd
importmatplotlib.pyplot as plt
plt.rcParams['font.sans-serif'] = ['SimHei']

df = pd.read_csv('C:/pydata/chap02/example2_2.csv', encoding = 'gbk')
plt.subplots(2,1,figsize = (8,9))

#图(a)北京各项支出的垂直条形图
plt.subplot(211)
plt.bar(x = df['支出项目'],height = df['北京'],
            width = 0.6,        #设置条的宽度
            alpha = 0.6,        #设置颜色透明度
            align = 'center')   #默认 align = 'center',表示条形与 x 轴标签中心对齐,
'edge'表示条形的左边缘与 x 轴标签中心对齐
plt.xlabel('支出项目')
plt.ylabel('支出金额')
plt.title('(a) 北京各项支出的垂直条形图')
plt.ylim(0,17000)                #设置 y 轴范围
#加数值标签
x = df['支出项目']
y = df['北京']
for a,b in zip(x,y):
      plt.text(a, b + 200, '%.0f'% b, # 标签位置在 y 值 + 200 处
      ha = 'center',va = 'bottom',color = 'red',fontsize = 10)

#图(b)上海各项支出的水平条形图
plt.subplot(212)
plt.barh(y = df['支出项目'],width = df['上海'],alpha = 0.6,)
plt.xlabel('支出金额')
plt.ylabel('支出项目')
plt.title('(b) 上海各项支出的水平条形图')
plt.xlim(0,16500)  #设置 x 轴的范围
#加数值标签
x = df['上海']
y = df['支出项目']
for a,b in zip(x,y):plt.text(a + 500, b, '%.0f'% a,
      ha = 'center',va = 'bottom',color = 'red',fontsize = 10)

plt.tight_layout()
plt.show()
```

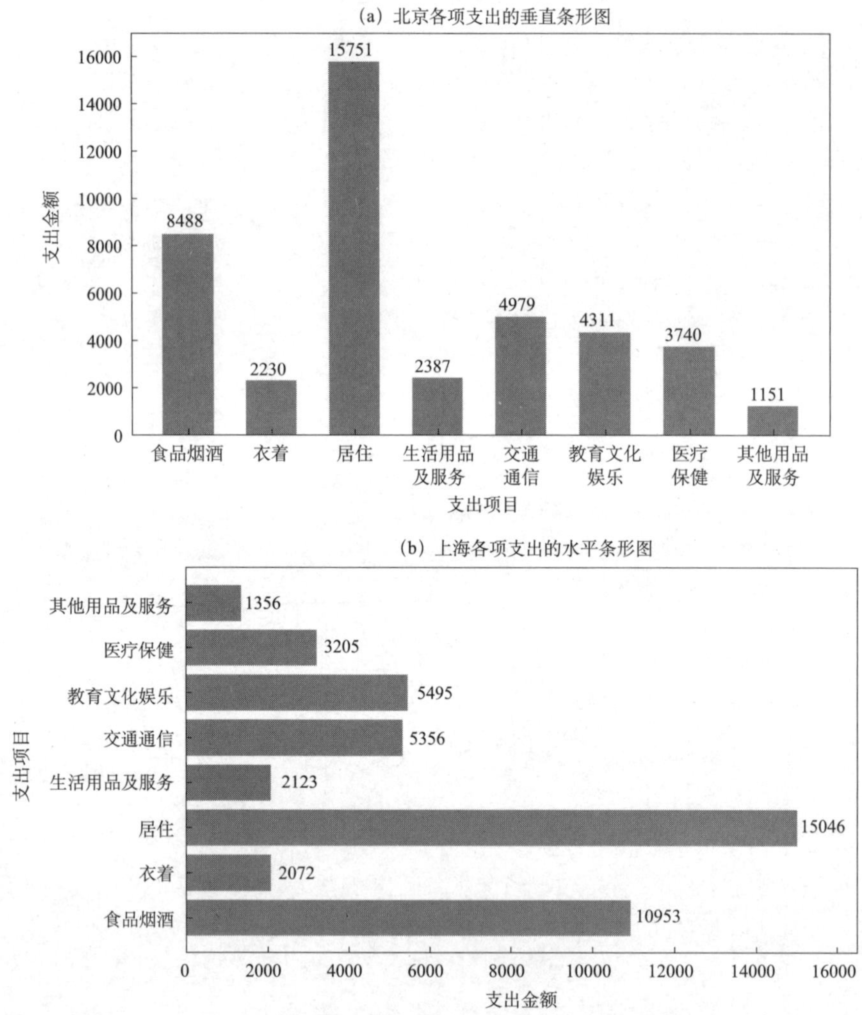

图 2-3　2019 年北京和上海各项消费支出的简单条形图

注:函数默认 align='center',表示条形与 x 轴标签中心对齐,设置'edge'表示条形的左边缘与 x 轴标签中心对齐.

```
#图 2-4 的绘制代码(为并列条形图和堆叠条形图添加标签)
#图(a)并列条形图
plt.subplots(2,1,figsize=(8,9))
plt.subplot(211)

x=df['支出项目']
y1=df['北京']
y2=df['天津']
y3=df['上海']
#y4=df['重庆']
width=0.2                # 设置条的宽度
```

```
#设置后两个条形向后移动的宽度
x1 = list(range(len(x)))
x2 = [i +1.35 * width fori in x1]
x3 = [i +2.7 * width fori in x1]

#绘制条形图
plt.ylim(0,17800)                  # 设置 y 轴的范围
plt.xlabel('支出项目')
plt.ylabel('支出金额')
plt.xticks(x2, x)                  # 设置 x 轴刻度位置(在天津下面居中)
plt.bar(x1,y1, width =0.25, label ='北京',align ='center',alpha =0.8)
plt.bar(x2,y2, width =0.25, label ='天津',align ='center',alpha =0.8)
plt.bar(x3,y3, width =0.25, label ='上海',align ='center',alpha =0.8)
plt.title('(a) 并列条形图',fontsize =12,color ='blue')
plt.legend()                       # 绘制图例

#添加数值标签
for a,b in zip(x1,y1):
    plt.text(a,b +200, '%.0f'% b, ha ='center', va ='bottom',color ='blue',fontsize =10,
             rotation =90) #标签旋转 90 度
fora,b in zip(x2,y2):
    plt.text(a,b +200, '%.0f'% b, ha ='center', va ='bottom',color ='red',fontsize =
             10,rotation =90)
for a,b in zip(x3,y3):
    plt.text(a,b +200, '%.0f'% b, ha ='center', va ='bottom',color ='green',fontsize =
             10,rotation =90)

#图(b)堆叠条形图
plt.subplot(212)
x =df['支出项目']
y1 =df['北京']
y2 =df['天津']
y3 =df['上海']
width =0.6                         #设置条的宽度
p1 =plt.bar(x,y1, width =width,label ='北京',color ='blue',alpha =0.5)
p2 =plt.bar(x,y2, width =width,bottom =y1,label ='天津',color ='red',alpha =0.5)

                                   # 堆叠在第一个上方
p3 =plt.bar(x,y3, width =width,bottom =y1 +y2,label ='上海',color ='green',alpha =0.5)
                                   # 堆叠在第一个和第二个上方

plt.xlabel('支出项目')
plt.ylabel('支出金额')
plt.title('(b) 堆叠条形图',fontsize =12,color ='blue')
plt.legend()
```

```
#添加数值标签
for a,b in zip(x,y1):
    plt.text(a,b-1100,'%.0f'% b, ha='center', va='bottom',fontsize=9)
for a,b in zip(x,y1+y2):
    plt.text(a,b-1100,'%.0f'% b, ha='center', va='bottom',fontsize=9)
for a,b in zip(x,y1+y2+y3):
    plt.text(a,b-1300,'%.0f'% b, ha='center', va='bottom',fontsize=9)

plt.tight_layout()
plt.show()
```

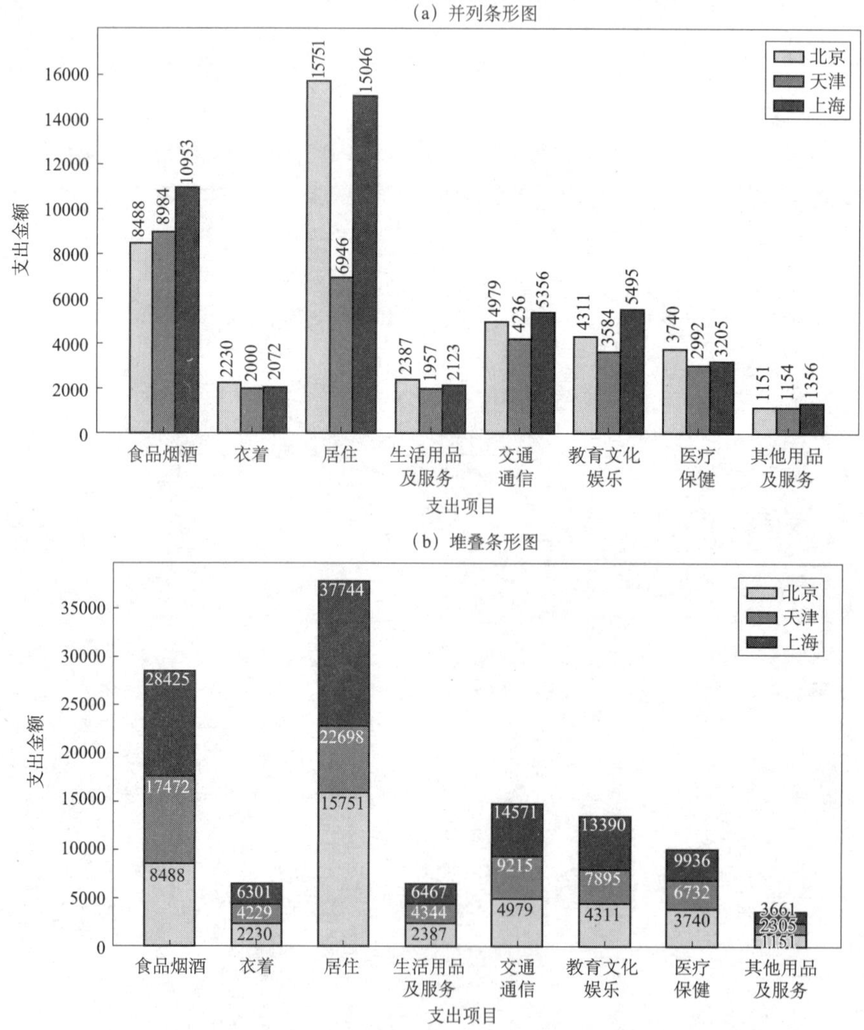

图 2-4　2019 年北京、天津和上海各项消费支出的并列条形图和堆叠条形图

3. 百分比条形图

百分比条形图（percentage bar plot）是根据各类别的比例绘制的一种条形图，它可以看作堆叠条形图的变种。绘制百分比条形图时，将某个类别各条的高度都设定为 1 或 100%，条内每一段的高度表示另一个类别变量各类别的频数比例。读者可以利用例 1－1 的数据绘制百分比条形图。这里继续沿用表 2－1 的数据绘制 2019 年北京、天津、上海和重庆人均各项消费支出的百分比条形图，代码和结果如代码框 2－4 所示。

代码框 2－4　绘制百分比条形图

```
#图 2-5 的绘制代码
import pandas as pd
import matplotlib.pyplot as plt
from plotnine import*
plt.rcParams['font.sans-serif'] = ['SimHei']
df = pd.read_csv('C:/pydata/chap02/example2_2.csv', encoding = 'gbk')

# 数据处理
SumCol = df.iloc[:,1:].apply(lambda x:x.sum(axis = 0))          # 对 2 ~5 列按列求和
df.iloc[:,1:] = df.iloc[:,1:].apply(lambda x:x/SumCol,axis = 1)   #计算各列占列总和的比例
my_type = pd.CategoricalDtype(categories = df['支出项目'],ordered = True)
                                                       # 按支出项目排序
df['支出项目'] = df['支出项目'].astype(my_type)            # 转换数据框的支出项目为有序类
df = pd.melt(df, id_vars = ['支出项目'],value_vars = ['北京','天津', '上海','重庆'],
             var_name = '地区', value_name = '支出比例')         # 融合数据为长格式

#绘图
theme = theme(text = element_text(family = 'SimHei'))             # 设置体字
ggplot(df,aes(x = '地区',y = '支出比例',fill = '支出项目'))
 + geom_bar(stat = 'identity',color = 'black',alpha = 1,position = 'fill',width = 0.8,
size = 0.2)
 + scale_fill_brewer(palette = 'Reds')
 + theme_matplotlib()
 + theme
```

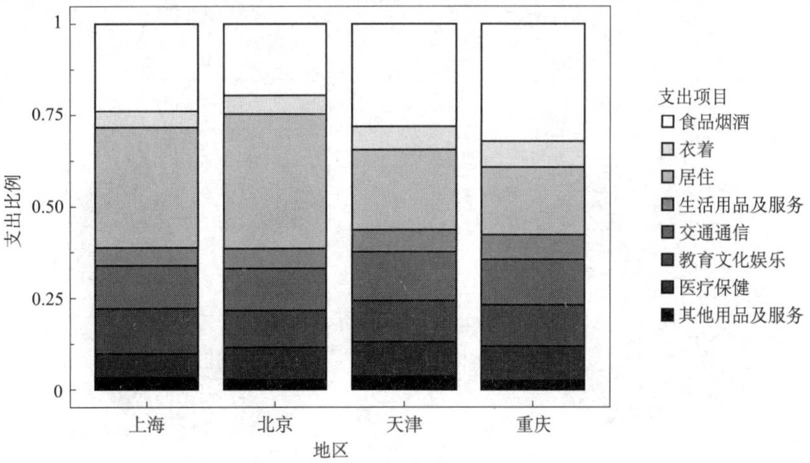

图 2－5　2019 年北京、天津、上海和重庆各项消费支出的百分比条形图

为便于理解和分析，图 2－5 中各项支出的顺序与表 2－1 一致。各地区条形图中堆叠的矩形大小与该地区各项支出占总支出的比例成正比。

2.1.2　饼图和环形图

1. 饼图

饼图（pie chart）是用圆形及圆内扇形的角度来表示数值大小的图形，它主要用于表示一个样本（或总体）中各类别的频数占总频数的百分比，对研究结构性问题十分有用。

以表 2－1 中北京的人均各项消费支出数据为例，绘制饼图的代码和结果如代码框 2－5 所示。

代码框 2－5　绘制饼图

```
#图 2-6 的绘制代码
import pandas as pd
import matplotlib.pyplot as plt
df =pd.read_csv('C:/pydata/chap02/example2_2.csv', encoding ='gbk')
plt.rcParams['font.sans-serif'] = ['SimHei']

plt.subplots(1,2,figsize = (10,6))
#绘制普通饼图
plt.subplot(121)
p1 =plt.pie(df['北京'],labels =df['支出项目'],
            autopct ='%1.2f%%')  # 显示数据标签为百分比格式,%1.2f 表示保留 2 位小数
plt.title('(a)普通饼图')

#绘制 3D 饼图
plt.subplot(122)
p2 =plt.pie(df['北京'],labels =df['支出项目'],autopct ='%1.2f%%',
            shadow =True,                    # shadow =True 表示绘制立体带阴影的饼图
            explode = (0.2,0,0.1,0,0,0,0,0))  #设置某一块与距离中心的距离
plt.title('(b) 3D 饼图')

plt.show()
```

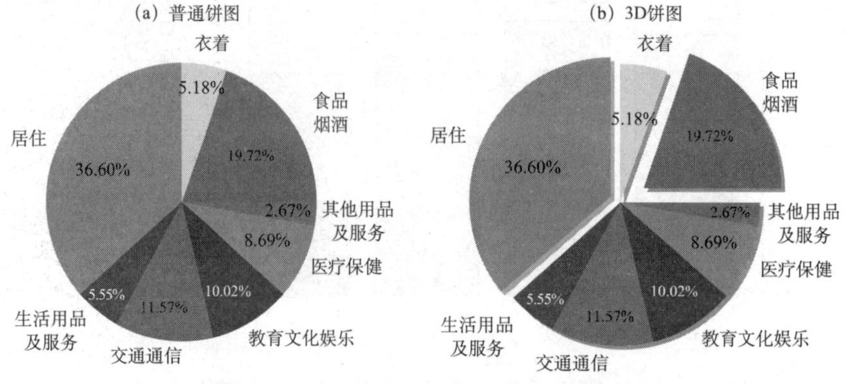

图 2－6　2019 年北京各项消费支出的饼图

图2-6（a）是普通饼图，图2-6（b）是3D饼图，并将所关注的某个饼块单独分离开来。图2-6显示，北京的各项消费支出中，居住支出占比最高，其次是食品烟酒支出，其他用品及服务支出的占比最小。

2. 环形图

环形图（donut chart）是将饼图的中间挖掉后剩下的环形，也称为甜甜圈图。环形图可以看作饼图的变种，它是用环形的各段表示各类别频数的百分比。当有两个及两个以上类别变量时，可以绘制出每个变量各类别百分比的环形，并将各个环嵌套在一起。环形图可以用于两个或两个以上类别变量的结构比较。

以表2-1中北京和上海的数据为例，绘制环形图的代码和结果如代码框2-6所示。

代码框2-6　绘制环形图

```
#图2-7的绘制代码
import pandas as pd
import matplotlib.pyplot as plt
df = pd.read_csv('C:/pydata/chap02/example2_2.csv', encoding = 'gbk')
plt.rcParams['font.sans-serif'] = ['SimHei']  #显示中文

plt.subplots(1,2,figsize = (10,6))

#图(a):单样本环形图(以北京的各项支出为例)
plt.subplot(121)
p1 = plt.pie(df['北京'],labels = df['支出项目'],startangle = 0,
             autopct = '%1.2f%%',pctdistance = 0.75,
             wedgeprops = {'width':0.5,'edgecolor':'w'})
# 环的宽度为0.5,边线颜色为白色
plt.title('(a)北京各项消费支出的环形图')

#图(b):多样本镶嵌环形图(以北京和上海为例)
plt.subplot(122)
colors = ['red','yellow','slateblue','lawngreen','magenta',
       'green','orange','cyan','pink','gold']    # 设置颜色向量
p2 = plt.pie(df['北京'],labels = df['支出项目'],autopct = '%1.2f%%',
            radius = 1,pctdistance = 0.85, #半径为1,标签距圆心距离为0.85
            colors = colors,
wedgeprops = dict(linewidth = 1.2,width = 0.3,edgecolor = 'w'))
                                   #边线宽度为1,环的宽度为0.3,颜色为白色

p2 = plt.pie(df['上海'],autopct = '%1.2f%%',
             radius = 0.7,pctdistance = 0.7,colors = colors,
             wedgeprops = dict(linewidth = 1,width = 0.4,edgecolor = 'w'))
plt.title('(b)北京和上海各项消费支出的环形图')

plt.show()
```

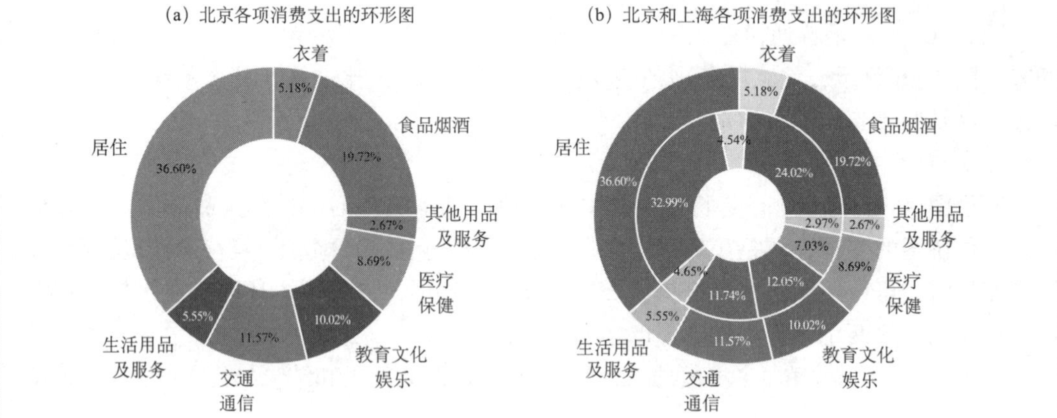

图 2-7　2019 年北京和上海各项消费支出的环形图

注：读者可以将北京、上海、天津和重庆 4 个地区绘制成一个环形图.

图 2-7（b）中里面的环是上海的各项消费支出构成，外面的环是北京的各项消费支出构成。为便于比较，相同的消费项目用相同的颜色表示。

2.2　数据分布可视化

数据的分布特征主要是指分布的形状是否对称、分布偏斜的方向和程度、分布中是否存在离群点等，其可视化图形主要有直方图、核密度图、箱线图、小提琴图和点图等。

本节图形适用的数据类型包括：一个或多个数值变量（数据），如一年中每一天的空气质量指数，一年中每一天的 PM2.5、PM10 等；按因子（类别变量）分类的一个或多个数值变量（数据），如按空气质量等级（优、良、轻度污染、中度污染、重度污染、严重污染）分类的空气质量指数；等等。

2.2.1　直方图与核密度图

直方图（histogram）与**核密度图**（kernel density plot）是观察数据分布特征的常用图形，它们可以直观地展示数据分布的形状是否对称、偏斜的方向和程度等。

1. 直方图

将数据分组后，在 x 轴上用矩形的宽度表示每个组的组距，在 y 轴上用矩形的高度表示每个组的频数或密度，多个矩形并列在一起就是直方图。利用直方图的形状可以观察数据分布的特征。

【例 2-3】（数据：example2_3.csv）**空气质量指数**（air quality index，AQI）用来描述空气质量状况，指数越大，说明空气污染状况越严重。参与空气质量评价的主要污染物有细颗粒物（PM2.5）、可吸入颗粒物（PM10）、二氧化硫（SO_2）、一氧化碳（CO）、二氧化氮（NO_2）、臭氧浓度（O_3）6 项。根据空气质量指数将空气质量分为 6 级：优（0~50）、良（51~100）、轻度污染（101~150）、中度污染（151~200）、重度污染（201~300）、严重污染（300 以上）；分别用绿色、黄色、橙色、红色、紫色、褐红色表示。表 2-2 是 2020 年 1 月 1 日至 2020 年 12 月 31 日几个主要城市的 AQI 数据。绘制出 6 个城市 AQI 的直方图分析其分布的特征。

表2-2　2020年1月1日至12月31日部分城市的AQI数据（只列出前5行和后5行）

日期	北京	上海	郑州	武汉	西安	沈阳
2020/1/1	62	54	73	73	117	109
2020/1/2	80	82	124	105	149	214
2020/1/3	82	72	192	130	209	204
2020/1/4	74	88	249	142	252	207
2020/1/5	83	63	276	80	152	198
……	……	……	……	……	……	……
2020/12/27	88	103	228	216	205	112
2020/12/28	77	115	298	188	176	92
2020/12/29	52	82	79	79	50	51
2020/12/30	31	51	52	43	43	40
2020/12/31	36	56	35	50	60	47

解：绘制直方图的代码和结果如代码框2-7所示。

代码框2-7　绘制直方图

```
#图2-8的绘制代码
import pandas as pd
import matplotlib.pyplot as plt
import seaborn assns
plt.rcParams['font.sans-serif'] = ['SimHei']

df =pd.read_csv('C:/pydata/chap02/example2_3.csv', encoding='gbk')
plt.subplots(2,3,figsize=(16,10))

plt.subplot(231)
sns.histplot(df['北京'])                    #默认y轴为计数,即观测的频数
plt.title('(a)默认绘制(y轴为频数)')

plt.subplot(232)
sns.histplot(df['上海'],kde=True,           #显示核密度曲线
             stat='frequency')              #y轴为频率(观测值的频数除以箱宽,即频数除以组距)
plt.title('(b)显示核密度曲线(y轴为频率)')

plt.subplot(233)
sns.histplot(df['郑州'],bins=20,            #分成20组(箱子个数)
             kde=True,stat="density")   #y轴为密度(直方图的面积为1)
plt.title('(c)分成20组(y轴为密度)')
plt.subplot(234)
sns.histplot(df['武汉'],bins=30,kde=True,stat="probability")
                                                   #y轴为概率,条形高度之和为1
```

```
plt.title('(d)分成30组(y轴为概率)')

plt.subplot(235)
sns.histplot(df['西安'],bins=30,kde=True,stat="density",element='poly')
                                                        #直方图为聚酯纤维状
plt.title('(e)直方图为poly')

plt.subplot(236)
sns.histplot(df['沈阳'],bins=30,kde=True,stat="density",element='step')
                                                        #直方图为阶梯状
plt.title('(f)直方图为step')

plt.show()
```

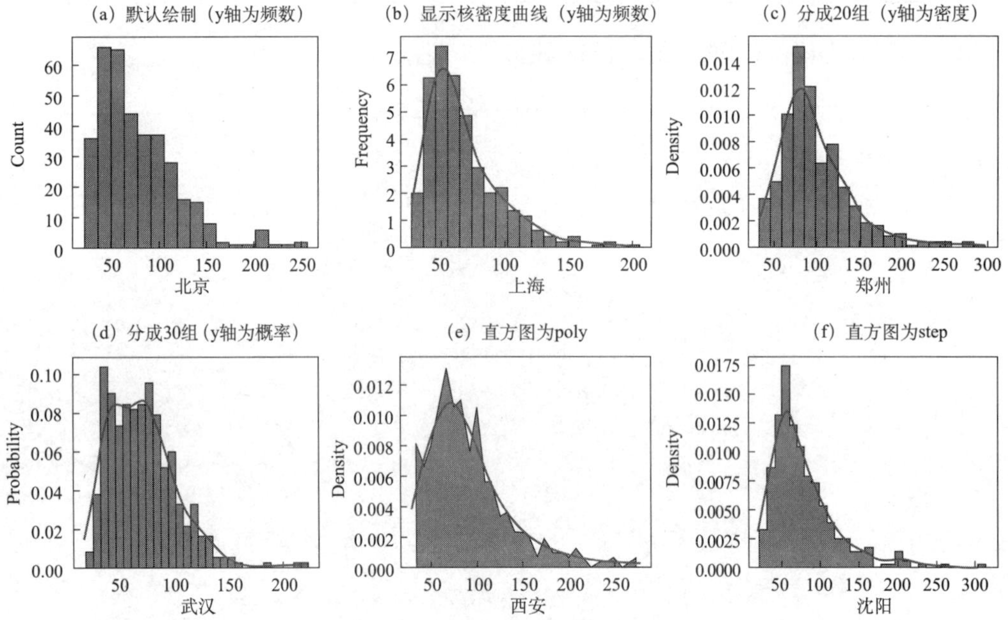

图 2-8　6 个城市 AQI 的直方图

注:sns.set_style('darkgrid') 可用于设置画图风格.

图 2-8 中除了（a）外，其余的 5 个直方图上均叠加了核密度曲线，以展示数据分布的形状。图 2-8 显示，6 个城市的 AQI 分布均为右偏分布，除武汉偏斜程度相对较小外，其余城市的偏斜程度都较大。

2. 核密度图

核密度图是用于描述核密度估计的一种图形，它使用一定的核函数和带宽为数据的分布提供了一种平滑曲线，从中可以看出数据分布的大致形状。实际上，直方图也是对数据分布密度的估计，只不过是一种粗略的估计，而核密度估计则给出了较为精确的估计，因此，核密度图可以替代直方图来观察数据的分布。

核密度曲线的平滑程度取决于**带宽**（bandwidth，bw）。bw 的值越大，曲线越平滑。以北京的 AQI 为例，画出不同带宽的核密度曲线以展示带宽的影响，代码和结果如代码框 2－8 所示。

代码框 2－8　带宽对核密度曲线的影响

```
#图 2-9 的绘制代码
import pandas as pd
import matplotlib.pyplot as plt
import seaborn assns

df=pd.read_csv('C:/pydata/chap02/example2_3.csv', encoding='gbk')
plt.rcParams['font.sans-serif'] = ['SimHei']
plt.rcParams['axes.unicode_minus'] = False

sns.set_style('darkgrid')          #设置画图风格
plt.subplots(1,3,figsize=(15,4))

plt.subplot(131)
sns.kdeplot(df['北京'],bw_adjust=0.2)
plt.title('(a) bw_adjust=0.2')

plt.subplot(132)
sns.kdeplot(df['北京'],bw_adjust=0.5)
plt.title('(b) bw_adjust=0.5')

plt.subplot(133)
sns.kdeplot('北京',data=df,bw_method=0.5)
plt.title('(c) bw_method=0.5')

plt.show()
```

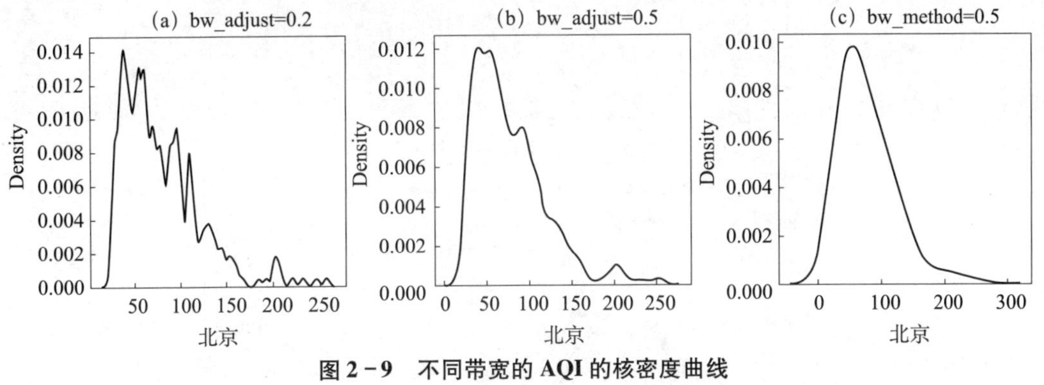

图 2－9　不同带宽的 AQI 的核密度曲线

注：参数 bw_adjust 用于确定带宽的值，函数默认使用高斯核函数（Gaussian kernel），默认 bw_adjust=1，bw_method='scott'. 带宽相同时，使用 bw_method 设置数值会使曲线更平滑.

图 2－9 显示，带宽值越大，曲线越平滑，带宽值越小，曲线越不平滑。选择多大的带宽值，可根据实际数据和分析的需要而定。带宽太大，曲线会被过度平滑，难以观察分布的一些细节；带宽值太小，又会难以判断分布的整体形状。

为了对 6 个城市 AQI 的分布进行比较，可以将核密度曲线放在同一个坐标中，绘制核密度比较曲线，代码和结果如代码框 2－9 所示。

代码框 2－9　绘制 6 个城市 AQI 的核密度比较曲线

```
#图 2-10 的绘制代码
import pandas as pd
import matplotlib.pyplot as plt
import seaborn assns

plt.rcParams['font.sans-serif'] = ['SimHei']
plt.rcParams['axes.unicode_minus'] = False

example2_3 = pd.read_csv('C:/pydata/chap02/example2_3.csv', encoding = 'gbk')
df = pd.melt(example2_3, value_vars = ['北京', '上海', '郑州','武汉','西安','沈阳'],
             var_name = '城市', value_name = 'AQI')  # 融合数据为长格式

plt.subplots(2,1,figsize = (6,7))

plt.subplot(211)
sns.kdeplot('AQI',hue = '城市',linewidth = 0.6,data = df)  # 线宽 = 0.6
plt.title('(a)曲线下无填充')

plt.subplot(212)
sns.kdeplot('AQI',hue = '城市',shade = True,alpha = 0.1,linewidth = 0.6,data = df)
                                              # alpha 设置颜色透明度
plt.title('(b)曲线下填充阴影')

plt.tight_layout()
plt.show()
```

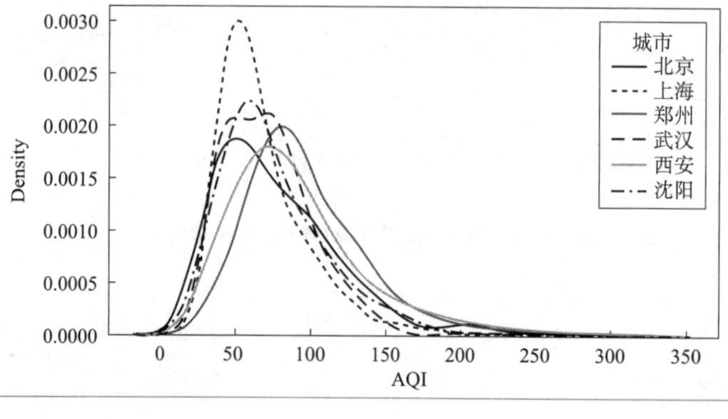

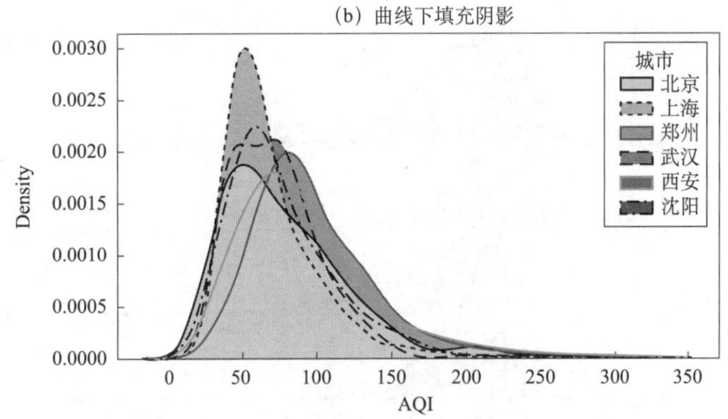

图 2－10　6 个城市 AQI 的核密度比较曲线

图 2－10 显示，6 个城市 AQI 的分布均为右偏，其中，武汉 AQI 的分布相对集中，其他城市的分布形状相近，偏斜程度较大。

核密度比较图也可以绘制成**山峦图**（ridgeline diagram）的形式，用于多数据系列或按因子分类的核密度估计的可视化。山峦图绘制的数据通常是相同的 x 轴（如同一个变量）和不同的 y 轴（如不同的分类），它将多个分类下的同一个数据系列的核密度估计图以交错堆叠的方式绘制在一幅图中，看起来像山峦起伏，从而有利于比较不同数据系列的分布特征。

使用 joypy 包中的 joyplot 函数可以绘制按因子分类的核密度山峦图。由该函数绘制的 6 个城市 AQI 的山峦图如代码框 2－10 所示。

代码框 2－10　绘制 6 个城市 AQI 的核密度山峦图

```
#图 2－11 的绘制代码
import pandas as pd
import matplotlib.pyplot as plt
from matplotlib importcm,colors
importjoypy
plt.rcParams['font.sans-serif'] = ['SimHei']
plt.rcParams['axes.unicode_minus'] = False

example2_3 = pd.read_csv('C:/pydata/chap02/example2_3.csv', encoding = 'gbk')
df = pd.melt(example2_3, value_vars = ['北京', '上海', '郑州','武汉','西安','沈阳'],
             var_name = '城市', value_name = 'AQI')  # 融合数据为长格式

my_type = pd.CategoricalDtype(categories = ['北京', '上海', '郑州','武汉','西安','沈阳'],
                              ordered = True)   #设置有序因子
df['城市'] = df['城市'].astype(my_type)  # 将数据框中的质量等级转换成有序因子

p = joypy.joyplot(df,column = ['AQI'],by = '城市',ylim = 'own',
                  colormap = cm.Spectral,alpha = 0.6,figsize = (6,6),grid = False)
plt.xlabel('AQI',fontsize = 12)

plt.show()
```

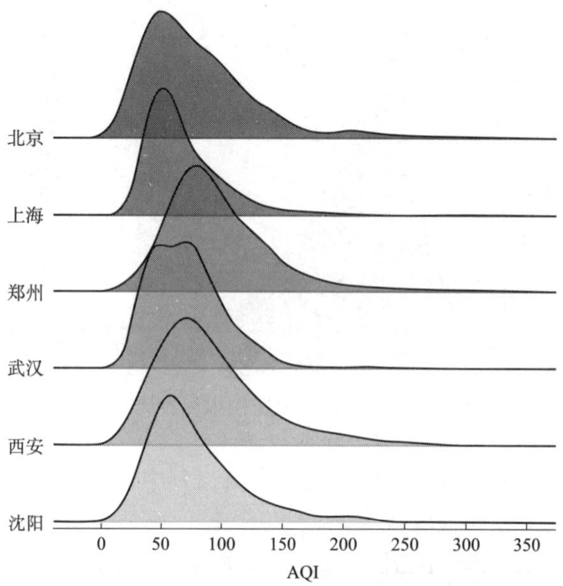

图 2-11　6 个城市 AQI 的核密度山峦图

2.2.2　箱线图和小提琴图

箱线图（box plot）和**小提琴图**（violin plot）是展示数据分布的另外两种图形，其主要用途是比较多个变量或多个样本的分布。

1. 箱线图

箱线图也称箱形图或盒形图，它是由 John W. Tukey 提出的快速可视化数据分布的一种图形。箱线图不仅可以展示一组数据分布的特征，如分布是否对称、是否存在离群点等，还可以比较多组数据的分布特征，这也是箱线图的主要用途。箱线图的独特之处是在比较多组数据分布特征的同时，还可以比较多组数据的水平（用中位数表示）。绘制箱线图的步骤大致如下。

首先，找出一组数据的**中位数**（median）和两个**四分位数**（quartiles），并画出箱子。中位数是一组数据排序后处在 50% 位置上的数值。四分位数是一组数据排序后处在 25% 位置和 75% 位置上的两个值，分别用$Q_{25\%}$和$Q_{75\%}$表示。$Q_{75\%}-Q_{25\%}$称为四分位差或四分位距（interquartile range），用 IQR 表示。用两个四分位数画出箱子（四分位差的范围），并画出中位数在箱子中的位置。

其次，计算出内围栏和相邻值，并画出须线。**内围栏**（inter fence）是与$Q_{25\%}$和$Q_{75\%}$的距离等于 1.5 倍四分位差的两个点，其中$Q_{25\%}-1.5\times IQR$称为下内围栏，$Q_{75\%}+1.5\times IQR$称为上内围栏。上下内围栏并不在箱线图中显示，只是作为确定离群点的界限①。然后找出上下内围栏之间的最大值和最小值（非离群点的最大值和最小值），称为**相邻值**（adja-

① 也可以设定 3 倍的四分位差作为围栏，称为**外围栏**（outer fence），其中$Q_{25\%}-3\times IQR$称为下外围栏，$Q_{75\%}+3\times IQR$称为上外围栏。外围栏也不在箱线图中显示。在外围栏之外的数据也称为极值（extreme），在有些软件（如 SPSS）中用“＊”单独标出。Python 并不区分离群点和极值，统称为离群点，在图中用“○”标出。

cent value)，其中，$Q_{25\%} \sim Q_{25\%} - 1.5 \times IQR$ 范围内的最小值称为下相邻值，$Q_{75\%} \sim Q_{75\%} + 1.5 \times IQR$ 范围内的最大值称为上相邻值。用直线将上下相邻值分别与箱子连接，称为**须线**（whiskers）。

最后，找出离群点，并在图中单独标出。**离群点**（outlier）是大于上内围栏或小于下内围栏的值，也称**外部点**（outside value），在图中用“O”单独标出。

箱线图的一般形式如图 2-12 所示。

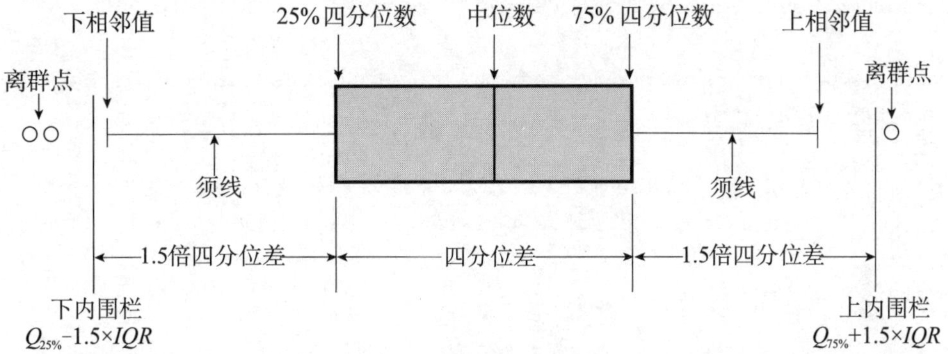

图 2-12　箱线图的示意图

为解读箱线图所反映数据的分布特征，图 2-13 展示了不同分布形状对应的箱线图。

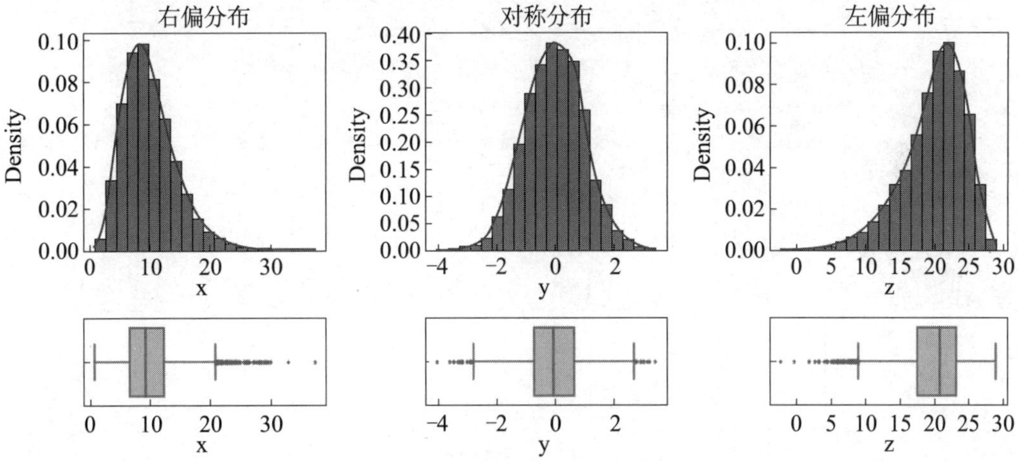

图 2-13　不同分布形状对应的箱线图

图 2-13 显示，对称分布的箱线图的特点是：中位数在箱子中间；上下相邻值到箱子的距离等长；离群点在上下内围栏外的分布也大致相同。右偏分布的箱线图的特点是：中位数更靠近$Q_{25\%}$（下四分位数）的位置；下相邻值到箱子的距离比上相邻值到箱子的距离短；离群点多数在上内围栏之外。左偏分布的箱线图的特点是：中位数更靠近$Q_{75\%}$（上四分位数）的位置；下相邻值到箱子的距离比上相邻值到箱子的距离长；离群点多数在下内围栏之外。

以例 2-3 中 6 个城市 *AQI* 的数据为例，绘制箱线图的代码和结果如代码框 2-11 所示。

代码框 2-11 绘制 6 个城市 AQI 的箱线图

```
#图 2-14 的绘制代码
import pandas as pd
import matplotlib.pyplot as plt
import seaborn assns

sns.set_style('darkgrid')  # 设置画图风格
plt.rcParams['font.sans-serif'] = ['SimHei']  #显示中文

example2_3 = pd.read_csv('C:/pydata/chap02/example2_3.csv', encoding = 'gbk')
sns.set_style('darkgrid')

df = pd.melt(example2_3, value_vars = ['北京', '上海', '郑州','武汉','西安','沈阳'],
             var_name = '城市', value_name = 'AQI')  # 融合数据

plt.figure(figsize = (8, 5))

sns.boxplot(x = '城市',y = 'AQI',
              width = 0.6,           # 设置箱子的宽度
              saturation = 0.9,  # 设置颜色的原始饱和度比例.1 表示完全饱和
              fliersize = 2,       # 设置离群点标记的大小
              linewidth = 0.8,    # 设置线宽
              notch = False,       # 设置 notch 可绘制出箱子的凹槽
              palette = "Set2",  # 设置调色板
              orient = "v",         # 默认绘制垂直箱线图(如果变量是在行的位置,可设置
orient = "h",绘制水平箱线图)
              data = df)

plt.show()
```

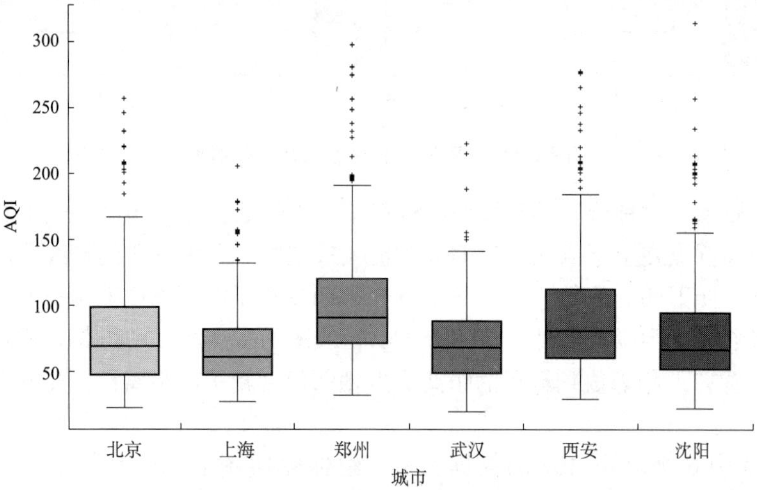

图 2-14 6 个城市 AQI 的箱线图

图2-14显示，离群点均出现在右侧，且上须线均长于下须线，表示6个城市AQI的分布均为右偏分布。其中，沈阳、西安和郑州的偏斜程度较大，而上海和武汉的偏斜程度较小。

图2-14显示出箱线图在比较分布时具有一定优势。但当各样本或变量的数值差异较大时，需要对数据进行变换，比如做对数变换或标准化变换，再绘制箱线图，否则不便于比较。限于篇幅，这里不再举例，读者可对上述数据变换后再绘制图形，观察其效果。

2. 小提琴图

小提琴图可视为箱线图的一个变种，它将分布的核密度估计图与箱线图结合在一起，在箱线图上以镜像方式叠加上核密度估计图，因形状类似小提琴而得名。与箱线图相比，小提琴图可以展示数据分布的大致形状和细节，可作为箱线图的替代图形。

以例2-3中6个城市的AQI数据为例，绘制小提琴图的代码和结果如代码框2-12所示。

代码框2-12　绘制6个城市AQI的小提琴图

```
#图2-15的绘制代码
import pandas as pd
import matplotlib.pyplot as plt
import seaborn assns

plt.rcParams['font.sans-serif'] = ['SimHei']
plt.rcParams['axes.unicode_minus'] = False
example2_3 = pd.read_csv('C:/pydata/chap02/example2_3.csv', encoding = 'gbk')

df = pd.melt(example2_3, value_vars = ['北京', '上海', '郑州','武汉','西安','沈阳'],
             var_name = '城市', value_name = 'AQI')

plt.figure(figsize = (8, 5))

sns.violinplot(x = '城市',y = 'AQI',
               width = 1   ,        # 设置小提琴的宽度
               saturation = 0.9,    # 设置颜色的原始饱和度比例.1 表示完全饱和
               fliersize = 2,       # 设置离群点标记的大小
               linewidth = 0.8,     # 设置线宽
               palette = "Set2",    # 设置调色板
               orient = "v",        # 绘制垂直箱线图(默认)
               inner = 'box',       # 小提琴图内部绘制箱线图(默认)
               data = df)

plt.show()
```

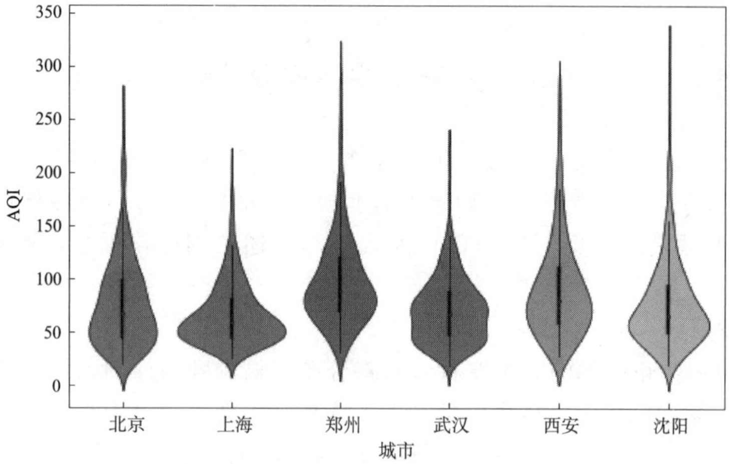

图 2-15 6 个城市 AQI 的小提琴图

注:函数中的参数 inner 用于设置小提琴图内部的可选绘图.可选值有 {"box", "quartile", "point", "stick", None },默认 inner='box',即小提琴图的内部绘制箱线图.Quartile 表示绘制出四分位数;point 表示绘制出数据的点;stick 表示绘制出数据的棒线;None 表示什么也不画.更多信息可查看帮助:?sns.violinplot.

图 2-15 的小提琴图内部绘制的是箱线图。小提琴图所展示的数据分布的特征与箱线图相同,但比箱线图多了数据分布的核密度图,更容易观察数据分布的形状,因此可作为箱线图的替代图形。

2.2.3 点图

点图(dot chart)也称带状图或一维散点图,它是将一维数组的各数据点绘制在数轴上。当数据集中有相同的数据时,为避免各点的重合,可以使用 jitter 方法为数据添加扰动点(noise)。点图是检测数据离群点的有效工具,当数据量较少时,也可用于观察数据的分布。以例 2-3 中 6 个城市的 AQI 数据为例,绘制点图的代码和结果如代码框 2-13 所示。

代码框 2-13 绘制 6 个城市 AQI 的点图

```
#图 2-16 的绘制代码
import pandas as pd
import matplotlib.pyplot as plt
import seaborn as sns

plt.rcParams['font.sans-serif'] = ['SimHei']

example2_3 = pd.read_csv('C:/pydata/chap02/example2_3.csv', encoding='gbk')
df = pd.melt(example2_3, value_vars = ['北京', '上海', '郑州','武汉','西安','沈阳'],
             var_name = '城市', value_name = 'AQI')

plt.subplots(1,2,figsize = (10, 5))

plt.subplot(121)
```

```
sns.stripplot(x ='城市',y ='AQI',
              jitter =False,        # 不扰动数据
              size =2,              # 设置点的大小
              data =df)
plt.title('(a)原始数据的点图')

plt.subplot(122)
sns.stripplot(x ='城市',y ='AQI',size =2,data =df)
plt.title('(b)数据扰动后的点图')

plt.show()
```

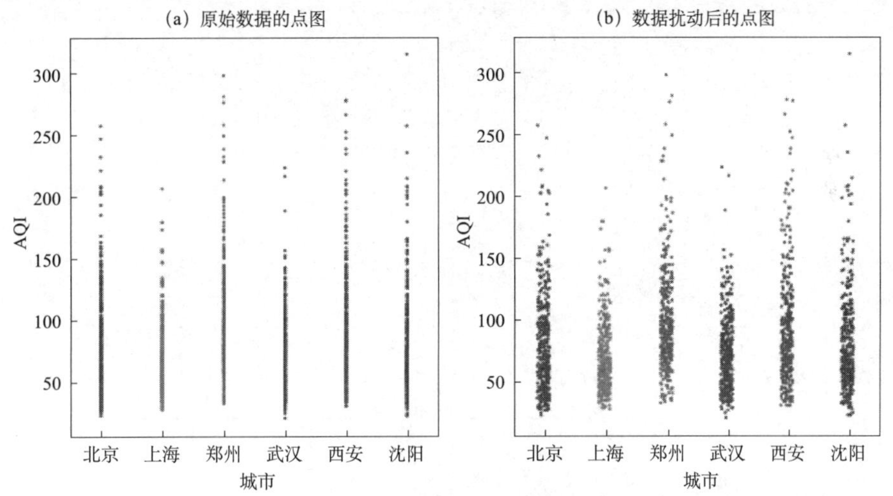

图2-16　6个城市AQI的点图

图2-16显示，各城市AQI的分布均为右偏，离群值也都出现在右侧。

点图中的各个点也可以按其他方式排列，比如，将各个点在垂线两侧向上展开排列成蜂群的形式，称为**蜂群图**（beeswarm chart），同时还可以将点图与箱线图和小提琴图等结合使用。以例2-3中6个城市的AQI数据为例，绘制蜂群图的代码和结果如代码框2-14所示。

代码框2-14　绘制6个城市AQI的蜂群图

```
#图2-17的绘制代码
import pandas as pd
import matplotlib.pyplot as plt
import seaborn as sns

plt.rcParams['font.sans-serif'] = ['SimHei']

example2_3 =pd.read_csv('C:/pydata/chap02/example2_3.csv', encoding ='gbk')
df =pd.melt(example2_3, value_vars = ['北京', '上海', '郑州','武汉','西安','沈阳'],
            var_name ='城市', value_name ='AQI')

plt.subplots(1,2,figsize =(10, 12))
```

```
plt.subplot(211)

#图(a)蜂群图
sns.swarmplot(x='城市',y='AQI',size=2,data=df)
plt.title('(a)蜂群图')

#图(b)小提琴图+蜂群图
plt.subplot(212)
sns.violinplot(x='城市',y='AQI',
               width=0.8,          #设置箱子的宽度
               saturation=0.9,     #设置颜色的原始饱和度比例,1表示完全饱和
               fliersize=2,        #设置离群点标记的大小
               linewidth=0.8,      #设置线宽
               palette="Set2",     #设置调色板
               orient="v",         #绘制垂直小提琴图(默认)
               inner='box',        #小提琴图内部绘制箱线图(默认)
               data=df)

sns.swarmplot(x='城市',y='AQI',size=2, color='black',alpha=0.6,data=df)
plt.title('(b)小提琴图+蜂群图')

plt.show()
```

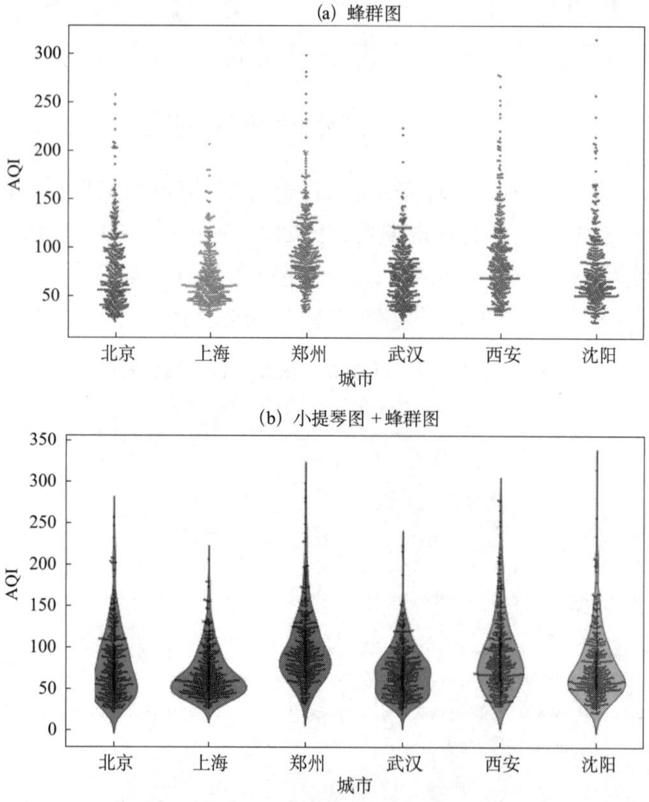

图 2-17　6 个城市 AQI 的蜂群图

蜂群图可以更直观地展示数据点的分布状况，与小提琴图（或箱线图）结合使用，可以在展示数据分布形状的同时观察数据点的分布。

2.3　变量间关系可视化

对于多个数值变量，我们通常关心这些变量之间是否有某种关系。**散点图**（scatter plot）就是分析数值变量间关系的常用工具。只分析两个变量时，可以绘制普通散点图；分析两个以上变量时，可以绘制散点图矩阵或相关系数矩阵。

本节图形适用的数据包括：两个或多个数值变量；按因子分类的两个或多个数值变量。

2.3.1　散点图

散点图将两个变量的各对观测点画在二维坐标中，并利用各观测点的分布来展示两个变量间的关系。设两个变量分别为 x 和 y，每对观测值（x_i，y_i）在二维坐标中用一个点表示，n 对观测值在坐标中形成的 n 个点图称为散点图。利用散点图可以观察两个变量间是否有关系，如果有，则关系的形态以及关系强度如何等。

具有线性关系的两个变量的散点图大致在一条直线周围随机分布，其分布的形状通常为一个椭圆，其形状越扁平，表示线性关系越强。由 Python 绘制的示意图如图 2－18 所示。

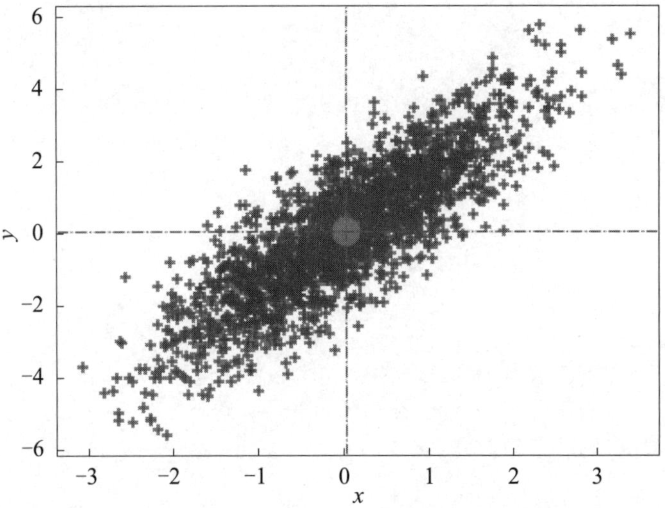

图 2－18　具有线性关系的两个变量的散点图

下面通过一个例子说明散点图的绘制方法。

【例 2－4】（数据：example2_4. csv）为分析上市公司的总股本与各项财务指标间的关系，随机抽取 200 家上市公司，得到的有关财务数据如表 2－3 所示。绘制散点图分析总股本与每股收益之间的关系。

表 2-3 200 家上市公司的有关财务数据（只列出前 5 行和后 5 行）

总股本	每股收益	每股净资产	每股现金流量
3.21	1.82	11.21	3.42
6.42	0.62	7.83	3.33
8.18	0.94	7.85	3.05
2.74	1.95	10.24	3.36
4.84	0.90	11.52	3.56
……	……	……	……
6.03	0.78	8.90	3.52
4.11	1.13	11.83	3.56
3.42	2.00	11.69	3.38
3.29	1.77	8.41	3.54
3.51	1.91	9.68	3.70
6.03	0.78	8.90	3.52

解：绘制散点图的代码和结果如代码框 2-15 所示。

代码框 2-15 绘制散点图

```
#图 2-19 的绘制代码
import pandas as pd
import seaborn as sns
import matplotlib.pyplot as plt
plt.rcParams['font.sans-serif'] = ['SimHei']
plt.rcParams['axes.unicode_minus'] = False
df = pd.read_csv('C:/pydata/chap02/example2_4.csv', encoding = 'gbk')

plt.subplots(1,2,figsize = (10, 3.5))

#图(a)
plt.subplot(121)
sns.regplot(x = df['总股本'],y = df['每股收益'],
            fit_reg = False,marker ='.',data = df)
plt.title('(a)普通散点图')

#图(b)
plt.subplot(122)
sns.regplot(x = df['总股本'],y = df['每股收益'],
            fit_reg = True,marker ='.',  # 添加回归线
            data = df)
plt.title('(b)添加回归线和置信带')

plt.show()
```

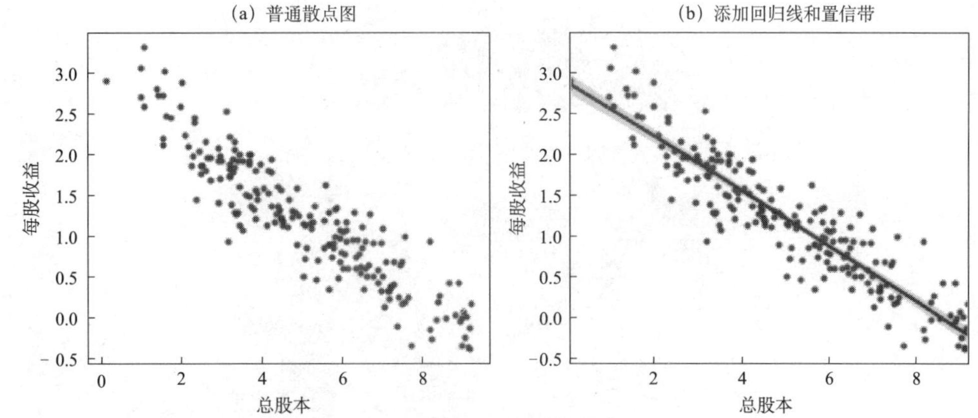

图2－19　总股本与每股收益的散点图

图2－19显示，总股本与每股收益之间为负的线性关系，随着总股本的增加，每股收益随之减少。

如果要在散点图中反映两个变量的分布信息，可在散点图中添加每个变量的边际图，比如，两个变量的直方图、核密度图等。当数据量较大时，为避免各个点重叠，可以用六边形蜂箱及其颜色饱和度来表示点的分布。代码和结果如代码框2－16所示。

代码框2－16　绘制带有边际图的散点图

```
#图2-20的绘制代码
import pandas as pd
import seaborn as sns
import matplotlib.pyplot as plt
plt.rcParams['font.sans-serif'] = ['SimHei']
plt.rcParams['axes.unicode_minus'] = False
df = pd.read_csv('C:/pydata/chap02/example2_4.csv', encoding = 'gbk')
sns.set_style('darkgrid')

sns.jointplot(x = df['总股本'],y = df['每股收益'],marker = '.',
                    kind = 'reg',        # 添加回归线和置信带
                    height = 5,          # 设置图形的高度(正方形)
                    ratio = 3,           # 设置主轴高度与边缘轴高度的比率
                    data = df)
```

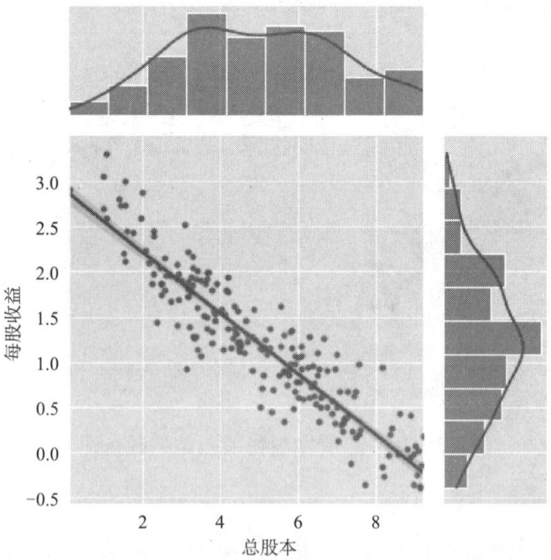

图 2-20　带有边际图的总股本与每股收益的散点图

```
#图 2-21 的绘制代码
sns.jointplot(x=df['总股本'],y=df['每股收益'],
              kind='hex',  #绘制六边形蜂箱散点图
              height=5,ratio=3,data=df)

plt.show()
```

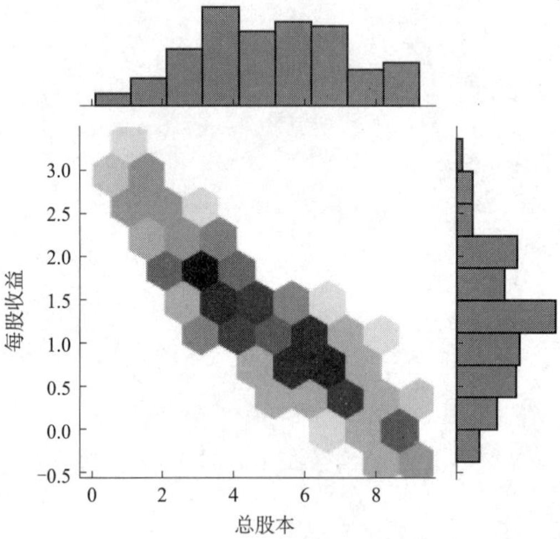

图 2-21　带有边际图的总股本与每股收益的六边形蜂箱散点图

图 2-21 中的六边形颜色越深表示里面包括的点越多。

2.3.2　散点图矩阵和相关系数矩阵

如果要同时分析多个变量两两之间的关系，可以将多幅散点图绘制成矩阵的形式，称为散点图矩阵（matrix scatter）或矩阵散点图。散点图矩阵中，对角线上下两部分是对称的图形，也可以在对角线的下方（或上方）绘制出一种形式的散点图（或相关系数），在对角线的上方（或下方）绘制出另一种形式的散点图（或相关系数）。以例 2－4 的数据为例，绘制散点图矩阵的代码和结果如代码框 2－17 所示。

代码框 2－17　绘制散点图矩阵

```
#图 2-22 的绘制代码
import pandas as pd
import seaborn as sns
import matplotlib.pyplot as plt
plt.rcParams['font.sans-serif'] = ['SimHei']
plt.rcParams['axes.unicode_minus'] = False
df = pd.read_csv('C:/pydata/chap02/example2_4.csv', encoding = 'gbk')
sns.set_style('darkgrid')

sns.pairplot(df[['总股本','每股收益','每股净资产','每股现金流量']],
             height = 2,              # 设置子图的高度
             diag_kind = 'hist',      # 默认设置对角线的图形类型(默认为直方图)
             kind = 'scatter')        # 设置子图类型,默认 scatter
```

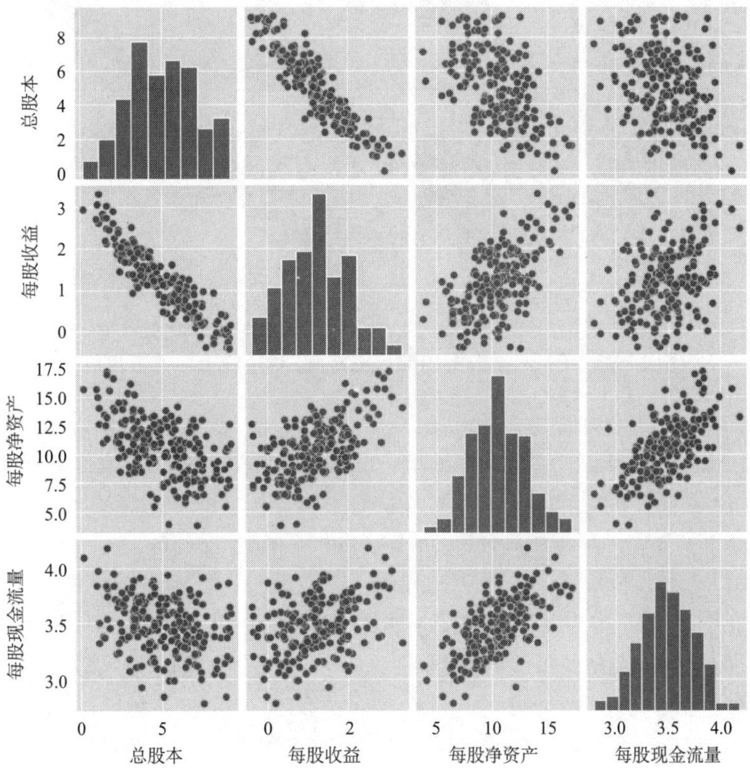

图 2－22　例 2－4 数据的散点图矩阵，对角线上为直方图

```
#图 2-23 的绘制代码
sns.pairplot(df[['总股本','每股收益','每股净资产','每股现金流量']],
             height=2,             # 设置子图的高度
             diag_kind='kde',      # 默认设置对角线的图形类型(默认为直方图)
             markers='.',          # 设置点型
             kind='reg')           # 设置子图类型,默认 reg
```

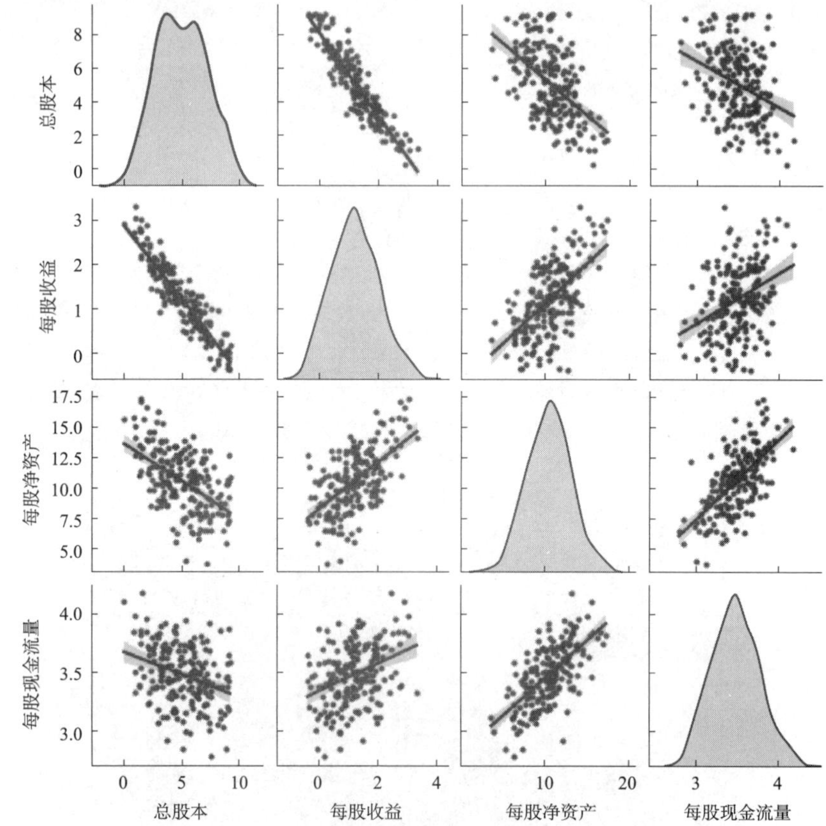

图 2-23 例 2-4 数据的散点图矩阵,对角线上为核密度图

注:1. 设置子图的参数 kind 可选值有 {'scatter', 'kde', 'hist', 'reg'},默认为散点图 scatter. kde 绘制二维核密度图;hist 绘制二维直方图;reg 绘制带有拟合回归线和置信带的散点图.
2. 设置对角线图形类型的参数 diag_kind 可选值有{'auto', 'hist', 'kde', None},默认为直方图;auto 表示由函数自动选择;kde 表示绘制核密度图;None 表示什么也不画.

图 2-22 和图 2-23 均显示，4 对变量大致为对称分布。总股本与其他变量之间为负的相关关系，即总股本越大，每股收益越小，其中与每股收益的关系较强，与每股净资产和每股现金流量之间的关系相对较弱。其余变量之间为正的相关关系，其中，每股净资产与每股现金流量之间的关系相对较强。

当变量较多时，散点图矩阵中的各散点图就会变得很小，使得散点图难以观察。这

时，可以计算出变量间的相关系数[①]矩阵，再将其画成图像，这就是相关系数矩阵图。以例2-4的数据为例，绘制相关系数矩阵的代码和结果如代码框2-18所示。

代码框2-18　绘制相关系数矩阵

```
#图2-24的绘制代码
import pandas as pd
import seaborn as sns
import matplotlib.pyplot as plt
plt.rcParams['font.sans-serif'] = ['SimHei']
plt.rcParams['axes.unicode_minus'] = False                #显示负号
df = pd.read_csv('C:/pydata/chap02/example2_4.csv', encoding = 'gbk')
plt.figure(figsize = (8, 6))

corr = df.corr()                                          #计算相关系数矩阵
sns.heatmap(corr,cmap = 'Reds',annot = True,fmt = '.4')   #使用调色板'Reds',显示相关系数
值,小数点4位
```

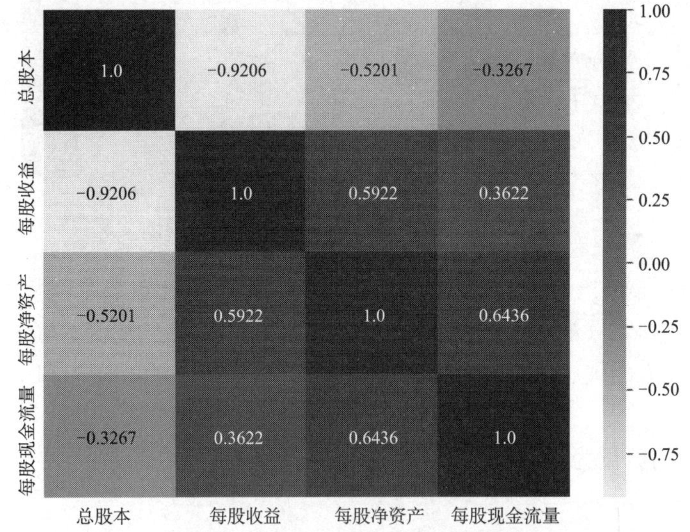

图2-24　例2-4数据的相关系数矩阵

图2-24中对角线上的数值1表示变量与自身相关（相关系数自然为1），其余格子中的数值表示两个变量之间的相关系数。其中负值表示负相关，正值表示正相关，相关系数的值越大，格子中的颜色越深；相关系数的值越小，格子中的颜色越浅。比如，-0.920 6表示总股本与每股收益之间为负相关，而且关系很强；0.643 6表示每股净资产与每股现金流量之间为正相关，关系强度一般。图2-24右侧给出了不同颜色代表的数值大小。

---

① 相关系数是度量两个变量之间线性关系强度的统计量，其取值在［-1，1］之间。相关系数大于0表示正相关，数值越大表示正相关程度越强；相关系数小于0表示负相关，数值越小表示负相关程度越强。

2.3.3 气泡图和3D散点图

对于3个变量之间的关系，可以绘制**气泡图**（bubble plot）和3D散点图来展示它们之间的关系。

1. 气泡图

如果关注3个变量，可以用气泡图在二维空间里来展示它们之间的关系。用变量 x 和 y 画出散点图，第3个变量数值的大小用圆的大小表示。为理解气泡图的含义，用 Python 随机模拟出3个变量 x、y 和 z 的40组观测值，其中，x 与 y 为线性关系，z 表示气泡的大小，它与 x 和 y 无任何关系，绘制的气泡图如图2-25所示。

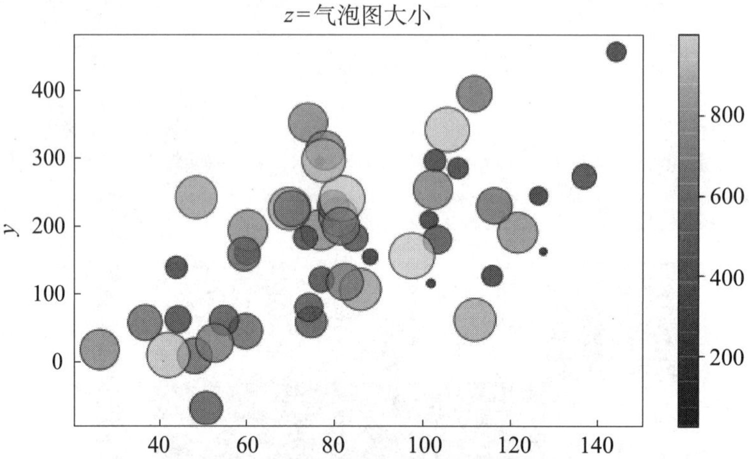

图2-25 随机模拟的3个变量的气泡图

图2-25显示，x 与 y 为正的线性关系，而气泡大小的分布却是随机的，这表示 z 与 x 和 y 无任何关系。如果气泡的大小随着 x 和 y 的变大而变大，表示 z 与 x 和 y 之间为正的线性关系；如果气泡的大小随着 x 和 y 的变大而变小，则表示 z 与 x 和 y 之间为负的线性关系。

以例2-4中的数据为例，绘制每股收益、每股净资产和总股本的气泡图，代码和结果如代码框2-19所示。

代码框2-19 绘制气泡图

```
#图2-26的绘制代码
import pandas as pd
import seaborn as sns
import matplotlib.pyplot as plt
plt.rcParams['font.sans-serif'] = ['SimHei']
plt.rcParams['axes.unicode_minus'] = False
df = pd.read_csv('C:/pydata/chap02/example2_4.csv', encoding = 'gbk')
plt.figure(figsize = (8, 4.5))
```

```
plt.scatter(x='每股收益',y='每股净资产',
            c='总股本',            # 设置气泡变量
            s=df['总股本']*60,     # 设置气泡大小
            cmap='Blues',          # 设置调色板
            edgecolors='k',        # 设置气泡边线的颜色
            linewidths=0.5,        # 设置气泡边线的宽度
            alpha=0.6,             # 设置颜色透明度
            data=df)

plt.colorbar()                     # 绘制表示总股本的颜色栏

plt.xlabel('每股收益',fontsize=12)
plt.ylabel('每股净资产',fontsize=12)
plt.title('总股本=气泡图',fontsize=14)

plt.show()
```

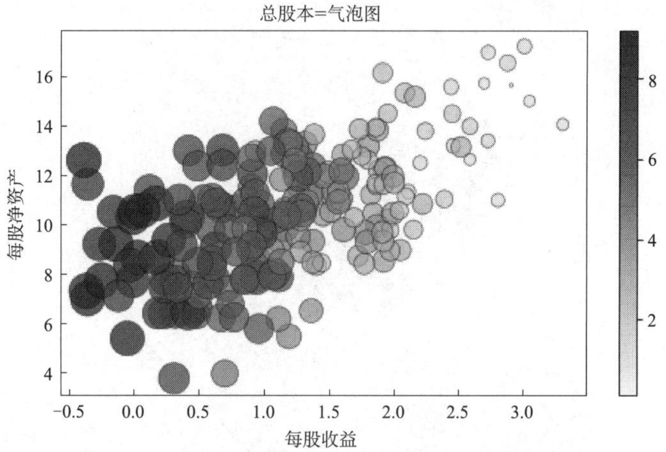

图2-26　每股收益、每股净资产和总股本的气泡图

图2-26显示，每股收益与每股净资产的气泡大致在一条直线周围分布，表示二者之间为线性关系，表示总股本多少的气泡则随着每股收益和每股净资产的增加越来越小，表示总股本与这两个变量之间为负的线性相关关系。

2. 3D散点图

气泡图是在二维（2D）空间中展示3个变量间的关系，3D散点图则是在三维（3D）空间中展示3个变量间的关系。以例2-4中的数据为例，绘制每股收益、每股净资产和总股本的3D散点图，代码和结果如代码框2-20所示。

代码框 2-20　绘制 3D 散点图

```
#图 2-27 的绘制代码
import pandas as pd
import matplotlib.pyplot as plt
from mpl_toolkits.mplot3d import Axes3D

plt.rcParams['font.sans-serif'] = ['SimHei']
plt.rcParams['axes.unicode_minus'] = False
df = pd.read_csv('C:/pydata/chap02/example2_4.csv', encoding = 'gbk')

ax3d = plt.figure(figsize = (10, 7)).add_subplot(111,projection = '3d')
ax3d.scatter(df['每股收益'],df['每股净资产'],df['总股本'],color = 'black',marker = '*',s = 50)
ax3d.set_xlabel('每股收益',fontsize = 12)
ax3d.set_ylabel('每股净资产',fontsize = 12)
ax3d.set_zlabel('总股本',fontsize = 12)
plt.xlabel('x = 每股收益',fontsize = 12)
plt.ylabel('y = 每股净资产',fontsize = 12)
plt.title('z = 总股本 = 气泡图',fontsize = 14)
```

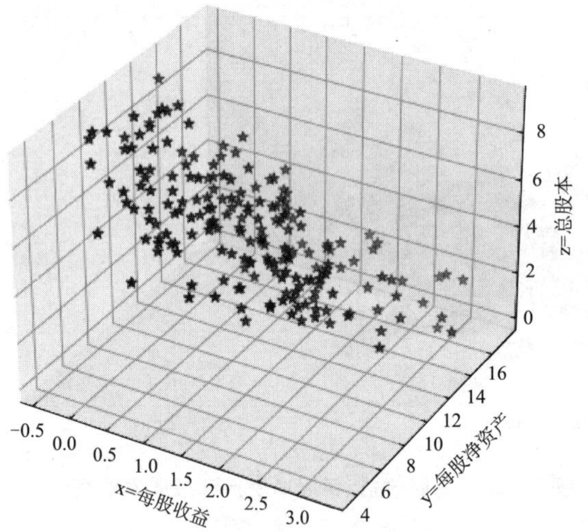

图 2-27　每股收益、每股净资产和总股本的 3D 散点图

图 2-27 显示，总股本与每股收益和每股净资产之间为负的相关关系，而每股收益和每股净资产之间为正的相关关系。

2.4　样本相似性可视化

假定想要比较北京、上海、天津 3 个地区在食品烟酒、衣着、居住、生活用品及服务、交通通信、教育文化娱乐、医疗保健、其他用品及服务这 8 项支出方面是否有相似性，这里的3个地区就是样本，8项消费支出就是8个变量，这就是多样本在多个变量上取值的相似性问题。如果关心的是3个地区间是否相似，就是样本的相似性问题；如果关心的是8个变量之间是否相似，就是变量的相似性问题。变量间的相似性可以使用散点图和相关系数分析，本章主要介绍样本相似性的可视化。比较样本相似性的图形主要有轮廓图、雷达图、星图、脸谱图、聚类图、热图等，限于篇幅，本节主要介绍轮廓图和雷达图。

本节图形适用的数据包括：在多个样本（两个或两个以上）上获得的多个数值变量的观测值。

2.4.1　轮廓图

轮廓图（outline plot）也称平行坐标图或多线图，它用 x 轴表示各样本，用 y 轴表示每个样本的多个变量的数值（x 轴和 y 轴可以互换），将同一样本在不同变量上的观测值用折线连接起来。观察轮廓图中各折线的形状及其排列方式，可以比较各样本在多个变量上取值的相似性及差异。下面通过一个例子说明轮廓图的画法和解读。

【例2-5】（数据：example2_2.csv）沿用例2-2。绘制北京、天津、上海和重庆的人均各项消费支出的轮廓图，比较各地区消费支出的差异和相似性。

解：绘制轮廓图的代码和结果如代码框2-21所示。

代码框2-21　绘制轮廓图

```
#图2-28的绘制代码
import pandas as pd
import seaborn as sns
import matplotlib.pyplot as plt
plt.rcParams['font.sans-serif'] = ['SimHei']

df = pd.read_csv('C:/pydata/chap02/example2_2.csv', encoding = 'gbk')

plt.figure(figsize = (8, 5))

dfs = [df['北京'],df['天津'],df['上海'],df['重庆']]
sns.lineplot(data = dfs,markers = True)
plt.xlabel('支出项目')
plt.ylabel('支出金额')
plt.xticks(range(8),df['支出项目'])  # 添加x轴标签

plt.show()
```

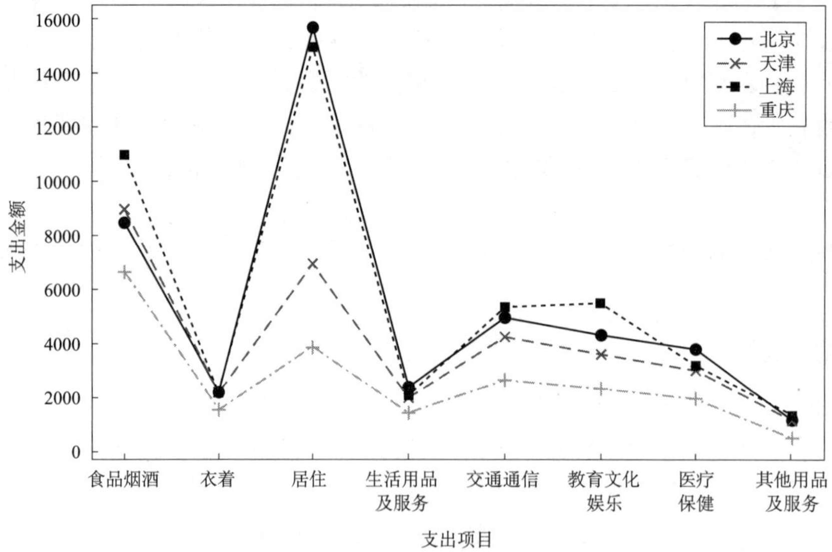

图 2-28　2019 年北京、天津、上海和重庆各项消费支出的轮廓图

图 2-28 显示，除了上海和北京的居住支出明显偏高外，在 8 项消费支出中，食品烟酒支出占据各项支出的比例最高，接下来依次是居住、交通通信、教育文化娱乐、医疗保健、衣着、生活用品及服务，其他用品及服务排在最后，而衣着、生活用品及服务、其他用品及服务的支出相差不大。图中各条折线形状显示，北京和上海的各项消费支出相似，天津和重庆相似。总体上看，虽然各地区的消费支出金额有一定差异，但消费结构很相似。

2.4.2　雷达图

假定有 P 个变量，我们可以从一个点出发，每个变量用一条射线表示，P 个变量形成 P 条射线（P 个坐标轴），每个样本在 P 个变量上的取值连接成线，即围成一个区域，多个样本围成多个区域，就是**雷达图**（radar chart）。P 个变量的计量单位可能不同，数值的量级往往差异很大，每条坐标轴的刻度需要根据每个变量单独确定，因此，不同坐标轴的刻度是不可比的。由于雷达图的形状与蜘蛛网很相似，有时也称为**蜘蛛图**（spider chart）。利用雷达图也可以研究多个样本之间的相似程度。

以例 2-2 中的数据为例，绘制雷达图的代码和结果如代码框 2-22 所示。

代码框 2-22　绘制雷达图

```
#图 2-29 的绘制代码
import pandas as pd
importnumpy as np
import matplotlib.pyplot as plt
% matplotlib inline
```

```
plt.rcParams['font.sans-serif'] = ['SimHei']
plt.rcParams['axes.unicode_minus'] = False
plt.rcParams['patch.force_edgecolor'] = True
df = pd.read_csv('C:/pydata/chap02/df.csv', encoding = 'gbk')

#创建角度
attributes = list(df.columns[1:])
values = list(df.values[:,1:])
names = list(df.values[:,0])
angles = [n / float(len(attributes)) * 2 * np.pi for n in range(len(attributes))]

#关闭画图
angles + = angles[:1]
values = np.asarray(values)
values = np.concatenate([values,values[:,0:1]],axis = 1)

#创建图形
sns.set_style('darkgrid')
plt.figure(figsize = (8,8))

fori in range(4):
    ax = plt.subplot(2,2,i +1,polar = True)
    ax.plot(angles,values[i])
    ax.set_yticks(np.arange(500,16000,3500))
    ax.set_xticks(angles[: -1])
    ax.set_xticklabels(attributes)
    ax.set_title(names[i],fontsize = 12,color = 'red')
    plt.tight_layout()
plt.show()
```

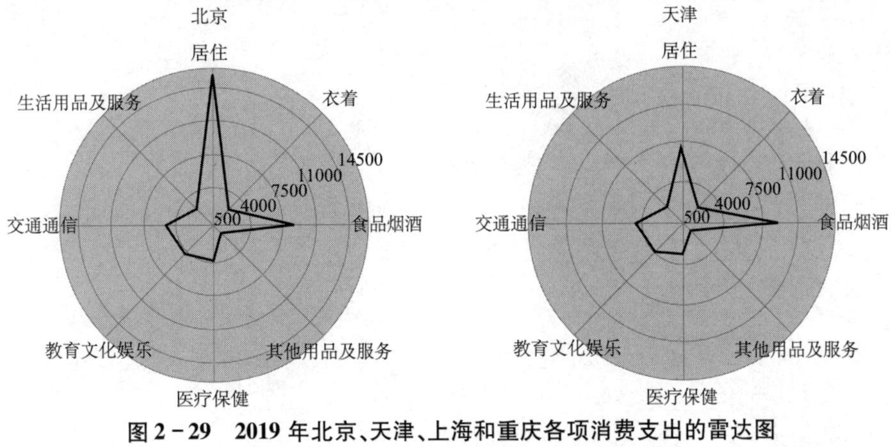

图2-29 2019年北京、天津、上海和重庆各项消费支出的雷达图

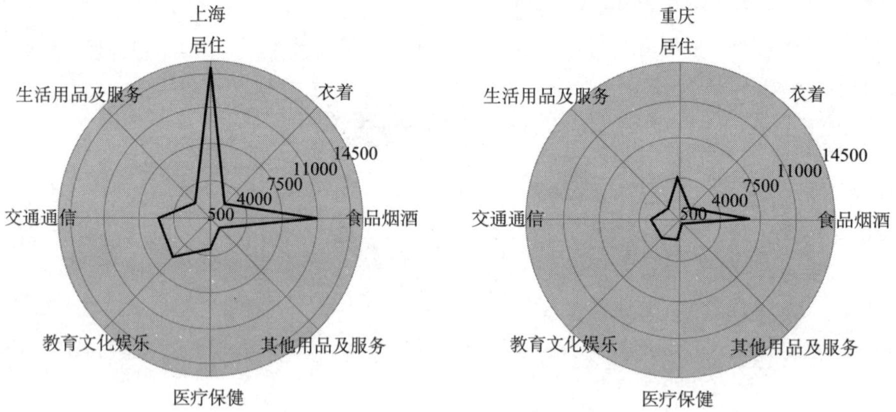

图 2-29　2019 年北京、天津、上海和重庆各项消费支出的雷达图(续)

图 2-29 显示，北京和上海的各项消费支出类似，天津和重庆的各项消费支出类似。整体上看，4 个地区的消费支出金额差异较大，而消费结构差异不大。

为便于比较，也可以将各样本的雷达图绘制在一幅图里，代码和结果如代码框 2-23 所示。

代码框 2-23　绘制雷达图

```
#图 2-30 的绘制代码
import pandas as pd
importnumpy as np
import matplotlib.pyplot as plt

plt.rcParams['font.sans-serif'] = ['SimHei']
df = pd.read_csv('C:/pydata/chap02/example2_2.csv', encoding = 'gbk')

labels = np.array(df['支出项目'])  # 设置标签
datalenth = 8                      # 数据长度

df1 = np.array(df['北京'])
df2 = np.array(df['天津'])
df3 = np.array(df['上海'])
df4 = np.array(df['重庆'])

angles = np.linspace(0,2*np.pi,datalenth,endpoint = False)
df1 = np.concatenate((df1,[df1[0]]))  # 使雷达图闭合
df2 = np.concatenate((df2,[df2[0]]))
df3 = np.concatenate((df3,[df3[0]]))
df4 = np.concatenate((df4,[df3[0]]))
angles = np.concatenate((angles,[angles[0]]))
```

```
plt.figure(figsize = (6,6),facecolor ='lightyellow')                    # 画布背景色
plt.polar(angles,df1,'r --',linewidth =1,label ='北京')                  # 红色虚线
plt.polar(angles,df2,'b',linewidth =1,label ='天津')                     # 蓝色实线
plt.polar(angles,df3,'k',linewidth =1,label ='上海')                     # 黑色实线
plt.polar(angles,df4,'g',linewidth =1,label ='重庆')                     # 绿色实线
plt.thetagrids(range(0,360,45),labels)                                   # 设置标签
plt.grid(linestyle ='-',linewidth =0.5,color ='gray',alpha =0.5)         # 设置网格线
plt.legend(loc ='upper right',bbox_to_anchor = (1.1,1.1))          # 绘制图例并设置图例位置

plt.show()
```

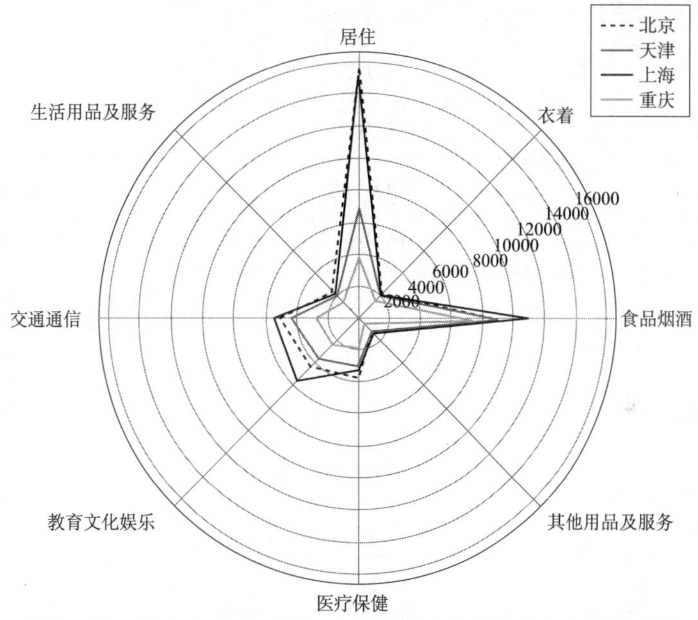

图 2－30　2019 年北京、天津、上海和重庆各项消费支出的雷达图

图 2－30 显示，4 个地区的消费水平虽然有较大差异，但雷达图的形状却十分相似，说明 4 个地区的消费结构相似。

2.5　时间序列可视化

时间序列（time series）是一种常见的数据形式，它是在不同时间点上记录的一组数据，如各年份的 GDP 数据、各月份的 CPI 数据、一年中各交易日的股票价格指数收盘数据等。通过可视化，可以观察时间序列的变化模式和特征。时间序列的可视化图形有多种，其中最基本的是**折线图**（line chart）和**面积图**（area graph）。

本节图形适用的数据包括：一个或多个时间序列。

2.5.1　折线图

折线图是描述时间序列最基本的图形，它主要用于观察和分析时间序列随时间变化的形态和模式。折线图的 x 轴是时间，y 轴是变量的观测值。

【例 2-6】（数据：example2_6. csv）2000—2020 年我国城镇居民和农村居民的消费水平数据如表 2-4 所示。绘制折线图分析居民消费水平的变化特征。

表 2-4　2000—2020 年我国城镇居民和农村居民的消费水平　　单位：元

年份	城镇居民消费水平	农村居民消费水平
2000	6 972	1 917
2001	7 272	2 032
2002	7 662	2 157
2003	7 977	2 292
2004	8 718	2 521
2005	9 637	2 784
2006	10 516	3 066
2007	12 217	3 538
2008	13 722	3 981
2009	14 687	4 295
2010	16 570	4 782
2011	19 219	5 880
2012	20 869	6 573
2013	22 620	7 397
2014	24 430	8 365
2015	26 119	9 409
2016	28 154	10 609
2017	30 323	12 145
2018	32 483	13 985
2019	34 900	15 382
2020	34 033	16 063

解：绘制折线图的代码和结果如代码框 2-24 所示。

代码框 2-24　绘制折线图

```
#图 2-31 的绘制代码
import pandas as pd
import matplotlib.pyplot as plt
plt.rcParams['font.sans-serif'] = ['SimHei']
df = pd.read_csv('C:/pydata/chap02/example2_6.csv', encoding = 'gbk')

df['年份'] = pd.to_datetime(df['年份'],format = '%Y')      # 将数据转换为日期类型
df = df.set_index('年份')                                  # 将日期设置为索引(index)

#绘制折线图
df.plot(kind = 'line',figsize = (7,4.5),
        grid = True,          # 添加网格线
        stacked = False,      # 绘制折线图时,默认 stacked = False
        linewidth = 1,
        marker = 'o',markersize = 6,
        xlabel = '年份',ylabel = '居民消费水平')
```

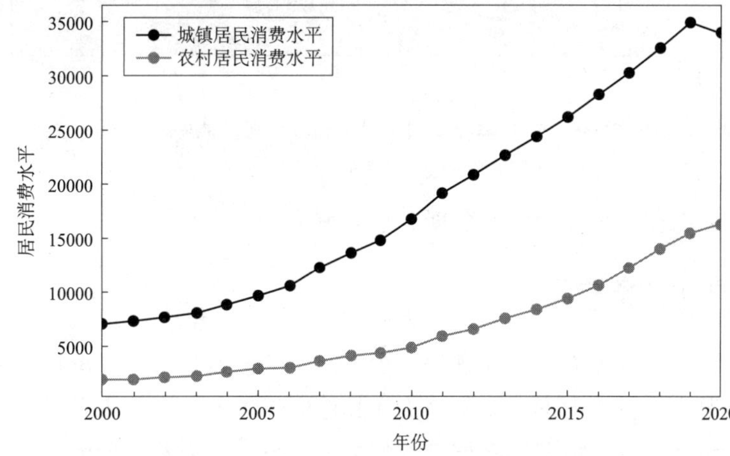

图 2-31　2000—2020 年我国城镇居民和农村居民消费水平的折线图

图 2-31 显示，无论是城镇居民还是农村居民，消费水平都有逐年增长的趋势，而城镇居民消费水平各年均高于农村居民，而且，随着时间的推移二者的差距有进一步扩大的趋势。

2.5.2　面积图

面积图是在折线图的基础上绘制的，它将折线与 x 轴之间的区域用颜色填充，填充的区域即为面积。面积图不仅美观，而且能更好地展示时间序列变化的特征和模式。将多个时间序列绘制在一幅图中时，序列数不宜太多，否则图形之间会相互遮盖，看起来会很乱。当序列较多时，可以将每个序列单独绘制一幅图，并将多幅图以网格的形式摆放。以例 2-6 中的数据为例，绘制面积图的代码和结果如代码框 2-25 所示。

代码框 2－25 绘制面积图

```
#图2－32 的绘制代码
df.plot(kind='area',figsize=(7,4.5),grid=True,
        stacked=True,alpha=0.5,
        xlabel='年份',ylabel='居民消费水平')
```

注:绘制面积图时,函数默认 stacked=True.绘制时将数据较大的序列绘制在下面,然后依据数据的大小依次向上堆叠,以避免遮盖.

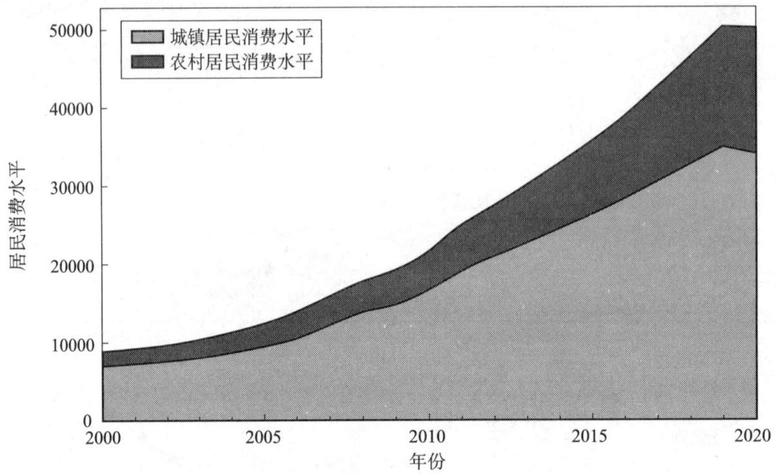

图 2－32 2000—2020 年我国城镇居民和农村居民消费水平的面积图

图 2－32 中的面积大小与相应的数据大小成正比。

2.6 可视化的注意事项

图形是展示数据的有效方式。在日常生活中，阅读报纸杂志、看电视、用计算机网络查阅资料时都能看到大量的图形。学术论文和其他出版物中也经常用图形来展示数据或数据的分析结果。显然，看图形要比看枯燥的数字更有趣，也更容易理解。合理使用图形是做好数据分析的基本技能。

一幅精心设计的图表可以有效地把数据呈现出来，也会让人更容易看懂和理解数据，但使用不当会造成别人对数据的迷茫或误解。图形应尽可能简洁合理，以能够清晰地展示数据、合理地表达分析目的为依据，应避免一切不必要的修饰。过于花哨的修饰往往会使人注意图形本身而掩盖了图形所要表达的信息。

一幅完整的图形大体上包括图形主体、标题、坐标轴注释等要素。图形主体用于表达数据信息。标题用于注释图形的内容，一般包括数据所属的时间（when）、地点（where）和内容（what），还应包括必要的图形编号。标题可以放在图的上方，也可以放在图的下方。坐标轴注释需要标示出坐标轴代表的变量名称，以便于阅读和理解。此外，图形的比例也十分重要，二维图形通常为 10 ∶ 7 或 4 ∶ 3 的一个矩形，过长或过宽的图形都有可能歪曲数据，给人留下错误的印象。

习　题

2.1　使用第1章习题1.2泰坦尼克号的数据集，绘制以下图形。

(1) 绘制 Sex 和 Survived 的并列条形图和堆叠条形图。

(2) 绘制 Class 和 Survived 的百分比条形图。

(3) 选择适当的变量绘制饼图和环形图。

2.2　下面的数据集（该数据集来自 R 软件的 faithful）记录了美国黄石国家公园（Yellowstone National Park）老忠实间歇喷泉（Old Faithful Geyser）的喷发持续时间（eruptions）和下一次喷发的等待时间（waiting）的 272 个观测数据（只列出前 3 行和后 3 行）。

eruptions	waiting
3.600	79
1.800	54
3.333	74
……	……
4.417	90
1.817	46
4.467	74

根据该数据集，绘制以下图形分析数据分布的特征。

(1) 绘制 eruptions 的直方图，并为直方图画出核密度曲线。

(2) 绘制 eruptions 和 waiting 两个变量的核密度比较曲线。

(3) 绘制 eruptions 和 waiting 两个变量的箱线图和小提琴图。

(4) 绘制 eruptions 和 waiting 两个变量的点图。

2.3　下面的数据集（该数据集来自 R 软件的 mtcars）摘自 1974 年《美国汽车趋势》杂志，包括 32 款汽车（1973—1974 年款）的油耗、汽车设计和性能等共 11 个指标（这里只列出 7 个指标，并只显示前 3 行和后 3 行）。

	mpg	cyl	disp	hp	drat	wt	qsec
Mazda RX4	21.0	6	160.0	110	3.90	2.620	16.46
Mazda RX4 Wag	21.0	6	160.0	110	3.90	2.875	17.02
Datsun 710	22.8	4	108.0	93	3.85	2.320	18.61
……	……	……	……	……	……	……	……
Ferrari Dino	19.7	6	145.0	175	3.62	2.770	15.50
Maserati Bora	15.0	8	301.0	335	3.54	3.570	14.60
Volvo 142E	21.4	4	121.0	109	4.11	2.780	18.60

根据该数据集绘制以下图形。

（1）绘制每加仑油行驶的英里数（mpg）和汽车自重（wt）两个变量的散点图。

（2）绘制该数据集的散点图矩阵。

（3）绘制该数据集的相关系数矩阵图。

（4）绘制每加仑油行驶的英里数（mpg）、总马力（hp）和汽车自重（wt）3 个变量的气泡图和 3D 散点图。

2.4 下面的数据集（该数据集来自 R 软件的 iris）列出了 3 个物种（species）的萼片长（sepal. length）、萼片宽（sepal. width）、花瓣长（petal. length）、花瓣宽（petal. width）4 个变量的各 50 个样本数据（这里只列出前 3 行和后 3 行）。

Sepal. Length	Sepal. Width	Petal. Length	Petal. Width	Species
5. 1	3. 5	1. 4	0. 2	setosa
4. 9	3. 0	1. 4	0. 2	setosa
4. 7	3. 2	1. 3	0. 2	setosa
……	……	……	……	……
6. 5	3. 0	5. 2	2. 0	virginica
6. 2	3. 4	5. 4	2. 3	virginica
5. 9	3. 0	5. 1	1. 8	virginica

根据该数据集选择适当的变量绘制轮廓图和雷达图。

2.5 根据例 2－3 的数据，绘制各城市 AQI 的折线图和面积图，分析 AQI 的变化特征。

第 3 章　描述统计量分析

描述统计量分析是利用数据的各种描述统计量来概括数据的数值特征。一组样本数据的数值特征主要从三个方面进行描述：一是数据的水平（也称为集中趋势或位置度量），反映全部数据的数值大小；二是数据的差异，反映各数据间的离散程度；三是分布的形状，反映数据分布的偏度和峰度。本章主要介绍描述数据的各统计量的计算方法及其Python实现。Python 的 pandas 模块和 numpy 模块中均提供有计算各种统计量的函数。

3.1　描述水平的统计量

数据的水平是指其数值的大小。描述数据水平的概括性统计量主要有平均数、分位数和众数等。

3.1.1　平均数

平均数（mean）是一组数据相加后除以数据的个数得到的结果，也称均值。设一组样本数据为x_1，x_2，…，x_n，样本量（样本数据的个数）为 n，样本平均数用$\bar{x}$（读作 x-bar）表示，计算公式为①：

$$\bar{x} = \frac{x_1 + x_2 + \cdots + x_n}{n} = \frac{\sum_{i=1}^{n} x_i}{n} \tag{3.1}$$

式（3.1）也称为**简单平均数**（simple mean）。

如果样本数据被分成 k 组，各组的组中值（组的中间值，是一个组的下限值与上限值的平均数）分别用m_1，m_2，…，m_k表示，各组的频数分别用f_1，f_2，…，f_k表示，则样本平均数的计算公式为：

$$\bar{x} = \frac{m_1 f_1 + m_2 f_2 + \cdots + m_k f_k}{f_1 + f_2 + \cdots + f_k} = \frac{\sum_{i=1}^{k} m_i f_i}{n} \tag{3.2}$$

式（3.2）也称为**加权平均数**（weighted mean）②。

---

① 如果有总体的全部数据x_1，x_2，…，x_N，总体平均数用μ表示，计算公式为：$\mu = \frac{\sum_{i=1}^{N} x_i}{N}$。实际中，总体平均数往往是不知道的，都是根据样本平均数来推断的。

② 如果总体的 N 个数据被分成 k 组，各组的组中值分别用M_1，M_2，…，M_k表示，各组数据出现的频数分别用F_1，F_2，…，F_k表示，则总体加权平均数的计算公式为：$\bar{x} = \frac{M_1 F_1 + M_2 F_2 + \cdots + M_k F_k}{F_1 + F_2 + \cdots + F_k} = \frac{\sum_{i=1}^{k} M_i F_i}{N}$。

均值的特点是容易受极端值影响。当数据中存在极端值时，均值对数据的代表性较差。

【例 3-1】（数据：example3_1. csv）在某年级中随机抽取 30 名学生，得到每名学生的数学考试分数如表 3-1 所示。计算 30 名学生考试分数的平均数。

表 3-1　30 名学生的数学考试分数　　单位：分

85	97	83	61	67	86
55	92	70	86	81	75
91	55	96	86	89	91
66	87	72	92	50	82
79	90	90	85	95	66

解：使用 pandas 模块中 DataFrame 的内置方法、numpy 模块中的 average 函数等均可以计算平均数，代码和结果如代码框 3-1 所示。

代码框 3-1　计算 30 名学生考试分数的平均数

```
#使用 pandas 模块中 DataFrame 的内置方法
import pandas as pd
example3_1 = pd.read_csv('C:/pydata/chap03/example3_1.csv', encoding = 'gbk')
pd.DataFrame.mean(example3_1)          # 或写成 example3_1['分数'].mean()
```

```
分数      80.0
dtype:float64
```

注:dtype 表示输出结果的数据类型;float64 表示浮点值(带小数点的值)64 位.

【例 3-2】（数据：example3_2. csv）沿用例 3-1。假定将 30 名学生的数学考试分数分组后的结果如表 3-2 所示。计算数学考试分数的平均数。

表 3-2　30 名学生数学考试分数的分组数据

分组	组中值（m）	人数（f）
60 以下	55	3
60 ~ 70	65	4
70 ~ 80	75	4
80 ~ 90	85	10
90 ~ 100	95	9
合计	—	30

解：计算加权平均数的代码和结果如代码框 3-2 所示。

代码框 3-2　计算 30 名学生考试分数的加权平均数

```
#使用 numpy 中的 average 函数
import pandas as pd
import numpy as np
example3_2 = pd.read_csv("C:/pydata/chap03/example3_2.csv",encoding = 'gbk')
m = example3_2 ['组中值']
f = example3_2 ['人数']
print('加权平均:',np.average(a = m,weights = f))    # 计算加权平均数并输出结果
```

```
加权平均:81.0
```

对于同一组数据，根据原始数据计算的平均数与根据分组后数据计算的平均数结果是有差异的。因为分组后是用组中值代表该组数据，实际上假定该组数据在组中值两侧呈对称分布，如果实际情况不是对称分布，根据分组后数据计算的平均数就会有偏差。因此，在有原始数据的情况下，应根据原始数据计算平均数。加权平均数只在所得到的数据本身就是分组数据的情况下使用。

3.1.2　分位数

一组数据按从小到大排序后，可以找出排在某个位置上的数值，该数值可以代表数据水平的高低。这些位置上的数值就是相应的**分位数**（quantile）。常用的分位数有中位数、四分位数、百分位数等。

1. 中位数

中位数（median）是一组数据排序后处于中间位置上的数值，用M_e表示。中位数是用一个点将全部数据等分成两部分，每部分包含 50% 的数据，一部分数据比中位数大，另一部分数据比中位数小。中位数是用中间位置上的值代表数据的水平，其特点是不受极端值的影响，因此被称为具有**稳健性**或**鲁棒性**（robustness）的统计量。中位数在研究收入分配时很有用。

计算中位数时，要先对 n 个数据从小到大进行排序，然后确定中位数的位置，最后计算中位数的具体数值。

设一组数据x_1，x_2，…，x_n按从小到大排序后为$x_{(1)}$，$x_{(2)}$，…，$x_{(n)}$，则中位数就是（$n+1$）/2 位置上的值。计算公式为：

$$M_e=\begin{cases} x_{\left(\frac{n+1}{2}\right)} & n\text{ 为奇数} \\ \dfrac{1}{2}\left\{x_{\left(\frac{n}{2}\right)}+x_{\left(\frac{n}{2}+1\right)}\right\} & n\text{ 为偶数} \end{cases} \tag{3.3}$$

【例 3-3】（数据：example3_1. csv）沿用例 3-1。计算 30 名学生数学考试分数的中位数。

解：使用 pandas 中的 df. median（）函数和 numpy 中的 np. median（）函数均可以计算中位数。使用 pandas 中的函数计算中位数的代码和结果如代码框 3-3 所示。

代码框 3-3　计算 30 名学生考试分数的中位数

```
import pandas as pd
example3_1 = pd.read_csv('C:/pydata/chap03/example3_1.csv', encoding = 'gbk')
example3_1['中位数'].median()        #  计算中位数
```

```
中位数    85.0
dtype:float64
```

2. 四分位数

四分位数（quartile）是一组数据排序后处在 25% 和 75% 位置上的数值。它是用 3 个点将全部数据等分为 4 部分，其中每部分包含 25% 的数据。显然，中间的四分位数就是中位数，因此通常所说的四分位数是指处在 25% 位置上和 75% 位置上的两个数值。

与中位数的计算方法类似，计算四分位数时，首先对数据进行排序，然后确定四分位数所在的位置，该位置上的数值就是四分位数。与中位数不同的是，四分位数位置的确定方法有多种①，每种方法得到的结果可能会有一定差异，但差异不会很大（一般相差不会超过一个位次）。由于不同软件使用的计算方法可能不一样，对同一组数据用不同软件得到的四分位数结果也可能会有差异，但不会影响分析的结论。

设 25% 位置上的四分位数为 $Q_{25\%}$，75% 位置上的四分位数为 $Q_{75\%}$，Python 默认的计算四分位数位置的公式为：

$$Q_{25\%}\text{位置}=\frac{n+3}{4},\quad Q_{75\%}\text{位置}=\frac{3n+1}{4} \tag{3.4}$$

如果位置是整数，四分位数就是该位置对应的数值；如果是在整数加 0.5 的位置上，则取该位置两侧数值的平均数；如果是在整数加 0.25 或 0.75 的位置上，则四分位数等于该位置前面的数值加上按比例分摊的位置两侧数值的差值。

【例 3-4】（数据：example3_1. csv）沿用例 3-1。计算 30 名学生数学考试分数的四分位数。

解：首先，对 n 个数据从小到大进行排序，得到的结果如下：

50　55　55　61　66　66　67　70　72　75　79　81　82　83　85

85　86　86　86　87　89　90　90　91　91　92　92　95　96　97

其次，计算出四分位数的位置和相应的数值。

$Q_{25\%}\text{位置}=\frac{n+3}{4}=\frac{30+3}{4}=8.25$，即 $Q_{25\%}$ 在第 8 个数值（70）和第 9 个数值（72）之间 0.25 的位置上，因此，$Q_{25\%}=70+0.25\times(72-70)=70.5$。

$Q_{75\%}\text{位置}=\frac{3n+1}{4}=\frac{3\times 30+1}{4}=22.75$，即 $Q_{75\%}$ 在第 22 个数值（90）和第 23 个数值（90）之间 0.75 的位置上，因此，$Q_{75\%}=90+0.25\times(90-90)=90$。

计算四分位数的代码和结果如代码框 3-4 所示。

---

① 式（3.4）是 Python、R 和 Excel 等默认使用的位置确定公式。Minitab 和 SPSS 软件使用的四分位数位置的计算公式为：$Q_{25\%}=\frac{n+1}{4}$，$Q_{75\%}=\frac{3(n+1)}{4}$。

代码框 3-4　计算 30 名学生考试分数的四分位数

```
import pandas as pd
example3_1 = pd.read_csv('C:/pydata/chap03/example3_1.csv', encoding = 'gbk')
pd.DataFrame.quantile(example3_1,q = [0.25,0.75],interpolation = 'linear')
                                        #计算四分位数,默认采用线性插值
```

	分数
0.25	70.5
0.75	90.0

注:DataFrame.quantile 函数提供了 5 种四分位数的算法,默认算法是采用线性插值,即按式(3.4)计算四分位数的位置.该算法与 R 软件默认的算法及 Excel 算法相同.

在 $Q_{25\%}$ 和 $Q_{75\%}$ 之间大约包含了 50% 的数据。就上面 30 个学生的考试分数而言，可以说大约有一半学生的考试分数在 70.5 ~ 90 分之间。

3. 百分位数

百分位数（percentile）是用 99 个点将数据 100 等分，处在各分位点上的数值就是百分位数。百分位数提供了各项数据在最小值和最大值之间分布的信息。

与四分位数类似，百分位数也有多种算法①，每种算法的结果不尽相同，但差异不会很大。设 $P_{i\%}$ 为第 i 个百分位数，Python 默认的第 i 个百分位数的位置计数公式为：

$$P_{i\%}\text{位置} = \frac{i}{100} \times (n-1) \tag{3.5}$$

由于 Python 是一种索引从 0 开始计数的语言，因此，排序后的第 1 个数的索引为 0，第 2 个数为 1，第 3 个数为 2，以此类推。

如果位置是整数，百分位数就是该位置对应的数值；如果位置不是整数，百分位数等于该位置前面的数值加上按比例分摊的位置两侧数值的差值。显然，中位数就是第 50 个百分位数 $P_{50\%}$，$Q_{25\%}$ 和 $Q_{75\%}$ 就是第 25 个百分位数 $P_{25\%}$ 和第 75 个百分位数 $P_{75\%}$。

【例 3-5】（数据：example3_1.csv）沿用例 3-1。计算 30 名学生考试分数的第 10、25、50、75 和 90 个百分位数。

解：根据式（3.5）有：$P_{10\%}\text{位置} = \frac{10}{100} \times (30-1) = 2.9$。该百分位数在第 3 个值（55）和第 4 个值（61）之间 0.9 的位置上，因此 $P_{10\%} = 55 + 0.9 \times (61-55) = 60.4$。其他百分位数的算法类似。

计算百分位数的代码和结果如代码框 3-5 所示。

① 式（3.5）是 Python、R 和 Excel 等使用的位置确定公式。Minitab 和 SPSS 软件使用的第 i 个百分位数的位置计算公式为：$P_{i\%}\text{位置} = \frac{i}{100} \times (n+1)$。

代码框 3-5　计算 30 名学生考试分数的百分

```
import pandas as pd
example3_1 = pd.read_csv('C:/pydata/chap03/example3_1.csv', encoding = 'gbk')
pd.DataFrame.quantile(example3_1,q = [0.1,0.25,0.5,0.75,0.9],interpolation = 'linear')
                                                    #计算百分位数,默认采用线性插值
```

	分数
0.10	60.4
0.25	70.5
0.50	85.0
0.75	90.0
0.90	92.3

3.1.3　众数

众数（mode）是一组数据中出现频数最多的数值，用M_0表示。众数主要用于描述类别数据的频数，通常不用于数值数据。比如，赞成的人数为 100，反对的人数为 30，保持中立的人数为 70，众数就是“赞成”。对于数值数据，只有在数据量较大时众数才有意义。从数值数据分布的角度看，众数是一组数据分布的峰值点所对应的数值。如果数据的分布没有明显的峰值，众数也可能不存在；如果有两个或多个峰值，也可以有两个或多个众数。

【例 3-6】（数据：example3_1. csv）沿用例 3-1。计算 30 名学生考试分数的众数。

解：使用 pandas 中的 DataFrame. mode（）函数、scipy. stats 中的 stats. mode（）函数均可计算众数，其中 stats. mode（）函数还可以列出众数的数值个数。计算众数的代码和结果如代码框 3-6 所示。

代码框 3-6　计算 30 名学生考试分数的众数

```
# 使用 DataFrame.mode()函数计算众数
import pandas as pd
example3_1 = pd.read_csv("C:/pydata/chap03/example3_1.csv",encoding = 'gbk')
mode = example3_1['分数'].mode()          # 或写成 pd.DataFrame.mode(example3_1)
print(mode)
```

```
0     86
dtype: int64
```

```
#使用 stats.mode()函数计算众数
fromscipy import stats
mode = stats.mode(example3_1['分数'])
print(mode)
```

```
ModeResult(mode = array([86], dtype = int64), count = array([3]))
```

注:count = array([3])表示众数值的频数为 3,即众数值 86 有 3 个.

本节介绍了描述数据水平的几个主要统计量。实际应用时选择哪个统计量来代表一组数据的水平，取决于数据的分布形态。当数据分布对称或接近对称时，建议使用平均数；当数据分布明显偏斜时，可考虑使用分位数或众数。

3.2　描述差异的统计量

数据之间的差异反映了数据的离散程度。各水平统计量对该组数据的代表程度取决于数据的离散程度，离散程度越大，各水平统计量对该组数据的代表性就越差；离散程度越小，其代表性就越好。描述样本数据离散程度的统计量主要有极差、四分位差、方差和标准差以及测度相对离散程度的变异系数等。

3.2.1　极差和四分位差

极差（range）是一组数据的最大值与最小值之差，也称**全距**，用 R 表示。计算公式为：

$$R = \max(x) - \min(x) \tag{3.6}$$

比如，根据例 3－1 中的数据，计算 30 名学生考试分数的极差为：$R=97-50=47$。由于极差只利用了一组数据两端的信息，因此容易受极端值的影响，不能全面反映差异状况。虽然极差在实际中很少单独使用，但它总是作为分析数据离散程度的一个参考值。

四分位差也称**四分位距**（interquartile range），是一组数据 75% 位置上的四分位数与 25% 位置上的四分位数之差，用 IQR 表示，计算公式为：

$$IQR = Q_{75\%} - Q_{25\%} \tag{3.7}$$

四分位差反映了中间 50% 数据的离散程度，其数值越小，说明中间的数据越集中；数值越大，说明中间的数据越分散。四分位差不受极值的影响。此外，由于中位数处于数据的中间位置，因此，四分位差的大小在一定程度上也说明了中位数对一组数据的代表程度。

【例 3－7】（数据：example3_1. csv）沿用例 3－1。计算 30 名学生考试分数的极差和四分位差。

解：计算极差和四分位差的代码和结果如代码框 3－7 所示。

代码框 3－7　计算 30 名学生考试分数的极差和四分位差

```
#计算极差
import pandas as pd
example3_1 = pd.read_csv('C:/pydata/chap03/example3_1.csv', encoding = 'gbk')
R = example3_1['分数'].max() - example3_1['分数'].min()
print('极差:',R)
```

```
极差:47
```

```
#计算四分位差
import numpy as np
IQR = np.quantile(example3_1['分数'], q = 0.75) - np.quantile(example3_1['分数'], q = 0.25)
print('IQR =',IQR)
```

```
IQR = 19.5
```

3.2.2　方差和标准差

如果考虑每个数据x_i与其平均数$\bar{x}$之间的差异，以此作为一组数据离散程度的度量，结果要比极差和四分位差更为全面、准确。这就需要计算每个数据x_i与其平均数$\bar{x}$偏差的平均数。但由于（$x_i-\bar{x}$）之和等于0，因此需要进行一定的处理。一种方法是将偏差取绝对值，求和后再平均，这一结果称为**平均偏差**（mean deviation）或**平均绝对偏差**（mean absolute deviation）；另一种方法是将偏差平方后再求平均数，这一结果称为**方差**（variance）。方差开平方根后的结果称为**标准差**（standard deviation），它是一组数据与其平均数相比平均相差的数值。方差（或标准差）是实际中应用最广泛的度量数据离散程度的统计量。

设样本方差为s^2，计算公式为①：

$$s^2=\frac{\sum_{i=1}^{n}(x_i-\bar{x})^2}{n-1} \tag{3.8}$$

样本标准差的计算公式为：

$$s=\sqrt{\frac{\sum_{i=1}^{n}(x_i-\bar{x})^2}{n-1}} \tag{3.9}$$

与方差不同的是，标准差与原始数据的计量单位相同，其实际意义要比方差清楚。因此，在对实际问题进行分析时通常使用标准差。

【例 3－8】（数据：example3_1. csv）沿用例 3－1。计算 30 名学生考试分数的方差和标准差。

解： 计算方差和标准差的代码和结果如代码框 3－8 所示。

代码框 3－8　计算 30 名学生考试分数的方差和标准差

```
#计算方差
import pandas as pd
example3_1 = pd.read_ csv('C:/pydata/chap03/example3_1.csv', encoding = 'gbk')
var = example3_1['分数'].var(ddof = 1)      # 计算方差
print('方差:',var)
```

```
方差:174.6206896551724
```

```
#计算标准差
sd = example3_1['分数'].std()
print('标准差:',round(sd,2))                # 结果保留 2 位小数
```

```
标准差:13.21
```

注:方差和标准差的自由度由函数的参数 ddof(自由度)设置,不同函数的默认设置不同.numpy 中的函数默认 ddof = 0,即分母是 n 而非 n－1,pandas 中的函数默认 ddo = 1,即自由度为 n－1.

① 对于总体的N个数据，总体方差（population variance）用σ^2表示，计算公式为$\sigma^2=\frac{\sum_{i=1}^{N}(x_i-\mu)^2}{N}$。开平方后即得到总体的加权标准差。注意：总体方差通常是不知道的，都是用样本方差s^2来推断的。

3.2.3　变异系数

标准差是反映数据离散程度的绝对值，其数值的大小受原始数据大小的影响，数据的观测值越大，标准差的值通常也就越大。此外，标准差与原始数据的计量单位相同，采用不同计量单位计量的数据，其标准差的值也就不同。因此，对于不同样本的数据，如果原始数据的观测值相差较大或计量单位不同，就不能用标准差直接比较其离散程度，这时需要计算变异系数。

变异系数（coefficient of variation，CV）也称**离散系数**，它是一组数据的标准差与其相应的平均数之比。由于变异系数消除了数值大小和计量单位对标准差的影响，因而可以反映一组数据的相对离散程度。其计算公式为：

$$CV = \frac{s}{\bar{x}} \tag{3.10}$$

变异系数主要用于比较不同样本数据的离散程度。其数值越大，说明数据的相对离散程度就越大，数值越小，说明数据的相对离散程度就越小①。

【例 3-9】（数据：example2_3. csv）沿用第 2 章的例 2-3。计算 6 个城市 AQI 的平均数、标准差和变异系数，比较 AQI 离散程度的大小。

解：如果各城市 AQI 的平均数差异不大，可以直接比较标准差的大小，否则需要用变异系数比较其离散程度。代码和结果如代码框 3-9 所示。

代码框 3-9　计算 6 个城市 AQI 的平均数、标准差和变异系数

```
import pandas as pd
import numpy as np
example2_3 = pd.read_csv('C:/pydata/chap02/example2_3.csv', encoding = 'gbk')

s_mean = example2_3.mean()          # 计算平均数
s_sd = example2_3.std()             # 计算标准差
s_cv = s_sd / s_mean                # 计算变异系数
df = pd.DataFrame({"平均数": s_mean, "标准差": s_sd, "变异系数": s_cv})  # 生成结果数据框
np.round(df, 4)                     # 结果保留 4 位小数
```

	平均数	标准差	变异系数
北京	78.4454	41.6278	0.5307
上海	67.9399	28.9772	0.4265
郑州	98.9071	42.7207	0.4319
武汉	72.1530	30.3549	0.4207
西安	91.7896	45.7087	0.4980
沈阳	78.5710	40.6698	0.5176

比较代码框 3-9 中的变异系数可知，AQI 离散程度最大的是北京，最小的是武汉。

① 当平均数接近 0 时，变异系数的值趋于无穷大，此时需要慎重解释。

3.2.4 标准分数

标准分数（standard score）也称 z 分数或标准化值。它可以用于度量每个数值在该组数据中的相对位置，并判断一组数据是否有离群点。比如，全班的平均考试分数为 80 分，标准差为 10 分，如果一个学生的考试分数是 90 分，表示距离平均分数有 1 个标准差的距离。这里的 1 就是这个学生考试成绩的标准分数。标准分数描述的是某个数据与平均数相比相差多少个标准差，它是某个数据与其平均数的差除以标准差后的数值。设标准分数为 z，计算公式为：

$$z_i = \frac{x_i - \bar{x}}{s} \tag{3.11}$$

式（3.11）也就是统计上常用的标准化公式。

标准化将一组数据转化成均值为 0、标准差为 1 的新数据。在对多个具有不同计量单位的变量进行分析时，常常需要对各变量做标准化处理，也就是将不同变量统一成相同的计量尺度。标准化只是将原始数据做了线性变换，它并没有改变某个数值在该组数据中的位置，也没有改变该组数据分布的形状。

【例 3-10】（数据：example3_1.csv）沿用例 3-1。计算 30 名学生考试分数的标准分数。

解：计算标准分数的代码和结果如代码框 3-10 所示。

代码框 3-10 计算 30 名学生考试分数的标准分数

```
import pandas as pd
import numpy as np
fromscipy import stats                                  # scipy 是基于 numpy 的科学计算包
example3_1 = pd.read_csv('C:/pydata/chap03/example3_1.csv', encoding = 'gbk')
z = stats.zscore(example3_1['分数'], ddof = 1)         # ddof 是自由度
z = np.round(z, 4)
print('标准分数:','\n',z)
```

```
标准分数:
[ 0.3784  -1.8919  0.8324-1.0594-0.0757  1.2865  0.9081-1.8919  0.5297   0.7567
   0.227  -0.7567  1.2108-0.6054  0.7567-1.4378   0.454   0.454  0.9081   0.3784
-0.9838   0.0757  0.6811-2.2702  1.1351   0.454-0.3784  0.8324  0.1513 -1.0594]
```

第一个学生的标准分数为 0.378 4，表示这个学生的考试分数与平均分数（80 分）相比高出 0.378 4 个标准差；第二个学生的标准分数为 -1.891 9，表示考试分数与平均分数相比低 1.891 9 个标准差。其余的含义类似。

根据标准分数可以判断一组数据中是否存在离群点。经验表明：当一组数据对称分布时，约有 68% 的数据在平均数加减 1 个标准差的范围之内，约有 95% 的数据在平均数加

减2个标准差的范围之内，约有99%的数据在平均数加减3个标准差的范围之内。可以想象，一组数据中低于或高于平均数3个标准差之外的数值是很少的，因此，通常将3个标准差之外的数据确定为离群点。

3.3　描述分布形状的统计量

通过直方图或核密度图可以大致看出数据的分布是否对称。对于不对称的分布，要想知道不对称程度则需要计算相应的描述统计量。偏度系数和峰度系数就是对分布不对称程度和峰值高低的一种度量。

3.3.1　偏度系数

偏度（skewness）是指数据分布的不对称性，这一概念由统计学家K. Pearson于1895年首次提出。测度数据分布不对称性的统计量称为**偏度系数**（coefficient of skewness），记为SK。

设$m_r = \frac{1}{n}\sum_i^n (x_i - \bar{x})^r$为样本的$r$阶中心距，偏度系数有以下三种算法。

算法1：对应于R的e1071包中skewness函数的type=1，该方法也是很多比较传统的教材中的定义。计算公式为：

$$SK_1 = \frac{m_3}{m_2^{3/2}} = \frac{\frac{1}{n}\sum_i^n (x_i - \bar{x})^3}{\left[\frac{1}{n}\sum_i^n (x_i - \bar{x})^2\right]^{3/2}} \tag{3.12}$$

式中，m_3为样本的三阶中心矩；m_2为样本的二阶中心矩。

算法2：该算法对应的实现软件有：Python的pandas模块中DataFrame.skew函数，R的e1071包中skewness函数的type=2，SPSS、SAS、Excel软件中的默认算法。计算公式为：

$$SK_2 = SK_1 \times \frac{\sqrt{n(n-1)}}{n-2} = \frac{m_3}{m_2^{3/2}} \times \frac{\sqrt{n(n-1)}}{n-2} \tag{3.13}$$

算法3：该算法对应的实现软件有：R的e1071包中skewness函数的type=3（函数默认算法）和Minitab（默认算法）。计算公式为：

$$SK_3 = \frac{m_3}{s^3} = SK_1\left(\frac{n-1}{n}\right)^{3/2} = \frac{m_3}{m_2^{3/2}}\left(\frac{n-1}{n}\right)^{3/2} \tag{3.14}$$

式中，s是样本标准差。

当数据对称分布时，偏度系数等于0。偏度系数越接近0，偏斜程度就越低，也就越接近对称分布。如果偏度系数明显不同于0，表示分布是不对称的。若偏度系数大于1或小于−1，视为严重偏斜分布；若偏度系数在0.5~1或−1~−0.5之间，视为中等偏斜分布；若偏度系数在0~0.5或−0.5~0之间，视为轻微偏斜。其中负值表示左偏分布（在分布的左侧有长尾），正值则表示右偏分布（在分布的右侧有长尾）。

3.3.2　峰度系数

峰度（kurtosis）是指数据分布峰值的高低，这一概念由统计学家K. Pearson于1905

年首次提出。测度一组数据分布峰值高低的统计量是**峰度系数**（coefficient of kurtosis），记作 K。

设 $m_r = \frac{1}{n}\sum_{i}^{n}(x_i - \bar{x})^r$ 为样本的 r 阶中心距，峰度系数有以下三种算法。

算法 1：对应于 R 的 e1071 包中 kurtosis 函数的 type = 1，该方法也是很多比较传统的教材中的定义。计算公式为：

$$K_1 = \frac{m_4}{(m_2)^2} - 3 \tag{3.15}$$

算法 2：该算法对应的实现软件有：Python 的 pandas 模块中 DataFrame. kurt 函数，R 的 e1071 包中 kurtosis 函数的 type = 2，SPSS、SAS、Excel 软件中的默认算法。计算公式为：

$$K_2 = [(n+1)K_1 + 6] \times \frac{n-1}{(n-2)(n-3)} \tag{3.16}$$

算法 3：该算法对应的实现软件有：R 的 e1071 包中 kurtosis 函数的 type = 3（函数默认算法）和 Minitab（默认算法）。计算公式为：

$$K_3 = \frac{m_4}{s^4} - 3 = (K_1 + 3)\left(1 - \frac{1}{n}\right)^2 - 3 \tag{3.17}$$

式中，s 是样本标准差。

峰度通常是与标准正态分布相比较而言的。由于标准正态分布的峰度系数为 0，当 $K>0$ 时，为尖峰分布，数据分布的峰值比标准正态分布高，数据相对集中；当 $K<0$ 时，为扁平分布，数据分布的峰值比标准正态分布低，数据相对分散。

图 3 - 1 模拟了不同分布形状对应的偏度系数和峰度系数。

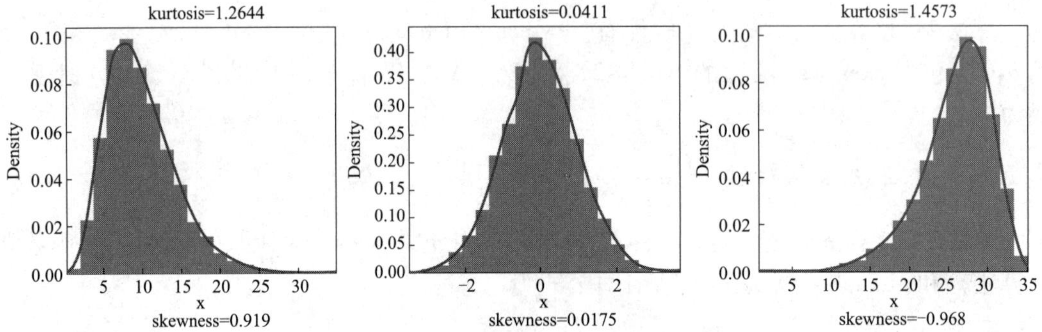

图 3 - 1　不同分布形状对应的偏度系数和峰度系数

【例 3 - 11】（数据：example3_1. csv）沿用例 3 - 1。计算 30 名学生考试分数的偏度系数和峰度系数。

解：计算偏度系数和峰度系数的代码和结果如代码框 3 - 11 所示。

代码框 3 - 11　计算 30 名学生考试分数的偏度系数和峰度系数

```
#计算偏度系数
import pandas as pd
example3_1 = pd.read_csv('C:/pydata/chap03/example3_1.csv', encoding = 'gbk')
skew = example3_1['分数'].skew()
```

```
#计算峰度系数
kurt = example3_1['分数'].kurt()
print("偏度系数:", round(skew, 4),'\n'"峰度系数:", round(kurt, 4))
```

```
偏度系数:  -0.8314
峰度系数:  -0.3515
```

代码框 3 - 12 中的结果显示，30 名学生考试分数的偏度系数为 -0.831 4，表示考试分数的分布为中等程度的左偏分布。峰度系数为 -0.351 5，表示考试分数分布的峰值比标准正态分布的峰值要略低一些。

3.4　一个综合描述的例子

以上介绍了各统计量的算法。这些统计量可以使用 Python 不同模块中的函数进行计算。在分析实际数据时，往往需要一次输出多个统计量对数据进行综合性描述分析。比如，对于例 3 - 9 的数据，要想一次输出 6 个城市 AQI 的一些主要描述统计量，可以使用 pandas 中的 DataFrame. describe 函数输出常用的描述统计量，代码和结果如代码框 3 - 12 所示。

代码框 3 - 12　汇总输出例 3 - 9 的主要描述统计量

```
import pandas as pd
df = pd.read_csv("C:/pydata/chap02/example2_3.csv",encoding = 'gbk')
np.round(df.describe(),2)
```

	北京	上海	郑州	武汉	西安	沈阳
count	366.00	366.00	366.00	366.00	366.00	366.00
mean	78.45	67.94	98.91	72.15	91.79	78.57
std	41.63	28.98	42.72	30.35	45.71	40.67
min	22.00	27.00	32.00	20.00	30.00	22.00
25%	47.00	47.00	72.00	49.00	61.00	52.00
50%	69.00	60.00	90.00	69.00	81.00	67.00
75%	98.75	81.75	120.00	88.00	111.75	94.75
max	257.00	206.00	298.00	223.00	278.00	315.00

输出的主要描述统计量有样本量（count）、平均数（mean）、标准差（std）、最小值（min）、中位数（50%）和两个四分位数（25% 和 75%）、最大值（max）。

在实际分析中，通常要对数据从图表和统计量两个方面同时进行描述。下面结合一个例子说明对数据进行综合描述的基本思路。

【例 3 - 12】（数据：example3_12. csv）在某大学随机抽取 60 名大学生，调查得到他们的性别、家庭所在地和月生活费支出（单位：元）数据如表 3 - 3 所示。对调查数据进行综合分析。

表 3-3 60 名大学生的调查数据

性别	家庭所在地	月生活费支出	性别	家庭所在地	月生活费支出
女	中小城市	1 500	女	乡镇地区	1 850
男	大型城市	2 000	女	乡镇地区	2 000
男	大型城市	1 800	女	中小城市	1 700
女	中小城市	1 600	女	大型城市	1 800
女	中小城市	2 000	男	中小城市	1 860
女	大型城市	2 100	男	乡镇地区	1 950
男	大型城市	1 100	女	中小城市	1 900
男	大型城市	1 780	男	中小城市	2 000
女	中小城市	1 550	女	乡镇地区	1 870
女	乡镇地区	1 300	女	中小城市	1 900
男	大型城市	2 000	女	大型城市	2 400
男	大型城市	1 700	女	大型城市	2 000
女	中小城市	1 400	女	中小城市	2 360
女	大型城市	1 500	女	中小城市	2 050
男	大型城市	1 400	女	大型城市	2 200
男	大型城市	1 480	男	大型城市	2 000
女	中小城市	2 350	女	中小城市	1 750
女	中小城市	1 450	女	中小城市	2 250
男	大型城市	1 500	女	大型城市	2 800
男	大型城市	1 760	女	大型城市	1 900
男	中小城市	1 300	男	大型城市	2 000
男	中小城市	1 600	男	乡镇地区	1 900
女	中小城市	1 680	女	中小城市	2 200
男	中小城市	1 850	女	乡镇地区	1 800
男	乡镇地区	1 500	女	乡镇地区	1 900
女	中小城市	1 600	男	乡镇地区	1 500
男	大型城市	1 300	男	大型城市	2 000
女	大型城市	1 800	男	大型城市	1 900
女	大型城市	1 550	女	大型城市	2 300
男	中小城市	1 350	女	中小城市	1 900

解：这里涉及两个类别变量和一个数值变量。对于性别和家庭所在地两个类别变量，可以对其频数进行计数，计算百分比，并画出条形图和饼图等进行描述。对于月生活费支出变量，可以绘制直方图、核密度图、箱线图等来观察其分布特征，还可绘制轮廓图、雷达图等比较不同性别和不同家庭所在地的月生活费支出的相似性，并计算均值和标准差等统计量进行分析。下面给出分析的一些基本思路供读者参考。

首先，绘制图形描述月生活费支出的分布特征。为反映全部学生的月生活费支出的整体分布特征，可以绘制出 60 名学生月生活费支出的直方图、核密度图、箱线图等；为观察按性别和家庭所在地分组的月生活费支出的分布特征，可以绘制分组箱线图和分组核密度图等。代码和结果如代码框 3-13 所示。

代码框 3-13　60 名大学生月生活费支出的图形描述

```
#月生活费支出的直方图和箱线图(图 3-2)
import pandas as pd
import matplotlib.pyplot as plt
import seaborn assns
plt.rcParams['font.sans-serif'] = ['SimHei']

example3_12 = pd.read_csv('C:/pydata/chap03/example3_12.csv', encoding='gbk')
x = example3_12 ['月生活费支出']
fig = plt.figure(figsize = (6, 5))
spec = fig.add_gridspec(nrows=2, ncols=1, height_ratios=[1,3])
                                        # 设置图形的行数、列数和高度比

ax1 = fig.add_subplot(spec[0,:])
x.plot(kind='box', vert=False)
ax1.spines['right'].set_color('none')
ax1.spines['top'].set_color('none')
ax1.spines['left'].set_color('none')
ax1.spines['bottom'].set_color('none')
ax1.set_xticks([])

ax2 = fig.add_subplot(spec[1,:])
x.plot(bins=10, kind='hist', ax=ax2, density=True, legend=False)
x.plot(kind='density', ax=ax2, linewidth=3)
ax2.set_xlabel('月生活费支出')
ax2.set_ylabel('频率')
ax2.set_xlim(x.min(), x.max())
ax2.spines['right'].set_color('none')
ax2.spines['top'].set_color('none')
plt.tight_layout()
plt.show()
```

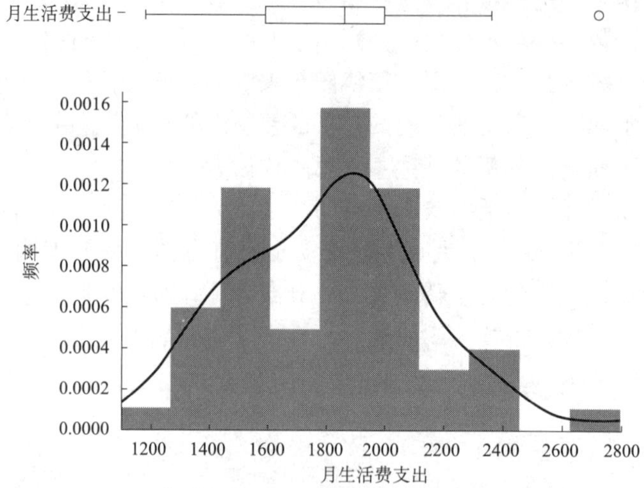

图 3-2　带有箱线图、核密度估计曲线的月生活费支出的直方图

```
#按性别和家庭所在地分类绘制核密度图(图 3-3)
import pandas as pd
import matplotlib.pyplot as plt
import seaborn as sns
example3_12 = pd.read_csv('C:/pydata/chap03/example3_12.csv', encoding = 'gbk')
plt.rcParams['font.sans-serif'] = ['SimHei']
plt.figure(figsize = (12, 4))
plt.subplot(1,2,1)
sns.kdeplot('月生活费支出',hue = '性别',shade = True,data = example3_12)
plt.title('(a)按性别分组')
plt.subplot(1,2,2)
sns.kdeplot('月生活费支出',hue = '家庭所在地',shade = True,data = example3_12)
plt.title('(b)按家庭所在地分组')
```

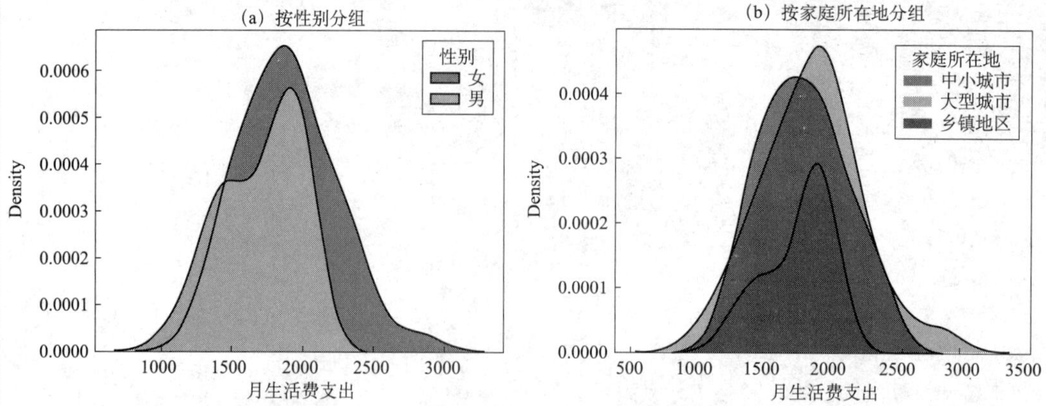

图 3-3　按性别和家庭所在地分组的核密度图

```
#按性别和家庭所在地分组绘制箱线图(图 3-4)
plt.rcParams['font.sans-serif'] = ['SimHei']
plt.figure(figsize = (9, 6))
sns.boxplot(x = '性别', y = "月生活费支出", hue = '家庭所在地', data = example3_12)
plt.show()
```

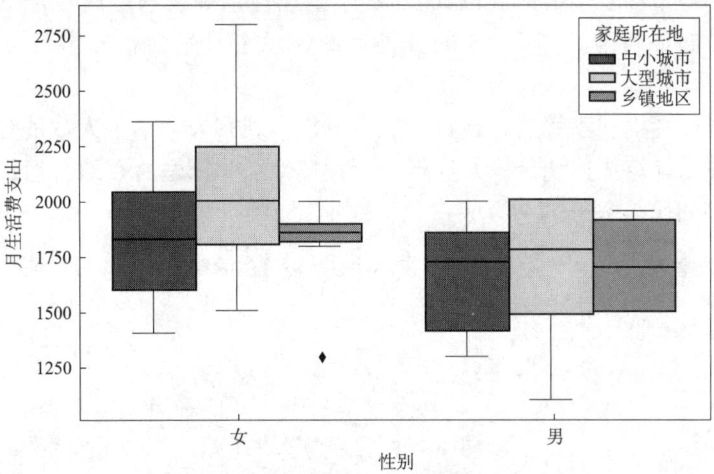

图 3-4　按性别和家庭所在地分组的箱线图

```
#绘制按性别和家庭所在地分组的点图(图 3-5)
plt.subplots(1,2,figsize = (8, 4))
plt.subplot(121)
sns.stripplot(x = '性别',y = '月生活费支出',
              jitter = True,        # 扰动数据
              size = 5,             # 设置点的大小
              data = example3_12)
plt.title('(a)按性别分组')

plt.subplot(122)
sns.stripplot(x = '家庭所在地',y = '月生活费支出',size = 5,data = example3_12)
plt.title('(b)按家庭所在地分组')
```

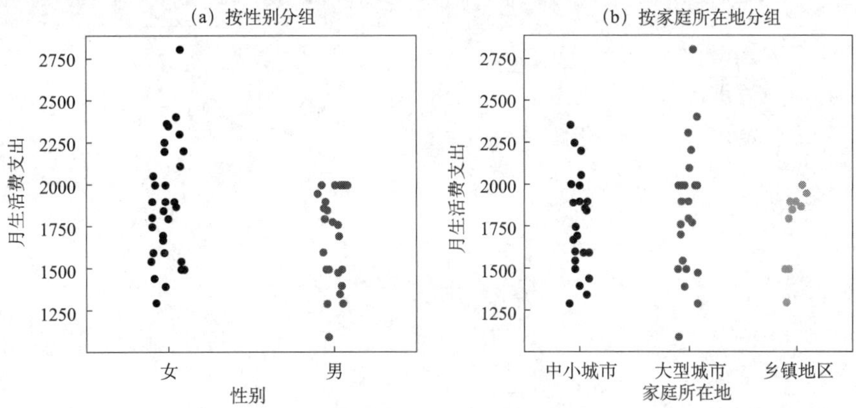

图 3-5　按性别和家庭所在地分组的点图

图 3－2 显示，大学生月生活费支出的分布基本上是对称的，也就是以均值为中心，两侧依次减少，这基本上符合大学生生活费支出的特点。图 3－3 分别展示了按性别和家庭所在地分组的核密度图，结果显示，女生支出的平均水平明显高于男生；大城市和中小城市的平均支出水平差异不大，乡镇地区的平均支出水平偏低。大城市女生支出的平均水平明显高于中小城市和乡镇地区。图 3－4 展示了按性别和按家庭所在地交叉分组的学生月生活费支出分布的特点。图 3－5 的分类点图显示了月生活费支出各点的分布和离散状况。

其次，对学生性别和家庭所在地进行频数分析，观察各类学生人数的分布；对全部学生的月生活费支出计算描述统计量并进行分析；按性别和家庭所在地分组计算描述统计量等。代码和结果如代码框 3－14 所示。

代码框 3－14　对性别和家庭所在地计数、对月生活费支出计算描述统计量

```
#对性别和家庭所在地进行频数分析
import pandas as pd;import numpy as np
df = pd.read_csv("C:/pydata/chap03/example3_12.csv",encoding = 'gbk')
tab = pd.pivot_table(df,index = ['性别'],columns = ['家庭所在地'], # 设置行和列变量
                     margins = True,margins_name = '合计', # 添加边际和并重命名为合计
                     aggfunc = len)                         # 使用长度聚集函数
tab
```

家庭所在地	中小城市	乡镇地区	大型城市	合计
性别				
女	18	6	11	35
男	6	4	15	25
合计	24	10	26	60

```
#对全部学生的月生活费支出进行概括性描述
desc = example3_12.describe(include = None)  #不包括类别变量
print('全部学生支出的概括性描述')
round(desc,4)
```

全部学生支出的概括性描述

	月生活费支出
count	60.0000
mean	1812.3333
std	320.9962
min	1100.0000
25%	1550.0000
50%	1850.0000
75%	2000.0000
max	2800.0000

```
#按性别和家庭所在地分组计算描述统计量(使用 pd 中的 pivot_table 函数)
import pandas as pd;import numpy as np
tab = pd.pivot_table(example3_12,index = ['性别','家庭所在地'],values = ['月生活费支出']
              margins = True,margins_name = '合计',
              aggfunc = [sum,min,max,np.median,np.mean,np.std])
                    #分类计算总和、最小值和最大值、中位数、平均数和标准差
tab
```

		sum	min	max	median	mean	std
		月生活费支出	月生活费支出	月生活费支出	月生活费支出	月生活费支出	月生活费支出
性别	家庭所在地						
女	中小城市	33140	1400	2360	1825	1841.111111	308.942959
	乡镇地区	10720	1300	2000	1860	1786.666667	247.521043
	大型城市	22350	1500	2800	2000	2031.818182	383.583581
男	中小城市	9960	1300	2000	1725	1660.000000	290.172363
	乡镇地区	6850	1500	1950	1700	1712.500000	246.221445
	大型城市	25720	1100	2000	1780	1714.666667	293.400425
合计		108740	1100	2800	1850	1812.333333	318.309947

注:如果函数提供的统计量不能满足需要,可以自己编写函数计算所需的描述统计量.

```
#按性别和家庭所在地分组计算描述统计量(使用自编函数)
def my_summary(df, col = ['性别']):
    df_res = pd.DataFrame()
    df_res['n'] = df.groupby(col)['月生活费支出'].count()
    df_res['平均数'] = df.groupby(col)['月生活费支出'].mean().round(3)
    df_res['中位数'] = df.groupby(col)['月生活费支出'].median()
    df_res['标准差'] = df.groupby(col)['月生活费支出'].std().round(4)
    df_res['全距'] = df.groupby(col)['月生活费支出'].apply(lambda x: x.max() - x.min())
    df_res['变异系数'] = df.groupby(col)['月生活费支出'].apply(lambda x: x.std()/
x.mean())
    df_res['偏度系数'] = df.groupby(col)['月生活费支出'].skew()
    return df_res
df1 = my_summary(example3_12, ['性别'])
print('按性别分组');df1
```

按性别分组

	n	平均数	中位数	标准差	全距	变异系数	偏度系数
性别							
女	35	1891.714	1900	331.1521	1500	0.175054	0.502824
男	25	1701.200	1780	275.4893	900	0.161938	-0.548589

```
df2 = my_summary(example3_12, ['家庭所在地'])
print('按家庭所在地分组');df2
```

按家庭所在地分组

家庭所在地	n	平均数	中位数	标准差	全距	变异系数	偏度系数
中小城市	24	1795.833	1800	308.6565	1060	0.171874	0.269364
乡镇地区	10	1757.000	1860	236.0344	700	0.134339	-1.052810
大型城市	26	1848.846	1850	364.1354	1700	0.196953	0.321079

```
df3 = my_summary(example3_12, ['性别', '家庭所在地'])
print('同时按性别和家庭所在地分组');df3
```

同时按性别和家庭所在地分组

性别	家庭所在地	n	平均数	中位数	标准差	全距	变异系数	偏度系数
女	中小城市	18	1841.111	1825	308.9430	960	0.167802	0.345656
	乡镇地区	6	1786.667	1860	247.5210	700	0.138538	-2.042846
	大型城市	11	2031.818	2000	383.5836	1300	0.188788	0.515560
男	中小城市	6	1660.000	1725	290.1724	700	0.174803	-0.276271
	乡镇地区	4	1712.500	1700	246.2214	450	0.143779	0.035589
	大型城市	15	1714.667	1780	293.4004	900	0.171112	-0.763562

注:使用 groupby 函数也可以对 pandas 的数据框进行分组统计.比如,按性别分组计算月生活费的平均数,代码为 example3_12.groupby('性别').mean();按性别和家庭所在地分组计算标准差,代码为 example3_12.groupby(['性别','家庭所在地']).std().

代码框 3-14 的结果显示，女生月生活费支出的平均数和中位数均高于男生，同时，女生月生活费支出的标准差和全距也都大于男生，相应的变异系数$CV_{女}=0.175\,054>CV_{男}=0.161\,938$，说明女生月生活费支出的离散程度大于男生。从分布形态看，女生月生活费支出的偏度系数是 0.502 824，为右偏分布，而男生的月生活费支出偏度系数是 -0.548 589，为左偏分布。

从按家庭所在地分类描述的结果看，来自不同家庭的学生月生活费支出也有差异。大型城市的学生月生活费支出均值高于中小城市和乡镇地区，但中位数则是乡镇地区最高。从标准差看，乡镇地区的标准差最小。从变异系数看，$CV_{大型城市}=0.196\,953>CV_{中小城市}=0.171\,874>CV_{乡镇地区}=0.134\,339$，乡镇地区的学生月生活费支出的离散程度最小，而大型城市最大。从分布形态看，乡镇地区学生月生活费支出的偏度系数为 -1.052 810，为严重的左偏分布，而大型城市和中小城市学生的月生活费支出则为轻微的右偏分布。

本节通过一个例子展示了数据的综合描述方法，分析从可视化和统计量两个角度入手，目的是使读者了解描述性分析的思路，实际应用时读者可根据自身需要从不同的角度进行分析。

习　题

3.1　随机抽取 50 个网络购物的消费者，调查他们某月的网购金额，结果如下表所示。

1 004	602	1 540	522	878	916	1 166	1 062	344	1 200
921	990	1 309	528	838	1 492	928	1 299	1 107	981
928	1 135	789	1 018	905	935	939	729	1 802	645
1 148	877	2 270	957	840	576	1 110	570	1 253	1 133
1 416	1 380	513	1 423	1 224	289	1 247	657	1 816	1 481

（1）计算平均数、标准差、极差和四分位差。

（2）计算 10%、25%、50%、75%、90% 分位数。

（3）计算标准分数，检测数据的离群点。

（4）计算偏度系数和峰度系数，分析网购金额的分布特征。

3.2　一种产品需要人工组装，现有 3 种可供选择的组装方法。为检验哪种方法更好，随机抽取 15 个工人，让他们分别用 3 种方法组装。下面是 15 个工人分别用 3 种方法在相同的时间内组装的产品数量（单位：个）：

方法 A	方法 B	方法 C
164	129	125
167	130	126
168	129	126
165	130	127
170	131	126
165	130	128
164	129	127
168	127	126
164	128	127
162	128	127
163	127	125
166	128	126
167	128	116
166	125	126
165	132	125

选择适当的图形和统计量比较 3 种方法组装产品数量的分布特点。

3.3　在大学生中随机抽取 50 名男生和 50 名女生，测得身高数据如下（单位：cm）：

男生		女生	
182.1	171.2	175.4	164.0
183.3	175.1	162.7	172.5
176.6	181.1	174.6	162.1
177.3	182.3	164.8	169.8
174.3	174.4	157.0	168.0
178.9	188.6	157.3	165.6
177.5	181.0	164.3	163.2
179.5	166.7	167.6	164.5
168.3	176.6	167.8	166.5
173.3	184.2	168.7	179.1
170.3	176.1	170.7	172.7
177.9	175.9	168.2	163.5
174.4	186.6	171.7	167.8
196.0	188.5	166.3	175.3
178.4	166.5	172.3	174.6
188.5	174.9	167.3	168.5
174.2	177.5	179.2	167.9
191.4	180.2	174.9	167.2
174.4	188.2	173.8	168.3
176.8	178.3	167.4	165.2
177.2	181.9	163.7	164.0
167.8	189.1	165.2	166.2
183.4	178.0	158.9	168.9
174.7	167.8	169.9	162.0
174.7	186.1	168.5	167.2

利用图形和描述统计量比较分析男女学生身高的特点和差异。

第 4 章　推断分析的理论基础：概率分布

当你购买彩票时，希望自己中大奖，但能否中奖是不确定的。当你投资股票时，预期得到较高的收益率，但你不可能确切地知道收益率。在现实生活中，有很多这类事情，能否成功具有不确定性，比如，一笔新投资盈利的可能性，一项工程按期完成的可能性，等等。这种不确定性可以用概率来度量。概率分布是推断分析的理论基础，考虑到后几章学习推断统计的需要，本章主要介绍几种常用的概率分布模型以及样本统计量的概率分布。

4.1　什么是概率

明天降雨的可能性有多大？你购买一只股票明天上涨的可能性有多大？这种对事件发生可能性大小的度量就是**概率**（probability）。比如天气预报说明天降雨的概率是 80%，这里的 80% 就是对降雨这一事件发生的可能性大小的一种数值度量。

概率是介于 0 ~ 1 之间的一个值。获得一个事件发生的概率有几种途径。如果事件是等可能发生的，可以通过重复试验来获得。当试验的次数很多时，事件 A 发生的概率 $P(A)$ 可以由所观察到的事件 A 发生的频率 p 来逼近。假定在相同条件下重复进行 n 次试验，事件 A 发生了 m 次，则事件 A 发生的概率可表示为：

$$P(A)=\frac{\text{事件}A\text{发生的次数}}{\text{重复试验的次数}}=\frac{m}{n}=p \tag{4.1}$$

比值 m/n 越大，表示事件 A 发生得越频繁，也就意味着在一次试验中事件 A 发生的可能性（概率）越大。事实上，随着试验次数 n 的增大，比值 m/n 将围绕某一频率 p 上下波动，并且其波动的幅度将随着试验次数 n 的增大而减小，进而趋于稳定，这个稳定的频率 p 就是事件 A 发生的概率。比如，抛掷一枚硬币，观察其出现的是正面还是反面，如果定义事件 A = “出现正面”，这一事件发生的概率 $P(A)=1/2$。这里的 $P(A)=1/2$ 并不意味着抛掷多次硬币恰好有一半结果正面朝上，而是指在连续多次的抛掷中可以认为出现正面的次数接近一半。比值 1/2 是对抛掷一次硬币观察到正面朝上的可能性的度量。注意：抛掷完成后，其结果就是一个常数，要么一定是正面，要么一定是反面，就不是概率问题了。

尽管可以将事件的概率设想成大量重复试验中该事件出现次数的比例，但有些试验是不能重复的。比如，投资 500 万元开设一家餐馆，那么这家餐馆将生存 5 年的概率就是个未知的值，而且不可能通过重复试验把这个概率估计出来。这个事件发生的概率是一个常数，但并不知道。不过，可以用已经生存 5 年的类似餐馆所占的比例作为所求概率的一个近似值。在现实生活中，有很多事情都是依据它发生的可能性大小做出决策的。比如，根据自己的判断，明天某只股票上涨的可能性为 80%，这就是一个主观概率。主观概率往往是基于个人所掌握的信息、所具有的某种知识等得出的。

4.2 随机变量的概率分布

现实生活中，有时需要研究一项试验结果的某些取值。比如，抽查 100 个产品，观察其中的不合格品数 X；假期中一个旅游景点的游客人数 X；等等。这里的 X 取哪些值以及 X 取这些值的概率又是多少，事先都是不知道的。但是，如果知道了一个随机变量的概率分布模型，就很容易确定一系列事件发生的概率。

4.2.1 随机变量及其概括性度量

1. 什么是随机变量

在很多领域，研究工作主要依赖于某个样本数据，而这些样本数据通常由某个变量的一个或多个观测值组成。比如，调查 500 名消费者对饮料的偏好，并记录下喜欢某一特定品牌饮料的人数 X；调查一座办公大楼，记录下每平方米的出租价格 X；等等。这样的一些观察就是统计上所说的试验。由于记录某次试验结果时事先并不知道 X 取哪一个值，因此称 X 为**随机变量**（random variable）。

随机变量是用数值来描述特定试验一切可能出现的结果，它的取值事先不能确定，具有随机性。例如抛掷一枚硬币，其结果就是一个随机变量 X，因为在抛掷之前并不知道出现的是正面还是反面，若用数值 1 表示正面朝上，0 表示反面朝上，则 X 可能取 0，也可能取 1。

有些随机变量只能取有限个值，称为**离散型随机变量**（discrete random variable）。有些则可以取一个或多个区间中的任何值，称为**连续型随机变量**（continuous random variable）。将随机变量的取值设想为数轴上的点，每次试验结果对应一个点。如果一个随机变量仅限于取数轴上有限个孤立的点，它就是离散型的；如果一个随机变量是在数轴上的一个或多个区间内取任意值，那么它就是连续型的。比如，在由 500 名消费者组成的样本中，喜欢某一特定品牌饮料的人数 X 只能取 0，1，2，…，500 这些数值之一；检查 100 件产品，合格品数 X 的取值可能为 0，1，2，3，…，100；一家餐馆营业一天，顾客人数 X 的取值可能为 0，1，2，3，…。这里的 X 只能取有限个数值，因此称 X 为离散型随机变量。相反，每平方米办公大楼的出租价格 X，在理论上可以取大于 0 的无穷多个数值中的任何一个；检测某产品的使用寿命，产品使用的时间长度 X 的取值可以为 $X \geqslant 0$；某电话用户每次通话时间长度 X 的取值可以为 $X > 0$。这些都是连续型随机变量。

若 $f(x)$ 是取非负值的函数，对于每一对常数 $a < b$ 满足

$$P(a \leqslant X \leqslant b) = \int_a^b f(x)\,\mathrm{d}x$$

则称 $f(x)$ 是连续型随机变量 X 的概率密度函数，易见 $P(a \leqslant X \leqslant b)$ 是概率密度函数下的面积。

2. 随机变量的概括性度量

与第 3 章介绍的均值和方差类似，对于随机变量也可以用类似的量来描述其取值水平和离散程度。描述随机变量水平的统计量称为**期望值**（expected value），而描述其离散程度的统计量称为方差，它们是随机变量的概括性度量。

离散型随机变量 X 的期望值是 X 所有可能取值$x_i(i=1, 2, \cdots)$与其相应的概率 $p_i(i=1, 2, \cdots)$乘积之和，用μ或$E(X)$表示，即

$$\mu = E(X) = \sum_i x_i p_i \tag{4.2}$$

离散型随机变量 X 的方差等于$(x_i-\mu)^2$与其相应的概率p_i乘积之和，用σ^2或$D(X)$表示，即

$$\sigma^2 = D(X) = \sum_i (x_i-\mu)^2 p_i \tag{4.3}$$

随机变量 X 的标准差等于其方差的平方根，用 或$\sqrt{D(X)}$表示。

【例 4-1】（数据：example4_1. csv）一家手机制造商声称，它所生产的手机每 100 部中存在的不合格品数 X 及相应的概率如表 4-1 所示。求该手机不合格品数的期望值和标准差。

表 4-1　每 100 部手机中的不合格品数及概率分布

不合格品数（$X=x_i$）	0	1	2	3
概率（p_i）	0. 75	0. 12	0. 08	0. 05

解：计算期望值和方差的代码和结果如代码框 4-1 所示。

代码框 4-1　计算期望值和方差

```
import pandas as pd
import numpy as np
example4_1 = pd.read_csv('C:/pydata/chap04/example4_1.csv', encoding = 'gbk')
mymean = sum(example4_1['不合格品数'] * example4_1['概率'])  # 计算期望值
myvar = sum((example4_1['不合格品数'] - mymean) ** 2 * example4_1['概率'])
                                                    # 计算方差，** 表示乘方
mystd = np.sqrt(myvar)                              # 计算标准差
print('期望值:',round(mymean,4),'方差:',round(myvar,4),'标准差:',round(mystd,4))
```

```
期望值:0.43  方差:0.7051  标准差:0.8397
```

对于概率密度函数为$f(x)$的连续型随机变量，期望值为：

$$\mu = E(X) = \int_{-\infty}^{\infty} xf(x)\,\mathrm{d}x \tag{4.4}$$

方差为：

$$\sigma^2 = D(X) = \int_{-\infty}^{\infty} (x-\mu)^2 f(x)\,\mathrm{d}x \tag{4.5}$$

4.2.2　随机变量的概率分布

随机变量取哪些值，取这些值的概率有多大，这就是随机变量的**概率分布**（probability distribution）。常用的离散型概率分布有**二项分布**（binomial distribution）、**泊松分布**（Poisson distribution）、**超几何分布**（hypergeometric distribution）等；连续型概率分布有**正**

态分布（normal distribution）、**均匀分布**（uniform distribution）、**指数分布**（exponential distribution）等。本章主要介绍后面会用到的二项分布和正态分布。

1. 二项分布

离散型随机变量 X 只取有限个可能的值 x_1，x_2，…，而且是以确定的概率取这些值，即 $P(X=x_i)=p_i(i=1, 2, \cdots)$。因此，可以列出 X 的所有可能取值 x_1，x_2，…，以及取每个值的概率 p_1，p_2，…，这就是离散型随机变量的概率分布。离散型概率分布具有如下性质：

（1）$p_i \geqslant 0$；

（2）$\sum_i p_i = 1(i = 1,2,\cdots)$。

假定知道一个离散型随机变量的概率分布，并能用一定的公式表达出来，就能根据这一分布计算出随机变量取任意一个值的概率。

二项分布是建立在 **Bernoulli 试验**基础上的。n 次 Bernoulli 试验满足下列条件：

（1）一次试验只有两个可能结果，即“成功”和“失败”。这里的“成功”是指感兴趣的某种特征。比如，产品分为“合格品”与“不合格品”，如果对“合格品”感兴趣，则“成功”就表示“合格品”。

（2）一次试验“成功”的概率为 p，“失败”的概率为 $q=1-p$，而且概率 p 对每次试验都是相同的。

（3）试验是相互独立的，且可以重复进行 n 次。

在 n 次试验中，“成功”的次数对应一个离散型随机变量 X。这样，在 n 次 Bernoulli 试验中，出现“成功”的次数的概率分布就是**二项分布**，记为 $X \sim B(n, p)$。n 次试验中成功次数为 x 的概率可表示为：

$$P(X=x)=C_n^x p^x q^{n-x},\quad x=0, 1, 2, \cdots, n \tag{4.6}$$

二项分布的期望值和方差分别为：

$$\mu=E(X)=np,\quad \sigma^2=D(X)=npq \tag{4.7}$$

为观察二项分布的特征，可以绘制出 $n=5$，p 分别取 0.1，0.2，…，0.9 时的二项分布 Binomial(5, p) 图，如图 4-1 所示。

图 4-1 显示，当 $p=0.5$ 时概率分布是对称的；当 $p=0.1$ 时概率分布右偏；当 $p=0.9$ 时概率分布左偏。

【例 4-2】 已知一批产品的不合格品率为 6%，从中有放回地抽取 5 个。求 5 个产品中：（1）没有不合格品的概率；（2）恰好有 1 个不合格品的概率；（3）有 3 个及 3 个以下不合格品的概率。

解： 抽取一个产品相当于一次试验，因此 $n=5$。由于是有放回地抽取，每次试验是独立的，每次抽取的不合格品率都是 6%。设 X 为抽取的不合格品数，显然 $X \sim B(5, 0.06)$。计算二项分布概率的代码和结果如代码框 4-2 所示。

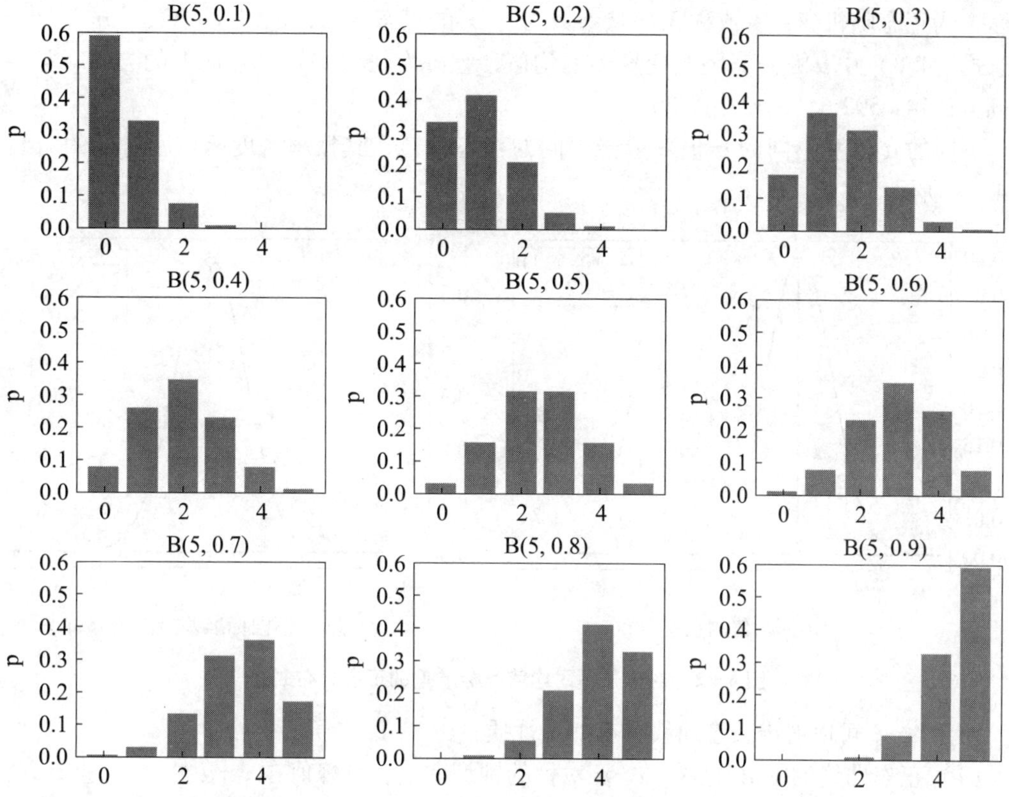

图 4-1　二项分布 Binomial(5, p)图

代码框 4-2　计算二项分布的概率

```
from scipy.stats import binom
p0 = binom.pmf(0, 5, 0.06)              # 没有不合格品的概率
p1 = binom.pmf(1, 5, 0.06)              # 恰好有 1 个不合格品的概率
p3 = binom.cdf(3, 5, 0.06)              # 有 3 个及 3 个以下不合格品的概率
print('P(X = 0) =',round(p0,6),'\n''P(X = 1) =',round(p1,6),'\n''P(X≤3) =',round(p3,6))
```

```
P(X = 0) = 0.733904
P(X = 1) = 0.234225
P(X≤3) = 0.999938
```

2. 正态分布

正态分布最初是由 Carl Friedrich Gauss（1777—1855）作为描述误差相对频数分布的模型而提出来的，因此又称高斯分布。在现实生活中，许多现象都可以用正态分布来描述，甚至当一个连续总体的分布未知时，我们总尝试假设该总体服从正态分布来进行分析。其他一些分布（如二项分布）概率的计算也可以利用正态分布来近似，而且由正态分布可以推导出其他一些重要的统计分布，如χ^2分布、t 分布、F 分布等。

如果随机变量 X 的概率密度函数为：

$$f(x) = \frac{1}{\sqrt{2\pi\sigma^2}} e^{-\frac{1}{2\sigma^2}(x-\mu)^2}, \quad -\infty < x < \infty \tag{4.8}$$

则称 X 为正态随机变量，或称 X 服从参数为 、σ^2的正态分布，记作 $X \sim N(\mu, \sigma^2)$。

式（4.8）中 μ 是正态随机变量 X 的均值，它可为任意实数，σ^2是 X 的方差，且 $\sigma > 0$，$\pi = 3.141\ 592\ 6$，$e = 2.718\ 28$。

不同的 μ 值和不同的 σ 值对应于不同的正态分布，其概率密度函数所对应的曲线如图 4－2 所示。

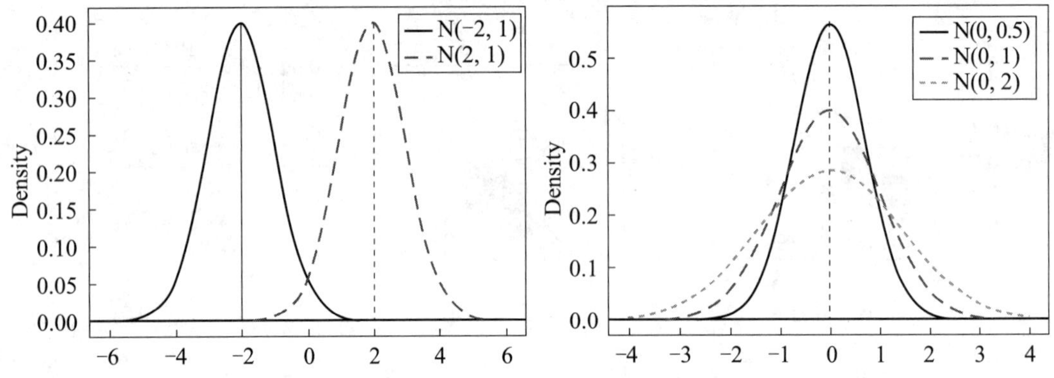

（a）不同均值的正态分布　　（b）不同标准差的正态分布

图 4－2　对应于不同均值和标准差的正态分布曲线

从图 4－2 可以看出正态曲线具有如下性质：

（1）正态曲线的图形是关于 $x = \mu$ 对称的钟型曲线，且峰值在 $x = \mu$ 处。

（2）正态分布的两个参数 μ 和 σ 一旦确定，正态分布的具体形式也就唯一确定，不同参数取值的正态分布构成一个完整的“正态分布族”。其中均值 μ 决定正态曲线的具体位置，标准差 σ 相同而均值不同的正态曲线在坐标轴上体现为水平位移。标准差 σ 决定正态曲线的“陡峭”或“扁平”程度。σ 越大，正态曲线越扁平；σ 越小，正态曲线越陡峭。

（3）当 X 的取值朝横轴左右两个方向无限延伸时，正态曲线的左右两个尾端也无限渐近横轴，但理论上永远不会与之相交。

（4）正态曲线下的总面积等于 1。正态随机变量取特定区间值的概率即为正态曲线下对应的面积。

由于正态分布是一个分布族，对于任意一个服从正态分布的随机变量，通过 $Z = (x - \mu) / \sigma$ 标准化后的新随机变量服从均值为 0、标准差为 1 的**标准正态分布**（standard normal distribution），记为 $Z \sim N(0, 1)$。

标准正态分布的概率密度函数用 $\varphi(x)$ 表示，有

$$\varphi(x) = \frac{1}{\sqrt{2\pi}} e^{-\frac{1}{2}x^2}, \quad -\infty < x < \infty \tag{4.9}$$

图 4－3 展示了标准正态分布的不同分位数时的概率（阴影部分的面积）。

【例 4－3】 计算下列概率。

（1）$X \sim N(50, 10^2)$，求 $P(X \leqslant 40)$ 和 $P(30 \leqslant X \leqslant 40)$。

（2）$Z \sim N(0, 1)$，求 $P(Z \leqslant 2.5)$ 和 $P(-1.5 \leqslant Z \leqslant 2)$。

（3）标准正态分布累积概率为 0.025 时的反函数值 z。

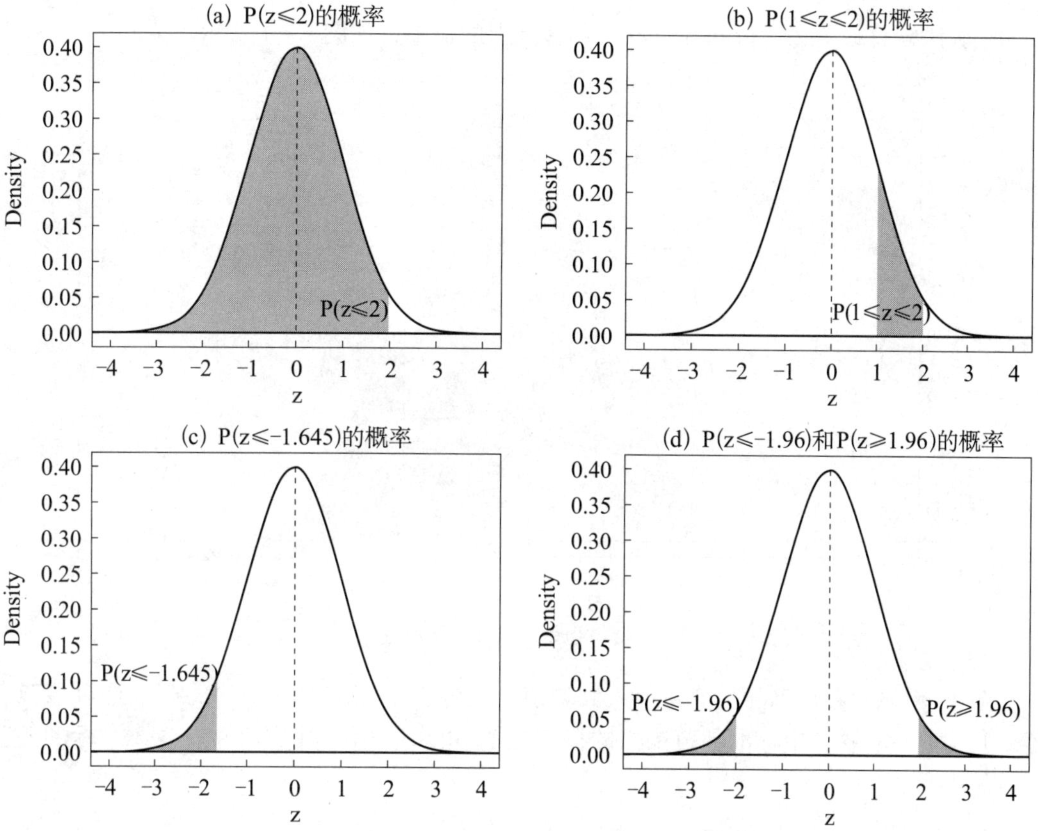

图 4-3　标准正态分布不同分位数时的概率

解：代码和结果如代码框 4-3 所示。

代码框 4-3　计算正态分布累积概率和给定累积概率时的分位点

```
from scipy.stats import norm
p1 =norm.cdf(40, loc =50, scale =10)                    # P(X≤40)的概率
p2 =norm.cdf(40, 50, 10) - norm.cdf(30, 50, 10)         # P(30≤X≤40)的概率
p3 =norm.cdf(2.5, loc =0, scale =1)                     # P(Z≤2.5)的概率
p4 =norm.cdf(2) - norm.cdf(-1.5)                        # P(-1.5≤Z≤2)的概率.默认标准正态分布
q =norm.ppf(0.025, loc =0, scale =1)                    # 累积概率为 0.025 时的反函数值 z

print('P(X≤40) =',round(p1,6),'\n''P(30≤X≤40) =',round(p2,6),'\n'
      'P(Z≤2.5) =',round(p3,6),'\n''P(-1.5≤Z≤2) =',round(p4,6),'\n''q(2.5) =',round
(q,6))
```

```
P(X≤40) =0.158655
P(30≤X≤40) =0.135905
P(Z≤2.5) =0.99379
P(-1.5≤Z≤2) =0.910443
q(2.5) = -1.959964
```

经验法则总结了正态分布在一些常用区间上的概率，如图 4-4 所示。

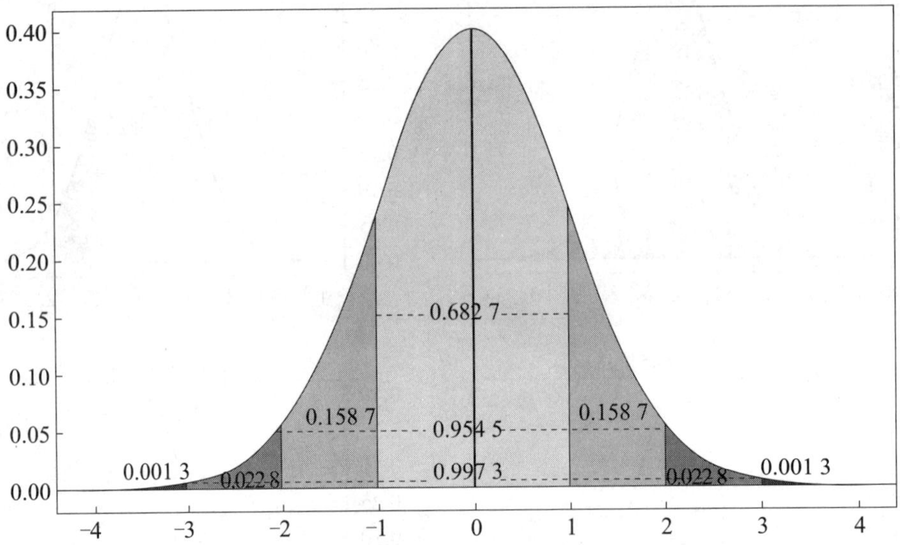

图 4-4　常用区间的正态概率值

图 4-4 显示，正态随机变量落入其均值左右各 1 个标准差范围内的概率是 68.27%，落入其均值左右各 2 个标准差范围内的概率是 95.45%；落入其均值左右各 3 个标准差范围内的概率是 99.73%。

4.2.3　其他几个重要的统计分布

有些随机变量是统计学家为分析的需要构造出来的。比如，样本方差除以总体方差得到一个随机变量 χ^2，样本均值标准化后形成一个新的随机变量 t，两个样本方差比形成一个随机变量 F，等等。这些随机变量用 χ^2、t 和 F 来命名是因为它们分别服从 χ^2 分布、t 分布和 F 分布。这些分布都是由正态分布推导而来的，它们在推断统计中具有独特的地位和用途。

1. χ^2 分布

χ^2 分布（chi-square distribution）是由 Abbe 于 1863 年首先提出的，后来由 Helmert 和 K. Pearson 分别于 1875 年和 1900 年推导出来。

n 个独立标准正态随机变量平方和的分布称为具有 n 个自由度的 χ^2 分布，记为 $\chi^2(n)$。设 Z 为标准正态随机变量，令 $X=Z^2$，则 X 服从自由度为 1 的 χ^2 分布，即 $X\sim\chi^2(1)$。一般地，对于 n 个独立标准正态随机变量 Z_1^2，Z_2^2，…，Z_n^2，随机变量 $X=\sum_{i=1}^{n} Z_i^2$ 的分布为具有 n 个自由度的 χ^2 分布，记为 $X\sim\chi^2(n)$。

$\chi^2(n)$ 分布的形状取决于其自由度 n 的大小，通常为不对称右偏分布，但随着自由度的增大逐渐趋于对称。对应于不同自由度的 χ^2 分布曲线如图 4-5 所示。

在总体方差的估计和非参数检验中会用到 χ^2 分布。χ^2 分布的概率即为曲线下面积。利用函数可以计算给定 χ^2 值和自由度时 χ^2 分布的累积概率和给定累积概率与自由度时相应的 χ^2 值。

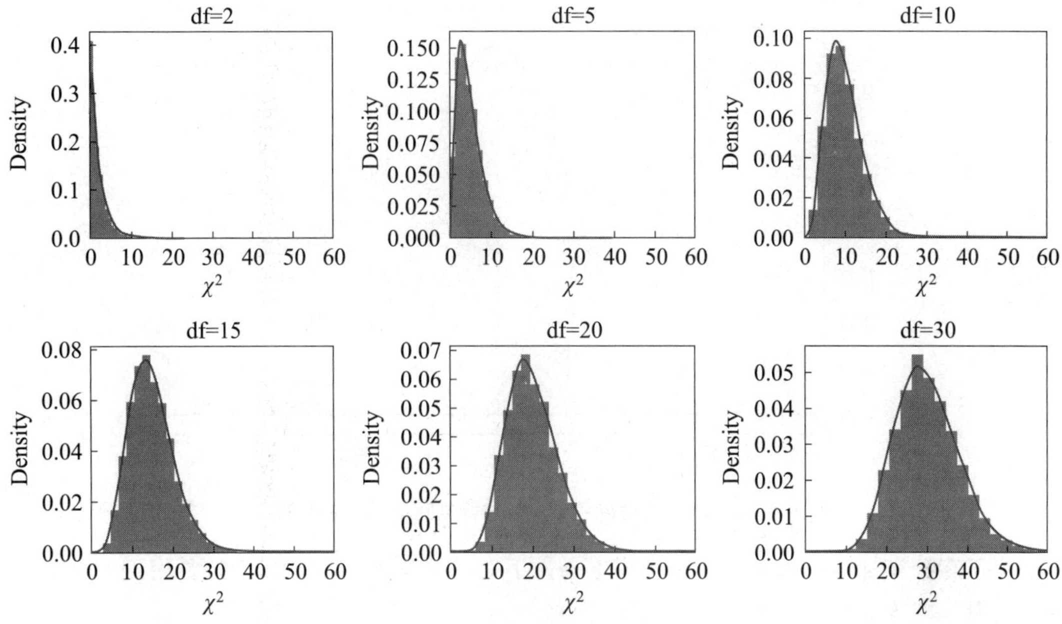

图4-5 不同自由度的χ^2分布

【例4-4】计算：(1) 自由度为15，χ^2值小于等于10的概率；(2) 自由度为25，χ^2值大于15的概率；(3) 自由度为10，χ^2分布右尾概率为0.05时的反函数值。

解：代码和结果如代码框4-4所示。

代码框4-4 计算χ^2分布累积概率和给定累积概率时的分位数

```
from scipy.stats import chi2
p1 = chi2.cdf(10, df = 15)          #自由度为15,卡方值小于等于10的概率
p2 = 1 - chi2.cdf(15, df = 25)      #自由度为25,卡方值大于15的概率
q = chi2.ppf(0.95, df = 10)         #卡方分布右尾概率为0.05时的反函数值
print('P(10,15) =',round(p1,6),'\n''P(15,25) =',round(p2,6),'\n''q(0.95,10) =',round(q,6))
```

```
P(10,15) =0.18026
P(15,25) =0.941383
q(0.95,10) =18.307038
```

2. *t* 分布

*t*分布 (*t*-distribution) 的提出者是William Gosset，由于他经常用笔名"student"发表文章，用*t*表示样本均值经标准化后的新随机变量，因此称为*t*分布，也称为学生*t*分布 (student's *t*)。

设随机变量$Z \sim N(0, 1)$，$X \sim \chi^2(n)$，且Z与X独立，则称$T=\dfrac{Z}{\sqrt{X/n}}$服从自由度为n的*t*分布，记为$T \sim t(n)$。

*t*分布是一种类似正态分布的对称分布，它通常要比正态分布平坦和分散。一个特定的*t*分布依赖于名为自由度的参数。随着自由度的增大，*t*分布逐渐趋于正态分布。不同自由度的*t*分布曲线与标准正态分布曲线的比较如图4-6所示。

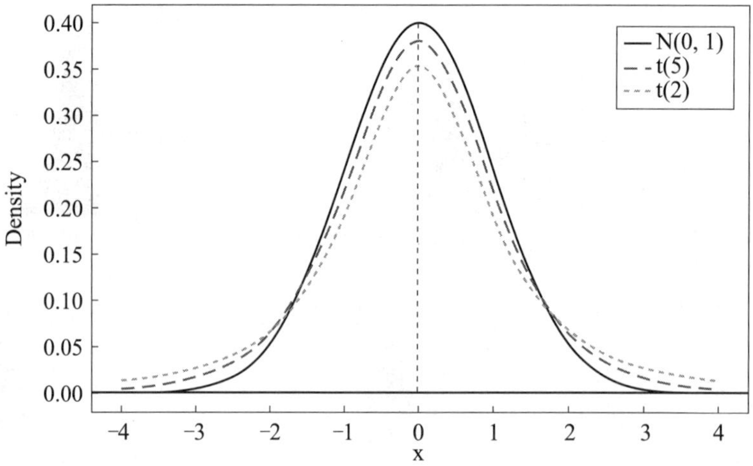

图 4-6　不同自由度的 t 分布与标准正态分布的比较

当正态分布标准差未知时，在小样本条件下对总体均值的估计和检验要用到 t 分布。t 分布的概率即为曲线下面积。

【例 4-5】 计算：(1) 自由度为 10，t 值小于 -2 的概率；(2) 自由度为 15，t 值大于 3 的概率；(3) 自由度为 25，t 分布右尾概率为 0.025 时的 t 值。

解： 代码和结果如代码框 4-5 所示。

代码框 4-5　计算 t 分布累积概率和给定累积概率时的分位数

```
from scipy.stats import t
p1 =t.cdf(-2, df =10)          # 自由度为 10,t 值小于等于 -2 的概率
p2 =1 -t.cdf(3, df =15)        # 自由度为 15,t 值大于 3 的概率
q=t.ppf(0.975, df =25)         # 自由度为 25,t 分布右尾概率为 0.025 时的 t 值
print('P(X≤ -2,df =10) =',round(p1,6),'\n"P(X >3,df =15) =',round(p2,6),'\n'
      'q(P =0.975,df =25) =',round(q,6))
```

```
P(X≤ -2,df =10) =0.036694
P(X >3,df =15) =0.004486
q(P =0.975,df =25) =2.059539
```

3. *F* 分布

F 分布（F - distribution）是为纪念著名统计学 R. A. Fisher 命名的。它是两个 χ^2 分布变量的比。设 $U \sim \chi^2(n_1)$，$V \sim \chi^2(n_2)$，且 U 和 V 相互独立，则 $F = \dfrac{U/n_1}{V/n_2}$ 服从自由度为 n_1 和 n_2 的 F 分布，记为 $F \sim F(n_1, n_2)$。

F 分布的图形与 χ^2 分布类似，其形状取决于两个自由度。不同自由度的 F 分布曲线如图 4-7 所示。

F 分布通常用于比较不同总体的方差是否有显著差异。F 分布的概率即为曲线下面积。利用函数，可以计算给定 F 值与自由度 df_1 和 df_2 时 F 分布的累积概率以及给定累积概率与自由度 df_1、df_2 时的相应 F 值。

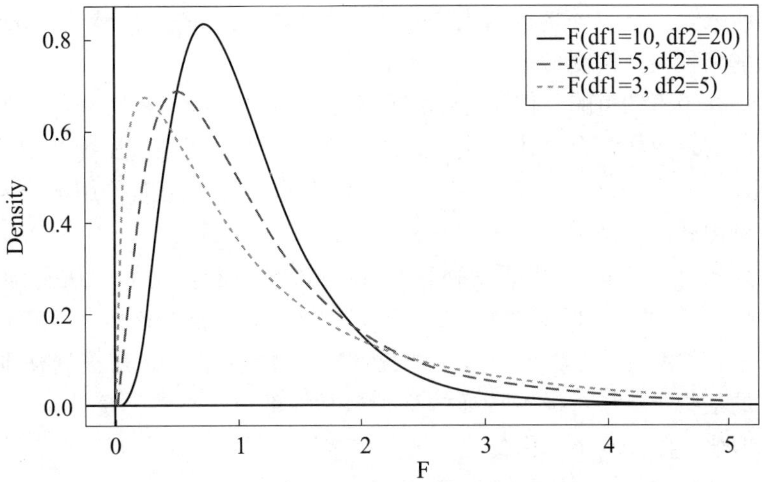

图 4-7 对应于不同自由度的 *F* 分布曲线

【例 4-6】 计算：（1）分子自由度为 10，分母自由度为 8，*F* 值小于 3 的概率；（2）分子自由度为 18，分母自由度为 15，*F* 值大于 2.5 的概率；（3）分子自由度为 25，分母自由度为 20，*F* 分布累积概率为 0.95 时的 *F* 值。

解： 代码和结果如代码框 4-6 所示。

代码框 4-6 计算 *F* 分布累积概率和给定累积概率时的分位数

```
from scipy.stats import f
p1 = f.cdf(3, dfn =10, dfd =8)          # df1 =10,df2 =8,F 值小于等于 3 的概率
p2 =1 - f.cdf(2.5, dfn =18, dfd =15)    # df1 =18,df2 =15,F 值大于2.5 的概率
q = f.ppf(0.95, dfn =25, dfd =20)       # df1 =5,df2 =20,分布累积概率为 0.95 时的 F 值
print('P(X≤3) =',round(p1,6),'\n"P(X >2.5) =',round(p2,6),'\n"q(P =0.975) =',round
(q,6))
```

```
P(X≤3) =0.933549
P(X >2.5) =0.03945
q(P =0.975) =2.07392
```

4.3 样本统计量的概率分布

你可能关心某个地区所有家庭的平均收入是多少，但你不可能去调查每个家庭的收入，只能抽取一部分家庭作为样本，获得样本家庭的收入数据，然后用样本平均收入去推断全部家庭的平均收入。当然，你也可能去推断所有家庭收入的方差是多少，低收入家庭的比例是多少，这就是抽样推断问题。那么做出这种推断的依据是什么，这就必须知道用于推断的样本统计量（如样本均值$\bar{x}$、样本比例 p、样本方差 s^2等）是如何分布的。

4.3.1 统计量及其分布

1. *参数和统计量*

如果想了解某个地区的人均收入状况，由于不可能对每个人进行调查，也就无法知道

该地区的人均收入。这里“该地区的人均收入”就是所关心的总体**参数**（parameter），它是对总体特征的某种概括性度量。

总体参数通常是不知道的，但又是我们想要了解的总体的某种特征值。如果只研究一个总体，所关心的参数通常有总体均值、总体方差、总体比例等。在统计中，总体参数通常用希腊字母表示。比如，总体均值用 μ（mu）表示，总体标准差用σ^2（sigma square）表示，总体比例用π(pi）表示。

总体参数虽然是未知的，但可以利用样本信息来推断。比如，从某地区随机抽取 1 000个家庭组成一个样本，根据这 1 000 个家庭的平均收入推断该地区所有家庭的平均收入。这里 1 000 个家庭的平均收入就是一个**统计量**（statistic），它是根据样本数据计算的用于推断总体的某些量，是对样本特征的某种概括性度量。显然，统计量是样本的函数。由于统计量的取值会因样本不同而变化，因此样本统计量是一个随机变量。在抽取一个特定的样本后，统计量的值就可以计算出来。

就一个样本而言，关心的统计量通常有样本均值、样本方差、样本比例等。样本统计量通常用英文字母来表示。比如，样本均值用$\bar{x}$表示，样本方差用 s^2 表示，样本比例用 p 表示。

2. 统计量的概率分布

既然统计量是一个随机变量，那么它就有一定的概率分布。样本统计量的概率分布也称为**抽样分布**（sampling distribution），它是由样本统计量的所有可能取值形成的相对频数分布。

设总体共有 N 个元素（个体），从中抽取样本量为 n 的随机样本，假定把样本量为 n 的所有可能样本都抽出来，计算出每个样本的统计量的值（比如样本均值），所有统计量的取值形成的分布就是样本统计量的抽样分布，或称样本统计量的概率分布。现实中不可能将所有的样本都抽出来，因此，样本统计量的概率分布实际上是一种理论分布。

根据统计量来推断总体参数具有某种不确定性，但我们可以给出这种推断的可靠性，度量这种可靠性的依据正是统计量的概率分布，且我们确知这种分布的某些性质。因此，统计量的概率分布提供了该统计量长远而稳定的信息，它构成了推断总体参数的理论基础。

4.3.2 样本均值的抽样分布

样本均值的抽样分布是由可能的样本均值形成的频数分布，即样本均值的概率分布。样本均值的分布与抽样所依据的总体的分布和样本量 n 的大小有关，如图 4－8 所示。

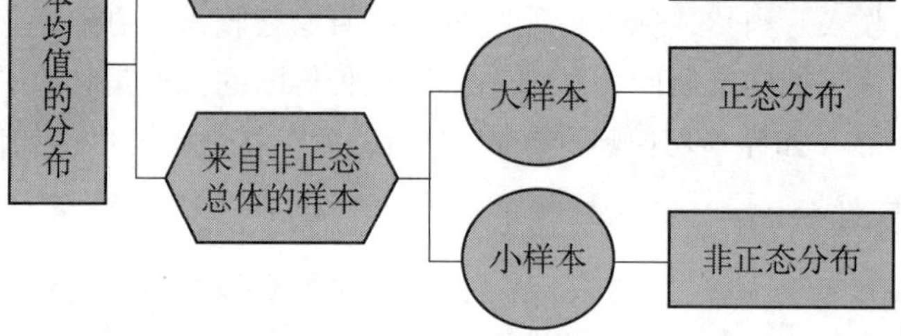

图 4－8 抽样均值的分布与总体分布及样本量的关系

统计证明，如果总体服从正态分布，无论样本量大小，样本均值都近似服从正态分布。如果总体不服从正态分布，随着样本量 n 的增大（通常要求 $n \geqslant 30$），样本均值的概率分布仍趋于正态分布，其分布的期望值为总体均值 μ，方差为总体方差的 $1/n$，这就是统计上著名的**中心极限定理**（central limit theorem）。这一定理可以表述为：从均值为 μ、方差为 σ^2 的总体中抽取样本量为 n 的所有随机样本，当 n 充分大（通常要求 $n \geqslant 30$）时，样本均值近似服从期望值为 μ、方差为 σ^2/n 的正态分布，即 $\bar{x} \sim N(\mu, \sigma^2/n)$。等价地，有 $\frac{\bar{x}-\mu}{\sigma/\sqrt{n}} \sim N(0, 1)$。

为直观地理解中心极限定理，从 0 ~ 100 均匀分布的总体和指数分布的总体中分别抽取样本量为 2、10 和 30 的各 5 000 个样本，Python 模拟的样本均值的分布如图 4－9 所示。图中的 U 表示均匀分布，E 表示指数分布。可以看出，随着样本量的增大，样本均值的分布逐渐趋于正态分布，而且分布越来越集中。

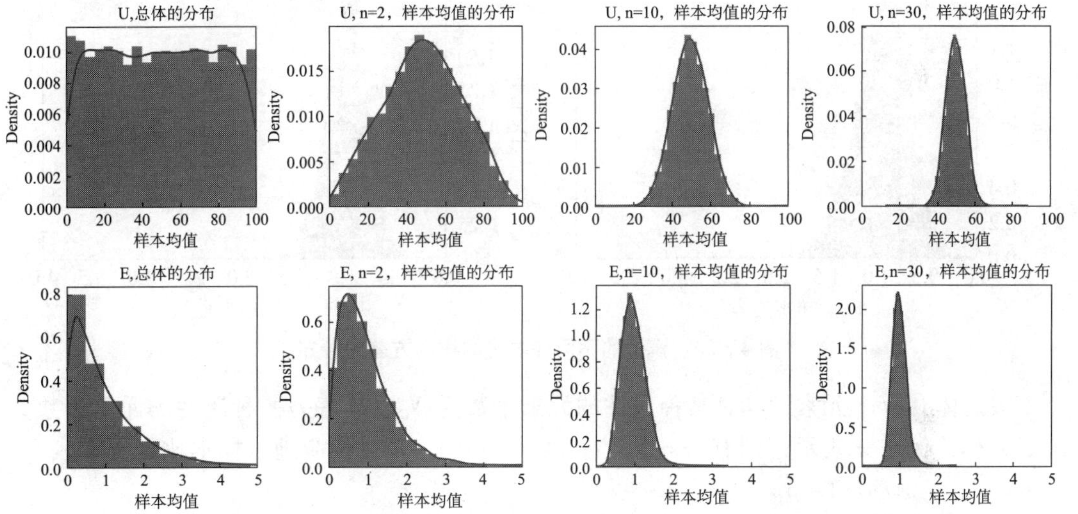

图 4－9　中心极限定理的模拟：随着样本量的增大，样本均值的分布趋于正态分布

4.3.3　样本方差的抽样分布

样本方差 s^2 是估计总体方差的统计量。统计证明，对于来自正态总体的简单随机样本，比值 $(n-1)s^2/\sigma^2$ 服从自由度为 $(n-1)$ 的 χ^2 分布，即 $((n-1)s^2/\sigma^2) \sim \chi^2(n-1)$。

假定从均值为 0、标准差为 1 的标准正态总体中随机抽取样本量分别为 2、10、30 和 50 的各 5 000 个样本，Python 模拟的样本方差的分布如图 4－10 所示。

图 4－10 显示，随着样本量的增大，样本方差的分布逐步趋于对称。

4.3.4　样本比例的抽样分布

在统计分析中，许多情形下要进行比例估计。**比例**（proportion）是指总体（或样本）中具有某种属性的个体与全部个体之和的比值。例如，一个班级的学生按性别分为男、女两类，男生人数与全班总人数之比就是比例，女生人数与全班总人数之比也是比例。再如，产品可分为合格品与不合格品，合格品（或不合格品）与全部产品总数之比就是比例。

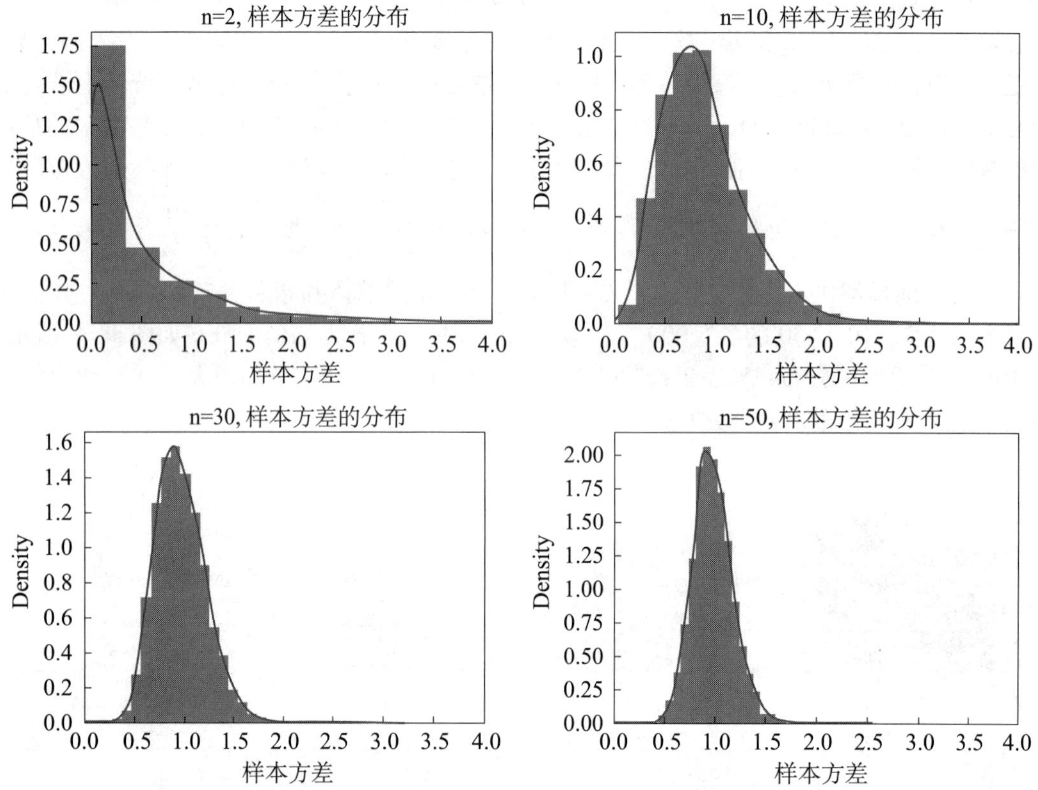

图 4-10　模拟的不同样本量的样本方差的分布

设总体有 N 个元素，具有某种属性的元素个数为 N_0，具有另一种属性的元素个数为 N_1，总体比例用 π 表示，则有 $\pi = N_0/N$，或$N_1/N = 1-\pi$。相应地，样本比例用 p 表示，有 $p = n_0/n$，$n_1/n = 1-p$。

从一个总体中重复选取样本量为 n 的样本，由样本比例的所有可能取值形成的分布就是样本比例的概率分布。统计证明，当样本量很大（通常要求 $np \geqslant 10$ 和 $n(1-p) \geqslant 10$）时，样本比例的分布可用正态分布近似，p 的期望值 $E(p) = \pi$，方差$\sigma_p^2 = \frac{\pi(1-\pi)}{n}$，即 $p \sim N\left(\pi, \frac{\pi(1-\pi)}{n}\right)$，等价地有$\frac{p-\pi}{\sqrt{\pi(1-\pi)/n}} \sim N(0, 1)$。

设总体比例 $\pi = 0.2$，从该总体随机抽取样本量分别为 50、100、500、1 000 的各 5 000 个样本，Python 模拟的样本比例的分布如图 4-11 所示。

图 4-11 显示，随着样本量的增大，样本比例逐渐趋于正态分布，而且分布越来越集中。

如果要估计两个总体的参数，比如，两个总体均值之差$\mu_1 - \mu_2$、两个总体比例之差$\pi_1 - \pi_2$、两个总体的方差比σ_1^2/σ_2^2，那么推断这些参数的统计量分别是两个样本均值之差$\bar{x}_1 - \bar{x}_2$、两个样本比例之差$p_1 - p_2$、两个样本的方差比s_1^2/s_2^2。这些样本统计量的分布也有所不同。$\bar{x}_1 - \bar{x}_2$的分布取决于两个总体的分布和两个样本的样本量大小；$p_1 - p_2$在两个大样本情形下近似服从正态分布；s_1^2/s_2^2则服从 F 分布。

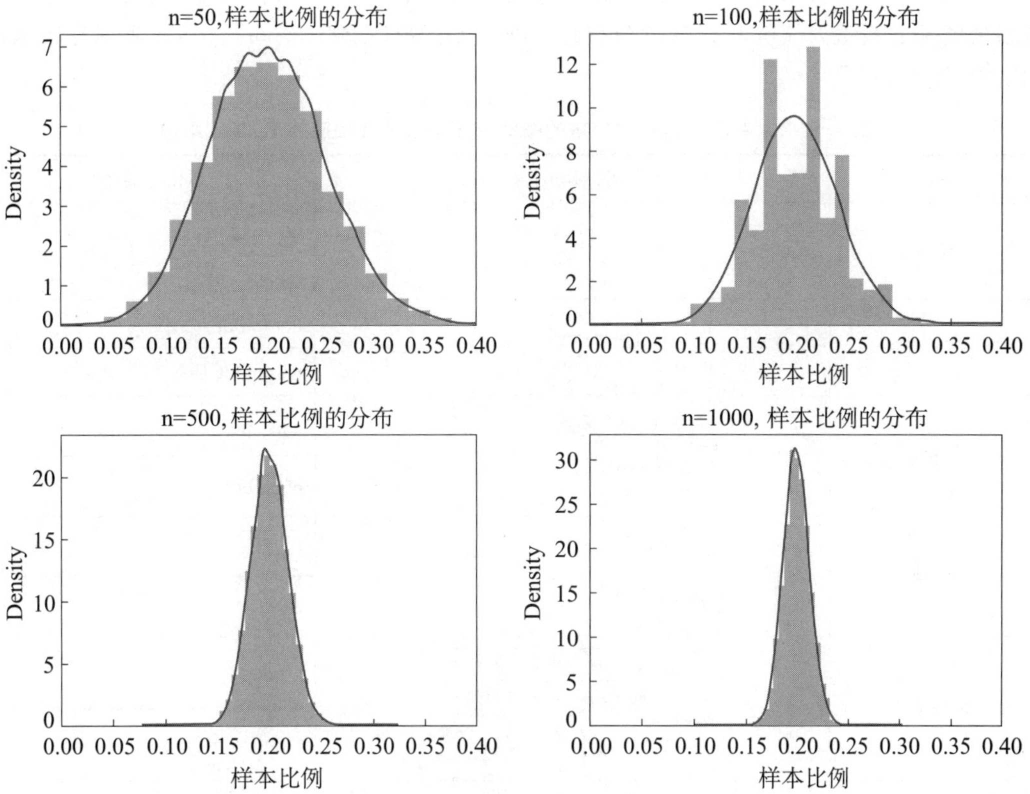

图 4-11　模拟的不同样本量的样本比例的分布

4.3.5　统计量的标准误

统计量的**标准误**（standard error）是指统计量分布的标准差，也称为标准误差。标准误用于衡量样本统计量的离散程度，在参数估计和假设检验中，它是衡量样本统计量与总体参数之间差距的一个重要尺度。样本均值的标准误用 SE 或$\sigma_{\bar{x}}$ 表示，计算公式为：

$$\sigma_{\bar{x}} = \frac{\sigma}{\sqrt{n}} \tag{4.10}$$

当总体标准差 σ 未知时，可用样本标准差 s 代替计算，这时计算的标准误也称为**估计标准误**（standard error of estimation）。由于实际应用中，总体 σ 通常是未知时，所计算的标准误实际上都是估计标准误，因此估计标准误就简称为标准误（统计软件中得到的都是估计标准误）。

相应地，样本比例的标准误可表示为：

$$\sigma_p = \sqrt{\frac{\pi(1-\pi)}{n}} \tag{4.11}$$

当总体比例的方差 $\pi(1-\pi)$ 未知时，可用样本比例的方差 $p(1-p)$ 代替。

标准误与第 3 章介绍的标准差是两个不同的概念。标准差是根据原始观测值计算的，反映一组原始数据的离散程度，而标准误是根据样本统计量计算的，反映统计量的离散程度。

为方便读者查阅和使用，本章最后列出了本书用到的几种分布的概率密度函数和累积概率分布函数，以及来自 scipy 模块的 Python 函数，见表 4-2。其中，离散型概率分布的概率密度函数后缀为“pmf”，连续分布的概率密度函数后缀为“pdf”；累积概率分布函数的后缀均为“cdf”。

表 4-2 本书用到的几种分布的概率密度函数及其相应的 Python 函数

分布	概率密度函数	Python 函数
二项分布	$p(x)=C_n^x p^x q^{n-x}$	binom. pmf binom. cdf
正态分布	$f(x)=\frac{1}{\sqrt{2\pi\sigma^2}}e^{-\frac{1}{2\sigma^2}(x-\mu)^2}$	norm. pdf norm. cdf
χ^2 分布	$f(x, df)=\frac{x^{\frac{df}{2}-1}e^{-\frac{x}{2}}}{\Gamma\left(\frac{df}{2}\right)2^{df/2}}$	chi2. pdf chi2. cdf
t 分布	$f(x)=\frac{\Gamma\left(\frac{df+1}{2}\right)}{\sqrt{df\pi}\Gamma\left(\frac{df}{2}\right)}\left(1+\frac{x^2}{df}\right)^{-(df+1)/2}$	t. pdf t. cdf
F 分布	$f(x; df_1, df_2)=\frac{\sqrt{\frac{(df_1x)^{df_1}df_2^{df_2}}{(df_1x+df_2)^{df_1+df_2}}}}{xB\left(\frac{df_1}{2}, \frac{df_2}{2}\right)}$	f. pdf f. cdf
指数分布	$f(x)=\lambda e^{-\lambda x}$	expon. pdf expon. cdf
均匀分布	$f(x)=1/(b-a)$，$a\leqslant x\leqslant b$	uniform. pdf uniform. cdf

习 题

4.1 消费者协会经过调查发现，某品牌冷气机有重要缺陷的产品数 X（台）出现的概率分布如下：

X	0	1	2	3	4	5	6	7	8	9	10
P	0.041	0.130	0.209	0.223	0.178	0.114	0.061	0.028	0.011	0.004	0.001

根据上表数据计算：

（1）有 2~5 台（包括 2 台与 5 台在内）冷气机出现重要缺陷的概率。

（2）只有不到 2 台冷气机出现重要缺陷的概率。

（3）有超过 5 台冷气机出现重要缺陷的概率。

4.2 设 X 是参数为 $n=4$ 和 $p=0.1$ 的二项随机变量。求以下概率：

（1）$P(X=2)$。

（2）$P(X\leqslant 2)$。

4.3　计算以下概率和分位点：

（1）$X \sim N(500,\ 20^2)$，$P(X \geqslant 510)$；$P(400 \leqslant X \leqslant 450)$。

（2）$Z \sim N(0,\ 1)$，$P(0 \leqslant Z \leqslant 1.2)$；$P(-0.48 \leqslant Z \leqslant 0)$；$P(Z \geqslant 1.2)$。

（3）标准正态分布累积概率为 0.95 时的反函数值 z。

4.4　计算以下概率和分位点：

（1）$X \sim t(df)$，$df=15$，t 值小于 -1.5 的概率；$df=20$，t 值大于 2 的概率；$df=30$，t 分布右尾概率为 0.05 时的 t 值。

（2）$X \sim \chi^2(df)$，$df=8$，χ^2 值小于 12 的概率；$df=20$，χ^2 值大于 18 的概率；$df=15$，χ^2 分布右尾概率为 0.025 时的反函数值。

（3）$X \sim F(df_1,\ df_2)$，$df_1=15$，$df_2=10$，F 值小于 3.5 的概率；$df_1=12$，$df_2=8$，F 值大于 3 的概率；$df_1=20$，$df_2=16$，F 分布右尾概率为 0.025 时的 F 值。

第 5 章　推断分析的基本方法：参数估计

参数估计是在样本统计量概率分布的基础上，根据样本信息推断所关心的总体参数，它是推断分析的基本方法之一。本章首先介绍参数估计的基本原理，然后介绍总体参数的估计方法。

5.1　参数估计的原理

参数估计（parameter estimation）是用样本统计量去估计总体的参数。比如，用样本均值$\bar{x}$估计总体均值μ，用样本比例 p 估计总体比例 π，用样本方差 s^2 估计总体方差 σ^2，等等。如果总体参数用θ表示，用于估计参数的统计量用 $\hat{\theta}$ 表示，当用 $\hat{\theta}$ 估计θ时，$\hat{\theta}$ 也称为**估计量**（estimator），根据一个具体的样本计算出来的估计量的数值称为**估计值**（estimate）。比如，要估计软件行业从业人员的月平均收入，从所有从业人员中抽取一个随机样本，全行业从业人员的月平均收入就是参数，用θ表示，根据样本计算的月平均收入$\bar{x}$就是一个估计量，用 $\hat{\theta}$ 表示，假定计算出来的样本平均收入为 20 000 元，这个 20 000 元就是估计量的具体数值，称为估计值。

5.1.1　点估计与区间估计

参数估计的方法有点估计和区间估计两种。

1. 点估计

点估计（point estimate）是用估计量 $\hat{\theta}$ 的某个取值直接作为总体参数θ的估计值。比如，用样本均值$\bar{x}$直接作为总体均值μ的估计值，用样本比例 p 直接作为总体比例 π 的估计值，用样本方差 s^2 直接作为总体方差 σ^2 的估计值，等等。比如，从软件行业从业人员中抽出一个随机样本，计算出月平均收入为 18 000 元，用 18 000 元作为该行业从业人员月平均收入的一个估计值，这就是点估计。再比如，要估计一批产品的合格率，根据样本计算的合格率为 98%，将 98% 直接作为这批产品合格率的估计值，这也是点估计。

由于点估计无法得到估计的可靠性（因为一个点估计量的可靠性是由其抽样分布的标准误来衡量的），也无法说出点估计值与总体参数真实值接近的程度，因此，我们不能完全依赖一个点估计值，而应围绕点估计值构造出总体参数的一个区间。

2. 区间估计

假定参数是射击靶上靶心的位置，一个点估计就相当于进行一次射击，打在靶心位置上的可能性很小，但打在靶子上的可能性很大。用打在靶上的这个点画出一个区域，这个区域包含靶心的可能性就很大，区间估计要寻找的正是这样一个区域。

区间估计（interval estimate）是在点估计的基础上得到总体参数的一个估计区间，该区间通常是由样本统计量加减**估计误差**（estimate error）得到的。与点估计不同，进行区间估计时，根据样本统计量的抽样分布，可以对统计量与总体参数的接近程度给出一个概率度量。下面以总体均值的估计为例来说明区间估计的基本原理。

由样本均值的抽样分布可知，在重复抽样或无限总体抽样的情形下，样本均值的期望值等于总体均值，即 $E(\bar{x})=\mu$，样本均值的标准误为 $\sigma_{\bar{x}}=\sigma/\sqrt{n}$。由此可知，样本均值 $\bar{x}$ 落在总体均值 μ 的两侧各 1 个标准误范围内的概率为 0.682 7，落在 2 个标准误范围内的概率为 0.954 5，落在 3 个标准误范围内的概率为 0.997 3。实际上，可以求出样本均值 $\bar{x}$ 落在总体均值 μ 的两侧任何倍数的标准误范围内的概率。比如，样本均值 $\bar{x}$ 落在总体均值 μ 的两侧 1.65 倍的标准误、1.96 倍的标准误和 2.58 倍的标准误范围内的概率分别为 90%、95% 和 99%，这意味着约有 90%、95% 和 99% 的样本均值会落在 μ 的两侧各 1.65 个标准误、1.96 个标准误和 2.58 个标准误的范围之内。图 5－1 是区间估计的示意图。

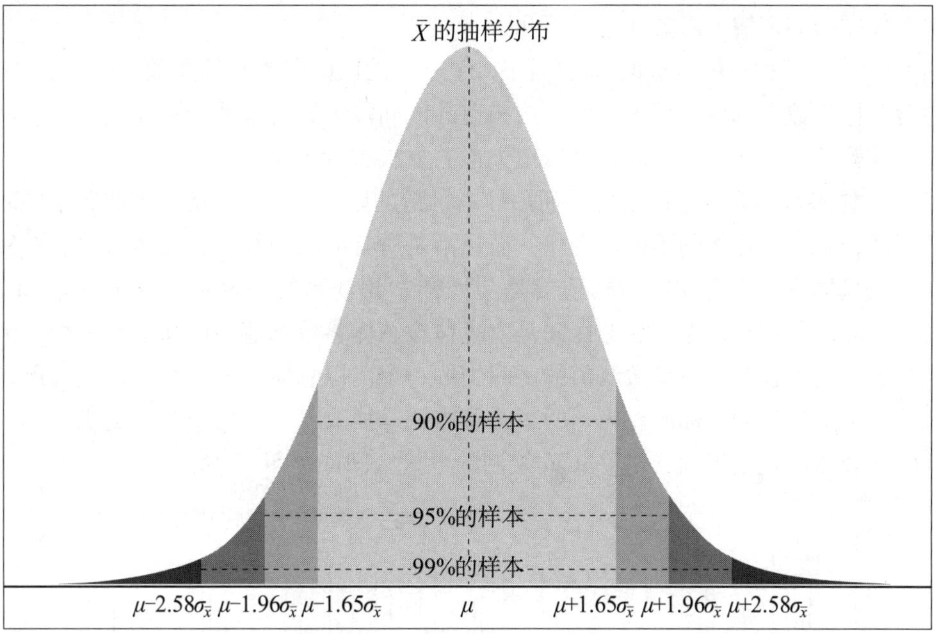

图 5－1　区间估计示意图

然而，实际估计时，情形恰好相反。$\bar{x}$ 是已知的，而 μ 是未知的，也是要估计的。由于 $\bar{x}$ 与 μ 的距离是对称的，如果某个 $\bar{x}$ 落在 μ 的 1.96 个标准误范围之内，反过来，μ 也被包括在以 $\bar{x}$ 为中心两侧各 1.96 个标准误的范围之内，这意味着约有 95% 的样本均值所构造的 1.96 个标准误的区间会包含 μ。举例来说，如果抽取 100 个样本来估计总体均值，由 100 个样本均值所构造的 100 个区间中，约有 95 个区间包含总体均值，而另外 5 个区间则不包含总体均值。

在区间估计中，由样本估计量构造出的总体参数在一定置信水平下的估计区间称为**置信区间**（confidence interval，CI），其中区间的最小值称为置信下限，最大值称为置信上限。由于统计学家在某种程度上确信这个区间会包含真正的总体参数，所以给它取名为置信区间。假定抽取 100 个样本构造出 100 个置信区间，这 100 个置信区间中有 95% 的区间包含总体参数的真值，5% 没包含，则 95% 这个值称为**置信水平**（confidence level）。一般地，如果将构造置信区间的步骤重复多次，置信区间中包含总体参数真值的次数所占的比例称为置信水平，也称为**置信度**或**置信系数**（confidence coefficient）。统计上，常用的置信水平有 90%、95% 和 99%。有关置信区间的概念可用图 5－2 来表示。

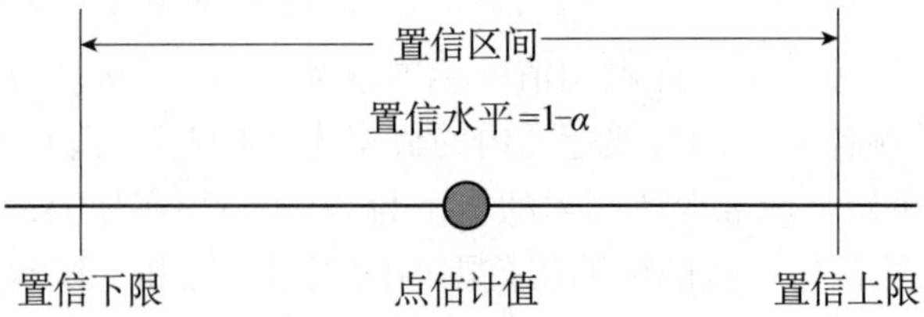

图 5－2　置信区间示意图

从图 5－1 和图 5－2 不难看出，当样本量确定时，置信区间的宽度随置信水平的增大而变宽。

对置信区间的理解，需要注意以下几点。

（1）如果用某种方法构造的所有区间中有 95% 的区间包含总体参数的真值，5% 的区间不包含总体参数的真值，那么用该方法构造的区间称为置信水平为 95% 的置信区间。同样，用其他置信水平构造的区间也可以用类似的方式进行表述。

（2）总体参数的真值是固定的，而用样本构造的区间是不固定的，因此置信区间是一个随机区间，它会因样本的不同而变化，而且不是所有的区间都包含总体参数。在实际估计时，往往只抽取一个样本，所构造的是与该样本相联系的一定置信水平（比如 95%）下的置信区间。我们只能希望这个区间是大量包含总体参数真值的区间中的一个，但它也可能是少数几个不包含总体参数真值的区间中的一个。以总体均值的区间估计为例，假定从一个均值（μ）为 50、标准差为 5 的正态总体中，抽取 $n=10$ 的 100 个随机样本，得到 μ 的 100 个 95% 的置信区间，由 Python 绘制的置信区间如图 5－3 所示。

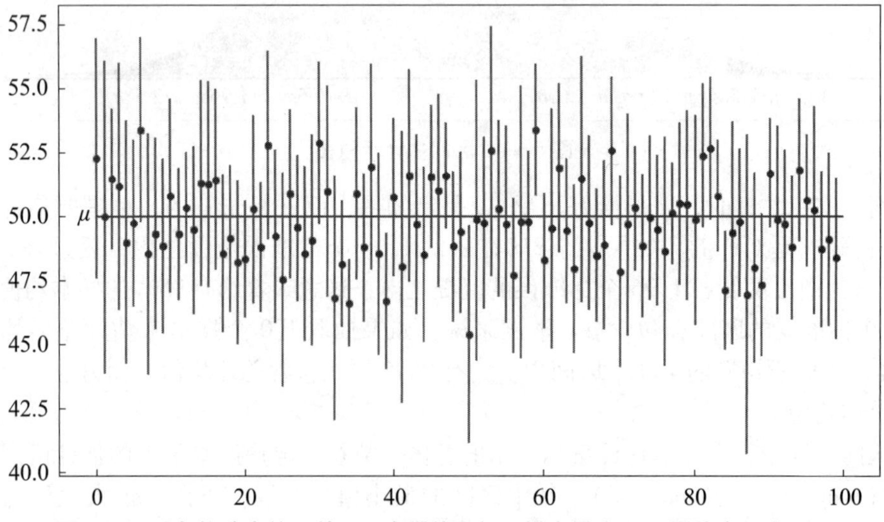

图 5－3　重复构造出的 μ 的 100 个置信区间，样本量为 10，置信水平为 95%

图 5－3 中每个区间中间的点表示 μ 的点估计，即样本均值 $\bar{x}$，横线为总体均值 μ（理论值是 50）。图 5－3 是作者经过多次模拟得到的一种结果，图中恰好有 5 个区间未包含 μ。如果反复进行模拟，100 个置信区间可能都包含 μ，也可能有更多或更少的区间未包

含 μ。因为 95% 的置信区间是指反复抽取的多个样本中包含 μ 的区间的比例，而不是指任意一次抽取的 100 个样本中恰好有 95 个区间包含 μ。对于一个特定的样本所构造的区间是一个常数区间，我们无法知道这个区间是否包含 μ，因为它可能是包含 μ 的 95 个区间中的一个，也可能是未包含 μ 的 5 个区间中的一个。因此，一个特定的区间总是“绝对包含”或“绝对不包含”参数的真值，不存在“以多大的概率包含总体参数”的问题。置信水平只是告诉我们在多次估计得到的区间中大概有多少个区间包含参数的真值，而不是针对所抽取的这个样本所构建的区间而言的。

（3）在其他条件不变时，使用一个较大的置信水平会得到一个比较宽的置信区间，而使用一个较大的样本会得到一个较准确（较窄）的区间。换言之，较宽的区间会有更大的可能性包含参数。但实际应用中，过宽的区间往往没有实际意义。比如，天气预报“下一年的降雨量是 0 ~ 10 000mm”，虽然这很有把握，但有什么意义呢？另外，要求过于准确（过窄）的区间同样不一定有意义，因为过窄的区间虽然看上去很准确，但把握性会降低，除非无限制地增加样本量，而现实中样本量总是受限的。由此可见，区间估计总是要给结论留些余地。

图 5 - 4 展示了不同置信水平和不同样本量对置信区间的影响。

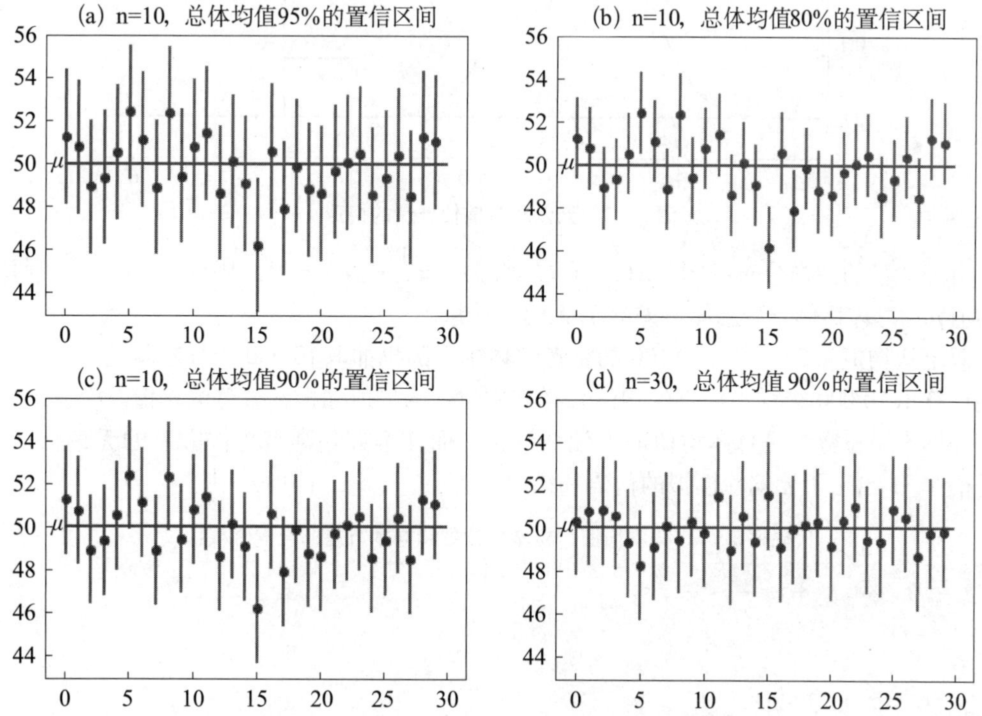

图 5 - 4　置信水平和样本量对置信区间的影响

图 5 - 4（a）和图 5 - 4（b）是样本量相同（$n=10$）、置信水平不同（95% 和 80%）的总体均值的置信区间，结果显示，样本量相同时，置信水平越大，置信区间就越宽。图 5 - 4（c）和图 5 - 4（d）是样本量不同（$n=10$ 和 $n=30$）、置信水平相同（均为 90%）的总体均值的置信区间，结果显示，置信水平相同时，样本量越大，置信区间就越窄。

5.1.2 评量估计量的标准

用于估计总体参数的估计量 $\hat{\theta}$ 有很多。比如，可以用样本均值作为总体均值的估计量，也可以用样本中位数作为总体均值的估计量，等等。那么，究竟用哪种估计量作为总体参数的估计呢？自然要用估计效果比较好的那种估计量。什么样的估计量才算一个好的估计量呢？这就需要有一定的评量标准。统计学家给出了评量估计量的一些标准，主要有以下几个。

1. 无偏性

无偏性（unbiasedness）是指估计量抽样分布的期望值等于被估计的总体参数。设总体参数为 θ，所选择的估计量为 $\hat{\theta}$，如果 $E(\hat{\theta})=\theta$，则称 $\hat{\theta}$ 是 θ 的无偏估计量。图 5－5 显示了估计量无偏和有偏的情形。

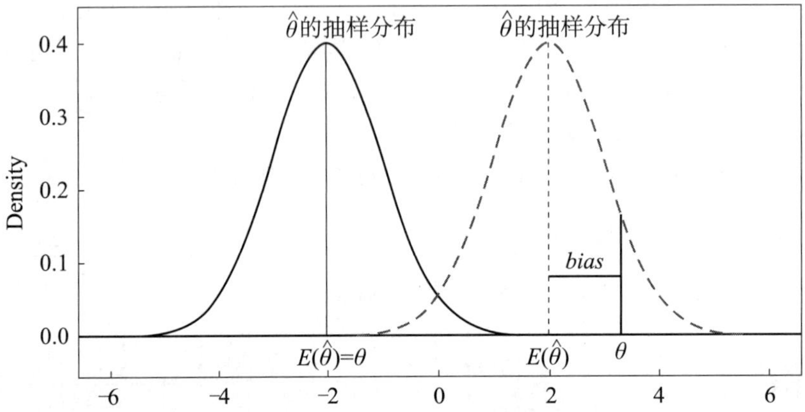

图 5－5 无偏和有偏估计量的情形

由统计量的抽样分布可知，$E(\bar{x})=\mu$，$E(p)=\pi$，$E(s^2)=\sigma^2$，因此 $\bar{x}$、p、s^2 分别是总体均值 μ、总体比例 π、总体方差 σ^2 的无偏估计量。

假定从均值为 50、方差为 100 的正态总体中，随机抽取 10 000 个样本量为 10 的样本，分别计算出 10 000 个样本均值的均值、样本中位数的均值和样本方差的均值，会发现样本均值和样本中位数都是总体均值的无偏估计量，而样本方差则是总体方差的无偏估计量。代码框 5－1 给出了无偏性模拟的代码和结果。

代码框 5－1 样本均值、样本中位数和样本方差的无偏性模拟

```
import numpy as np
x, m, v = [], [], []
n =10
for i in range(10000):
    d = np.random.normal(loc =50, scale =10, size =n)
    x.append(np.mean(d))
    m.append(np.median(d))
    v.append(np.var(d, ddof =1))

print(f"样本均值的均值:{np.mean(x): .4f}\n样本中位数的均值:{np.mean(m): .4f}\n样本方差的均值:{np.mean(v): .4f}")  # 格式化输出
```

```
样本均值的均值：    49.9881
样本中位数的均值：  50.0030
样本方差的均值：    100.2786
```

代码框 5-1 的结果显示，样本均值的均值和样本中位数的均值都非常接近总体均值（50），样本方差的均值接近总体方差（100）。由于是随机模拟，每次运行的结果都有差异，读者可以反复运行上述代码进行模拟。

2. 有效性

有效性（efficiency）是指估计量的方差大小。一个无偏的估计量并不意味着它就非常接近被估计的总体参数，估计量与参数的接近程度是用估计量的方差（或标准误）来度量的。对同一总体参数的多个无偏估计量，有更小方差的估计量更有效。假定有两个用于估计总体参数的无偏估计量，分别为 $\hat{\theta}_1$ 和 $\hat{\theta}_2$，它们的方差分别为 $D(\hat{\theta}_1)$ 和 $D(\hat{\theta}_2)$，如果 $\hat{\theta}_1$ 的方差小于 $\hat{\theta}_2$ 的方差，即 $D(\hat{\theta}_1) < D(\hat{\theta}_2)$，就称 $\hat{\theta}_1$ 是比 $\hat{\theta}_2$ 更有效的一个估计量。在无偏估计的条件下，估计量的方差越小，估计就越有效。图 5-6 给出了两个无偏估计量 $\hat{\theta}_1$ 和 $\hat{\theta}_2$ 的抽样分布。可以看到，$\hat{\theta}_1$ 的方差比 $\hat{\theta}_2$ 的方差小，因此 $\hat{\theta}_1$ 的值比 $\hat{\theta}_2$ 的值更接近总体的参数，表明 $\hat{\theta}_1$ 是比 $\hat{\theta}_2$ 更有效的一个估计量。

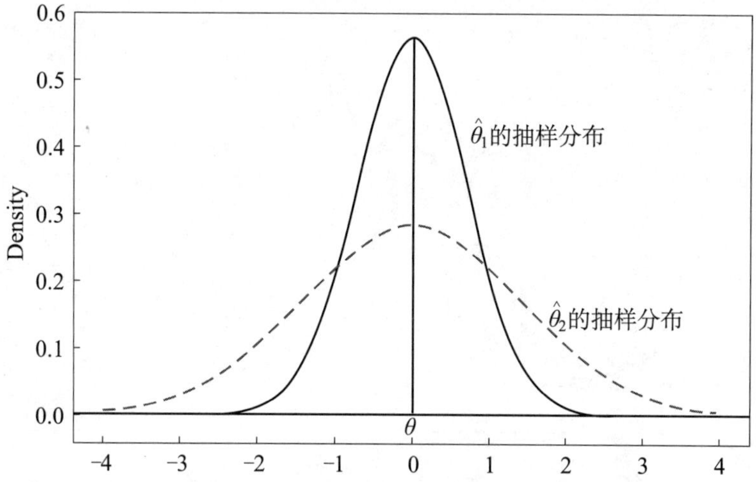

图 5-6　两个无偏估计量的抽样分布

假定从均值为 0、方差为 1 的正态总体中，随机抽取 10 000 个样本量为 10 的样本，分别计算出 10 000 个样本均值的方差和样本中位数的方差，会发现样本均值的方差小于样本中位数的方差。代码框 5-2 给出了有效性模拟的代码和结果。

代码框 5-2　样本均值和样本中位数的有效性模拟

```
#样本均值和样本中位数的有效性模拟
import numpy as np
x, m = [], []
```

```
n = 10
for i in range(10000):
    d = np.random.normal(size = n)
    x.append(np.mean(d))
    m.append(np.median(d))

print("样本均值的方差:% .4f \n 样本中位数的方差:% .4f" % (np.var(x, ddof = 1), np.var(m,
ddof = 1)))
```

```
样本均值的方差: 0.0992
样本中位数的方差:0.1356
```

```
#绘制样本均值和样本中位数分布的直方图(图 5-7)
plt.rcParams['font.sans-serif'] = ['SimHei']
plt.rcParams['axes.unicode_minus'] = False

def plot_dis(df, ax, xlabel):
    df.plot(bins = 20, kind = 'hist', density = True, ax = ax, legend = False)
    df.plot(kind = 'density', linewidth = 2, ax = ax, legend = False)
    ax.set_ylim(0, 1.3)
    ax.set_xlim(-1.5, 1.5)
    ax.set_xlabel(xlabel)
    ax.set_title(xlabel + '的分布')

plt.subplots(1, 2, figsize = (12, 5))
ax1 = plt.subplot(121)
plot_dis(pd.DataFrame(x), ax1, '样本均值')
ax2 = plt.subplot(122)
plot_dis(pd.DataFrame(m), ax2, '样本中位数')
plt.show()
```

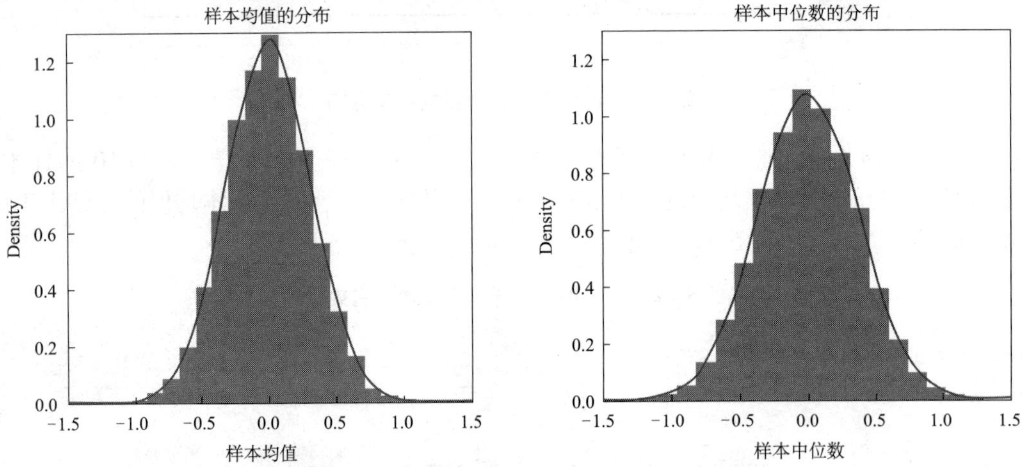

图 5-7　样本均值分布和样本中位数分布的直方图

代码框 5-2 的结果显示，样本均值的方差小于样本中位数的方差，这意味着样本均值是比样本中位数更有效的估计量。图 5-7 也显示样本均值的分布比样本中位数的分布更加集中。读者按上述代码反复进行模拟，会得到相同的结论。

3. 一致性

一致性（consistency）是指随着样本量的无限增大，统计量收敛于所估总体的参数。换言之，一个大样本得到的估计量更接近总体参数。由于样本均值的标准误$\sigma_{\bar{x}}=\sigma/\sqrt{n}$与样本量大小有关，样本量越大，$\sigma_{\bar{x}}$的值就越小，因此可以说，大样本量得到的估计量更接近总体均值μ。从这个意义上，样本均值是总体均值的一个一致估计量。对于一致性，也可以用图 5-8 理解其意义。

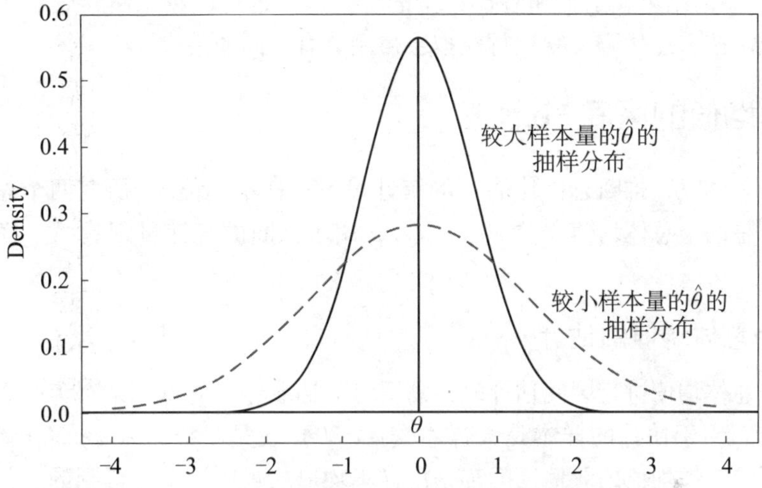

图 5-8　两个不同样本量的样本统计量的抽样分布

假定总体是均值为 50、方差为 100 的 1 000 个正态随机数，从该总体中分别抽取样本量为 10、100、500、900 的样本，并计算出每个样本的均值，会发现样本均值随着样本量的增大而越来越接近总体均值。代码框 5-3 给出了一致性模拟的代码和结果。

代码框 5-3　样本均值的一致性模拟

```
#总体均值和不同样本量的样本均值
import pandas as pd;import numpy as np
np.random.seed(2020)    #设置随机数种子以再现结果
N=np.random.normal(loc=50, scale=10, size=1000)
mu=np.mean(N)

xbar10=np.mean(np.random.choice(N, 10, replace=False))
xbar100=np.mean(np.random.choice(N, 100, replace=False))
xbar500=np.mean(np.random.choice(N, 500, replace=False))
xbar900=np.mean(np.random.choice(N, 900, replace=False))

pd.DataFrame([mu, xbar10, xbar100, xbar500, xbar900], ['总体均值', 'xbar10', 'xbar100',
'xbar500', 'xbar900']).T
```

	总体均值	xbar10	xbar100	xbar500	xbar900
0	49.665586	48.45996	50.165167	49.568964	49.636309

```
#样本均值与总体均值 mu 的差值 d
pd.DataFrame([{'d10':(xbar10 - mu), 'd100': (xbar100 - mu), 'd500': (xbar500 - mu),
'd900': (xbar900 - mu)}])
```

	总体均值	xbar10	xbar100	xbar500	xbar900
0	49.665586	48.45996	50.165167	49.568964	49.636309

代码框 5-3 的结果显示，随着样本量的增大，样本均值越来越接近总体均值。不设置随机数种子，按上述代码反复进行模拟会得到略有不同的结果。

5.2 总体均值的区间估计

研究一个总体时，推断总体均值 μ 的统计量就是样本均值 $\bar{x}$。研究两个总体时，所关心的参数主要是两个总体均值之差（$\mu_1-\mu_2$），用于推断的统计量则是两个样本的均值之差（$\bar{x}_1-\bar{x}_2$）。

5.2.1 一个总体均值的估计

在对一个总体均值进行区间估计时，需要考虑抽取样本的总体是否为正态分布、总体方差是否已知、用于估计的样本是大样本（$n\geqslant 30$）还是小样本（$n<30$）等几种情形。不管哪种情形，总体均值的置信区间都是由样本均值加减估计误差得到的。估计误差由两部分组成：一是点估计量的标准误；二是估计时所要求的置信水平为（$1-\alpha$）时统计量分布两侧面积各为 $\alpha/2$ 时的分位数值。因此，总体均值在（$1-\alpha$）置信水平下的置信区间可一般性地表达为：

$$\bar{x}\pm(\text{分位数}\times\bar{x}\text{的标准误}) \tag{5.1}$$

1. 大样本的估计

在大样本($n\geqslant 30$)情形下，由中心极限定理可知，样本均值 $\bar{x}$ 近似服从期望值为 μ、方差为 σ^2/n 的正态分布。样本均值经过标准化后则服从标准正态分布，即 $z=\dfrac{\bar{x}-\mu}{\sigma/\sqrt{n}}\sim N(0,1)$。

当总体标准差 σ 已知时，标准化时使用 σ；当 σ 未知时，则用样本标准差 s 代替。因此，可以由正态分布构建总体均值在（$1-\alpha$）置信水平下的置信区间。

当总体方差 σ^2 已知时，总体均值 μ 在（$1-\alpha$）置信水平下的置信区间为：

$$\bar{x}\pm z_{\alpha/2}\frac{\sigma}{\sqrt{n}} \tag{5.2}$$

式中，$\bar{x}-z_{\alpha/2}\dfrac{\sigma}{\sqrt{n}}$ 为置信下限，$\bar{x}+z_{\alpha/2}\dfrac{\sigma}{\sqrt{n}}$ 为置信上限；α 为事先确定的一个概率值，它是总体均值不包含在置信区间内的概率；（$1-\alpha$）为置信水平；$z_{\alpha/2}$ 为标准正态分布两侧面积

各为 $\alpha/2$ 时的 z 值；$z_{\alpha/2}\frac{\sigma}{\sqrt{n}}$为估计误差。

当总体方差σ^2未知时，式（5.2）中的 σ 可以用 s 代替，这时总体均值 μ 在（$1-\alpha$）置信水平下的置信区间为：

$$\bar{x} \pm z_{\alpha/2}\frac{s}{\sqrt{n}} \tag{5.3}$$

【例 5-1】（数据：example5_1.csv）一家研究机构随机抽取 40 辆相同排气量的家用轿车，经过测试得到每百公里的耗油量数据（单位：升）如表 5-1 所示。建立该排气量轿车平均耗油量的 90% 的置信区间。

表 5-1　40 辆家用轿车每百公里的耗油量数据

7.9	7.9	6.5	7.4	7.7	8.1	7.8	8.6
8.1	8.2	8.1	8.4	8.4	8.2	8.3	7.4
7.5	7.7	7.8	7.4	8.5	8.6	6.9	8.3
8.4	7.5	8.3	8.0	8.7	7.4	7.6	8.5
7.8	7.9	8.7	8.6	8.4	8.2	7.4	7.6

解：虽然总体方差未知，但为大样本，可用样本方差来代替，用正态分布构建置信区间。代码和结果如代码框 5-4 所示。

代码框 5-4　计算一个总体均值的置信区间（大样本）

```
import pandas as pd;import numpy as np;import scipy.stats as st
example5_1 = pd.read_csv('C:/pydata/chap05/example5_1.csv', encoding = 'gbk')
int = st.norm.interval(0.90,loc = np.mean(example5_1),scale = st.sem(example5_1))
                    #样本均值 = mean(example5_1);均值的标准误 = st.sem(example5_1)
np.round(int,4)     #以数组形式返回置信区间
```

```
array([[7.8359],
       [8.0991]])
```

注：norm.interval 函数默认位置参数(样本均值)为 0,尺度参数(标准误)为 1.

该排气量轿车平均耗油量的 90% 的置信区间为 7.835 9～8.099 1 升。

2. 小样本的估计

在小样本($n<30$)情形下，对总体均值的估计建立在总体服从正态分布的假定前提下①。如果正态总体的 σ 已知，样本均值经过标准化后仍然服从标准正态分布，此时可使用式（5.2）建立总体均值的置信区间。如果正态总体的 σ 未知，样本均值经过标准化后则服从自由度为 $n-1$ 的 t 分布，即 $t=\frac{\bar{x}-\mu}{s/\sqrt{n}} \sim t(n-1)$。这时需要使用 t 分布构建总体均值的置信区间。在（$1-\alpha$）置信水平下，总体均值的置信区间为：

① 在估计之前首先应对总体的正态性进行检验，可以用直方图、茎叶图、P-P 图或 Q-Q 图进行初步评估，也可以使用 Shapiro 检验和 K-S 检验等，具体内容见第 6 章。

$$\bar{x} \pm t_{\alpha/2}\frac{s}{\sqrt{n}} \tag{5.4}$$

【例 5-2】（数据：example5_2. csv）从一批袋装食品中随机抽取 25 袋，测得每袋重量如表 5-2 所示。假定食品重量服从正态分布，估计该批食品平均重量的置信区间，置信水平为 95%。

表 5-2　25 袋食品的重量　　单位：克

112.5	101.0	103.0	102.0	100.5
102.6	107.5	95.0	108.8	115.6
100.0	123.5	102.0	101.6	102.2
116.6	95.4	97.8	108.6	105.0
136.8	102.8	101.5	98.4	93.3

解：总体服从正态分布但 σ 未知，由于是小样本，样本均值经标准化后服从自由度为 $n-1$ 的 t 分布，因此可按式（5.4）来建立置信区间。代码和结果如代码框 5-5 所示。

代码框 5-5　计算一个总体均值的置信区间（小样本）

```
import pandas as pd;import numpy as np;import scipy.stats as st
example5_2 =pd.read_csv('C:/pydata/chap05/example5_2.csv', encoding ='gbk')
int = st.t.interval(0.95,len(example5_2) - 1,loc = np.mean(example5_2),scale =
st.sem(example5_2))
                                                              #默认自由度 len =n
np.round(int,4)     #以数组形式返回置信区间
```

```
array([[101.3748],
       [109.3452]])
```

注：t.interval 函数默认自由度为 n，位置参数（样本均值）为 0，尺度参数（标准误）为 1.

该批食品平均重量 95% 的置信区间为 101.374 8 ~ 109.345 2 克。

5.2.2　两个总体均值差的估计

设两个总体的均值分别为 μ_1 和 μ_2，从两个总体中分别抽取样本量为 n_1 和 n_2 的两个随机样本，其样本均值分别为 $\bar{x}_1$ 和 $\bar{x}_2$。估计两个总体均值之差（$\mu_1-\mu_2$）的点估计量显然是两个样本的均值之差（$\bar{x}_1-\bar{x}_2$）。估计原理与一个总体均值的区间估计类似，置信区间仍然是点估计值 ± 估计误差。因此，两个总体均值之差（$\mu_1-\mu_2$）在（$1-\alpha$）置信水平下的置信区间可一般性地表示为：

$$(\bar{x}_1-\bar{x}_2) \pm 分位数 \times (\bar{x}_1-\bar{x}_2)的标准误 \tag{5.5}$$

1. 独立大样本的估计

如果两个样本是从两个总体中独立抽取的，即一个样本中的元素与另一个样本中的元素相互独立，则称为**独立样本**（independent sample）。

如果两个样本都为大样本（$n_1 \geqslant 30$ 和 $n_2 \geqslant 30$），两个样本均值之差（$\bar{x}_1-\bar{x}_2$）近似服

从期望值为（$\mu_1-\mu_2$）、方差为($\sigma_1^2/n_1+\sigma_2^2/n_2$)的正态分布，两个样本均值之差经标准化后则服从标准正态分布，即

$$z=\frac{(\bar{x}_1-\bar{x}_2)-(\mu_1-\mu_2)}{\sqrt{\frac{\sigma_1^2}{n_1}+\frac{\sigma_2^2}{n_2}}}\sim N(0,\ 1) \tag{5.6}$$

当两个总体的方差σ_1^2和σ_2^2都已知时，两个总体均值之差（$\mu_1-\mu_2$）在（$1-\alpha$）置信水平下的置信区间为：

$$(\bar{x}_1-\bar{x}_2)\pm z_{\alpha/2}\sqrt{\frac{\sigma_1^2}{n_1}+\frac{\sigma_2^2}{n_2}} \tag{5.7}$$

当两个总体的方差σ_1^2和σ_2^2未知时，可用两个样本方差s_1^2和s_2^2来代替，这时，两个总体均值之差（$\mu_1-\mu_2$）在（$1-\alpha$）置信水平下的置信区间为：

$$(\bar{x}_1-\bar{x}_2)\pm z_{\alpha/2}\sqrt{\frac{s_1^2}{n_1}+\frac{s_2^2}{n_2}} \tag{5.8}$$

【例 5-3】（数据：example5_3. csv）为研究男性和女性网上购物支出的差异，从某电商平台随机抽取男性和女性各 50 人，得到某个月的网购支出数据如表 5-3 所示。建立男性和女性平均支出差值的 95% 的置信区间。

表 5-3　女性和男性某月的网购支出数据　　单位：元

女性支出					男性支出				
1 793	1 442	1 890	1 906	2 063	884	1 160	1 122	1 358	714
1 855	2 409	2 228	2 598	310	1 879	563	786	1 517	758
1 445	1 685	1 178	2 525	970	1 121	1 321	680	978	1 855
1 273	1 760	723	2 316	1 969	1 241	1 736	2 032	2 091	943
1 803	1 125	701	1 627	1 927	832	865	1 661	1 488	758
593	1 908	2 403	1 746	2 230	1 211	367	1 477	1 847	1 375
1 815	1 057	1 259	1 338	793	1 376	1 455	1 431	1 369	898
1 362	1 334	1 810	669	1 784	1 430	1 737	775	977	1 963
1 358	2 060	1 806	2 384	1 792	1 958	1 307	1 290	1 315	860
1 040	1 649	1 419	1 513	847	161	582	1 509	1 430	822

解：设μ_1为女性平均支出，μ_2为男性平均支出，计算（$\mu_1-\mu_2$）置信区间的代码和结果如代码框 5-6 所示。

代码框 5-6　计算两个总体均值之差的置信区间（独立大样本）

```
import pandas as pd;import numpy as np;from scipy.stats import norm
example5_3 = pd.read_csv('C:/pydata/chap05/example5_3.csv', encoding = 'gbk')
x1 = example5_3['女性支出']; x2 = example5_3['男性支出']

conf_level = 0.95
```

```
xbar1 = x1.mean(); s1 = x1.std(); n1 = len(x1)
xbar2 = x2.mean(); s2 = x2.std(); n2 = len(x2)

interval = norm.interval(alpha = conf_level, loc = (xbar1 - xbar2), scale = np.sqrt
(s1 ** 2 /n1 + s2 ** 2 /n2))
print(f"男女平均支出差值的 95% 的置信区间:{np.round(interval, 2)}")
```

```
男女平均支出差值的 95% 的置信区间:[167.05 561.95]
```

男女平均支出差值的95%的置信区间为167.05～561.95元。

2. 独立小样本的估计

当两个样本均为独立小样本（$n_1<30$ 和 $n_2<30$）时，为估计两个总体均值之差，需要假定两个总体都服从正态分布。当两个总体方差 σ_1^2 和 σ_2^2 已知时，两个样本均值之差经标准化后服从标准正态分布，此时可按式（5.7）建立两个总体均值之差的置信区间。当 σ_1^2 和 σ_2^2 未知时，有以下几种情形。

（1）当两个总体的方差未知但相等时，即 $\sigma_1^2=\sigma_2^2=\sigma^2$，需要用两个样本的方差 s_1^2 和 s_2^2 来估计 σ^2。这时，需要将两个样本的数据合并在一起，以得到 σ^2 的合并估计量 s_p^2，其计算公式为：

$$s_p^2=\frac{(n_1-1)s_1^2+(n_2-1)s_2^2}{n_1+n_2-2} \tag{5.9}$$

这时，两个样本均值之差经标准化后服从自由度为（n_1+n_2-2）的 t 分布，即

$$t=\frac{(\bar{x}_1-\bar{x}_2)-(\mu_1-\mu_2)}{s_p\sqrt{\dfrac{1}{n_1}+\dfrac{1}{n_2}}}\sim t(n_1+n_2-2) \tag{5.10}$$

因此，两个总体均值之差（$\mu_1-\mu_2$）在（$1-\alpha$）置信水平下的置信区间为：

$$(\bar{x}_1-\bar{x}_2)\pm t_{\alpha/2}(n_1+n_2-2)\sqrt{s_p^2\left(\frac{1}{n_1}+\frac{1}{n_2}\right)} \tag{5.11}$$

（2）当两个总体的方差未知且不相等时，即 $\sigma_1^2\neq\sigma_2^2$，两个样本均值之差经标准化后近似服从自由度为 v 的 t 分布，自由度 v 的计算公式为：

$$v=\frac{\left(\dfrac{s_1^2}{n_1}+\dfrac{s_2^2}{n_2}\right)^2}{\dfrac{(s_1^2/n_1)^2}{n_1-1}+\dfrac{(s_2^2/n_2)^2}{n_2-1}} \tag{5.12}$$

两个总体均值之差（$\mu_1-\mu_2$）在（$1-\alpha$）置信水平下的置信区间为：

$$(\bar{x}_1-\bar{x}_2)\pm t_{\alpha/2}(v)\sqrt{\frac{s_1^2}{n_1}+\frac{s_2^2}{n_2}} \tag{5.13}$$

【例5-4】（数据：example5_4.csv）为估计两种方法组装产品所需时间的差异，分别对两种组装方法各随机安排12个工人，每个工人组装一件产品所需的时间如表5-4所示。假定两种方法组装产品的时间服从正态分布。以95%的置信水平建立两种方法组装产品所需平均时间差值的置信区间。

（1）假定$\sigma_1^2=\sigma_2^2$；

（2）假定$\sigma_1^2\neq\sigma_2^2$。

表 5－4　两种方法组装产品所需的时间　　单位：分钟

方法一	方法二
28.3	27.6
30.1	22.2
29.0	31.0
37.6	33.8
32.1	20.0
28.8	30.2
36.0	31.7
37.2	26.0
38.5	32.0
34.4	31.2
28.0	33.4
30.0	26.5

解：代码和结果如代码框 5－7 所示。

代码框 5－7　计算两个总体均值之差的置信区间（独立小样本）

```
#平均时间差值 95% 的置信区间(假定σ1^2 = σ2^2)
import pandas as pd;import numpy as np
from scipy.stats import t;from statsmodels.stats.weightstats import ttest_ind

example5_4 = pd.read_csv('C:/pydata/chap05/example5_4.csv', encoding = 'gbk')
x1 = example5_4['方法一']; x2 = example5_4['方法二']

conf_level = 0.95
xbar1 = x1.mean(); xbar2 = x2.mean()

t_value, p_value, df = ttest_ind(x1 = x1, x2 = x2, alternative = 'two - sided', usevar =
'pooled')  #使用式(5.9)计数方差的合并估计量
interval = t.interval(alpha = conf_level, df = df, loc = (xbar1 - xbar2), scale =
(xbar1 - xbar2)/t_value)
print(f"方法一的平均时间为{xbar1:.2f},方法二的平均时间为{xbar2:.2f}\
\n假定方差相等,两种方法组装时间差值 95% 的置信区间为{np.round(interval, 4)}")
```

```
方法一的平均时间为 32.50,方法二的平均时间为 28.80
假定方差相等,两种方法组装时间差值95% 的置信区间为[0.1403 7.2597]
```

```
#平均时间差值 95% 的置信区间(假定σ₁² ≠σ₂²)
t_value, p_value, df = ttest_ind(x1 = x1, x2 = x2, alternative = 'two - sided', usevar
= 'unequal')
interval = t.interval(alpha = conf_level, df = df, loc = (xbar1 - xbar2), scale =
(xbar1 - xbar2)/t_value)
print(f"方法一的平均时间为{xbar1},方法二的平均时间为{xbar2:.2f}\
\n假定方差不相等,两种方法组装时间差值 95% 的置信区间为{np.round(interval, 4)}\
\n自由度为{df:.4f}")
```

```
方法一的平均时间为 32.5,方法二的平均时间为 28.80
假定方差不相等,两种方法组装时间差值 95% 的置信区间为[0.1384 7.2616]
自由度为 21.8029
```

假定$\sigma_1^2=\sigma_2^2$时，两种方法组装产品所需平均时间之差 95% 的置信区间为 0. 140 3 ~ 7. 259 7 分钟。假定$\sigma_1^2\neq\sigma_2^2$时，两种方法组装产品所需平均时间之差 95% 的置信区间为 0. 138 4 ~ 7. 261 6 分钟。

3. 配对样本的估计

在例 5 - 4 中，使用的是两个独立样本，但使用独立样本估计两个总体均值之差时存在潜在弊端。比如，在对每种方法随机指派 12 个工人时，偶尔可能会将技术比较差的 12 个工人指派给方法 1，而将技术较好的 12 个工人指派给方法 2。这种不公平的指派可能会掩盖两种方法组装产品所需时间的真正差异。

为解决这一问题，可以使用**配对样本**（paired sample），即一个样本中的数据与另一个样本中的数据相对应，这样的数据通常是对同一个体所做的前后两次测量。比如，先指定 12 个工人用第一种方法组装产品，再让这 12 个工人用第二种方法组装产品，这样得到的两种方法组装产品的时间数据就是配对数据。

使用配对样本进行估计时，在大样本条件下，两个总体均值之差$\mu_d=\mu_1-\mu_2$在（$1-\alpha$）置信水平下的置信区间为：

$$\bar{d}\pm z_{\alpha/2}\frac{\sigma_d}{\sqrt{n}} \tag{5.14}$$

式中，d 为两个配对数据的差值；$\bar{d}$为各差值的均值；σ_d为各差值的标准差。当总体σ_d未知时，可用样本差值的标准差s_d来代替。

在小样本情形下，假定两个总体各观察值的配对差服从正态分布。两个总体均值之差$\mu_d=\mu_1-\mu_2$在（$1-\alpha$）置信水平下的置信区间为：

$$\bar{d}\pm t_{\alpha/2}(n-1)\frac{s_d}{\sqrt{n}} \tag{5.15}$$

【例 5 - 5】（数据：example5_5. csv）由 10 名学生组成一个随机样本，让他们分别采用 A 和 B 两套试卷进行测试，结果如表 5 - 5 所示。假定两套试卷分数之差服从正态分布，建立两套试卷平均分数之差$\mu_d=\mu_1-\mu_2$的 95% 的置信区间。

表 5-5　10 名学生两套试卷的测试得分

学生编号	试卷 A	试卷 B
1	78	71
2	63	44
3	72	61
4	89	84
5	91	74
6	49	51
7	68	55
8	76	60
9	85	77
10	55	39

解：代码和结果如代码框 5-8 所示。

代码框 5-8　计算两个总体均值之差的置信区间（配对样本）

```
import pandas as pd;import numpy as np;from scipy.stats import t
example5_5 = pd.read_csv('C:/pydata/chap05/example5_5.csv', encoding = 'gbk')
x1 = example5_5['试卷 A']; x2 = example5_5['试卷 B']
d = x1 - x2

conf_level = 0.95
dbar = d.mean(); sd = d.std(); n = len(d)

interval = t.interval(alpha = conf_level, df = n -1, loc = dbar, scale = sd/np.sqrt(n))
print(f"两套试卷分数之差的 95% 的置信区间为:{np.round(interval, 4)}")
```

```
两套试卷分数之差的 95% 的置信区间为:[ 6.3273 15.6727]
```

两套试卷所产生的分数之差 95% 的置信区间为 6. 327 3 ~ 15. 672 7 分。

5.3　总体比例的区间估计

研究一个总体时，推断总体比例 π 使用的统计量为样本比例 p。研究两个总体时，所关注的参数是两个总体的比例之差（$\pi_1 - \pi_2$），用于推断的统计量则是两个样本的比例之差（$p_1 - p_2$）。

5.3.1　一个总体比例的估计

推断总体比例时，同样需要考虑样本量的大小。当样本量非常大时，可采用传统的估计方法。对于小样本或中等大小的样本，需要对样本量和试验成功的次数做出修正以改进估计的区间。

1. 大样本的估计方法

由样本比例 p 的抽样分布可知，当样本量足够大时[①]，p 近似服从期望值为 $E(p)=\pi$、方差为 $\sigma_p^2=\pi(1-\pi)/n$ 的正态分布。样本比例经标准化后则服从标准正态分布，即 $z=\dfrac{p-\pi}{\sqrt{\pi(1-\pi)/n}}\sim N(0,1)$。因此，可由正态分布建立总体比例的置信区间。与总体均值的区间估计类似，总体比例的置信区间由 π 的点估计值 $p\pm$ 估计误差得到。在（$1-\alpha$）置信水平下的置信区间可一般地表达为：

$$p\pm(\text{分位数}\times p\text{ 的标准误})\tag{5.16}$$

适用于大样本的传统方法得到的总体比例 π 在（$1-\alpha$）置信水平下的置信区间为：

$$p\pm z_{\alpha/2}\sqrt{\frac{p(1-p)}{n}}\tag{5.17}$$

式中，$z_{\alpha/2}$ 是标准正态分布两侧面积各为 $\alpha/2$ 时的 z 值；$z_{\alpha/2}\sqrt{\dfrac{p(1-p)}{n}}$ 是估计误差。

【例 5－6】 某城市想要进行一项交通措施改革，为征求市民对该项改革措施的意见，在成年人中随机调查了 500 个市民，其中 325 人赞成改革措施。用 95% 的置信水平估计该城市成年人中赞成该项改革的人数比例的置信区间。

解： 代码和结果如代码框 5－9 所示。

代码框 5－9　计算一个总体比例的置信区间（大样本）

```
import numpy as np;from scipy.stats import norm

conf_level = 0.95
n = 500; x = 325
p = x/n

interval = norm.interval(alpha = conf_level, loc = p, scale = np.sqrt(p * (1 - p)/n))
print(f"赞成该项改革人数比例的 95% 的置信区间为:{np.round(interval, 4)}")
```

```
赞成该项改革人数比例的 95% 的置信区间为:[0.6082 0.6918]
```

该城市成年人中赞成该项改革的比例 95% 的置信区间：大样本的正态近似区间为（0.608 2，0.691 8）。

2. 任意大小样本的估计方法

大样本的估计方法至今仍被广泛使用，但按该方法计算出来的置信水平为（$1-\alpha$）的置信区间能够覆盖总体真实比例的概率通常小于（$1-\alpha$），即使大样本也是如此（除非样本量非常大），更不可能应用于小样本。因此，对于任意大小的样本，可以通过修正试验次数（样本量）n 和样本比例 p 的值让置信区间有所改进。

① 对于总体比例的估计，确定样本量是否“足够大”的一般经验规则是：区间 $p\pm2\sqrt{p(1-p)/2}$ 中不包含 0 或 1，或者要求 $np\geqslant10$ 和 $n(1-p)\geqslant10$。

研究发现，对于任意大小的样本，将试验次数（样本量）n 加上4，即用 $\tilde{n}=n+4$ 代替 n；将试验成功的次数 x 加上2，即用 $\tilde{p}=(x+2)/\tilde{n}$ 代替 p，可以改进置信区间。由此得到的总体比例 π 在（$1-\alpha$）置信水平下的置信区间为：

$$\tilde{p} \pm z_{\alpha/2}\sqrt{\frac{\tilde{p}(1-\tilde{p})}{\tilde{n}}} \tag{5.18}$$

该区间也称为 Agresti - Coull 区间（由 Alan Agresti 和 Brent Coull 得出，以其姓氏命名）。对于任意大小的样本，都可以使用式（5.18）来计算总体比例的置信区间。只是在样本较小时，偶尔会有区间下限小于0或区间上限大于1的情形发生。此时可用0代替小于0的下限，用1代替大于1的上限。对于非常大的样本，大样本估计方法和任意大小样本估计方法的结果几乎相同，但对于小样本或中等样本，使用式（5.18）更合适。

【例5－7】 沿用例5－6。用95%的置信水平估计该城市成年人中赞成该项改革的人数比例的置信区间。

解： 代码和结果如代码框5－10所示。

代码框5－10　计算一个总体比例的置信区间（任意大小样本）

```
import numpy as np;from scipy.stats import norm

conf_level =0.95
n1 =500 +4
p1 = (325 +2)/n1

interval =norm.interval(alpha =conf_level, loc =p1, scale =np.sqrt(p1 * (1 -p1)/n1))
print(f"赞成该项改革人数比例的95% 的置信区间为:{np.round(interval, 4)}")
```

```
赞成该项改革人数比例的95% 的置信区间为:[0.6071 0.6905]
```

该城市成年人中赞成该项改革人数比例的95%的置信区间为60.71%～69.05%。

由于本例的样本量较大，两种方法得到的结果几乎相同。但对于中小样本，二者会有一定差异。因此，这里推荐使用任意大小样本的估计方法。

5.3.2　两个总体比例差的估计

对两个总体比例之差的估计同样需要考虑两个样本量的大小。当两个样本量都非常大时，可采用传统的估计方法。对于两个小样本或中等大小的样本，需要对样本量和试验成功的次数做出修正以改进估计的区间。

1. 两个大样本的估计方法

两个总体比例之差的区间估计原理与一个总体比例的区间估计相同，（$\pi_1-\pi_2$）的置信区间由点估计值（p_1-p_2）±估计误差得到，即

$$(p_1-p_2) \pm \text{分位数} \times (p_1-p_2)\text{的标准误} \tag{5.19}$$

设两个总体均服从二项分布，即 $X_1 \sim B(n_1, p_1)$，$X_2 \sim B(n_2, p_2)$。x_1 为 n_1 次独立 Bernoulli 试验成功的次数，p_1 为成功的概率，x_2 为 n_2 次独立 Bernoulli 试验成功的次数，p_2 为成功的概率。由样本比例的抽样分布可知，从两个二项总体中抽出两个独立大样本，两个样

本比例之差近似服从正态分布，而两个样本比例之差经标准化后则服从标准正态分布，即

$$z=\frac{(p_1-p_2)-(\pi_1-\pi_2)}{\sqrt{\dfrac{\pi_1(1-\pi_1)}{n_1}+\dfrac{\pi_2(1-\pi_2)}{n_2}}} \tag{5.20}$$

由于两个总体的比例π_1和π_2未知，用样本比例p_1和p_2代替，因此，根据正态分布建立的两个总体比例之差（$\pi_1-\pi_2$）在（$1-\alpha$）置信水平下的置信区间为：

$$(p_1-p_2)\pm z_{\alpha/2}\sqrt{\frac{p_1(1-p_1)}{n_1}+\frac{p_2(1-p_2)}{n_2}} \tag{5.21}$$

【例 5-8】 在某档电视节目的收视率调查中随机调查 500 名女性观众，有 225 人收看了该节目；随机调查 400 名男性观众，有 128 人收看了该节目。用 95% 的置信水平估计女性与男性收视率差值的置信区间。

解：设女性收视率为 p_1，男性收视率为 p_2。代码和结果如代码框 5-11 所示。

代码框 5-11 计算两个总体比例之差的置信区间（大样本）

```
#女性与男性收视率差值的95% 的置信区间(两个大样本)
import numpy as np;from scipy.stats import norm

conf_level =0.95
n1 =500; n2 =400
p1 =225 /n1; p2 =128 /n2
interval = norm.interval(alpha = conf_level, loc = (p1 - p2),
                         scale = np.sqrt(p1 * (1 - p1)/n1  + p2 * (1 - p2)/n2))
print(f"女性与男性收视率差值的95% 的置信区间为:{np.round(interval, 4)}")
```

```
女性与男性收视率差值的95% 的置信区间为:[0.0668 0.1932]
```

女性与男性收视率差值的95% 的置信区间为 6.68% ~19.32%。

2. 两个任意大小样本的估计方法

研究表明，对于两个任意大小的样本，只要对n_1和n_2、p_1和p_2略加修正就可以改进估计区间。具体做法是，将试验次数（样本量）n_1和n_2各加上 2，即用 $\tilde{n}_1=n_1+2$ 代替 n_1，用 $\tilde{n}_2=n_2+2$ 代替n_2；将试验成功的次数x_1和x_2各加上 1，即用 $\tilde{p}_1=(x_1+1)/\tilde{n}_1$代替$p_1$，用 $\tilde{p}_2=(x_2+1)/\tilde{n}_2$代替$p_2$，由此得到的两个总体比例之差（$\pi_1-\pi_2$）在（$1-\alpha$）置信水平下的置信区间为：

$$(\tilde{p}_1-\tilde{p}_2)\pm z_{\alpha/2}\sqrt{\frac{\tilde{p}_1(1-\tilde{p}_1)}{\tilde{n}_1}+\frac{\tilde{p}_2(1-\tilde{p}_2)}{\tilde{n}_2}} \tag{5.22}$$

该区间也称为 Agresti - Coull 区间（由 Alan Agresti 和 Brent Coull 得出，以其姓氏命名）。对于任意大小的两个样本，可以使用式（5.22）来计算两个总体比例之差的置信区间。如果有区间下限小于 0 或区间上限大于 1 的情形发生，可用 0 代替小于 0 的下限，用 1 代替大于 1 的上限。对于非常大的两个样本，大样本估计方法和任意大小样本估计方法的结果几乎相同，但对于两个小样本或中等样本，任意大小样本的估计方法更适用，因此

推荐使用该方法。

【**例5-9**】沿用例5-8。用95%的置信水平估计女性与男性收视率差值的置信区间。

解：设女性收视率为 p_1，男性收视率为 p_2。代码和结果如代码框5-12所示。

代码框5-12　计算两个总体比例之差的置信区间（任意大小样本）

```
#女性与男性收视率差值的95% 的置信区间(两个任意大小样本)
import numpy as np;from scipy.stats import norm

conf_level=0.95
n1=500+2; n2=400+2
p1=(225+1)/n1; p2=(128+1)/n2
interval=norm.interval(alpha=conf_level, loc=(p1-p2),
                       scale=np.sqrt(p1*(1-p1)/n1 + p2*(1-p2)/n2))
print(f"女性与男性收视率差值的95% 的置信区间为:{np.round(interval,4)}")
```

```
女性与男性收视率差值的95% 的置信区间为:[0.0662 0.1924]
```

女性与男性收视率差值的95%的置信区间为6.62%～19.24%。

5.4　总体方差的区间估计

研究一个总体时，推断总体方差 σ^2 的统计量是样本方差 s^2。研究两个总体时，所关注的参数是两个总体的方差比 σ_1^2/σ_2^2，用于推断的统计量则是两个样本的方差比 s_1^2/s_2^2。

5.4.1　一个总体方差的估计

估计总体方差时，首先假定总体服从正态分布。其原理与总体均值和总体比例的区间估计不同，不再是点估计量±估计误差。因为样本方差的抽样分布服从自由度为（$n-1$）的 χ^2 分布，所以需要用 χ^2 分布构造总体方差的置信区间。由于 χ^2 分布是不对称分布，无法由点估计值±估计误差得到总体方差的置信区间。

若给定置信水平 $(1-\alpha)$，用 χ^2 分布构造总体方差 σ^2 的置信区间，其原理可用图5-9表示。

由图5-9可以看出，建立总体方差 σ^2 的置信区间也就是要找到一个 χ^2 值，使其满足 $\chi^2_{\alpha/2}\leqslant\chi^2\leqslant\chi^2_{1-\alpha/2}$，由于 $\dfrac{(n-1)s^2}{\sigma^2}\sim\chi^2(n-1)$，可用它来代替 χ^2，于是有

$$\chi^2_{\alpha/2}\leqslant\frac{(n-1)s^2}{\sigma^2}\leqslant\chi^2_{1-\alpha/2} \tag{5.23}$$

根据式（5.23）可推导出总体方差 σ^2 在（$1-\alpha$）置信水平下的置信区间为：

$$\frac{(n-1)s^2}{\chi^2_{1-\alpha/2}}\leqslant\sigma^2\leqslant\frac{(n-1)s^2}{\chi^2_{\alpha/2}} \tag{5.24}$$

【**例5-10**】（数据：example5_2.csv）沿用例5-2。以95%的置信水平建立该种食品重量方差与标准差的置信区间。

解：代码和结果如代码框5-13所示。

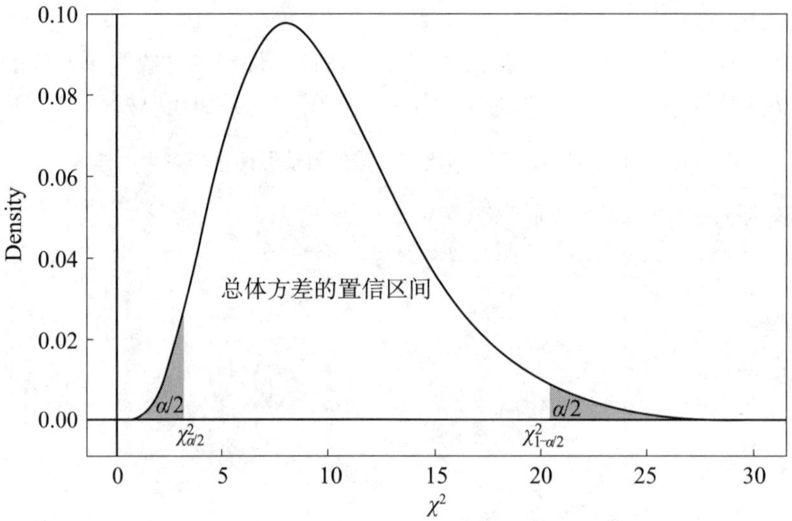

图 5-9 总体方差（1-α）100%的置信区间

代码框 5-13 计算一个总体方差的置信区间

```
#食品重量方差的 95% 的置信区间
import pandas as pd;from scipy.stats import chi2
example5_2 = pd.read_csv('C:/pydata/chap05/example5_2.csv', encoding = 'gbk')
x = example5_2['食品重量']

conf_level = 0.95
sigma2 = x.var(); n = len(x)

LCI = (n - 1) * sigma2 / chi2.ppf(q = (1 + conf_level)/2, df = n - 1)
UCI = (n - 1) * sigma2 / chi2.ppf(q = (1 - conf_level)/2, df = n - 1)
print(f"食品重量方差的 95% 的置信区间为:[{LCI: .5f} {UCI: .5f}]")
```

```
食品重量方差的 95% 的置信区间为:[ 56.82897  180.38811]
```

食品重量方差的 95% 的置信区间为（56.828 97，180.388 11）。相应地，总体标准差 95% 的置信区间为 $7.54 \leqslant \sigma \leqslant 13.43$。

5.4.2 两个总体方差比的估计

在实际问题中，经常会遇到比较两个总体方差的问题。比如，希望比较用两种不同方法生产的产品性能的稳定性，比较不同测量工具的精确度，等等。

由于两个样本的方差比服从 $F(n_1-1, n_2-1)$ 分布，因此可用 F 分布构造两个总体方差比 σ_1^2/σ_2^2 的置信区间，其原理可用图 5-10 来表示。

建立两个总体方差比的置信区间，也就是要找到一个 F 值使其满足 $F_{\alpha/2} \leqslant F \leqslant F_{1-\alpha/2}$。由于 $\frac{s_1^2}{s_2^2} \cdot \frac{\sigma_2^2}{\sigma_1^2} \sim F(n_1-1, n_2-1)$，可用它来代替 F，于是有

$$F_{\alpha/2} \leqslant \frac{s_1^2}{s_2^2} \cdot \frac{\sigma_2^2}{\sigma_1^2} \leqslant F_{1-\alpha/2} \tag{5.25}$$

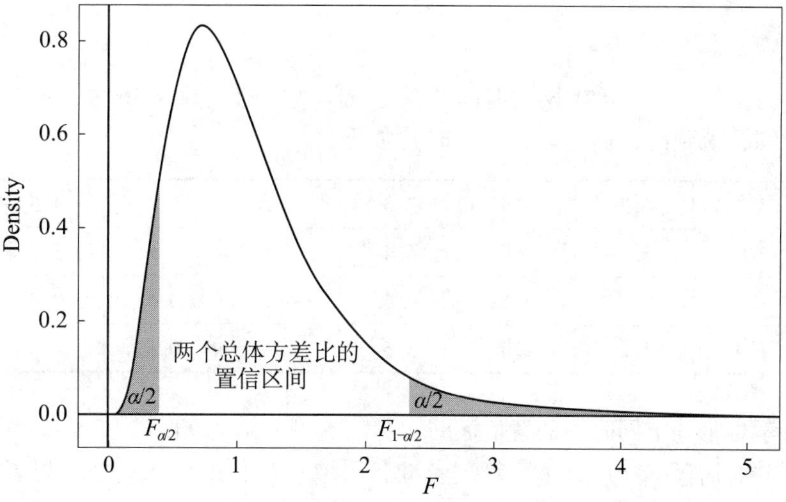

图 5-10　两个总体方差比的置信区间

根据式（5.25）可以推导出两个总体方差比在（1-α）置信水平下的置信区间为：

$$\frac{s_1^2/s_2^2}{F_{1-\alpha/2}} \leqslant \frac{\sigma_1^2}{\sigma_2^2} \leqslant \frac{s_1^2/s_2^2}{F_{\alpha/2}} \tag{5.26}$$

式中，$F_{\alpha/2}$和$F_{1-\alpha/2}$为分子自由度为（n_1-1）、分母自由度为（n_2-1）的 F 分布两侧面积为 $\alpha/2$ 和 $1-\alpha/2$ 的分位数。

【例 5-11】（数据：example5_4.csv）沿用例 5-4。以 95% 的置信水平建立两种方法组装产品所需时间方差比的置信区间。

解：代码和结果如代码框 5-14 所示。

代码框 5-14　计算两个总体方差比的置信区间

```
#两种方法组装产品所需时间方差比的置信区间
import pandas as pd;import numpy as np;from scipy.stats import f
example5_4 = pd.read_csv('C:/pydata/chap05/example5_4.csv', encoding = 'gbk')
x1 = example5_4['方法一']; x2 = example5_4['方法二']

conf_level = 0.95
var1 = x1.var(); var2 = x2.var()
n1 = len(x1); n2 = len(x2)

LCI = (var1/var2) / f.ppf(q = (1 + conf_level)/2, dfn = n1 - 1, dfd = n2 - 1)
UCI = (var1/var2) / f.ppf(q = (1 - conf_level)/2, dfn = n1 - 1, dfd = n2 - 1)
print(f"两种方法组装产品所需时间方差比的置信区间为:[{LCI:.5f} {UCI:.5f}]")
```

```
两种方法组装产品所需时间方差比的置信区间为:[0.23788  2.87044]
```

两种方法组装产品所需时间方差比的 95% 的置信区间为（0.237 88，2.870 44）。

习　题

5.1　某大学为了解学生每天上网的时间，在全校学生中随机抽取 36 人，调查他们每天上网的时间，得到的数据（单位：小时）如下：

3.3	3.1	6.2	5.8	2.3	4.1	5.4	4.5	3.2
4.4	2.0	5.4	2.6	6.4	1.8	3.5	5.7	2.3
2.1	1.9	1.2	5.1	4.3	4.2	3.6	0.8	1.5
4.7	1.4	1.2	2.9	3.5	2.4	0.5	3.6	2.5

求该校学生平均上网时间的置信区间，置信水平分别为 90%、95% 和 99%。

5.2　某小区共有居民 500 户，小区管理者准备采取一项新的供水设施，想了解居民是否赞成。采取重复抽样方法随机抽取 50 户，其中有 32 户赞成，18 户反对。估计总体中赞成采用新设施的户数比例的置信区间，置信水平为 95%。

5.3　顾客到银行办理业务时往往需要等待一段时间，等待时间的长短与许多因素有关，比如，银行的业务员办理业务的速度、顾客排队的方式等。为此，某银行准备采取两种排队方式进行试验，第一种排队方式是所有顾客都进入一个等待队伍，第二种排队方式是顾客在三个业务窗口处排队等待。为比较哪种排队方式使顾客等待的时间更短，银行各随机抽取 10 名顾客，他们在办理业务时等待的时间（单位：分钟）如下：

方式 1	6.5	6.6	6.7	6.8	7.1	7.3	7.4	7.7	7.7	7.7
方式 2	4.2	5.4	5.8	6.2	6.7	7.7	7.7	8.5	9.3	10.0

（1）构建第一种排队方式等待时间均值的 95% 的置信区间。

（2）构建第二种排队方式等待时间方差的 95% 的置信区间。

（3）构建两种方式排队时间均值差值的 95% 的置信区间：1）假设 $\sigma_1^2=\sigma_2^2$；2）假设 $\sigma_1^2\neq\sigma_2^2$。

5.4　一家人才测评机构对随机抽取的 10 名小企业的经理人用两种方法进行自信心测试，得到的自信心测试分数如下：

人员编号	方法 1	方法 2
1	78	71
2	63	44
3	72	61
4	89	84
5	91	74
6	49	51

续表

人员编号	方法 1	方法 2
7	68	55
8	76	60
9	85	77
10	55	39

构建两种方法平均自信心得分之差$\mu_d = \mu_1 - \mu_2$的 95% 的置信区间。

5.5　从两个总体中各抽取一个$n_1 = n_2 = 250$ 的独立随机样本，来自总体 1 的样本比例为$p_1 = 40\%$，来自总体 2 的样本比例为$p_2 = 30\%$。

（1）求$\pi_1 - \pi_2$的 90% 的置信区间。

（2）求$\pi_1 - \pi_2$的 95% 的置信区间。

5.6　生产工序的方差是工序质量的一个重要测度指标。当方差较大时，需要对工序进行改进以减小方差。下面是两部机器生产的袋茶的重量数据（单位：克）：

机器 1			机器 2		
3.45	3.22	3.90	3.22	3.28	3.35
3.20	2.98	3.70	3.38	3.19	3.30
3.22	3.75	3.28	3.30	3.20	3.05
3.50	3.38	3.35	3.30	3.29	3.33
2.95	3.45	3.20	3.34	3.35	3.27
3.16	3.48	3.12	3.28	3.16	3.28
3.20	3.18	3.25	3.30	3.34	3.25

计算两个总体方差比σ_1^2/σ_2^2的 95% 的置信区间。

第 6 章　推断分析的基本方法：假设检验

假设检验是先对总体提出某种假设，然后利用样本信息判断这一假设是否成立，它是推断分析的另一种基本方法。本章首先介绍假设检验的原理，然后介绍总体参数检验和非参数检验方法。

6.1　假设检验的原理

假设检验的大致思路是：首先对所关心的总体提出某种假设，然后从待检验的总体中抽取一个样本并获得数据，再根据样本提供的信息判断假设是否成立。如果已知总体分布或能对总体分布做出假定，而所关注的仅仅是总体的某个参数，并对参数的某个假设做检验，称为**参数检验**（parameter test）；如果是对总体的其他特征（如分布的形式）做检验，或者是样本数据不满足参数检验条件，不依赖于总体分布的形式对总体参数做检验，这样的检验称为**非参数检验**（nonparametric test）。

6.1.1　提出假设

假设（hypothesis）是对总体的某种看法。在参数检验中，假设就是对总体参数的具体数值所做的陈述。比如，虽然不知道一批灯泡的平均使用寿命是多少，不知道一批产品的合格率是多少，不知道全校学生月生活费支出的方差是多少，但可以事先提出一个假设值，比如，这批灯泡的平均使用寿命是 8 500 小时，这批产品的合格率是 95%，全校学生月生活费支出的方差是 10 000，等等，这些陈述就是对总体参数提出的假设。

假设检验（hypothesis test）是在对总体提出假设的基础上，利用样本信息判断假设是否成立的统计方法。比如，假设全校学生月生活费支出的均值是 2 000 元，然后从全校学生中抽取一个样本，根据样本信息检验月平均生活费支出是否为 2 000 元，这就是假设检验。

做假设检验时，首先要提出两种假设，即原假设和备择假设。

原假设（null hypothesis）是研究者想收集证据予以推翻的假设，用H_0表示。原假设表达的含义是参数没有变化，或变量之间没有关系，或总体分布与某一个理论分布无差异，因此等号“=”总是放在原假设上。以总体均值的检验为例，设参数的假设值为μ_0，原假设总是写成H_0：$\mu=\mu_0$，H_0：$\mu\geqslant\mu_0$或H_0：$\mu\leqslant\mu_0$。原假设最初被假设是成立的，之后根据样本数据确定是否有足够的证据拒绝原假设。

备择假设（alternative hypothesis）通常是研究者想收集证据予以支持的假设，用H_1或H_a表示。备择假设所表达的含义是总体参数发生了变化，或变量之间有某种关系，或总体分布与某一个理论分布有差异。以总体均值的检验为例，备择假设的形式总是H_1：$\mu\neq\mu_0$，H_1：$\mu<\mu_0$或H_1：$\mu>\mu_0$。备择假设通常用于表达研究者自己倾向于支持的看法，然后想办法收集证据拒绝原假设，以支持备择假设。

在假设检验中，如果备择假设没有特定的方向，并含有符号“$\neq$”，这样的假设检验称为**双侧检验**或**双尾检验**（two-tailed test）。如果备择假设具有特定的方向，并含有符号“>”或“<”，这样的假设检验称为**单侧检验**或**单尾检验**（one-tailed test）。备择假设含有符号“<”的单侧检验称为**左侧检验**，而备择假设含有符号“>”的单侧检验称为**右侧检验**。

下面通过两个例子来说明确定原假设和备择假设的大概思路。

【例 6-1】 一种零件的标准直径为 15cm，为对生产过程进行控制，质量监测人员定期对一台加工机床进行检查，以确定这台机床生产的零件是否符合标准要求。如果零件的平均直径大于或小于 15cm，表示生产过程不正常，必须进行调整。陈述用来检验生产过程是否正常的原假设和备择假设。

解： 设这台机床生产的所有零件平均直径的真值为 μ。若 $\mu=15$，表示生产过程正常，若 $\mu>15$ 或 $\mu<15$，表示生产过程不正常，研究者要检验这两种可能情形中的任何一种。因此，研究者想收集证据予以推翻的假设应该是“生产过程正常”，而想收集证据予以支持的假设是“生产过程不正常”（因为如果研究者事先认为生产过程正常，也就没有必要进行检验了），所以建立的原假设和备择假设应为：

$$H_0: \mu=15\ (\text{生产过程正常}),\ H_1: \mu\neq15\ (\text{生产过程不正常})$$

【例 6-2】 产品的外包装上都贴有标签，标签上通常标有该产品的性能说明、成分指标等信息。农夫山泉 550 毫升瓶装饮用天然水的外包装标签上标识：每 100 毫升水中钙的含量为≥400 微克。如果是消费者来做检验，应该提出怎样的原假设和备择假设？如果是生产厂家自己来做检验，又会提出怎样的原假设和备择假设？

解： 设每 100 毫升水中钙的含量均值为 μ。消费者做检验的目的是想寻找证据推翻标签中的说法，即 $\mu\geqslant400$ 微克（如果对标签中的数值没有质疑，也就没有检验的必要了），而想支持的观点则是标签中的说法不正确，即 $\mu<400$ 微克。因此，提出的原假设和备择假设应为：

$$H_0: \mu\geqslant400\ (\text{标签上的说法正确}),\ H_1: \mu<400\ (\text{标签上的说法不正确})$$

如果是生产厂家自己做检验，生产者自然是想办法支持自己的看法，也就是寻找证据证明标签中的说法是正确的，即 $\mu>400$，而想推翻的则是 $\mu\leqslant400$，因此会提出与消费者观点不同（方向相反）的原假设和备择假设，即

$$H_0: \mu\leqslant400\ (\text{标签上的说法不正确}),\ H_1: \mu>400\ (\text{标签上的说法正确})$$

通过上面的例子可以看出，原假设和备择假设是一个完备事件组，而且相互对立。这意味着，在一项检验中，原假设和备择假设必有一个成立，而且只有一个成立。此外，假设的确定带有一定的主观色彩，因为研究者想推翻的假设和研究者想支持的假设最终仍取决于研究者本人的意向。即使对同一个问题，由于研究目的不同，也可能提出截然不同的假设。无论怎样，只要假设的建立符合研究者的最终目的便是合理的。

6.1.2　做出决策

假设检验是根据样本信息做出拒绝或不拒绝原假设的决策。这就涉及两个问题：一是依据什么做出决策；二是所做的决策是否正确。

1. 两类错误与显著性水平

研究者总是希望能做出正确的决策，但由于决策建立在样本信息的基础之上，而样本

又是随机的，因此就有可能犯错误。

原假设和备择假设不能同时成立，决策的结果是要么拒绝原假设，要么不拒绝原假设。决策时总是希望当原假设正确时没有拒绝它，当原假设不正确时拒绝它，但实际上很难保证不犯错误。一种情形是，原假设是正确的却拒绝了它，这时所犯的错误称为**第Ⅰ类错误**（type Ⅰ error），犯第Ⅰ类错误的概率记为 α，因此也称 α **错误**。另一种情形是，原假设是错误的却没有拒绝它，这时所犯的错误称为**第Ⅱ类错误**（type Ⅱ error），犯第Ⅱ类错误的概率记为 β，因此也称 β **错误**。

在假设检验中，只要做出拒绝原假设的决策，就有可能犯第Ⅰ类错误；只要做出不拒绝原假设的决策，就有可能犯第Ⅱ类错误。直观上说，这两类错误的概率之间存在这样的关系：在样本量不变的情形下，要减小 α 就会使 β 增大，而要减小 β 就会使 α 增大，两类错误就像一个跷跷板的两端。人们自然希望犯两类错误的概率都尽可能小，但实际上难以做到。要使 α 和 β 同时减小的唯一办法是增加样本量，但样本量的增加又会受许多因素的限制，因此人们只能在两类错误的发生概率之间进行平衡，将 α 和 β 控制在能够接受的范围内。一般来说，对于一个固定的样本，如果犯第Ⅰ类错误的代价比犯第Ⅱ类错误的代价高，则将犯第Ⅰ类错误的概率定得低些较为合理；反之，则可以将犯第Ⅰ类错误的概率定得高些。那么，检验时先控制哪类错误呢？一般来说，发生哪一类错误的后果更严重，就应该先控制哪类错误发生的概率。由于犯第Ⅰ类错误的概率可以由研究者事先控制，而犯第Ⅱ类错误的概率相对难以计算，因此在假设检验中，人们往往先控制第Ⅰ类错误发生的概率。

假设检验中，犯第Ⅰ类错误的概率也称为**显著性水平**（level of significance），记为 α，它是人们事先确定的犯第Ⅰ类错误概率的最大允许值。显著性水平 α 越小，犯第Ⅰ类错误的可能性自然就越小，但犯第Ⅱ类错误的可能性则随之增大。实际应用中，究竟确定一个多大的显著性水平值合适呢？一般情形下，由于人们认为犯第Ⅰ类错误的后果更严重一些，因此通常会取一个较小的 α 值（一般要求 α 可以取小于或等于 0.1 的任何值）。著名统计学家 Ronald Fisher 在他的研究中把小概率的标准定为 0.05，所以人们通常选择显著性水平为 0.05 或比 0.05 更小的概率，当然也可以取其他值。实际中常用的显著性水平有 $\alpha=0.01$、$\alpha=0.05$、$\alpha=0.1$ 等。当选择样本量时，通常要求第Ⅰ类错误发生的概率不大于 0.05，第Ⅱ类错误发生的概率不大于 0.1。

2. 决策的依据

提出具体的假设之后，研究者需要提供可靠的证据来支持他所关注的备择假设。在例 6－2 中，如果你想证实产品标签上的说法不属实，即检验假设：H_0：$\mu \geqslant 400$，H_1：$\mu < 400$，抽取一个样本，得到的样本均值为 390 微克，你是否拒绝原假设呢？如果样本均值是 410 微克，你是否就不拒绝原假设呢？做出拒绝或不拒绝原假设的依据是什么？传统检验中，决策依据的是样本统计量，现代检验中，人们直接根据样本数据算出犯第Ⅰ类错误的概率，即所谓的 ***P* 值**（p-value）。检验时做出决策的依据是：原假设成立时小概率事件不应发生，如果小概率事件发生了，就应当拒绝原假设。统计上通常把 $P \leqslant 0.1$ 的值统称为小概率。

（1）用统计量决策（传统做法）。

怎样利用样本信息做出决策呢？传统方法是首先根据样本数据计算出用于决策的**检验**

统计量（test statistic）。比如要检验总体均值，我们自然会想到用样本均值作为判断标准。但样本均值$\bar{x}$是总体均值μ的一个点估计量，它并不能直接作为判断的依据，只有将其标准化后，才能用于度量它与原假设的参数值之间的差异程度。对于总体均值和总体比例的检验，在原假设H_0为真的条件下，根据点估计量的抽样分布可以得到**标准化检验统计量**（standardized test statistic）：

$$\text{标准化检验统计量}=\frac{\text{点估计量}-\text{假设值}}{\text{点估计量的标准误}} \tag{6.1}$$

标准化检验统计量反映了点估计值（比如样本均值）与假设的总体参数（比如假设的总体均值）相比相差多少个标准误的距离。虽然检验统计量是一个随机变量，随样本观测结果的不同而变化，但只要已知一组特定的样本观测结果，检验统计量的值也就唯一确定了。

有了检验统计量就可以建立决策准则。根据事先设定的显著性水平α，可以在统计量的分布上找到相应的**临界值**（critical value）。由显著性水平和相应的临界值围成的一个区域称为**拒绝域**（rejection region）。如果统计量的值落在拒绝域内就拒绝原假设，否则就不拒绝原假设。拒绝域的大小与设定的显著性水平有关。当样本量固定时，拒绝域随α的减小而减小。显著性水平、拒绝域和临界值的关系可用图 6-1 来表示。

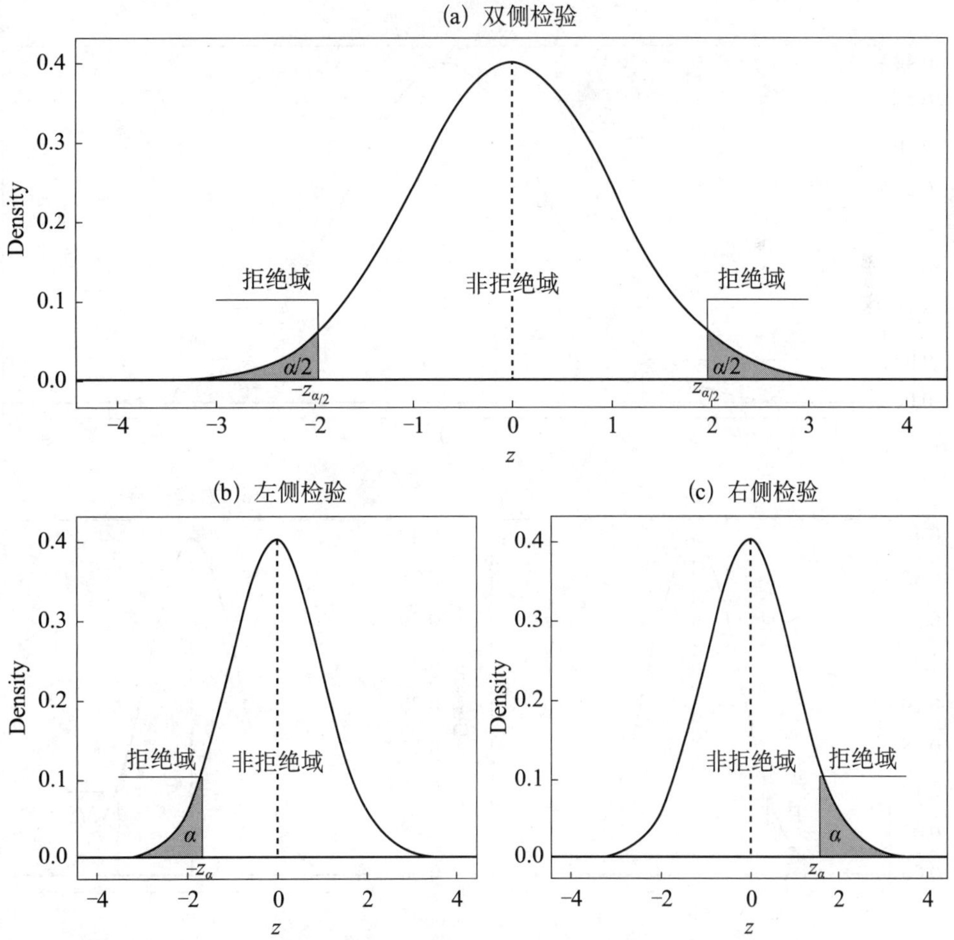

图 6-1　显著性水平、拒绝域和临界值

从图 6－1 可以得出利用统计量做检验时的决策准则：

双侧检验：｜统计量的值｜＞临界值，拒绝原假设。

左侧检验：统计量的值＜－临界值，拒绝原假设。

右侧检验：统计量的值＞临界值，拒绝原假设。

介绍传统的统计量决策方法只是为了帮助读者理解假设检验的原理，但不推荐使用。

（2）用 P 值决策（现代做法）。

统计量检验是根据事先确定显著性水平 α 围成的拒绝域做出决策，不论检验统计量的值是大还是小，只要它落入拒绝域就拒绝原假设，否则就不拒绝原假设。这样，无论统计量落在拒绝域的什么位置，也只能说犯第Ⅰ类错误的概率是 α。但实际上，α 是犯第Ⅰ类错误的上限控制值，统计量落在拒绝域的不同位置，决策时所犯第Ⅰ类错误的概率是不同的。如果能把犯第Ⅰ类错误的真实概率计算出来，就可以直接用这个概率做出决策，而不需要管事先设定的显著性水平 α。这个犯第Ⅰ类错误的真实概率就是 P 值，它是指当原假设正确时，所得到的样本结果会像实际观测结果那样极端或更极端的概率，也称为**观察到的显著性水平**（observed significance level）或实际显著性水平。图 6－2 展示了拒绝原假设时的 P 值与设定显著性水平 α 的比较。

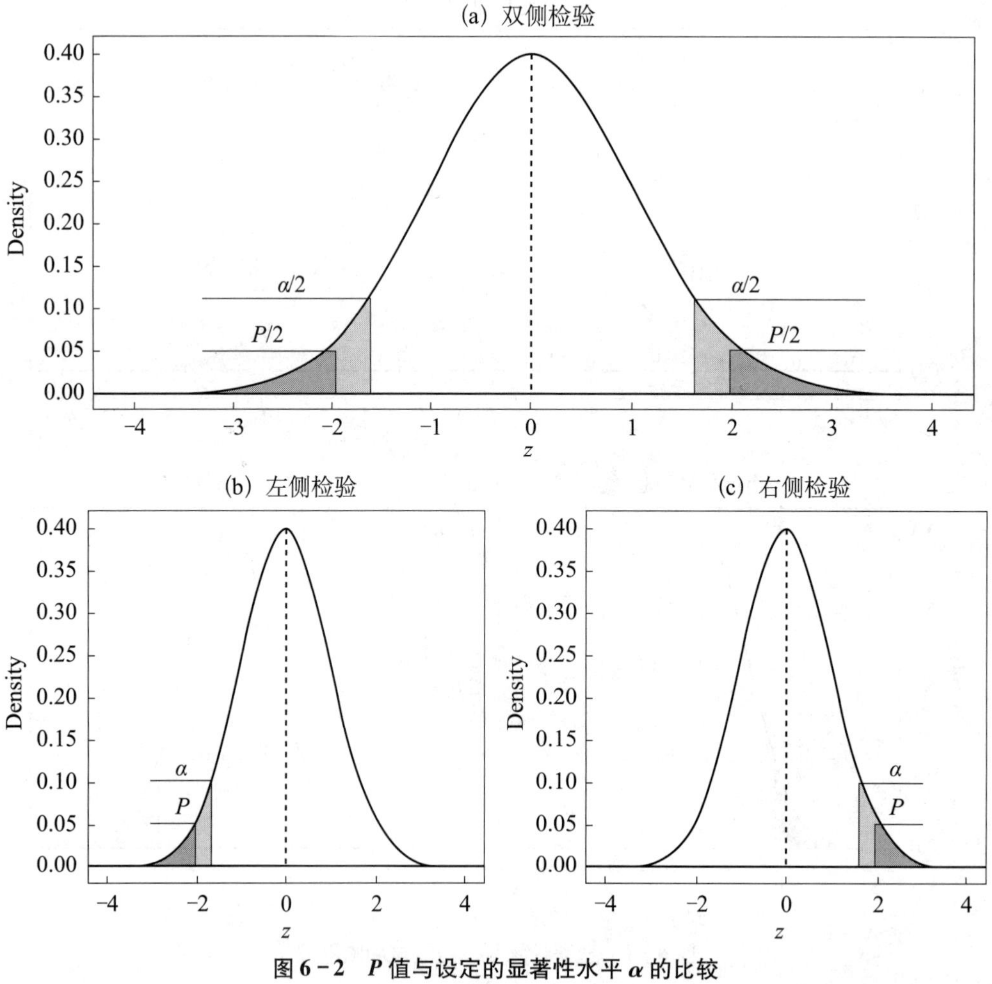

图 6－2　P 值与设定的显著性水平 α 的比较

用 P 值决策的规则很简单：如果 $P<\alpha$，拒绝H_0；如果 $P>\alpha$，不拒绝H_0（双侧检验将两侧面积的总和定义为 P）。

P 值决策优于统计量决策。与传统的统计量决策相比，P 值决策提供了更多的信息。比如，根据事先确定的 α 进行决策时，只要统计量的值落在拒绝域，无论它在哪个位置，拒绝原假设的结论都是一样的（只能说犯第Ⅰ类错误的概率是 α）。但实际上，统计量落在拒绝域不同的地方，实际的显著性是不同的。比如，统计量落在临界值附近与落在远离临界值的地方，实际的显著性就有较大差异。P 值是根据实际统计量计算出的显著性水平，它告诉我们实际的显著性水平是多少。图6－3展示了拒绝原假设时的两个不同统计量的值及其 P 值，从中容易看出统计量决策与 P 值决策的差异。

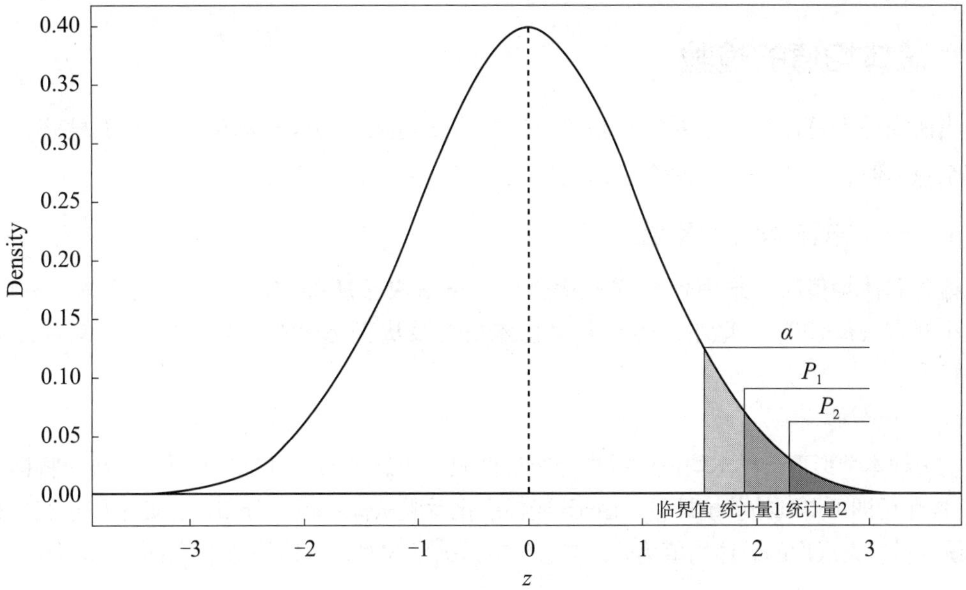

图6－3　拒绝 H_0 的两个统计量的不同显著性

6.1.3　表述结果

在假设检验中，当拒绝H_0时称样本结果是“统计上显著的”（statistically significant）；不拒绝H_0则称结果是“统计上不显著的”。当 $P<\alpha$ 拒绝H_0时，表示有足够的证据证明H_0是错误的；当不拒绝H_0时，通常不说“接受H_0”，因为“接受H_0”的表述隐含着证明了H_0是正确的。实际上，P 值只是推翻原假设的证据，而不是证明原假设正确的证据。没有足够的证据拒绝原假设并不等于已经“证明”了原假设是真的，它仅仅意味着目前还没有足够的证据拒绝H_0。比如，在 $\alpha=0.05$ 的显著性水平上检验假设：H_0：$\mu=100$，H_1：$\mu\neq 100$，假定根据样本数据计算出的 $P=0.02$，由于 $P<\alpha$，拒绝H_0，表示有证据表明 $\mu\neq 100$。如果 $P=0.2$，不拒绝 H_0，我们也没有证明 $\mu=100$，所以将结论描述为没有证据表明 μ 不等于100。

此外，采取“不拒绝H_0”而不是“接受H_0”的表述方法也避免了第Ⅱ类错误发生的风险，因为“接受H_0”所得结论的可靠性由犯第Ⅱ类错误的概率 β 来度量，而 β 的控制又相对复杂，有时甚至根本无法知道 β 的值（除非能确切地给出 β，否则就不宜表述成“接受”原假设）。当然，不拒绝H_0并不意味着H_0为真的概率很高，它只是意味着拒绝H_0需要更多的证据。

6.1.4　效应量分析

当假设检验拒绝原假设时，表示参数与假设值之间差异显著，但这一结果并未告诉我们差异的大小（程度）。度量差异大小的统计量就是**效应量**（effect size），它描述了结果的差异程度是小、中还是大。

效应量的提出者是 Jacob Cohen，他提供了不同检验效应量小、中、大的度量标准。如果假设检验拒绝了原假设，一般应给出相应的效应量。不同检验效应量的计算和具体应用将在后面的检验中陆续介绍。

6.2　总体均值的检验

当研究一个总体时，主要是检验该总体均值μ与某个假设值μ_0的差异是否显著；当研究两个总体时，主要是检验两个总体均值之差（$\mu_1-\mu_2$）是否显著。

6.2.1　一个总体均值的检验

检验总体均值时，采用什么样的检验统计量取决于所抽取的样本是大样本（$n\geqslant30$）还是小样本（$n<30$）。此外，还要考虑总体是否服从正态分布、总体方差σ^2是否已知等几种情形。

1. 大样本的检验

在大样本情形下，样本均值的抽样分布近似服从正态分布，其标准误为$\sigma/\sqrt{n}$。将样本均值$\bar{x}$标准化后即可得到检验统计量。由于$\bar{x}$经标准化后服从标准正态分布，因此采用正态分布的检验统计量。设假设的总体均值为μ_0，当总体方差σ^2已知时，总体均值检验的统计量为：

$$z=\frac{\bar{x}-\mu_0}{\sigma/\sqrt{n}} \tag{6.2}$$

当总体方差σ^2未知时，可以用样本方差s^2来代替，此时检验的统计量为：

$$z=\frac{\bar{x}-\mu_0}{s/\sqrt{n}} \tag{6.3}$$

【例 6-3】（数据：example6_3. csv）为监测空气质量，某城市环保部门每隔几周对空气中的 PM2. 5（细颗粒物）进行一次随机测试。已知该城市过去每立方米空气中 PM2. 5 的均值是 81μg/m³（微克/立方米）。在最近一段时间的 40 次检测中，每立方米空气中的 PM2. 5 数值如表 6-1 所示。

表 6-1　每立方米空气中的 PM2. 5 数值　　单位：μg/m³

82. 6	74. 7	79. 9	87. 5	73. 8	79. 8	87. 0	68. 3
68. 5	78. 0	86. 2	76. 9	75. 7	89. 9	80. 2	85. 1
85. 1	89. 2	77. 7	57. 5	65. 3	80. 2	74. 7	68. 8
97. 6	75. 0	80. 1	76. 6	85. 1	76. 1	81. 6	72. 5
93. 5	77. 8	80. 7	84. 5	77. 3	83. 3	82. 2	85. 5

根据最近的测量数据，能否认为该城市每立方米空气中的 PM2.5 均值显著低于 81μg/m³（$\alpha=0.05$）？

解：这里关心的是空气中 PM2.5 的均值是否显著低于过去的均值，也就是 μ 是否小于 81μg/m³，属于左侧检验。提出的假设为：

$$H_0: \mu \geqslant 81, \ H_1: \mu < 81$$

检验的代码和结果如代码框 6－1 所示。

代码框 6－1　一个总体均值的检验（大样本）

```
import pandas as pd
from statsmodels.stats.weightstats import ztest

example6_3 = pd.read_csv('C:/pydata/chap06/example6_3.csv', encoding = 'gbk')
z,p_value = ztest(x1 = example6_3['PM2.5 值'], value = 81, alternative = 'smaller')
print(f"样本均值 = {example6_3['PM2.5 值'].mean(): .2f},
      z 统计量值 = {z: .4f},p 值 = {p_value: .4f}")
```

```
样本均值 =79.55,z 统计量值 = -1.1856,p 值 =0.1179
```

结论：在该项检验中，$\bar{x}=79.55$，$z=-1.1856$，$P=0.1179$，由于 $P>0.05$，不拒绝H_0，没有证据表明该城市空气中的 PM2.5 均值显著低于 81μg/m³。

上面的决策过程可用图 6－4 来表示。

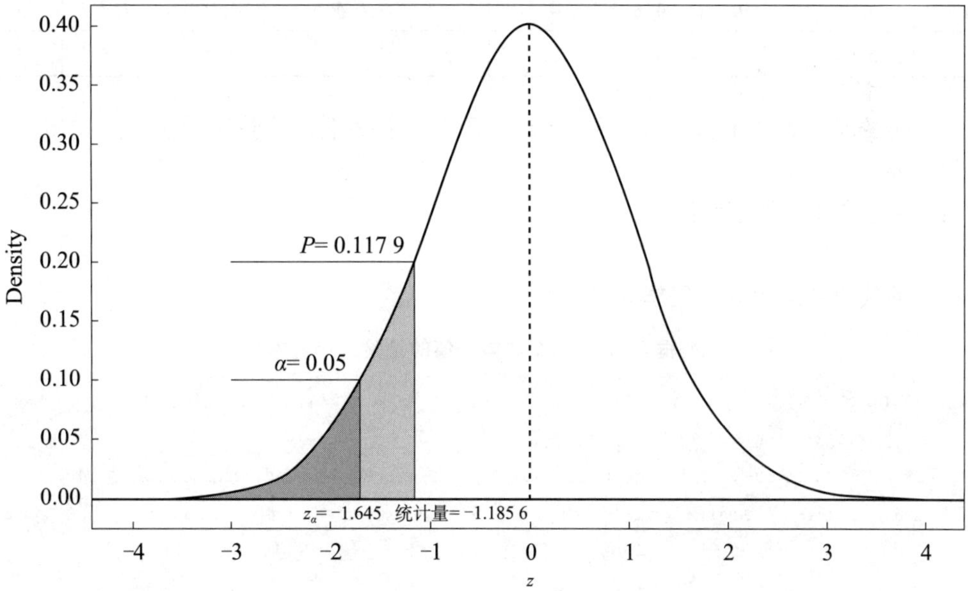

图 6－4　例 6－3 的拒绝域和 P 值

2. 小样本的检验

在小样本（$n<30$）情形下，检验时首先假定总体服从正态分布。检验统计量的选择与总体方差是否已知有关。

当总体方差σ^2已知时，样本均值经标准化后服从标准正态分布，此时可按式（6.2）

对总体均值进行检验。

当总体方差σ^2未知时，需要用样本方差s^2代替σ^2，此时按式（6.2）得到的检验统计量不再服从标准正态分布，而是服从自由度为（$n-1$）的t分布。因此需要采用t分布进行检验，通常称为t检验。检验的统计量为：

$$t=\frac{\bar{x}-\mu_0}{s/\sqrt{n}} \tag{6.4}$$

单样本t检验的效应量通常使用 Cohen 的d统计量来度量，计算公式为：

$$d=\frac{|\text{样本均值}-\text{假设的总体均值}|}{\text{样本标准差}}=\frac{|\bar{x}-\mu_0|}{s} \tag{6.5}$$

该效应量表示样本均值与假设的总体均值相差多少个标准差。根据 Cohen（1988）提出的标准，单样本t检验的小、中、大效应量对应的d值分别为 0.20、0.50、0.80。即当$d<0.20$时，效应量非常小，几乎为 0；当$0.20\leqslant d<0.50$时，为小的效应量；当$0.50\leqslant d<0.80$时，为中的效应量；当$d\geqslant 0.80$时，为大的效应量。0.20 表示样本均值与假设的总体均值相差 0.2 个标准差，0.50 表示相差 0.5 个标准差，0.80 表示相差 0.8 个标准差。当然，Cohen 提供的标准只是近似结果，应用中可灵活掌握。

【例 6－4】（数据：example6_4.csv）一种建筑用砖的厚度要求为 5cm，高于或低于该标准均被认为是不合格的。现对一家生产企业提供的 20 块砖的样本进行检测，结果如表 6－2所示。

表 6－2　20 块砖的厚度数据　　单位：cm

4.7	4.9	4.9	4.8	4.7	4.7	4.5	5.0	4.7	4.8
4.6	5.0	4.7	4.7	5.0	5.1	4.7	5.0	4.8	4.7

假定砖的厚度服从正态分布，在 0.05 的显著性水平下，检验该企业生产的砖的厚度是否符合要求。

解：依题意建立如下假设：

H_0：$\mu=5$，H_1：$\mu\neq 5$

检验的代码和结果如代码框 6－2 所示。

代码框 6－2　一个总体均值的检验（小样本）

```
import pandas as pd
from scipy.stats import ttest_1samp
example6_4 =pd.read_csv('C:/pydata/chap06/example6_4.csv', encoding ='gbk')
t,p_value =ttest_1samp(a =example6_4['厚度'], popmean =5) # popmean 为假设的总体均值
print(f"样本均值 ={example6_4['厚度'].mean(): .2f},t 统计量值 ={t: .4f},
        p 值 ={p_value: .4g}")
```

```
样本均值 =4.80,t 统计量值 = -5.6273,p 值 =1.998e -05
```

结论：在该项检验中，$\bar{x}=4.8$，$t=-5.6273$，$df=19$，$P=1.998\mathrm{e}-05$，由于$P<0.05$，拒绝H_0，有证据显示该企业生产的砖的厚度不符合要求。

检验结果表明，该企业生产的砖的厚度与 5cm 有显著差异，但要想知道差异的程度则

需要计算效应量。根据式（6.5），有

$$d=\frac{|4.8-5|}{0.1589439}=1.258306$$

结果表示：样本砖的平均厚度与标准厚度相差 1.258 306 个标准差。根据 Cohen 准则，该检验结果属于大的效应量。计算效应量的代码和结果如代码框 6－3 所示。

代码框 6－3　计算单样本 t 检验的效应量

```
import pandas as pd
example6_4 = pd.read_csv('C:/pydata/chap06/example6_4.csv', encoding = 'gbk')
mu = 5
xbar = example6_4['厚度'].mean()
sd = example6_4['厚度'].std()
d = abs(xbar - mu) /sd
print(f"效应量 d = {d: .4f}")
```

```
效应量 d = 1.2583
```

6.2.2　两个总体均值差的检验

根据获得样本的方式不同，两个总体均值的检验分为独立样本和配对样本两种情形，而且也有大样本与小样本之分。检验的统计量是以两个样本均值之差（$\bar{x}_1-\bar{x}_2$）的抽样分布为基础构造出来的。对于大样本和小样本两种情形，由于两个样本均值之差经标准化后的分布不同，检验统计量也有差异。

1. 独立大样本的检验

在大样本情形下，两个样本均值之差（$\bar{x}_1-\bar{x}_2$）的抽样分布近似服从正态分布，而（$\bar{x}_1-\bar{x}_2$）经过标准化后服从标准正态分布。如果两个总体的方差σ_1^2、σ_2^2已知，采用下面的检验统计量：

$$z=\frac{(\bar{x}_1-\bar{x}_2)-(\mu_1-\mu_2)}{\sqrt{\frac{\sigma_1^2}{n_1}-\frac{\sigma_2^2}{n_2}}} \tag{6.6}$$

如果两个总体方差σ_1^2、σ_2^2未知，可分别用样本方差s_1^2、s_2^2替代，此时检验统计量为：

$$z=\frac{(\bar{x}_1-\bar{x}_2)-(\mu_1-\mu_2)}{\sqrt{\frac{s_1^2}{n_1}-\frac{s_2^2}{n_2}}} \tag{6.7}$$

【例 6－5】（数据：example6_5.csv）为分析男女学生上网时间是否有差异，从男女学生中各随机抽取 36 人，得到每天的上网时间数据如表 6－3 所示。在显著性水平 0.05 下，检验男女学生上网的平均时间是否有显著差异。

表 6－3　男女学生的每天上网时间　　单位：小时

男生上网时间		女生上网时间	
2.4	0.5	1.7	1.8
2.0	2.0	2.6	1.9

续表

男生上网时间		女生上网时间	
3.4	2.5	3.2	2.0
2.7	3.7	3.6	4.2
2.5	3.4	2.4	1.1
2.2	3.6	3.6	3.2
1.9	3.6	2.7	1.4
3.0	3.9	3.8	1.4
1.4	2.6	2.0	1.4
3.5	3.1	2.4	2.1
4.3	2.9	1.8	3.9
3.6	3.0	3.1	2.4
2.9	3.7	2.6	2.2
2.8	1.5	2.4	2.6
2.8	2.6	2.8	2.5
4.2	2.7	2.2	1.5
3.4	3.0	3.1	1.8
2.3	2.5	2.6	1.8

解： 设μ_1 = 男生上网的平均时间；μ_2 = 女生上网的平均时间。由于关心上网的平均时间是否有显著差异，提出的假设为：

$$H_0: \mu_1 - \mu_2 = 0, \; H_1: \mu_1 - \mu_2 \neq 0$$

检验的代码和结果如代码框 6－4 所示。

代码框 6－4　两个总体均值之差的检验（独立大样本）

```
import pandas as pd
from statsmodels.stats.weightstats import ztest
example6_5 = pd.read_csv('C:/pydata/chap06/example6_5.csv', encoding = 'gbk')
z,p_value = ztest(x1 = example6_5['男生上网时间'],x2 = example6_5['女生上网时间'],
alternative = 'two-sided')
print(f"男生平均上网时间为{example6_5['男生上网时间'].mean(): .4f},女生平均上网时间为
{example6_5['女生上网时间'].mean(): .4f} \
\nz 统计量值 = {z: .4f},p 值 = {p_value: .4f}")
```

```
男生平均上网时间为 3.0583,女生平均上网时间为 2.8306
z 统计量值 =1.1188,p 值 =0.2632
```

结论：在该项检验中，$\bar{x}_{男} = 3.0583$，$\bar{x}_{女} = 2.8306$，$z = 1.1188$，$P = 0.2632$，由于 $P > 0.05$，不拒绝H_0，没有证据显示男女学生上网的平均时间有显著差异。

2. 独立小样本的检验

当两个样本均为独立小样本时，需要假定两个总体均服从正态分布。检验时有以下三种情形。

（1）两个正态总体方差σ_1^2和σ_2^2已知时，无论样本量大小[①]，两个样本均值之差的抽样分布都服从正态分布，这时可用式（6.6）作为检验统计量。

（2）两个正态总体的方差未知但相等时，即$\sigma_1^2=\sigma_2^2$，则需要用两个样本的方差s_1^2和s_2^2进行估计，这时需要将两个样本的数据合并在一起，以计算出总体方差的合并估计量，用s_p^2表示，计算公式为：

$$s_p^2=\frac{(n_1-1)s_1^2+(n_2-1)s_2^2}{n_1+n_2-1} \tag{6.8}$$

这时，两个样本均值之差经标准化后服从自由度为（n_1+n_2-2）的t分布，因而采用的检验统计量为：

$$t=\frac{(\bar{x}_1-\bar{x}_2)-(\mu_1-\mu_2)}{s_p\sqrt{\dfrac{1}{n_1}-\dfrac{1}{n_2}}} \tag{6.9}$$

（3）两个正态总体的方差未知且不相等时，即$\sigma_1^2\neq\sigma_2^2$，两个样本均值之差经标准化后不再服从自由度为（n_1+n_2-2）的t分布，而是近似服从自由度为v的t分布。这时的检验统计量为：

$$t=\frac{(\bar{x}_1-\bar{x}_2)-(\mu_1-\mu_2)}{\sqrt{\dfrac{s_1^2}{n_1}-\dfrac{s_2^2}{n_2}}} \tag{6.10}$$

该统计量的自由度为v，其计算公式为：

$$v=\frac{(s_1^2/n_1+s_2^2/n_2)^2}{\dfrac{(s_1^2/n_1)^2}{n_1-1}+\dfrac{(s_2^2/n_2)^2}{n_2-1}} \tag{6.11}$$

【例 6－6】（数据：example6_6. csv）为比较甲、乙两家企业生产的灯泡平均使用寿命是否有显著差异，质检人员对两家供货商提供的各 20 个样品进行检测，得到的使用寿命数据如表 6－4 所示。检验两家企业灯泡的平均使用寿命是否有显著差异（$\alpha=0.05$）：（1）假设两个总体方差相等；（2）假设两个总体方差不相等。

表 6－4　两家企业灯泡使用寿命的样本数据　　单位：小时

甲企业	乙企业
6 802	5 884
5 730	5 871
5 823	5 797
5 915	5 957
5 774	5 803
5 880	5 862

① 如果两个总体均服从正态分布且方差已知，那么两个总体均值之差的检验无须区分样本量大小。

续表

甲企业	乙企业
5 870	5 814
5 773	5 885
5 830	5 856
5 841	5 940
5 763	5 945
5 851	5 803
5 789	5 864
5 796	5 851
5 818	5 714
5 685	5 943
5 602	5 830
5 841	5 858
5 723	5 922
5 757	5 866

解：设μ_1为甲企业灯泡的平均使用寿命，μ_2为乙企业灯泡的平均使用寿命。依题意提出如下假设：

$$H_0: \mu_1 - \mu_2 = 0, \ H_1: \mu_1 - \mu_2 \neq 0$$

检验的代码和结果如代码框 6-5 所示。

代码框 6-5　两个总体均值之差的检验（独立小样本）

```
#假设总体方差相等
import pandas as pd
from statsmodels.stats.weightstats import ttest_ind
example6_6 =pd.read_csv('C:/pydata/chap06/example6_6.csv', encoding='gbk')
xbar1 =example6_6['甲企业'].mean()
xbar2 =example6_6['乙企业'].mean()
t,p_value,df =ttest_ind(x1 =example6_6['甲企业'],x2 =example6_6['乙企业'],alternative =
'two-sided', usevar ='pooled')
print(f"甲企业灯泡平均使用寿命为{xbar1},乙企业灯泡平均使用寿命为{xbar2}\
\n假设方差相等时,t 统计量值={t:.6f},自由度={df},p 值={p_value:.6f}")
```

```
甲企业灯泡平均使用寿命为 8487.5,乙企业灯泡平均使用寿命为 8166.0
假设方差相等时,t 统计量值=3.494270,自由度=38.0,p 值=0.001225
```

```
#假设总体方差不相等
t,p_value,df =ttest_ind(x1 =example6_6['甲企业'],x2 =example6_6['乙企业'],alternative =
'two-sided', usevar ='unequal')
print(f"假设方差不相等时,t 统计量值={t:.6f},自由度={df:.4f},p 值={p_value:.6f}")
```

```
假设方差不相等时,t 统计量值=3.494270,自由度=33.6826,p 值=0.001353
```

注：参数 usevar 用于设置假设总体方差是否相等，'pooled'为相等，'unequal'为不等.

结论：在该项检验中，$\bar{x}_{甲企业}=8\ 487.5$，$\bar{x}_{乙企业}=8\ 166.0$，假设总体方差相等时，$t=3.494\ 270$，$df=38$，$P=0.001\ 225$；假设总体方差不等时，$t=3.494\ 270$，$df=33.682\ 6$，$P=0.001\ 353$。两种假设条件下检验的 P 值均小于 0.05，所以拒绝H_0，表明两家企业生产的灯泡平均使用寿命有显著差异。

检验结果显示两家企业生产的灯泡平均使用寿命差异显著，但要想知道差异的程度则需要计算效应量。独立样本 t 检验的效应量的估计通常由 Cohen 的 d 统计量给出，计算公式为：

$$d=|t|\sqrt{\frac{n_1+n_2}{n_1n_2}} \tag{6.12}$$

该效应量表示总体 1 的均值（μ_1）与总体 2 的均值（μ_2）相差多少个标准差。根据 Cohen（1988）提出的标准，独立样本 t 检验的小、中、大效应量对应的 d 值分别为 0.20、0.50、0.80。

计算效应量的代码和结果如代码框 6－6 所示。

代码框 6－6　独立样本 t 检验的效应量

```
import pandas as pd;import numpy as np
example6_6 = pd.read_csv('C:/pydata/chap06/example6_6.csv', encoding = 'gbk')
t = 3.494270          # 沿用例 6 - 6 计算的结果
n1 = len(example6_6['甲企业'])
n2 = len(example6_6['乙企业'])
d = abs(t) * np.sqrt((n1 + n2) / (n1 * n2))
print(f"效应量 d = {d: .6f}")
```

```
效应量 d = 1.104985
```

代码框 6－6 的结果显示，$d=1.104\ 985$，表示甲企业和乙企业的灯泡平均使用寿命相差 1.104 985 个标准差。根据 Cohen 准则，该检验结果属于大的效应量。

3. 配对样本的检验

配对样本的检验需要假定两个总体配对的差值服从正态分布，而且配对差是从差值总体中随机抽取的。对于小样本情形，配对差值经标准化后服从自由度为（$n-1$）的 t 分布①，因此检验统计量为：

$$t=\frac{\bar{d}-(\mu_1-\mu_2)}{s_d/\sqrt{n}} \tag{6.13}$$

式中，$\bar{d}$为配对差值的均值；s_d为配对差值的标准差。

【例 6－7】（数据：example6_7. csv）某饮料公司研制出一款新产品，为比较消费者对新旧产品口感的满意程度，随机抽选一组消费者共 10 人，让每个消费者先品尝一款饮料，再品尝另一款饮料，两款饮料的品尝顺序是随机的，而后每个消费者要对两款饮料分别进行评分（0～10 分），评分结果如表 6－5 所示。取显著性水平 $\alpha=0.05$，检验消费者对两

① 对于大样本情形，该统计量服从标准正态分布，此时可按正态分布进行检验。

款饮料的评分是否有显著差异。

表 6-5 10 个消费者对两款饮料的评分

旧款饮料	新款饮料
7	8
8	10
6	9
7	9
8	9
8	8
7	9
8	9
7	10
9	7

解：设μ_1 = 消费者对旧款饮料的平均评分，μ_2 = 消费者对新款饮料的平均评分。依题意建立的原假设与备择假设为：

$$H_0: \mu_1 - \mu_2 = 0, \quad H_1: \mu_1 - \mu_2 \neq 0$$

检验的代码和结果如代码框 6-7 所示。

代码框 6-7 两个总体均值之差的检验（配对样本）

```
import pandas as pd;from scipy.stats import ttest_rel
example6_7 = pd.read_csv('C:/pydata/chap06/example6_7.csv',encoding = 'gbk')
dbar = (example6_7['旧款饮料'] - example6_7['新款饮料']).mean()
t,p_value = ttest_rel(a = example6_7['旧款饮料'],b = example6_7['新款饮料'])
print(f"配对样本差值的均值 = {dbar},t 统计量值 = {t:.6f},p 值 = {p_value:.4g}")
```

```
配对样本差值的均值 = -1.3,t 统计量值 = -2.750848,p 值 =0.02245
```

结论：在该项检验中，$\bar{d} = -1.3$，$t = -2.750\,848$，$df = 9$，$P = 0.022\,45$，由于 $P < 0.05$，拒绝H_0，消费者对新旧饮料的评分有显著差异。

拒绝原假设后，可计算效应量来进一步分析配对样本差值的均值与假设的总体差值的均值之间的差异程度。配对样本 t 检验的效应量的估计由 Cohen 的 d 统计量给出。计算公式为：

$$d = \frac{|\text{配对样本差值的均值}|}{\text{配对差值的标准差}} = \frac{\bar{d}}{s_d} = \frac{|t|}{\sqrt{n}} \tag{6.14}$$

根据 Cohen 提出的标准，配对样本 t 检验的小、中、大效应量对应的 d 值分别为 0.20、0.50、0.80。

计算效应量的代码和结果如代码框 6-8 所示。

代码框 6-8　配对样本 t 检验的效应量

```
import pandas as pd;import numpy as np
example6_7 = pd.read_csv('C:/pydata/chap06/example6_7.csv', encoding = 'gbk')
t = 2.750848   #沿用上题计算的结果
n = example6_7.shape[0]
d = abs(t) /np.sqrt(n)
print(f"效应量 d = {d: .6f}")
```

```
效应量 d = 0.869895
```

结果显示，$d=0.869\ 895$。根据 Cohen 准则，该检验结果属于大的效应量。

6.3　总体比例的检验

总体比例的检验程序与总体均值的检验类似，本节只介绍大样本①情形下一个总体比例的检验和两个总体比例之差的检验方法。

6.3.1　一个总体比例的检验

在大样本情形下，统计量 p 近似服从正态分布，而样本比例标准化后则近似服从标准正态分布，因此检验统计量为：

$$z=\frac{p-\pi_0}{\sqrt{\dfrac{\pi_0(1-\pi_0)}{n}}} \tag{6.15}$$

【例 6-8】一家电视台的影视频道制作人认为，某电视连续剧如果在黄金时段播出，收视率将会达到 25% 以上。经过一周的试播放后，该制作人随机抽取了由 2 000 人组成的一个样本，发现有 450 个观众观看了该电视连续剧。取显著性水平 $\alpha=0.05$，检验收视率是否达到了制作人的预期。

解：制作人想支持的观点是收视率达到 25% 以上，因此提出的假设为：

H_0：$\pi \leqslant 25\%$，H_1：$\pi>25\%$

检验的代码和结果如代码框 6-9 所示。

结论：在该项检验中，$z=-2.582\ 0$，$P=0.995\ 088$，由于 $P>0.05$，不拒绝 H_0，没有证据表明收视率达到了制作人的预期。

① 检验总体比例时，确定样本量是否“足够大”的方法与总体比例的区间估计一样，参见第 5 章。

代码框 6-9　一个总体比例的检验

```
import numpy as np;from scipy.stats import norm
n =2000
p =450/2000
pi0 =0.25
z = (p - pi0) /np.sqrt(pi0 * (1 - pi0) /n)
p_value =1 - norm.cdf(z)
print(f"z 统计量值 ={z: .4f},p 值 ={p_value:.6g}")
```

```
z 统计量值 = -2.5820,p 值 =0.995088
```

6.3.2　两个总体比例差的检验

两个总体比例之差（$\pi_1-\pi_2$）的检验思路与一个总体比例的检验类似，要求两个样本都是大样本。当n_1p_1、$n_1(1-p_1)$、n_2p_2、$n_2(1-p_2)$ 都大于或等于 10 时，就可以认为是大样本。根据两个样本比例之差的抽样分布，可以得到两个总体比例之差检验的统计量为：

$$z=\frac{(p_1-p_2)-(\pi_1-\pi_2)}{\sigma_{p_1-p_2}} \tag{6.16}$$

式中，$\sigma_{p_1-p_2}=\sqrt{\frac{\pi_1(1-\pi_1)}{n_1}+\frac{\pi_2(1-\pi_2)}{n_2}}$是两个样本比例之差抽样分布的标准差。

由于两个总体的比例π_1和π_2是未知的，需要用两个样本比例p_1、p_2来估计$\sigma_{p_1-p_2}$，这时有以下两种情形。

第一种情形是检验两个总体比例之差是否相等时，即H_0：$\pi_1-\pi_2=0$ 或H_0：$\pi_1=\pi_2$，此时$\pi_1=\pi_2=\pi$ 的最佳估计量是将两个样本合并后得到的合并比例 p。设x_1表示样本 1 中成功的次数，x_2表示样本 2 中成功的次数，则合并后的比例为：

$$p=\frac{x_1+x_2}{n_1+n_2}=\frac{p_1n_1+p_2n_2}{n_1+n_2} \tag{6.17}$$

这时$\sigma_{p_1-p_2}$的最佳估计量为：

$$\sigma_{p_1-p_2}=\sqrt{\frac{p(1-p)}{n_1}+\frac{p(1-p)}{n_2}}=\sqrt{p(1-p)\left(\frac{1}{n_1}+\frac{1}{n_2}\right)} \tag{6.18}$$

将式（6.18）代入式（6.16）得到两个总体比例之差检验的统计量为：

$$z=\frac{p_1-p_2}{\sqrt{p(1-p)\left(\frac{1}{n_1}+\frac{1}{n_2}\right)}} \tag{6.19}$$

第二种情形是检验两个总体比例之差等于某个常数，即H_0：$\pi_1-\pi_2=d_0$（$d_0\neq 0$），这时可直接用两个样本的比例p_1和p_2作为相应两个总体比例π_1和π_2的估计量，从而得到两个总体比例之差检验的统计量为：

$$z=\frac{(p_1-p_2)-d_0}{\sqrt{\frac{p_1(1-p_1)}{n_1}+\frac{p_2(1-p_2)}{n_2}}} \tag{6.20}$$

【例 6-9】一所大学准备采取一项新的上网收费措施，为了解男女学生对这一措施的看法是否有差异，分别抽取 200 名男生和 200 名女生进行调查。其中一个问题是："你是否赞成采取新的上网收费措施?"其中男生表示赞成的比例为 27%，女生表示赞成的比例为 35%。调查者认为，男生中表示赞成的比例显著低于女生。取显著性水平 $\alpha=0.05$，样本提供的证据是否支持调查者的看法?

解：设π_1=男生中表示赞成的比例，π_2=女生中表示赞成的比例。依题意提出如下假设：

$$H_0: \pi_1-\pi_2 \geqslant 0, \quad H_1: \pi_1-\pi_2<0$$

检验的代码和结果如代码框 6－10 所示。

代码框 6－10　两个总体比例之差的检验（H_0：$\pi_1-\pi_2=0$）

```
import numpy as np;from scipy.stats import norm
n1 =200;n2 =200
p1 =0.27;p2 =0.35
p = (p1 * n1 +p2 * n2)/(n1 +n2)
z = (p1 -p2) /np.sqrt(p * (1 -p) * (1 /n1 +1 /n2))
p_value =norm.cdf(z)
print(f "z 统计量值 ={z: .4f},p 值 ={p_value: .6g}")
```

```
z 统计量值 = -1.7298,p 值 =0.041837
```

结论：在该项检验中，$z=-1.7298$，$P=0.041837$，由于 $P<0.05$，拒绝H_0，样本提供的证据支持调查者的看法，即男生中表示赞成的比例显著低于女生。

【例 6－10】有两种方法生产同一种产品，方法 1 的生产成本较高而次品率较低，方法 2 的生产成本较低而次品率较高。管理人员在选择生产方法时，决定对两种方法的次品率进行比较。如果方法 1 比方法 2 的次品率低 8% 以上，则采用方法 1，否则就采用方法 2。管理人员从采用方法 1 生产的产品中随机抽取 300 个，发现有 33 个次品；从采用方法 2 生产的产品中也随机抽取 300 个，发现有 84 个次品。用显著性水平 $\alpha=0.01$ 进行检验，管理人员应采用哪种方法进行生产。

解：设π_1=方法 1 的次品率，π_2=方法 2 的次品率。因为要检验"方法 1 的次品率是否比方法 2 低 8%"（不是检验二者的差值是否等于 0），所以选择式（6.20）作为检验统计量。依题意提出如下假设：

$$H_0: \pi_1-\pi_2 \geqslant 8\%, \quad H_1: \pi_1-\pi_2<8\%$$

检验的代码和结果如代码框 6－11 所示。

代码框 6－11　两个总体比例之差的检验（H_0：$\pi_1-\pi_2=d_0$）

```
import numpy as np;from scipy.stats import norm
n1 =300;n2 =300
p1 =33 /300;p2 =84 /300
d0 =0.08
z = ((p1 -p2) -d0) /np.sqrt(p1 * (1 -p1) /n1 +p2 * (1 -p2) /n2)
p_value =norm.cdf(z)
print(f "z 统计量值 ={z: .4f},p 值 ={p_value: .5g}")
```

```
z 统计量值 = -7.9123,p 值 =1.2635e -15
```

结论：在该项检验中，$z=-7.9123$，$P=1.2635e-15$，由于 $P<0.01$，拒绝H_0，表明方法 1 的次品率显著低于方法 2 达 8% 以上，所以应采用方法 1 进行生产。

6.4 总体方差的检验

研究一个总体时，总体方差σ^2的检验采用χ^2统计量。研究两个总体时，两个总体方差比σ_1^2/σ_2^2的检验采用 F 统计量。

6.4.1 一个总体方差的检验

在生产和生活的许多领域，方差的大小是否适度是需要考虑的一个重要因素。一个方差大的产品意味着其质量或性能不稳定。相同均值的产品，方差小的自然要好些。与总体方差的区间估计类似，一个总体方差的检验也是使用χ^2分布。此外，总体方差的检验，不论样本量 n 是大还是小，都要求总体服从正态分布。检验统计量为：

$$\chi^2=\frac{(n-1)s^2}{\sigma_0^2} \tag{6.21}$$

对于设定的显著性水平 α，双侧检验的拒绝域如图 6－5 所示。对于单侧检验，拒绝域在分布一侧的尾部。

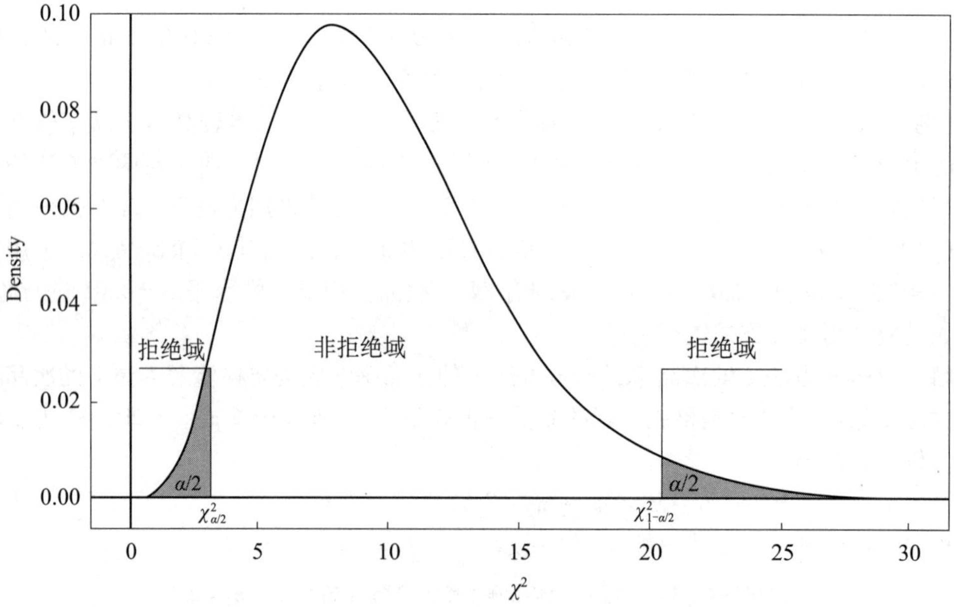

图 6－5 显著性水平为 α 时双侧检验的临界值和拒绝域

【例 6－11】（数据：example6_11. csv）啤酒生产企业采用自动生产线灌装啤酒，每瓶的填装量为 640mL，但由于受某些不可控因素的影响，每瓶的填装量会有差异。如果σ^2很大，会出现填装量太多或太少的情形，这样，要么生产企业不划算，要么消费者不满意。假定生产标准规定每瓶填装量的方差不应超过 16。企业质检部门抽取了 10 瓶啤酒进行检验，得到的样本数据如下。检验填装量的方差是否符合要求（$\alpha=0.05$）。

638.3	642.0	640.4	641.1	637.2	643.3	643.7	640.5	639.8	644.2

解：依题意提出如下假设：

H_0: $\sigma^2 \leqslant 16$，H_1: $\sigma^2 > 16$

检验的代码和结果如代码框 6－12 所示。

代码框 6－12　一个总体方差的检验

```
import pandas as pd;from scipy.stats import chi2
example6_11 = pd.read_csv('C:/pydata/chap06/example6_11.csv', encoding = 'gbk')
x = example6_11['填装量']
sigma0_2 = 16
s2 = x.var();n = len(x);df = n - 1
chi2_value = (n - 1) * s2 /sigma0_2
p_value = 1 - chi2.cdf(chi2_value,df = df)
print(f"样本填装量的方差 = {s2:.4f},卡方统计量值 = {chi2_value: .4f},自由度 df = {df},
p 值 = {p_value: .4f}")
```

```
样本填装量的方差 =5.2872,卡方统计量值 =2.9741,自由度 df =9,p 值 =0.9653
```

结论：在该项检验中，$s^2=5.2872$，$\chi^2=2.9741$，$df=9$，$P=0.9653$，由于 $P>0.05$，不拒绝H_0。没有证据显示啤酒填装量的方差不符合要求。

6.4.2　两个总体方差比的检验

比较两个总体方差时，通常将原假设与备择假设的形式表示成两个总体方差比值与数值 1 之间的比较关系。由于两个样本方差比s_1^2/s_2^2是两个总体方差比σ_1^2/σ_2^2的理想估计量，当样本量为n_1和n_2的两个样本分别独立地抽自两个正态总体时，检验统计量为：

$$F=\frac{s_1^2}{s_2^2}\text{ 或 }F=\frac{s_2^2}{s_1^2} \tag{6.22}$$

【**例 6－12**】（数据：example6_6. csv）沿用例 6－6。检验两家企业灯泡使用寿命的方差是否有显著差异（$\alpha=0.05$）。

解：设甲企业灯泡使用寿命的方差为σ_1^2，乙企业灯泡使用寿命的方差为σ_2^2，依题意建立的原假设与备择假设为：

$$H_0:\ \frac{\sigma_1^2}{\sigma_2^2}=1,\quad H_1:\ \frac{\sigma_1^2}{\sigma_2^2}\neq 1$$

检验的代码和结果如代码框 6－13 所示。

代码框 6－13　两个总体方差比的检验

```
import pandas as pd;from scipy.stats import f
example6_6 = pd.read_csv('C:/pydata/chap06/example6_6.csv',encoding = 'gbk')
x1 = example6_6['甲企业'];x2 = example6_6['乙企业']
s1_square = x1.var();dfn = len(x1) - 1
s2_square = x2.var();dfd = len(x2) - 1
f_value = s1_square/s2_square
p_value = f.cdf(f_value,dfn = dfn,dfd = dfd) * 2
print(f "F 统计量值 = {f_value: .4f},p 值 = {p_value: .4f}")
```

```
F 统计量值 =0.4727,p 值 =0.1110
```

结论：在该项检验中，$F=0.4727$，$df_1=19$，$df_2=19$，$P=0.1110$，由于 $P>0.05$，不拒绝H_0，没有证据表明两家企业灯泡使用寿命的方差有显著差异。

6.5 正态性检验

以上各节介绍的参数检验（如 t 检验、F 检验等）通常是在假定总体服从正态分布或总体分布形式已知的条件下进行的。如何检验样本数据是否来自正态总体，这就是**正态性检验**（normality test）。正态性检验有图示法和检验法两大类。

6.5.1 正态概率图

判断数据是否服从正态分布的可视化图形有直方图、核密度图等，但这类图形是将数据分布的形状与正态曲线进行比较，如果分布的形状与正态分布曲线接近，就可以初步认为数据近似正态分布，但这种比较形状的做法有时难以做出确切的判断。在实际中，常用的检验正态性的可视化方法是绘制出样本数据的**正态概率图**（normal probability plots），它可以对正态性做出较为准确的判断。

正态概率图有两种画法，一种称为 **Q－Q 图**（Quantile-Quantile plot），一种称为 **P－P 图**（Probability-Probability plot）。Q－Q 图是根据样本数据的分位数与理论分布（如正态分布）的分位数的符合程度绘制的，有时也称为分位数－分位数图。P－P 图则是根据样本数据的累积概率与理论分布（如正态分布）的累积概率的符合程度绘制的。除用于正态分布检验外，Q－Q 图（或 P－P 图）也可用于检验 t 分布、卡方分布、均匀分布、贝塔分布、伽马分布等。

以正态 Q－Q 图为例，说明正态概率图的绘制过程。对于一组样本数据，可以计算出任意一点的分位数，记为Q_o。如果要检验该数据是否服从正态分布，我们可以计算出相应的标准正态分布的分位数，称为理论分位数，记为Q_e。以Q_e为 x 轴，Q_o为 y 轴（x 轴和 y 轴可以互换），可以绘制出多个分位数点（Q_e，Q_o）在坐标系中的散点图。比如，第 1 个点标准正态分布的 1/100 分位数是Q_e（－2.33），实际数据第 1 个 1/100 分位数是Q_o（根据实际数据可以算出该值），以此类推，可以算出所有的点。使用不同软件绘制 Q－Q 图时，对观测值的默认处理方式可能不同，有的使用实际数据的分位数，有的则将实际数据做标准化处理后再算出分位数，但绘制的图形是一样的。

如果实际数据服从正态分布，则所有分位数点应该落在截距为样本均值、斜率为样本标准差的直线上。如果各分位数点在这条直线周围随机分布，越靠近直线，说明实际数据越近似正态分布，如果各分位数点的分布有明显的固定模式，则表示实际数据不服从正态分布。P－P 图的画法类似，只不过是根据累积概率绘制的。图 6－6 展示了不同分布的直方图和对应的正态 Q－Q 图。

在分析正态概率图时，最好不要用严格的标准去衡量数据点是否在理论直线上，只要各点近似在一条直线周围随机分布即可。当样本量较小时，正态概率图中的点很少，提供的正态性信息很有限，因此，使用 Q－Q 图时，样本量应尽可能大。

【例 6－13】（数据：example2_3.csv）沿用第 2 章例 2－3。以北京的 AQI 为例，绘制正态 Q－Q 图和正态 P－P 图，检验 AQI 是否服从正态分布。

解：绘制正态 Q－Q 图和正态 P－P 图的代码和结果如代码框 6－14 所示。

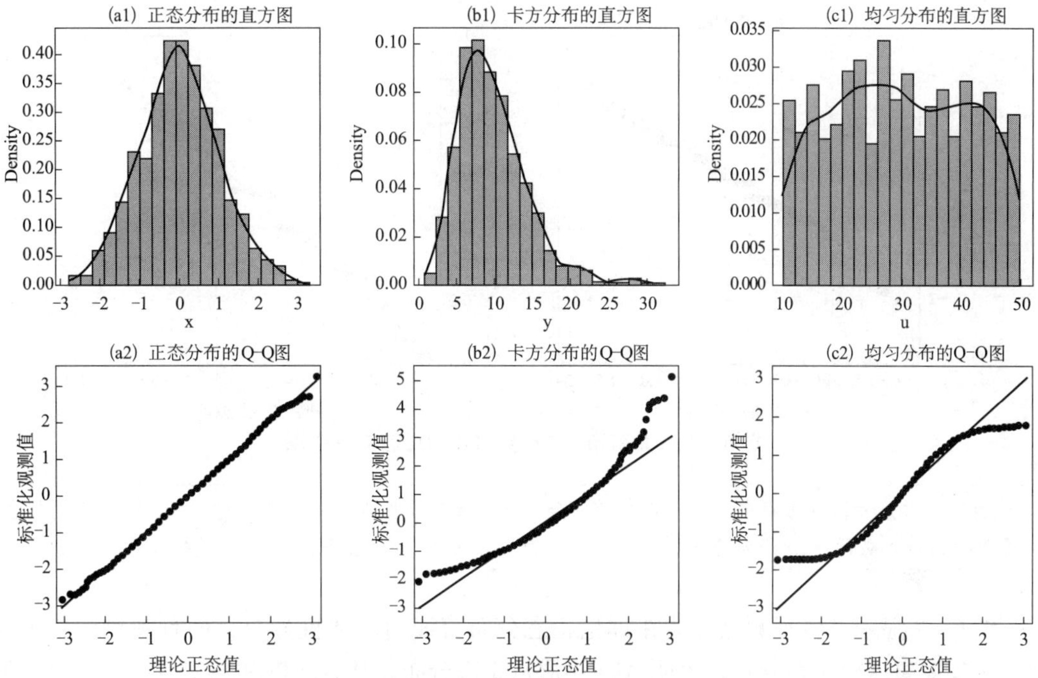

图 6-6　不同分布的直方图与正态 Q-Q 图的比较

代码框 6-14　绘制正态 Q-Q 图和正态 P-P 图

```
#  图 6-7 的绘制代码(data = example2_2)
import pandas as pd
import statsmodels.api as sm
from matplotlib importpyplot as plt
plt.rcParams['font.sans - serif'] = ['SimHei']
plt.rcParams['axes.unicode_minus'] = False

example6_3 = pd.read_csv('C:/pydata/chap06/example6_3.csv',encoding = 'gbk')
pplot = sm.ProbPlot(example6_3['PM2.5 值'],fit = True)
plt.subplots(1,2,figsize = (12,5))

#  绘制 Q-Q 图
ax1 = plt.subplot(121)
pplot.qqplot(line = 'q',ax = ax1,xlabel = '期望正态值',ylabel = '标准化的观测值')
ax1.set_title('正态 Q-Q 图',fontsize = 15)

#  绘制 P-P 图
ax2 = plt.subplot(122)
pplot.ppplot(line = '45',ax = ax2,xlabel = '期望的累积概率',ylabel = '观测的累积概率')
ax2.set_title('正态 P-P 图',fontsize = 15)
plt.show()
```

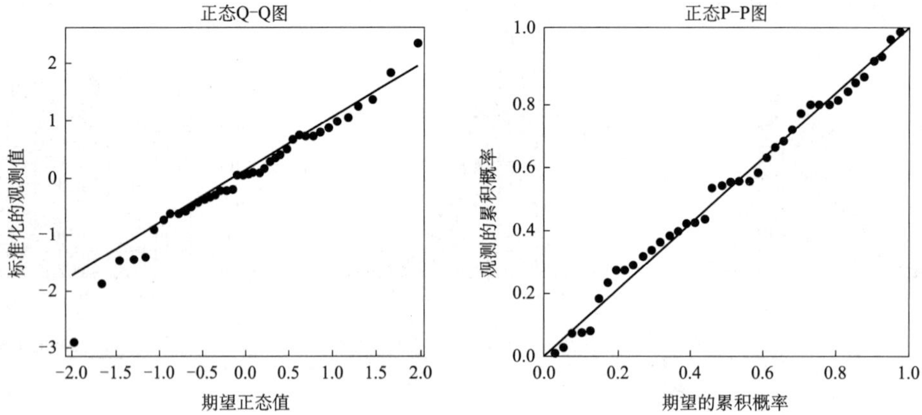

图 6-7　北京市 2019 年 AQI 的正态 Q-Q 图

注:qqplot 和 ppplot 函数中,line 参数控制分布线的绘制方式,'q'表示根据分位数拟合,也就是拟合一条穿过四分位数的线,'r'表示进行回归拟合,'45'表示绘制 45 度的直线,s 表示对数据仅限标准化.

图 6-7 显示，各观测点并非在理论正态分布直线周围随机分布，而且观测值越大或越小，越偏离理论正态分布，表明 AQI 不服从正态分布。从直方图和核密度曲线的分布形状可清楚地看到 AQI 的分布呈现明显的右偏。

6.5.2　S-W 检验和 K-S 检验

当样本量较小时，正态概率图的应用会受到限制，这时可以使用标准的统计检验方法。检验的原假设是总体服从正态分布。如果检验获得的 P 值小于指定的显著性水平，则拒绝原假设，表示总体不服从正态分布；如果 P 值较大不能拒绝原假设，可以认为总体满足正态分布。正态性的检验方法有很多，这里只介绍两种常用的检验方法，即 Shapiro-Wilk 检验（简称 S-W 检验）和 Kolmogorov-Smirnov 检验（简称 K-S 检验）。

1. S-W 检验

S-W 检验是 S. Shapiro 和 M. Wilk 于 1965 年提出的，该检验是用顺序统计量 W 来检验分布的正态性。S-W 检验的具体步骤如下：

首先，对研究的总体提出如下假设：

H_0：总体服从正态分布，H_1：总体不服从正态分布

然后，按下列公式计算检验统计量 W：

$$W=\frac{\sum a_i y_i^2}{\sum(y_i-\bar{y})^2} \tag{6.23}$$

式中，y_i为排序后的样本数据；$\bar{y}$为样本均值；a_i是样本量为 n 时所对应的系数。

W 统计量的最大值是 1，最小值是 $n\,a_1^2/(n-1)$。统计量越大，表示数据越符合正态分布。但在非正态分布的小样本数据中也经常会出现较大的 W 值，同时，由于该统计量的分布是未知的，因此需要通过模拟来估计其概率或者通过查表得到a_i的值。当 P 值小于指定显著性水平时表示总体不符合正态分布。S-W 检验适用于样本量较小的情形，即 $3\leqslant n\leqslant 50$ 时。

【**例 6－14**】（数据：example6_4. csv）沿用例 6－4。用 S-W 方法检验该企业生产的砖的厚度是否服从正态分布（$\alpha=0.05$）。

解：提出假设：

H_0：厚度服从正态分布，H_1：厚度不服从正态分布

S-W 检验的代码和结果如代码框 6－15 所示。

代码框 6－15　S-W 正态性检验

```
import pandas as pd;from scipy.stats import shapiro
example6_4 = pd.read_csv('C:/pydata/chap06/example6_4.csv',encoding = 'gbk')
W,p_value = shapiro(example6_4['厚度'])
print(f "统计量 W = {W: .5f},p 值 = {p_value: .4g}")
```

```
统计量 W = 0.91377,p 值 = 0.07522
```

结论：在该项检验中，$W=0.913\ 77$，$P=0.075\ 22$，由于 $P>0.05$，不拒绝原假设，没有证据显示该企业生产的砖的厚度不服从正态分布。

2. K－S 检验

当样本量较大时，可使用 K－S 检验。该检验既可用于大样本，也可用于小样本。

K－S 检验用来检验总体是否服从某个已知的理论分布①。该检验是将某一变量的累积分布函数与特定的分布函数进行比较，检验其拟合程度。设总体的累积分布函数为 $F(x)$，已知的理论分布函数为 $F_0(x)$，则检验的原假设和备择假设为：

H_0：$F(x)=F_0(x)$　（总体分布与指定的理论分布无显著差异）

H_1：$F(x)\neq F_0(x)$　（总体分布与指定的理论分布差异显著）

设各样本观测值在理论分布中出现的累积概率为 $F_0(x)$，各样本观测值的实际累积概率为 $S(x)$，实际累积概率与理论累积概率的差值为 $D(x)$，差值序列中的最大绝对差值为：

$$D=\max(|S(x_i)-F(x_i)|) \tag{6.24}$$

由于实际累积概率为离散值，通常作以下修正：

$$D=\max\{(|S(x_i)-F(x_i)|),\ (|S(x_{i-1})-F(x_i)|)\} \tag{6.25}$$

式（6.25）就是 K－S 检验的统计量。在小样本情形下，统计量 D 服从 Kolmogorov 分布；在大样本情形下，则用正态分布近似，统计量为：

$$z=\sqrt{n}D \tag{6.26}$$

如果 H_0 成立，每次抽样得到的 D 值应当不会与 0 偏离太远，否则就应拒绝 H_0。对于设定的显著性水平 α，若检验统计量 D（或 z）对应的概率小于 α，则拒绝 H_0，表示总体与指定的理论分布差异显著。

K－S 检验要求样本数据是连续的数值型数据，而且要求理论分布已知。比如，要检验样本数据是否来自 $\mu=100$、$\sigma=10$ 的正态总体，即 $X\sim N(100,\ 10^2)$，当总体均值和方

① 该检验的理论分布主要有正态分布（normal）、Poisson 分布、均匀分布（uniform）以及指数分布（exponential）等。

差未知时，可以用样本均值$\bar{x}$和方差 s^2来代替①。

【例 6-15】（数据：example6_4. csv）沿用例 6-4。用 K-S 检验方法检验该企业生产的砖的厚度是否服从正态分布（$\alpha=0.05$）。

解：提出假设：

H_0：厚度服从正态分布，H_1：厚度不服从正态分布

由于 K-S 检验要求正态总体是已知的，即参数 μ 和 σ^2 已知。当 μ 和 σ^2 未知时，可以分别用样本均值$\bar{x}$和样本方差s^2来代替。

K-S 检验的代码和结果如代码框 6-16 所示。

代码框 6-16　K-S 正态性检验

```
import pandas as pd;from scipy.stats import kstest
example6_4 = pd.read_csv('C:/pydata/chap06/example6_4.csv', encoding = 'gbk')
d = example6_4['厚度']
D,p_value = kstest(d,'norm',alternative = 'two-sided', mode = 'asymp',
        args = (d.mean(),d.std()))
print(f "统计量 D = {D: .5f},p 值 = {p_value: .4g}")
```

```
统计量 D = 0.23538,p 值 = 0.2178
```

注：参数 mode 控制统计量计算模式，默认'auto'，可选择'exact'表示使用精确理论分布，'asymp'表示使用近似理论分布，'approx'表示用两次单尾来近似计算双尾统计量.

结论：在该项检验中，$D=0.235\,38$，$P=0.217\,8$，由于 $P>0.05$，不拒绝H_0，没有证据显示该企业生产的砖的厚度不服从正态分布。

由于 S-W 检验和 K-S 检验对正态性偏离十分敏感，因此，当样本数据轻微偏离正态分布时，这些检验往往也会导致拒绝原假设。当某些分析对正态性的要求相对宽松时，应谨慎使用这些检验。

习　题

6.1　一种机床加工的零件尺寸绝对平均误差为 1.35mm。生产厂家准备采用一种新的机床进行加工以期进一步降低误差。为检验新机床加工的零件的平均误差与旧机床相比是否有显著降低，从新机床生产的零件中随机抽取 50 个进行检验。50 个零件尺寸的绝对误差数据（单位：mm）如下：

1.26	1.19	1.31	0.97	1.81
1.13	0.96	1.06	1.00	0.94
0.98	1.10	1.12	1.03	1.16

① Lilliefor 于 1967 年提出该方法，因此也称为 Lilliefor 正态性检验，它可以检验样本数据是否来自某个未知的理论总体。使用 SPSS 进行检验时均用样本均值和样本方差来代替。

续表

1.12	1.12	0.95	1.02	1.13
1.23	0.74	1.50	0.50	0.59
0.99	1.45	1.24	1.01	2.03
1.98	1.97	0.91	1.22	1.06
1.11	1.54	1.08	1.10	1.64
1.70	2.37	1.38	1.60	1.26
1.17	1.12	1.23	0.82	0.86

（1）绘制 Q－Q 图，检验零件尺寸的绝对误差是否服从正态分布。

（2）检验新机床加工的零件尺寸的平均误差与旧机床相比是否有显著降低（$\alpha=0.01$）。

6.2　安装于一种联合收割机的金属板的平均重量为 25 千克。对某企业生产的 20 块金属板进行测量，得到的重量数据（单位：千克）如下：

22.6	26.6	23.1	23.5
27.0	25.3	28.6	24.5
26.2	30.4	27.4	24.9
25.8	23.2	26.9	26.1
22.2	28.1	24.2	23.6

（1）采用 S－W 检验和 K－S 检验两种方法，检验该企业生产的金属板重量是否服从正态分布（$\alpha=0.05$）。

（2）假定金属板的重量服从正态分布，检验该企业生产的金属板是否符合要求（$\alpha=0.05$）。

（3）计算效应量分析差异程度。

6.3　某市场研究机构用一组被调查者样本来给某特定商品的潜在购买力打分。样本中每个人都分别在看过该产品的新的电视广告之前与之后打分。潜在购买力的分值为 0～10 分，分值越高，表示潜在购买力越强。原假设认为“看后”平均得分小于或等于“看前”平均得分，拒绝该假设就表示广告提高了平均潜在购买力得分。取 $\alpha=0.05$ 的显著性水平，用下列数据检验该假设，计算并分析效应量。

个体	购买力得分	
	看后	看前
1	6	5
2	6	4
3	7	7

续表

个体	购买力得分	
	看后	看前
4	4	3
5	3	5
6	9	8
7	7	5
8	6	6

6.4 某企业为比较两种方法对员工培训的效果，采用方法 1 对 15 名员工进行培训，采用方法 2 对另外 15 名员工进行培训。培训后的测试分数如下：

方法 1			方法 2		
56	51	45	59	57	53
47	52	43	52	56	65
42	53	52	53	55	53
50	42	48	54	64	57
47	44	44	58	60	55

在 $\alpha=0.05$ 显著性水平下，检验两种方法的培训效果是否有显著差异。

（1）假定方差相等。

（2）假定方差不相等。

（3）计算效应量，分析差异程度。

6.5 对消费者的一项调查显示，17% 的人早餐饮料是牛奶。某城市的牛奶生产商认为，该城市的人早餐饮用牛奶的比例更高。为验证这一说法，生产商随机抽取 550 人的一个随机样本，其中 115 人早餐饮用牛奶。检验该生产商的说法是否属实（$\alpha=0.05$）。

6.6 为研究小企业经理是否认为他们获得了成功，在随机抽取的 100 个小企业的女性经理中，认为自己成功的人数为 24 人；在对 95 个男性经理的调查中，认为自己成功的人数为 39 人。在 $\alpha=0.05$ 的显著性水平下，检验男女经理认为自己成功的人数比例是否有显著差异。

6.7 为比较新、旧两种肥料对产量的影响，以决定是否采用新肥料，研究者选择了面积相等、土壤等条件相同的 40 块田地，分别施用新、旧两种肥料，得到的产量数据如下：

旧肥料					新肥料				
109	101	97	98	100	105	109	110	118	109
98	98	94	99	104	113	111	111	99	112
103	88	108	102	106	106	117	99	107	119
97	105	102	104	101	110	111	103	110	119

取显著性水平 $\alpha=0.05$：

（1）检验新肥料获得的平均产量是否显著地高于旧肥料，假定方差相等。

（2）检验两种肥料产量的方差是否有显著差异。

（3）计算效应量，分析差异程度。

6.8　生产工序中的方差是工序质量的一个重要指针，通常较大的方差意味着要通过寻找减小工序方差的途径来改进工序。某杂志上刊载的两部机器生产的袋茶的重量数据（单位：克）如下，检验这两部机器生产的袋茶重量的方差是否存在显著差异（$\alpha=0.05$）。

机器 1	2.95	3.45	3.50	3.75	3.48	3.26	3.33	3.20
	3.16	3.20	3.22	3.38	3.90	3.36	3.25	3.28
	3.20	3.22	2.98	3.45	3.70	3.34	3.18	3.12
机器 2	3.22	3.30	3.34	3.28	3.29	3.25	3.30	3.27
	3.38	3.34	3.35	3.19	3.35	3.05	3.36	3.28
	3.30	3.28	3.30	3.20	3.16	3.33	3.26	3.35

第7章　类别变量分析

在分析实际问题时，常常遇到类别变量，如性别、产品的品牌、消费者的偏好等。类别变量的观察结果是各个类别，对这些类别观察频数的描述性分析主要是计算比例、比率等统计量，而推断性分析则是根据各类别的频数利用χ^2分布进行检验，因此也称为χ^2检验，内容包括χ^2拟合优度检验和χ^2独立性检验等。

7.1　一个类别变量的拟合优度检验

只研究一个类别变量时，可利用χ^2检验来判断各类别的观察频数与某一期望频数或理论频数是否一致。比如，各月份的产品销售额是否符合均匀分布，不同地区的离婚率是否有显著差异，等等，这就是χ^2**拟合优度检验**（goodness of fit test）。该检验是利用χ^2统计量来判断某个类别变量中各类别的观察频数与期望频数或理论频数是否一致，它也可用于判断各类别的观察频数分布是否符合某一理论分布，如 Poisson 分布或正态分布等。

7.1.1　期望频数相等

为更好地理解拟合优度检验，还是先从一个例子开始。

【例7-1】（数据：example7_1. csv）为研究消费者对不同类型的饮料是否有明显偏好，一家调查公司随机调查了2 000个消费者对4种类型饮料的偏好情况，得到不同类型饮料的偏好数据，如表7-1所示。

表7-1　2 000个消费者对不同类型饮料的偏好数据

饮料类型	人数
碳酸饮料	525
矿泉水	550
果汁	470
其他	455
合计	2 000

表7-1中的饮料类型是类别变量，共有4个类别值，每个类别的偏好人数称为**观察频数**（observed frequency），即各类别的实际频数。如果消费者对各类型饮料没有明显偏好，则各类别的观察频数应该相等或近似相等，也就是不同类型饮料的消费者人数都是500人（2 000/4），这就是类别的**期望频数**（expected frequency）或理论频数。调查者想分析消费者对不同类型饮料的偏好是否有显著差异，实际上也就是检验观察频数与期望频数是否一致，因此，拟合优度检验也称为**一致性检验**（test of homogeneity）。该检验使用的是χ^2统计量，它由英国统计学家 Karl Pearson 于1900年提出，因此，拟合优度检验所使用

的统计量也称为 Pearsonχ^2。其计算公式为：

$$\chi^2 = \sum \frac{(f_o - f_e)^2}{f_e} \tag{7.1}$$

式中，f_o为观察频数，f_e为期望频数，该统计量服从自由度为（$k-1$）的χ^2分布，k为类别个数。

如果统计量χ^2等于0，表示观察频数与期望频数完全一致；如果显著不等于0，则表示观察频数与期望频数之间存在显著差异，χ^2值越大，差异就越显著。

下面来检验消费者对不同类型饮料的偏好是否有显著差异（$\alpha=0.05$）。

解：具体步骤如下：

第 1 步：提出假设。

H_0：观察频数与期望频数无显著差异（无显著偏好）

H_1：观察频数与期望频数有显著差异（有显著偏好）

第 2 步：计算检验统计量χ^2。如果消费者对不同类型饮料的偏好无显著差异，意味着各期望频数相等，即不同类型饮料的期望频数均为 500。统计量χ^2的计算过程如表 7-2 所示。

表 7-2　计算例 7-1 的χ^2统计量

饮料类型	观察频数f_o	期望频数f_e	$(f_o-f_e)^2/f_e$
碳酸饮料	525	500	1.25
矿泉水	550	500	5.00
果汁	470	500	1.80
其他	455	500	4.05
合计	2 000	2 000	12.10

第 3 步：做出决策。$\chi^2=12.10$，自由度为 $4-1=3$，由 Python 函数得 P 值（右尾概率）为 0.007 048，由于 $P<\alpha$，拒绝H_0，表明消费者对不同类型饮料的偏好有显著差异。

期望频数相等时，拟合优度检验的 Python 代码和结果如代码框 7-1 所示。

代码框 7-1　期望频数相等时的拟合优度检验

```
import pandas as pd;from scipy.stats import chisquare
example7_1=pd.read_csv("C:/pydata/chap07/example7_1.csv ", encoding='gbk')
chi2,p_value=chisquare(f_obs=example7_1['人数'])
print(f "卡方统计量={chi2:.2f},p 值={p_value:.4g}")
```

```
卡方统计量=12.10,p 值=0.007048
```

注：cihsquare 函数默认 f_exp=None，即默认期望频数相等.

在该项检验中，$\chi^2=12.10$，$df=3$，$P=0.007\ 048$，由于 $P<0.05$，拒绝H_0，表明消费者对不同类型饮料的偏好有显著差异。

7.1.2　期望频数不等

在例 7-1 中，各类别的期望频数是相等的。当各类别的期望频数不相等时，也可以进行拟合优度检验，这就需要先计算出各类别的期望频数。

【例 7-2】（数据：example7_2. csv）一项社会学研究认为，离婚率的高低与受教育程度有关，而且由于社会经济发展程度及生活方式等因素的影响，不同地区的离婚率也有一定差异。某地在对北部地区离婚家庭的样本研究中发现，离婚家庭中，受教育程度为小学及以下的家庭所占的比例为20%，初中家庭为35%，高中家庭为25%，大学家庭为12%，研究生家庭为8%。在对南部地区 260 个离婚家庭的调查中，不同受教育程度的离婚家庭分布如表 7-3 所示。检验南部地区不同受教育程度的离婚家庭数与期望频数是否一致（$\alpha=0.05$）。

表 7-3　南部地区不同受教育程度的离婚家庭分布　　单位：个

受教育程度	离婚家庭数
小学及以下	30
初中	110
高中	80
大学	25
研究生	15
合计	260

解：第 1 步：提出假设。这里将北部地区的调查比例作为期望比例。所关心的问题是南部地区不同受教育程度的离婚家庭数与它的期望频数是否一致。因此提出的假设为：

H_0：不同受教育程度的离婚家庭数与期望频数无显著差异

H_1：不同受教育程度的离婚家庭数与期望频数有显著差异

第 2 步：计算期望频数和检验统计量。虽然期望比例是已知的，但期望频数需要计算。如果南部地区不同受教育程度的离婚家庭数与期望的一样，那么，在 260 个离婚家庭中，不同受教育程度的离婚家庭数所占的比例与北部地区的期望比例应该一致。因此，用期望比例乘以总的观察频数（样本量）即得期望频数。计算结果如表 7-4 所示。

表 7-4　南部地区不同受教育程度离婚家庭的期望频数

受教育程度	观察频数	期望比例%	期望频数 = 期望比例 × 样本量
小学及以下	30	20	$0.20\times260=52.0$
初中	110	35	$0.35\times260=91.0$
高中	80	25	$0.25\times260=65.0$
大学	25	12	$0.12\times260=31.2$
研究生	15	8	$0.08\times260=20.8$
合计	260	100	260

有了期望频数就可以计算检验的χ^2统计量了，结果如表 7－5 所示。

表 7－5　南部地区不同受教育程度离婚家庭的拟合优度检验

受教育程度	观察频数f_o	期望频数f_e	$(f_o-f_e)^2/f_e$
小学及以下	30	52.0	9.307 7
初中	110	91.0	3.967 0
高中	80	65.0	3.461 5
大学	25	31.2	1.232 1
研究生	15	20.8	1.617 3
合计	260	260	19.585 6

第 3 步：决策与结论。在该项检验中，$\chi^2=19.585\ 6$，$df=4$，$P=0.000\ 602\ 8$，由于$P<0.05$，拒绝H_0，表明南部地区不同受教育程度的离婚家庭数与期望频数有显著差异。

期望频数不相等时，拟合优度检验的代码和结果如代码框 7－2 所示。

代码框 7－2　期望频数不相等时的拟合优度检验

```
#加载并显示本例数据
import pandas as pd
example7_2 = pd.read_csv("C:/pydata/chap07/example7_2.csv ", encoding = 'gbk')
example7_2
```

	受教育程度	离婚家庭数	期望比例
0	小学及以下	30	0.20
1	初中	110	0.35
2	高中	80	0.25
3	大学	25	0.12
4	研究生	15	0.08

```
#期望频数不相等时的拟合优度检验
from scipy.stats import chisquare
chi2, p_value = chisquare(f_obs = example7_2['离婚家庭数'], f_exp = example7_2['离婚家庭数'].sum() * example7_2['期望比例'])
print(f "卡方统计量 = {chi2: .3f},p 值 = {p_value: .4g}")
```

```
卡方统计量 = 19.586,p 值 = 0.0006028
```

这里的结果与手工计算结果相同。

7.2　多个总体比例的检验

对于判断不同总体的比例是否相等的问题，如果是两个总体，可以使用 z 统计量检验，如果总体数量为 3 个及以上，可以使用χ^2检验。

7.2.1 多个总体比例的χ^2检验

如果研究问题是 K 个总体（$K \geqslant 3$）的比例是否相等，可以使用χ^2检验，使用p_i代表第 i 个总体中某类群体所占的比例，为了检验各总体的比例是否相等，提出的假设为：

H_0：$p_1 = p_2 = \cdots = p_K$

H_1：至少有一个p_i与其他比例不相等

该检验同样使用χ^2统计量，为了更好地理解该检验，还是从一个例子开始。

【例 7－3】（数据：example7_3. csv）一家购物网站对在本网站购物的客户做了一项调查。调查的客户来自东部、中部、西部三个地区，共 500 人，表 7－6 是对本购物网站的整体满意度的评价结果。检验各地区客户中对网站满意的客户比例是否相同。

表 7－6　客户对本网站购物满意度的调查结果

满意度	地区			
	东部	中部	西部	合计
满意	126	158	35	319
不满意	34	82	65	181
合计	160	240	100	500

解：第 1 步：提出假设。

H_0：各地区对网站满意的客户所占比例相同

H_1：至少有两个地区对网站满意的客户所占比例不相同

第 2 步：计算期望频数和检验统计量。

分别以p_1、p_2和p_3代表东部、中部和西部地区对本网站满意的客户所占比例，n_1、n_2和n_3代表东部、中部和西部地区的客户数量。在原假设成立的条件下，$p_1 = p_2 = p_3 = p = \frac{319}{500} = 0.638$ 为总体比例的最佳估计量，因此每个地区中对网站满意的客户的期望频数为：$f_{e,i} = n_i p$。χ^2检验统计量为：

$$\chi^2 = \sum_{k=1}^{K} \frac{(f_k - f_{e,k})^2}{f_{e,k}} \tag{7.2}$$

式中，f_k为观察频数；$f_{e,k}$为第 k 个总体的期望频数。涉及 K 个总体比例相等的χ^2检验的检验统计量服从自由度为（$K-1$）的χ^2分布，本例中计算得出$\chi^2 = 51.8266$。

第 3 步：决策与结论。在该项检验中，$\chi^2 = 51.8266$，$df = 2$，$P = 5.572\text{e}-12$，由于 $P < 0.05$，拒绝H_0，即各地区对网站满意的客户所占比例不完全相同。

多个总体比例相等的χ^2检验的代码和结果如代码框 7－3 所示。

代码框 7-3　多个总体比例相等的χ^2检验

```
import pandas as pd
from scipy.stats import chi2_contingency
example7_3 = pd.read_csv( "C:/pydata/chap07/example7_3.csv ", encoding ='gbk')
count  = pd.crosstab(index = example7_3 ['满意度'], columns = example7_3 ['地区'])   # 生成列联表 count
chi2, p_value, df, f_exp  = chi2_contingency(count)
print(f "卡方统计量  ={chi2: .3f},自由度 =   {df},p 值  ={p_value: .4g}")
```

```
卡方统计量 = 51.827,自由度 = 2,p 值 = 5.572e-12
```

7.2.2　多个总体比例的多重比较方法

通过上一节中各总体比例的检验，在拒绝原假设时可以得出类似各总体的比例不完全相同的结论，但是该结论较为模糊，可能是个别总体与其他大部分总体的比例不同，也可能是每个总体的比例都不相同，因此，若要进一步判断每两个总体之间的比例是否相同，需要依靠用于对所有配对的总体比例进行统计检验的多重比较方法，下面将介绍 Marascuilo 方法，并通过一个例子说明该方法的具体流程。

【例 7-4】（数据：example7_3. csv）沿用例 7-3。根据表 7-6 计算的各地区满意客户所占的比例如表 7-7 所示。根据例 7-3 的检验结果，可知各地区的比例不完全相同，使用 Marascuilo 方法对各个总体配对比例差的显著性进行检验。

表 7-7　客户对本网站购物满意度的比例

客户比例	地区			
	东部	中部	西部	客户数量
满意p_i	0.787 5	0.658 3	0.350 0	319
不满意（$1-p_i$）	0.212 5	0.341 7	0.650 0	181
客户数量	160	240	100	500

解：第 1 步：计算每一对总体比例之差的绝对值。

东部与西部：$|0.7875-0.3500|=0.4375$

东部与中部：$|0.7875-0.6583|=0.1292$

中部与西部：$|0.6583-0.3500|=0.3083$

第 2 步：选择显著性水平 α，计算 Marascuilo 配对比较方法的临界值，若两个总体比例之差的绝对值大于临界值，说明显著性水平为 α 时，两个总体的比例显著不同，反之两个总体的比例之差不显著。K 个总体比例的 Marascuilo 配对比较方法的临界值计算公式如下：

$$CV_{ij}=\sqrt{\chi_{\alpha}^{2}}\sqrt{\frac{\bar{p}_i(1-\bar{p}_i)}{n_i}+\frac{\bar{p}_j(1-\bar{p}_j)}{n_j}} \tag{7.3}$$

式中，χ_{α}^{2}为显著性水平为 α 且自由度为（$k-1$）的χ^2值；$\bar{p}_i$和$\bar{p}_j$分别为两个总体的样本比例；n_i和n_j为两个总体样本容量。具体计算结果如表 7-8 所示。

表 7－8　客户对本网站购物满意度的配对比例差检验

组 1	组 2	$\lvert p_i - p_j \rvert$	CV_{ij}	结论
东部	中部	0. 129 167	0. 135 148	不显著
东部	西部	0. 437 500	0. 174 890	显著不同
中部	西部	0. 308 333	0. 172 005	显著不同

表 7－8 是显著性水平 $\alpha = 0.01$ 时计算的检验结果，在该显著性水平下，东部与中部地区对本网站满意的客户所占比例之差的绝对值小于临界值，说明东部与中部地区的比例差距不显著，而东部与西部地区、中部与西部地区的比例之差的绝对值大于临界值，说明这两对地区之间的比例显著不同。

Marascuilo 配对比较方法的代码和结果如代码框 7－4 所示。

代码框 7－4　Marascuilo 配对比较

```
from scipy import stats
import numpy as np
import pandas as pd
def marascuilo(count,alpha =0.05):
    ""count :列联表,纵列为需要检验比例的不同总体,横行为 2 行""
    count_num = count.sum(axis =0) #各地区数量
    count_ratio = (count /count.sum(axis =0)).iloc[0,:] #各地区比例
    #自由度及对应卡方值
    df = count.shape[1] -1
    crit = stats.chi2.ppf(q =1 - alpha,df = df)
    # p(1 - p)/n
    pp = count_ratio * (1 - count_ratio) /count_num
    #计算表格
    result = []
    for ind,i in enumerate(pp.index):
        for j in pp.index[ind +1:]:
            p_abs = np.abs(count_ratio[i] - count_ratio[j])
            cv = np.sqrt(crit) * np.sqrt(pp[i] + pp[j])
            judge = "显著不同" if p_abs > cv else "不显著"
            result.append([i,j,p_abs,cv,judge])
    return pd.DataFrame(result,columns = ['组 1','组 2','| p1 - p2 |','CV','结论'])
marascuilo(count,alpha =0.01)
```

	组 1	组 2	| p1 - p2 |	CV	结论
0	东部	中部	0.129167	0.135148	不显著
1	东部	西部	0.437500	0.174890	显著不同
2	中部	西部	0.308333	0.172005	显著不同

7.3　两个类别变量的独立性检验

对于两个类别变量的推断分析，主要是检验两个变量是否独立，这就是 χ^2 **独立性检验**（test of independence）。

7.3.1　列联表与 χ^2 独立性检验

如果研究的是两个类别变量，每个变量有多个类别，通常将两个变量多个类别的频数用交叉表的形式表示出来。其中一个变量放在行（row）的位置，称为行变量，其类别数（行数）用 r 表示；另一个变量放在列（column）的位置，称为列变量，其类别数（列数）用 c 表示。这种由两个或两个以上类别变量交叉分类的频数分布表就是列联表。一个由 r 行和 c 列组成的列联表也称为 rc 列联表。

对列联表中的两个类别变量进行分析，通常是判断两个变量是否独立。该检验的原假设是：两个变量独立（无关），如果原假设被拒绝，则表明两个变量不独立，或者说两个变量相关。χ^2 独立性检验的统计量为：

$$\chi^2 = \sum\sum\frac{(f_o - f_e)^2}{f_e} \tag{7.4}$$

式中，f_o 为观察频数；f_e 为期望频数，期望频数的计算公式见式（7.6）。该统计量服从自由度为（$r-1$）($c-1$）的 χ^2 分布，r 为行数，c 为列数。

下面通过一个例子展示 χ^2 独立性检验的具体过程。

【例 7－5】（数据：example7_3. csv）沿用例 7－3。检验客户满意度与地区是否独立（$\alpha = 0.05$）。

解：第 1 步：提出假设。

H_0：满意度与地区独立

H_1：满意度与地区不独立

第 2 步：计算期望频数和检验统计量。

要计算出检验统计量，关键是计算出期望频数。如果两个变量独立，两个变量各类别交叉项的概率可根据独立事件的概率乘法公式求得。

设给定单元格所在行的合计频数为 RT，所在列的合计频数为 CT，任意给定单元格（比如第 i 列第 j 行的单元格 r_ic_j）的概率为：

$$P(r_ic_j) = P(r_i) \times P(c_j) = \left(\frac{RT}{n}\right) \times \left(\frac{CT}{n}\right) \tag{7.5}$$

用式（7.5）乘以总观察频数（样本量 n），可以得到任意单元格的期望频数为：

$$f_e = \left(\frac{RT}{n}\right) \times \left(\frac{CT}{n}\right) \times n \tag{7.6}$$

比如，第 1 个单元格的期望频数为：

$$f_1 = \left(\frac{319}{500}\right) \times \left(\frac{160}{500}\right) \times 500 = 102.08$$

按上述步骤计算的各单元格的期望频数如表 7－9 所示。

表 7-9 满意度与地区的单元格期望频数计算表

满意度	地区			
	东部	中部	西部	合计
满意	126 (102.08)	158 (153.12)	35 (63.80)	319
不满意	34 (57.92)	82 (86.88)	65 (36.20)	181
合计	160	240	100	500

注：表中括号内的数值是期望频数。

将每个单元格的$(f_o - f_e)^2/f_e$加起来，即可得到按式（7.6）计算的χ^2统计量：

$$\chi^2 = \frac{(126-102.08)^2}{102.08} + \cdots + \frac{(65-36.20)^2}{36.20} = 51.8266$$

第 3 步：决策与结论。在该项检验中，$\chi^2 = 51.8266$，$df = 2$，$P = 5.572\text{e}-12$，由于$P < 0.05$，拒绝H_0，满意度与地区不独立，或者说，满意度与地区有关。

列联表独立性检验的代码和结果如代码框 7-5 所示。

代码框 7-5 两个类别变量的独立性检验

```
#数据已是列联表情形下的检验
import pandas as pd
from scipy.stats import chi2_contingency

x = [[126, 158, 35], [34, 82, 65]]
df = pd.DataFrame(x, index = ['满意', '不满意'], columns = ['东部', '中部', '西部'])
chi2, p_value, df, f_exp = chi2_contingency(df)
print(f "卡方统计量 = {chi2: .3f}, 自由度 = {df}, p 值 = {p_value: .4g}.
        \n 期望频数为: \n{f_exp}")
```

```
卡方统计量 =51.827,自由度 =2,p 值 =5.572e -12.
期望频数为:
[[102.08 153.12  63.8 ]
 [ 57.92  86.88  36.2 ]]
```

```
#根据原始数据进行检验
example7_3 = pd.read_csv( "C:/pydata/chap07/example7_3.csv ", encoding = 'gbk')
count = pd.crosstab(index = example7_3 ['满意度'], columns = example7_3 ['地区'])
                                                    #生成列联表 count
chi2_contingency(count)  #检验列联表
print(f "卡方统计量 = {chi2: .3f}, 自由度 = {df}, p 值 = {p_value: .4g}.
        \n 期望频数为: \n{f_exp} ")
```

```
卡方统计量 =51.827,自由度 =2,p 值 =5.572e -12.
期望频数为:
[[102.08 153.12  63.8 ]
 [ 57.92  86.88  36.2 ]]
```

运行结果显示的卡方统计量及 P 值与手工计算结果相同。

7.3.2　应用 χ^2 检验的注意事项

在应用 χ^2 检验时，要求样本量足够大，特别是每个单元格的期望频数不能太小，否则应用 χ^2 检验可能会得出错误结论。从 χ^2 统计量的计算公式可以看出，期望频数 f_e 在公式的分母上，如果某个单元格的期望频数过小，χ^2 统计量的值就会变大，从而导致拒绝原假设。因此，应用 χ^2 检验时对单元格的期望频数有以下要求：

（1）如果仅有两个单元格，单元格的最小期望频数不应小于 5，否则不能进行 χ^2 检验。

（2）单元格有两个以上时，期望频数小于 5 的单元格不能超过总格子数的 20%，否则不能进行 χ^2 检验。如果期望频数小于 5 的单元格超过 20%，可以采取合并类别的办法解决这一问题。在上面的各例子中，每个单元格的期望频数均大于 5。因此，可以进行 χ^2 检验。

7.4　两个类别变量的相关性度量

如果 χ^2 独立性检验拒绝了原假设，则表明两个变量不独立，这意味着它们之间存在一定的相关性。这时，可以进一步度量它们之间的关联程度，使用的统计量主要有 **φ 系数**（φ coefficient）、**Cramer's V 系数**（Cramer's V coefficient）、**列联系数**（contingency coefficient）等，这些系数的计算均以 χ^2 统计量的值为基础。

7.4.1　φ 系数和 Cramer's V 系数

1. φ 系数

φ 系数主要用于 2×2 列联表的相关性度量。计算公式为：

$$\varphi=\sqrt{\frac{\chi^2}{n}} \tag{7.7}$$

式中，χ^2 为按式（7.4）计算出的 χ^2 值；n 为列联表的总频数，即样本量。

对于 2×2 列联表，φ 系数的取值范围在 0～1 之间。φ 越接近 1，表示两个变量之间的关系越强；φ 越接近 0，表示关系越弱。但是，当列联表的行数或列数大于 2 时，φ 系数会随着行数或列数的增加而变大，而且没有上限。这时，φ 系数的含义不易解释。

例如，根据例 7-5 的计算结果，得到满意度与地区之间的 φ 系数为：

$$\varphi=\sqrt{\frac{\chi^2}{n}}=\sqrt{\frac{51.826\,6}{500}}=0.321\,952$$

满意度与地区之间的相关系数为 0.321 952，表示二者之间有一定的关系。

2. Cramer's V 系数

Cramer's V 系数是由 Cramer 提出来的。计算公式为：

$$V=\sqrt{\frac{\chi^2}{n\times\min[(r-1),(c-1)]}} \tag{7.8}$$

式中，χ^2 为按式（7.4）计算出的 χ^2 值；n 为列联表的总频数，即样本量；r 为行数；c 为列数；min［$(r-1)$，$(c-1)$］表示 $(r-1)$ 和 $(c-1)$ 中较小的一个。

Cramer's V 系数的取值范围总是在 0～1 之间。当两个变量独立时，$V=0$；当两个变量完全相关时，$V=1$。如果列联表的行数或列数中有一个为 2，Cramer's V 系数就等于 φ 系数。例如，根据例 7-5 的计算结果，得到满意度与地区之间的 Cramer's V 系数为：

$$V=\sqrt{\frac{\chi^2}{n\times(2-1)}}=\sqrt{\frac{51.8266}{500\times1}}=0.321952$$

结果与 φ 系数一致。

7.4.2 列联系数

列联系数主要用于大于 2×2 列联表的相关性度量，用 C 表示。计算公式为：

$$C=\sqrt{\frac{\chi^2}{\chi^2+n}} \tag{7.9}$$

从式（7.9）可以看出，列联系数不可能大于或等于 1。当两个变量独立时，$C=0$，即使两个变量完全相关，列联系数也不可能等于 1。因此，解释列联系数的含义不够方便。例如，根据例 7-5 的计算结果，得到满意度与地区之间的列联系数为：

$$C=\sqrt{\frac{51.8266}{51.8266+500}}=0.306461$$

3 个系数均显示满意度与地区之间存在一定的相关性。

计算列联表相关性度量的代码和结果如代码框 7-6 所示。

代码框 7-6　两个类别变量的相关性度量

```
import math
n=500
chi2=51.827    #使用例 7-5 的计算结果
phi=math.sqrt(chi2/n)
v=math.sqrt(chi2/n*(2-1))
c=math.sqrt(chi2/(chi2+n))
print(f"phi 系数={phi:.5f},v 系数={v:.5f},c 系数={c:.5f}")
```

```
phi 系数=0.32195,v 系数=0.32195 ,c 系数=0.30646
```

习　题

7.1　一家食品生产企业想了解过去一年中各月份的销售量是否符合均匀分布，以便更好地安排生产，企业的市场销售部门收集了过去一年中每个月的销售量数据（单位：箱）如下：

月份	销售量
1 月	1 660
2 月	1 600
3 月	1 560
4 月	1 490

续表

月份	销售量
5 月	1 380
6 月	1 620
7 月	1 580
8 月	1 680
9 月	1 550
10 月	1 370
11 月	1 410
12 月	1 610

检验各月份的销售量是否符合均匀分布（$\alpha=0.05$）。

7.2　一家汽车企业的销售部门对购买雪佛兰羚羊、福特 Fusion 与本田雅阁的 500 位车主进行调查，获取车主是否可能再次购买该品牌的汽车数据，得到如下数据：

	雪佛兰羚羊	福特 Fusion	本田雅阁
会再次购买	69	120	123
不会再次购买	56	80	52

（1）检验不同品牌汽车的再次购买率是否相同（$\alpha=0.05$）。

（2）检验每两个品牌汽车的再次购买率是否相同（$\alpha=0.05$）。

7.3　为研究大学生的逃课情况，一个研究小组做了一次调查，得到男女学生逃课情况的汇总表如下：

是否逃课	男	女
逃过课	34	38
未逃过课	28	50

检验是否逃课与学生性别是否独立（$\alpha=0.05$）。

7.4　为研究上市公司对其股价波动的关注程度，一家研究机构对在主板、中小板和创业板上市的 190 家公司进行了调查，得到如下数据：

上市公司的类型	关注	不关注
主板企业	50	70
中小板企业	30	15
创业板企业	20	5

（1）检验上市公司的类型与对股价波动的关注程度是否独立（$\alpha=0.05$）。

（2）计算上市公司的类型与对股价波动的关注程度两个变量之间的 φ 系数、Cramer's V 系数和列联系数，并分析其相关程度。

7.5　一家汽车企业的销售部门对北部地区、南部地区和中部地区的 400 个消费者进行了抽样调查，得到如下数据：

汽车价格	北部地区	南部地区	中部地区
10 万元以下	20	40	40
10~20 万元	50	50	60
20~30 万元	30	20	20
30 万元以上	40	10	20

（1）检验地区与汽车价格是否独立（$\alpha=0.05$）。

（2）计算地区与汽车价格两个变量之间的 φ 系数、Cramer's V 系数和列联系数，并分析其相关程度。

第 8 章　方差分析

方差分析是 20 世纪 20 年代发展起来的一种统计方法，它的基本原理是由英国统计学家 Ronald Fisher 在进行试验设计时为解释试验数据而首先引入的。目前，方差分析方法广泛应用于心理学、生物学、工程和医药相关学科的试验数据。本章首先介绍方差分析的基本原理，然后介绍只涉及一个因变量的单因子独立样本和双因子独立样本的方差分析方法。

8.1　方差分析的原理

8.1.1　什么是方差分析

方差分析（analysis of variance，ANOVA）是分析类别自变量对数值因变量影响的一种统计方法。自变量对因变量的影响也称为自变量**效应**（effect）。由于影响效应的大小表现在因变量的误差里有多少是自变量造成的，因此，方差分析是通过对数据误差的分析来检验这种效应是否显著。

为理解方差分析的有关概念，先看一个简单的例子。

【例 8-1】（数据：example8_1. csv）为分析不同时间电脑处理器顶尖水平性能的改变规律，某数据中心分别在 2020 年第二季度、2020 年第三季度和 2021 年第一季度开展了顶尖电脑处理器性能测评工作，然后在每个时间市场上的高性能得分电脑中抽取 30 款电脑，获得的电脑处理器的得分数据如表 8-1 所示。

表 8-1　三个时间电脑处理器（电脑性能）的得分数据　　单位：分

2020 年第二季度	2020 年第三季度	2021 年第一季度
1 083 546	1 029 575	1 725 584
651 401	668 441	1 284 483
517 440	511 137	1 068 484
366 452	348 244	1 041 618
353 786	339 329	923 142
314 934	284 131	890 057
288 302	274 748	844 962
285 369	265 583	803 878
268 038	265 567	770 183
254 566	238 271	732 810

续表

2020 年第二季度	2020 年第三季度	2021 年第一季度
237 541	237 710	729 188
235 409	234 460	725 305
223 323	217 368	684 938
221 857	210 197	674 307
217 132	208 533	673 699
191 792	186 831	667 385
184 224	186 266	660 439
182 340	184 700	627 885
178 348	182 431	609 761
172 627	182 228	605 539
172 254	182 128	587 969
171 062	177 067	575 643
164 536	172 753	574 504
158 077	170 582	565 556
146 055	163 378	565 205
140 650	160 225	564 236
140 642	159 098	546 672
136 582	155 616	525 489
133 379	147 757	519 443
132 790	140 176	508 621

在表 8－1 中，测评所处的时间段是类别变量，称为试验的**因子**（factor），2020 年第二季度、2020 年第三季度和 2021 年第一季度是因子的三个不同取值称为**处理**（treatment）或**水平**（level）。被检测的每款电脑就是接受处理的对象或实体，称为**试验单元**（experiment unit）。电脑性能得分则是因变量，每次测评获得的电脑性能得分是样本观察值。分析测评的不同时间段对电脑性能得分影响的统计方法就是方差分析。

8.1.2　误差分解

怎样分析测评时间段对电脑性能得分是否有显著影响呢？由于测评时间段对电脑性能得分的影响效应体现在测评得分数值的误差里，因此，分析时首先应从数据误差的分析入手。方差分析的原理就是通过对数据误差的分析来判断类别自变量（测评时间段）对数值因变量（测评得分）的影响效应是否显著。

怎样分析数据的误差呢？从表8－1可以看出，每个测评时间段（每种处理）各有30个试验数据，这些数据实际上是从每个时间段测评的顶尖电脑的总体中抽出来的样本量为30的随机样本，共获得3个样本的90个试验数据。可以看出，这90个电脑性能数据是不同的，这种反映全部观测数据的误差称为**总误差**（total error）。本例中，总误差反映了全部90个观测数据误差的大小。

总误差可能是不同处理（测评的时间段不同）造成的，也可能是其他随机因素造成的。由不同处理造成的误差称为**处理误差**（treatment error）或**处理效应**（treatment effect）。本例中，处理误差反映了不同测评时间段对电脑性能的影响。由于处理误差来自不同的处理之间，有时也称为**组间误差**（between-group error）。由其他随机因素对观测数据造成的误差称为**随机误差**（random error），简称**误差**（error）。本例中，随机误差反映了除测评时间段外其他随机因素对电脑性能的影响。由于随机误差主要存在于每种处理的内部，因此，随机误差有时也称为**组内误差**（within-group error）。

在统计中，数据的误差通常用**平方和**（sum of squares）表示，记为SS。反映全部数据总误差大小的平方和称为**总平方和**（sum of squares for total），记为SST。例如，全部90个电脑性能得分之间的误差平方和就是总平方和，它反映了全部电脑性能得分的总离散程度。反映处理误差大小的平方和称为**处理平方和**（treatment sum of squares）或**组间平方和**（between-group sum of squares），记为SSA（注：这里把因子记为A）。例如，不同测评时间电脑性能得分的误差平方和就是处理平方和。反映随机误差大小的平方和称为**误差平方和**（sum of squares of error）或**组内平方和**（within-group sum of squares），记为SSE。这样，全部数据的总误差平方和被分解成两部分：一部分是处理平方和SSA，另一部分是误差平方和SSE。显然，这三个误差平方和的关系为：SST = SSA + SSE。

数据误差的来源及其分解过程可用图8－1来表示。

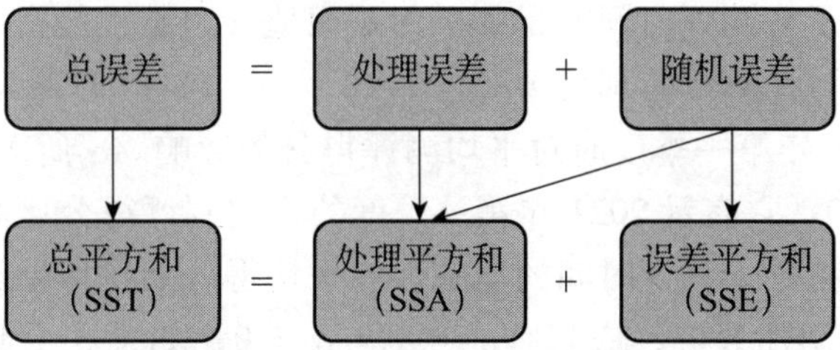

图8－1 误差的来源及其分解

方差分析就是要分析数据的总误差中处理误差是否显著存在。如果处理（不同的测评时间）对观测数据（电脑性能得分）没有显著影响，意味着处理误差不显著。这时，每种处理所对应的总体均值（μ_i）应该相等。如果处理误差显著存在，每种处理所对应的总体均值（μ_i）至少有一对不相等。因此，就例8－1而言，设三个测评时间的均值分别为μ_1、μ_2、μ_3，分析测评时间对电脑性能的影响也就是要检验下面的假设：

H_0：$\mu_1 = \mu_2 = \mu_3$（测评时间对电脑性能得分的影响不显著）

H_1：μ_1，μ_2，μ_3不全相等（测评时间对电脑性能得分的影响显著）

8.2 单因子方差分析

只考虑一个因子对观测数据影响的方差分析称为**单因子方差分析**（one-way analysis of variance）。比如，在例 8－1 中，只考虑电脑测评时间对电脑性能得分的影响就属于单因子方差分析。

8.2.1 数学模型

设因子 A 有 I 个处理（比如测评时间有 2020 年第二季度、2020 年第三季度和 2021 年第一季度 3 个处理），单因子方差分析可用下面的线性模型来表示：

$$y_{ij}=\mu_i+\varepsilon_{ij} \tag{8.1}$$

式中，y_{ij}为第 i（$i=1,2,\cdots,I$）个处理中的第 j 个观察值；μ_i为第 i 个处理的平均值；ε_{ij}为第 i 个处理中的第 j 个观察值的随机误差。例如，在表 8－1 中，2021 年第一季度（第 3 个处理）的第 1 个观察值 1 725 584（y_{31}）可表示为第三个处理的平均性能得分（μ_3）加上随机误差（ε_{31}）；2020 年第二季度（第 1 个处理）的第 1 个观察值 1 083 546 可表示为第一个处理的平均性能得分（μ_1）加上随机误差（ε_{11}）；等等。

对于式（8.1），通常假定ε_{ij}是期望值为 0、方差相等的正态随机变量，即 $\varepsilon\sim N(0,\sigma^2)$，这意味着无论 i 的数值是多少，ε_{ij}均服从期望值为 0、方差为某个假定值的正态分布，ε_{ij}所对应的是随机误差。同时，为了能够对观察值（电脑性能得分）进行预测，假定 $E(y)=\mu_i$，即第 i 个处理的各观察值都等于该处理的均值。比如，处理 1 的各电脑性能得分的预测值就是处理 1 的电脑性能得分的均值。

设全部观测数据的总均值为 μ，第 i 个处理效应用第 i 个处理均值μ_i与总均值之差（$\mu_i-\mu$）表示，记为α_i，即$\alpha_i=\mu_i-\mu$。这样，第 i 个处理均值被分解成$\mu_i=\mu+\alpha_i$，式（8.1）可以表达成下面的形式：

$$y_{ij}=\mu+\alpha_i+\varepsilon_{ij} \tag{8.2}$$

式中，μ 为不考虑因子（测评时间）的影响时观察值（电脑性能得分）的总均值，它是模型的常数项（截距）；α_i为处理为 i（$i=1,2,\cdots,I$）时对观察值的附加效应，比如，测评时间为 2021 年第一季度时对平均测评得分的影响。α_i所对应的就是处理误差，比如，假定$\alpha_3=1\,000$，它表示 2021 年第一季度的平均测评得分比总的电脑测评平均得分高出 1 000 分。如果 3 个测评时间的电脑性能平均得分无显著差异，则表示测评时间对电脑性能得分没有附加效应，应当有$\alpha_1=\alpha_2=\alpha_3=0$；如果 3 个测评时间的电脑性能平均得分有显著差异，则表示测评时间对电脑性能得分有附加效应，此时α_1，α_2，α_3中至少有一个不等于 0。因此，要检验电脑测评时间对电脑性能得分是否有显著影响，也就是检验如下假设：

H_0：$\alpha_1=\alpha_2=\alpha_3=0$（测评时间对电脑性能得分的影响不显著）

H_1：α_1，α_2，α_3至少有一个不等于 0（测评时间对电脑性能得分的影响显著）

在单因子方差分析中，上述检验也可等价地表示为：

H_0：$\mu_1=\mu_2=\mu_3=0$

H_1：μ_1，μ_2，μ_3不全相等

8.2.2　效应检验

设因子 A 有 I 个处理，单因子方差分析要检验的假设为：

H_0：$\alpha_i = 0$（$i = 1, 2, \cdots, I$）（处理效应不显著）

H_1：α_i至少有一个不等于 0（处理效应显著）

为获得上述检验的统计量，首先需要计算处理平方和 SSA、误差平方和 SSE，然后将各平方和除以相应的自由度 df，以消除观测数据多少对平方和大小的影响，其结果称为**均方**（mean square），也称为方差。最后，将处理均方（MSA）除以误差均方（MSE），即得到用于检验处理效应的统计量 F。这一计算过程可以用方差分析表的形式来表示。表 8－2展示了单因子方差分析表的一般形式。

表 8－2　单因子方差分析表

误差来源	平方和 SS	自由度 df	均方 MS	检验统计量 F
处理效应	$\text{SSA} = \sum_{i=1}^{I} n_i(\bar{y}_i - \bar{\bar{y}})^2$	$I-1$	$\text{MSA} = \frac{\text{SSA}}{I-1}$	$\frac{\text{MSA}}{\text{MSE}}$
误差	$\text{SSE} = \sum_{i=1}^{I}\sum_{j=1}^{n_i}(y_{ij} - \bar{y}_i)^2$	$n-I$	$\text{MSE} = \frac{\text{SSE}}{n-I}$	
总效应	$\text{SST} = \sum_{i=1}^{I}\sum_{j=1}^{n_i}(y_{ij} - \bar{\bar{y}})^2$	$n-1$		

在表 8－2 中：

n 为因变量观察值的个数，本例 $n = 90$。

n_i为第 i 个处理的样本量，本例 3 个处理的样本量相等，均为 30。

$\bar{y}_i = \frac{1}{n_i}\sum_{j=1}^{n_i} y_{ij}$（$i = 1, 2, \cdots, I$；$j = 1, 2, \cdots, J$），是对应于第 i 个处理的样本均值。

$\bar{\bar{y}} = \frac{1}{n}\sum_{i=1}^{I}\sum_{j=1}^{n_i} y_{ij}$ 是所有样本数据的均值。

有了统计量，就可以根据 P 值做出决策：若 $P < \alpha$，拒绝H_0，α_i（$i = 1, 2, \cdots, I$）不全为 0，表示处理效应显著（因子对观察值有显著影响）。

【例 8－2】（数据：example8_2. csv）沿用例 8－1。检验测评时间对电脑性能得分的影响是否显著（$\alpha = 0.05$）。

解： 设测评时间对电脑性能得分的影响效应分别为α_1（2020 年第二季度测评）、α_2（2020 年第三季度测评）、α_3（2021 年第一季度测评）。提出的假设为：

H_0：$\alpha_1 = \alpha_2 = \alpha_3 = 0$（测评时间对电脑性能得分的影响不显著）

H_1：α_1，α_2，α_3至少有一个不等于 0（测评时间对电脑性能得分的影响显著）

单因子方差分析的 Python 代码和结果如代码框 8－1 所示。

代码框 8－1　单因子方差分析

```
#拟合方差分析模型
import pandas as pd
fromstatsmodels.formula.api import ols
fromstatsmodels.stats.anova import anova_lm
example8_1 = pd.read_csv('C:/pydata/chap08/example8_1.csv', encoding = 'gbk')

example8_1.columns = ['season', 'value']
model = ols('value ~ C(season)', example8_1[['season', 'value']]).fit()
a = anova_lm(model)
print(a)        # 输出方差分析表
```

```
              df        sum_sq        mean_sq          F         PR(>F)
C(season)    2.0  4.590439e+12  2.295219e+12  49.708864  4.007688e-15
Residual    87.0  4.017072e+12  4.617324e+10        NaN           NaN
```

代码框 8－1 列出了测评时间和随机效应的平方和（sum_sq）、自由度（df）、均方（mean_sq）、检验统计量值（F）、检验的 P 值（Pr（>F））。由于 $P=4.007\,688e-15<0.05$，拒绝H_0，表示α_i（$i=1$，2，3）至少有一个不等于 0，这意味着测评时间对电脑性能得分的影响效应显著。

使用 summary 函数可以得到方差分析的更多结果，如代码框 8－2 所示。

代码框 8－2　输出方差分析的模型摘要

```
#使用 summary 函数输出模型摘要
print(model.summary())
```

```
                          OLS Regression Results
==============================================================================
Dep. Variable:                  value   R-squared:                       0.533
Model:                            OLS   Adj. R-squared:                  0.523
Method:                 Least Squares   F-statistic:                     49.71
Date:                Fri, 22 Oct 2021   Prob (F-statistic):           4.01e-15
Time:                        12:34:28   Log-Likelihood:                -1231.2
No. Observations:                  90   AIC:                             2468.
Df Residuals:                      87   BIC:                             2476.
Df Model:                           2
Covariance            Type:nonrobust
==============================================================================
                          coef    std err        t    P>|t|    [0.025    0.975]
------------------------------------------------------------------------------
Intercept            7.426e+05   3.92e+04   18.928    0.000   6.65e+05  8.21e+05
C(season)[T.第三季度] -4.797e+05   5.55e+04   -8.647    0.000   -5.9e+05  -3.69e+05
C(season)[T.第二季度] -4.784e+05   5.55e+04   -8.623    0.000  -5.89e+05  -3.68e+05
```

```
==============================================================================
Omnibus:                    69.519   Durbin-Watson:                   0.648
Prob(Omnibus):               0.000   Jarque-Bera (JB):              324.339
Skew:                        2.627   Prob(JB):                     3.72e-71
Kurtosis:                   10.674   Cond. No.                         3.73
==============================================================================

Notes:
[1] Standard Errors assume that the covariance matrix of the errors is correctly specified.
```

代码框输出的模型摘要有三部分：

第1部分展示模型基本情况与拟合情况，左侧列出了因变量名称、模型（OSL）和拟合方法（最小二乘法）、运行日期与时间、观察值个数、残差自由度、模型自由度、协方差类型；右侧列出了 R 方、调整后的 R 方、F 统计量值、因子效应检验的 P 值、极大似然值、AIC 和 BIC 等（相关内容见第9章和第10章）。

第2部分展示模型系数估计情况，包括截距与模型系数的估计值、标准差、t 统计量的值、t 统计量的 P 值、截距和系数的95%置信区间。其中，截距（intercept）是模型 $y_{ij}=\mu+\alpha_i+\varepsilon_{ij}$ 中的常数项 μ，它表示不考虑电脑测评时间这一因子影响时电脑性能得分总的均值为7.426e+05分，这实际上就是2021年第一季度（参照的基础水平）的平均得分。由于3个测评时间一共有3个参数，在估计模型的参数时，需要将因子的某一个处理（本例为2021年第一季度）作为参照水平，这相当于强迫 $\alpha_1=0$，另外两个参数（2020年第二季度和2020年第三季度）的估计值实际上是与参照水平相比较的结果。比如，2020年第二季度的参数 $\alpha_1=-4.784e+05$，表示2020年第二季度对电脑性能得分的附加效应，即电脑性能平均得分与参照标准为2021年第一季度的平均得分相比低4.784e+05分；2020年第三季度的参数 $\alpha_2=-4.797e+05$，表示2020年第三季度对测评得分的附加效应，即平均得分与2021年第一季度的平均得分相比低4.797e+05分。

第3部分展示模型诊断情况，包括Omnibus检验、DW残差独立性检验、JB正态性检验、条件数（用于识别多重共线性）等（相关内容见第10章）。

此外，还可以绘制各样本性能得分的均值图来观察各样本之间的差异，代码和结果如代码框8-3所示。

代码框8-3　绘制样本的均值图

```
#绘制均值图(图8-2)
import matplotlib.pyplot as plt
plt.rcParams['font.sans-serif'] = ['SimHei']
plt.rcParams['axes.unicode_minus'] = False
mean=model.params.values[0]
mean1=model.params.values[1]
mean2=model.params.values[2]
lci, uci=model.conf_int().iloc[0].values
df_mean=pd.DataFrame([lci, mean, uci], index=['lci', 'mean', 'uci'], columns=['2021年第一季度'])
df_mean['2020年第二季度'] = df_mean['2021年第一季度'] + model.params.values[2]
```

```
df_mean['2020 年第三季度'] = df_mean['2021 年第一季度'] + model.params.values[1]
df_mean = df_mean[["2020 年第二季度","2020 年第三季度","2021 年第一季度"]]
ax = df_mean.T.plot(ls = '', marker = 'o', legend = False, c = 'black',
                    figsize = (8, 6), xlabel = '测评时间', ylabel = '电脑性能得分')
ax = df_mean.loc['mean'].plot()
plt.show()
```

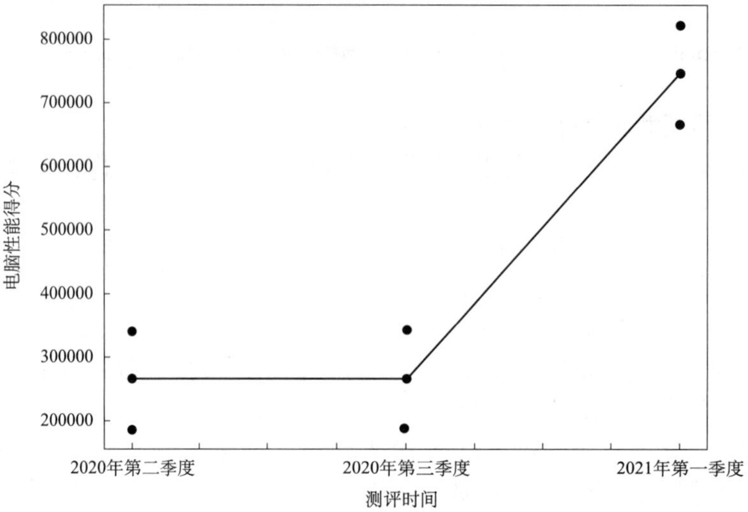

图 8-2　各样本测评得分的均值图

图 8-2 中中间的点是各样本性能得分的均值，上面和下面的点分别是 95% 置信区间的上限和下限。

8.2.3　效应量分析

如果方差分析拒绝原假设，则表明自变量（因子）对因变量（观测结果）的影响显著，而影响的大小则用效应量来度量。在单因子方差分析中，效应量是因子平方和与总平方和之比，它反映了在因变量取值的总误差中被因子解释的比例。显然，效应量越大，说明自变量与因变量之间的关系越强。用η^2表示效应量，计算公式为：

$$\eta^2 = \frac{\text{因子平方和}}{\text{总平方和}} = \frac{SSA}{SST} \tag{8.3}$$

例如，根据代码框 8-1 的方差分析结果计算的效应量为：

$$\eta^2 = \frac{(4.590\,439e+12)}{(4.590\,439e+12)+(4.017\,072e+12)} = 0.533\,3 \tag{8.4}$$

结果表明，在测评得分取值的总误差中被测评时间解释的比例为 53.33%。

计算效应量的代码和结果如代码框 8-4 所示。

代码框 8-4　计算例 8-2 的效应量

```
#计算例 8-2 的效应量
print(f"效应量为{model.rsquared: .4g}")  # 模型输出结果中含有效应量信息
```

```
效应量为 0.5333
```

8.2.4 多重比较

例8－2的检验结果显示，测评时间对测评得分有显著影响，或者说不同测评时间的测评得分差异显著，但这一检验并未告诉我们究竟哪些测评时间的测评得分差异显著。为分析这种差异到底出现在哪些测评时间之间，设2020年第二季度测评得分的均值为μ_1，2020年第三季度测评得分的均值为μ_2，2021年第一季度测评得分的均值为μ_3，也就是要找出μ_1与μ_2、μ_1与μ_3、μ_2与μ_3之间究竟是哪两个均值不相等，这种对均值的配对检验就是方差分析中的**多重比较**（multiple comparison）。

多重比较的方法有许多，每种方法的适用场合不完全一样，这里只介绍常用的Tukey-Kramer的HSD方法。

HSD是**真实显著差异**（honestly significant difference，HSD）的缩写，该方法是由Jone W. Tukey于1953年提出的，因此也称为Tukey的HSD方法。由于Tukey的HSD方法要求各处理的样本量相同，因此当各处理的样本量不相同时，该方法就不再适用。20世纪50年代中期，C. Y. Kramer对Tukey的HSD方法做了一些修正，使其适用于样本量不同的情形。修正后的HSD检验称为Tukey-Kramer方法，简称Tukey-Kramer的HSD方法。该方法的适用场合是：研究者事先并未计划进行多重比较，只是在方差分析拒绝原假设后，才需要对任意两个处理的均值进行比较。

HSD方法依据的不是普通的t分布而是**学生化全距分布**（studentized range distribution）。该分布有两个参数，分别为I和（$N-I$）。HSD方法用自由度为I和（$N-I$）的学生化全距分布的（$1-\alpha$）分位数作为临界值，记为$q_\alpha(I, N-I)$。

HSD方法考虑三个数值，即处理个数、均方误差MSE和样本量。利用这三个值和一个临界值q确定出一个临界差异，该临界差异是判断两个处理的均值存在显著差异所必须达到的差异。因此，只要计算出HSD，就可以将两个处理的均值之差的绝对值与HSD进行比较，从而确定两个处理的均值是否存在显著差异。HSD的计算公式为：

$$\text{HSD} = q_\alpha(I, N-I)\sqrt{\frac{\text{MSE}}{2}\left(\frac{1}{n_i}+\frac{1}{n_j}\right)} \tag{8.5}$$

式中，I为处理的个数（也就是样本均值的个数）；N为所有样本观察值的个数；n_i和n_j分别为第i个样本和第j个样本的样本量；α为给定的显著性水平；（$N-I$）为MSE的自由度；$q_\alpha(I, N-I)$为学生化全距分布的临界值（这里借助R软件的qtukey（$1-a$，I，$N-I$）函数可获得该临界值）。

当各处理的样本量相同时，即$n_i=n_j=n$，$\sqrt{\frac{\text{MSE}}{2}\left(\frac{1}{n}+\frac{1}{n}\right)}=\sqrt{\frac{\text{MSE}}{n}}$，式（8.5）可简化为：

$$\text{HSD} = q_\alpha(I, N-I)\sqrt{\frac{\text{MSE}}{n}} \tag{8.6}$$

式（8.6）简称Tukey的HSD方法。

HSD方法也可以得到$\mu_i-\mu_j$的置信区间。设定显著性水平α，$\mu_i-\mu_j$在$1-\alpha$置信水平下的置信区间为（$\bar{y}_i-\bar{y}_j$）±HSD，即

$$(\bar{y}_i-\bar{y}_j) \pm q_\alpha(I, N-I)\sqrt{\frac{\text{MSE}}{2}\left(\frac{1}{n_i}+\frac{1}{n_j}\right)} \tag{8.7}$$

【例8-3】(数据：example8_2. csv) 沿用例8-2。假定在试验之前并未计划要对任何测评时间的差异进行比较，若方差分析结果拒绝原假设，用 HSD 方法对不同测评时间的测评得分均值做多重比较（$\alpha=0.05$）。

解：提出假设：H_0：$\mu_i=\mu_j$，H_0：$\mu_i \neq \mu_j$。

多重比较的代码和结果如代码框 8-5 所示。

代码框 8-5　多重比较的 HSD 方法

```
#多重比较的 HSD 方法
import pandas as pd
from statsmodels.stats.multicomp import MultiComparison
example8_1 = pd.read_csv('C:/pydata/chap08/example8_1.csv', encoding = 'gbk')
example8_1.columns = ['season', 'value']
mc = MultiComparison(example8_1['value'], groups = example8_1['season'])
print(mc.tukeyhsd(alpha = 0.05))
```

```
Multiple Comparison of Means - Tukey HSD, FWER = 0.05
==========================================================================
 group1    group2    meandiff  p-adj      lower             upper    reject
--------------------------------------------------------------------------
第一季度  第三季度  -479748.5  0.001  -612048.0659   -347448.9341    True
第一季度  第二季度  -478417.7  0.001  -610717.2659   -346118.1341    True
第三季度  第二季度     1330.8    0.9  -130968.7659    133630.3659   False
--------------------------------------------------------------------------
```

代码框 8-5 给出了不同测评时间之间的均值差（meandif)、差异性检验的 P 值（p-adj)、差值的 95% 的置信区间下限（lower）和上限（upper)，最后一列给出的是检验结论，True 表示差异显著，False 表示差异不显著。结果显示，2020 年第二季度和 2020 年第三季度之间的差异不显著，2021 年第一季度和 2020 年第二季度、2021 年第一季度和 2020 年第三季度之间的差异均显著。

8.3 双因子方差分析

考虑两个类别自变量对数值因变量影响的方差分析称为**双因子方差分析**（two-way analysis of variance)。分析时有两种情形：一是只考虑两个因子对因变量的单独影响，即**主效应**（main effect)，这时的方差分析称为只考虑主效应的双因子方差分析，或称为**无重复双因子分析**（two-factor without replication)；二是除了两个因子的主效应外，还考虑两个因子的搭配对因变量产生的**交互效应**（interaction effect)，这时的方差分析称为考虑交互效应的双因子方差分析，或称为**可重复双因子分析**（two-factor with replication)。

8.3.1 数学模型

设因子 A 有 I 个处理，因子 B 有 J 个处理，两个因子共有 IJ 种不同的处理组合。如果每种处理组合只测得一个观察值，则有 IJ 个观察值，这样的测量属于无重复测量（无重复试验）。如果每种处理组合测得多个观察值，这样的测量就是重复测量（重复试验）。如果每种处理组合重复测量的次数相同，将重复次数记为 K，这时两个因子的 IJ 种不同处理组合共有 IJK 个观察值。

如果只考虑主效应而不考虑交互效应，两个因子的每种组合可以只测得一个观察值，即 $K=1$。但要考虑交互效应时，每种组合就必须重复测量多个观察值，一般要求每种处理的重复次数 K 不小于 2。

为便于表述，我们引进下列记号：

$\bar{\mu}_{i.}$：因子 A 的第 i 个处理的均值（$i=1,\ 2,\ \cdots,\ I$）。

$\bar{\mu}_{.j}$：因子 B 的第 j 个处理的均值（$j=1,\ 2,\ \cdots,\ J$）。

μ：总均值，它是所有处理均值 μ_{ij} 的平均。

α_i：因子 A 的效应。它衡量的是因子 A 的第 i 个处理均值与总均值的差异程度，即 $\alpha_i=\bar{\mu}_{i.}-\mu$。

β_j：因子 B 的效应。它衡量的是因子 B 的第 j 个处理均值与总均值的差异程度，即 $\beta_j=\bar{\mu}_{.j}-\mu$。

γ_{ij}：因子 A 的第 i 个处理和因子 B 的第 j 个处理搭配产生的交互效应。它衡量的是因子 A 的第 i 个处理和因子 B 的第 j 个处理搭配（共有 IJ 个）对因变量产生的效应。

ε_{ijk}：误差。随机因子对因变量的影响。

这样，对于任何一个观察值 y_{ijk} 都可以表达成下面的线性组合，即

$$y_{ijk}=\mu+\alpha_i+\beta_j+\gamma_{ij}+\varepsilon_{ijk}\quad (k=1,\ 2,\ \cdots,\ K) \tag{8.8}$$

在式（8.8）中：

y_{ijk} 为因子 A 的第 i 个处理和因子 B 的第 j 个处理组合的第 k 个观察值。

μ 为不考虑因子 A 和因子 B 及其交互影响时观察值的总均值，它是模型的常数项（截距）。

α_i 为因子 A 的处理为 i 时对观测数据的附加效应，它所对应的就是因子 A 的处理误差。

β_j 为因子 B 的处理为 j 时对观测数据的附加效应，它所对应的就是因子 B 的处理误差。

γ_{ij} 为因子 A 的第 i 个处理和因子 B 的第 j 个处理搭配产生的交互效应。

ε_{ijk} 为因子 A 的第 i 个处理和因子 B 的第 j 个处理组合中的第 k 个观察值的随机误差，同时假定 ε_{ijk} 服从均值为 0、方差为常数的正态分布。

式（8.8）就是考虑交互效应时双因子方差分析的数学模型。

当交互效应 γ_{ij} 为 0 时，式（8.8）变为：

$$y_{ijk}=\mu+\alpha_i+\beta_j+\varepsilon_{ijk} \tag{8.9}$$

式（8.9）就是只考虑主效应时双因子方差分析的数学模型，显然它是考虑交互效应的方差分析模型的一个特例。

8.3.2　主效应分析

1. 效应检验

对于因子 A 的 I 个处理和因子 B 的 J 个处理，要检验因子 A 和因子 B 对因变量的主效应，也就是检验如下假设：

检验因子 A 的假设：

H_0：$\alpha_i=0$（$i=1, 2, \cdots, I$）（因子 A 的处理效应不显著）

H_1：α_i至少有一个不等于 0（因子 A 的处理效应显著）

检验因子 B 的假设：

H_0：$\beta_j=0$（$j=1, 2, \cdots, J$）（因子 B 的处理效应不显著）

H_1：β_j至少有一个不等于 0（因子 B 的处理效应显著）

各因子的效应用误差来表示。检验上述假设时，与式（8.8）对应的误差分解过程如图 8－3 所示。

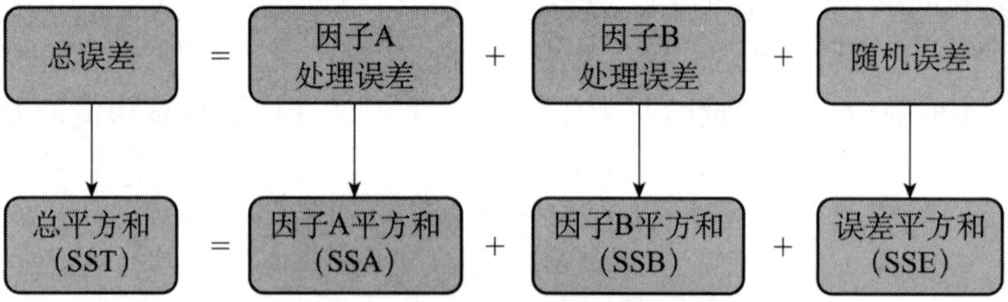

图 8－3　只考虑主效应的误差分解

根据上述误差分解原理，可以构建用于检验因子 A 和因子 B 主效应的统计量F_A和F_B。设：

y_{ijk}为因子 A 的第 i 个处理和因子 B 的第 j 个处理组合的第 k 个观察值；

$\bar{y}_{i.}$为因子 A 的第 i 个处理的样本均值；

$\bar{y}_{.j}$为因子 B 的第 j 个处理的样本均值；

$\bar{y}_{ij}$为对应于因子 A 的第 i 个处理和因子 B 的第 j 个处理组合的样本均值；

$\bar{\bar{y}}$为全部 IJK 个观察值的总均值；

各平方和的计算公式如下：

总平方和：

$$\text{SST} = \sum_{i=1}^{I}\sum_{j=1}^{J}\sum_{k=1}^{K}(y_{ijk}-\bar{\bar{y}})^2$$

因子 A 的平方和：

$$\text{SSA} = JK\sum_{i=1}^{I}(\bar{y}_{i.}-\bar{\bar{y}})^2$$

因子 B 的平方和：

$$\text{SSB} = IK\sum_{j=1}^{J}(\bar{y}_{.j}-\bar{\bar{y}})^2$$

交互效应平方和：

$$\text{SSAB} = K\sum_{i=1}^{I}\sum_{j=1}^{J}(\bar{y}_{ij}-\bar{y}_{i.}-\bar{y}_{.j}+\bar{\bar{y}})^2$$

误差平方和：

$$\text{SSE} = \text{SST}-\text{SSA}-\text{SSB}-\text{SSAB}$$

将各平方和（SS）除以相应的自由度 df，得到各均方（MS），再将各处理均方（MSA

和 MSB）分别除以误差均方（MSE），即得到用于检验因子 A 和因子 B 主效应的统计量F_A和F_B。

只考虑主效应的双因子方差分析表如表 8－3 所示。

表 8－3　只考虑主效应的双因子方差分析表

误差来源	平方和 SS	自由度 df	均方 MS	检验统计量 F
因子 A 的处理效应	SSA	$I-1$	$MSA=\frac{SSA}{I-1}$	$F_A=\frac{MSA}{MSE}$
因子 B 的处理效应	SSB	$J-1$	$MSB=\frac{SSB}{J-1}$	$F_B=\frac{MSB}{MSE}$
误差	SSE	$IJK-I-J+1$	$MSE=\frac{SSE}{IJK-I-J+1}$	
总效应	SST	$IJK-1$		

注：如果两个因子的每种处理组合只测得一个观察值，即 $K=1$，则误差平方和 SSE 的自由度为：$df=IJ-I-J+1=(I-1)(J-1)$。总平方和 SST 的自由度为 $IJ-1$。

【例 8－4】（数据：example8_4. csv）中国综合社会调查（CGSS）在 2017 年做了关于受访者性别和自我认知的身体健康状况对受访者收入的影响。受访者有男、女两种性别：男 =1，女 =2。自我认知的健康状况有五种：1 = 很不健康，2 = 比较不健康，3 = 一般，4 = 比较健康，5 = 很健康。这样两种性别和五种自我认知的身体健康状况的搭配共有 2 × 5 =10 种组合。如果选择 50 个受访者，每一种搭配可以做 5 次试验，即相当于每种搭配重复做了 5 次试验。试验取得的数据如表 8－4 所示。检验性别和自我认知的身体健康状况对受访者年收入的影响是否显著（$\alpha=0.05$）。

表 8－4　受访者性别和自我认知的身体健康状况的实验数据

	很不健康	比较不健康	一般	比较健康	很健康
男	36 000	20 000	130 000	20 000	100 000
	6 900	1 000	70 000	72 000	70 000
	30 000	60 000	8 000	48 000	60 000
	10 000	2 000	12 000	67 200	50 000
	13 000	30 000	2 000	50 000	84 000
女	10 000	300	27 600	36 000	30 000
	2 000	25 000	2 000	10 000	50 000
	4 000	40 000	85 000	30 000	25 000
	25 000	20 000	20 000	60 000	50 000
	5 000	4 000	3 000	40 000	65 000

解：设身体健康状况（因子 A）对年收入的附加效应分别为α_1（很不健康）、α_2（比较不健康）、α_3（一般）、α_4（比较健康）、α_5（很健康）；性别（因子 B）对年收入的附

加效应分别为β_1（男）、β_2（女）。检验年收入效应的假设为：

H_0：$\alpha_1=\alpha_2=\alpha_3=\alpha_4=\alpha_5=0$（健康状况对年收入的影响不显著）

H_1：α_1，α_2，α_3，α_4，α_5至少有一个不等于0（健康状况对年收入的影响显著）

检验性别效应的假设为：

H_0：$\beta_1=\beta_2=0$（性别对年收入的影响不显著）

H_1：β_1，β_2至少有一个不等于0（性别对年收入的影响显著）

主效应方差分析的代码和结果如代码框 8－6 所示。

代码框 8－6　主效应方差分析

```
#拟合主效应方差分析模型,输出方差分析表
import pandas as pd
from statsmodels.formula.api import ols
from statsmodels.stats.anova import anova_lm
example8_4 = pd.read_csv('C:/pydata/chap08/example8_4.csv', encoding = 'gbk')
example8_4.columns = ['性别', '身体状况', '全年总收入']
model2m = ols(formula = '全年总收入 ~ 性别 + 身体状况', data = example8_4).fit()  #拟合主效应模型
print(anova_lm(model2m, typ = 1))  #输出方差分析表
```

```
              df        sum_sq       mean_sq          F      PR(>F)
性别          1.0   2.936845e+09  2.936845e+09   4.681871   0.035953
身体状况      4.0   1.267231e+10  3.168078e+09   5.050499   0.001944
Residual     44.0   2.760033e+10  6.272801e+08        NaN        NaN
```

```
#输出模型的其他信息
print(model2m.summary())
```

```
                            OLS Regression Results
==============================================================================
Dep. Variable:                  全年总收入   R-squared:                   0.361
Model:                             OLS   Adj. R-squared:              0.289
Method:                  Least Squares   F-statistic:                 4.977
Date:                 Fri, 22 Oct 2021   Prob (F-statistic):        0.00107
Time:                         13:17:39   Log-Likelihood:            -574.17
No. Observations:                   50   AIC:                         1160.
Df Residuals:                       44   BIC:                         1172.
Df Model:                            5
Covariance Type:             nonrobust
==================================================================================
                        coef      std err        t    P>|t|     [0.025     0.975]
----------------------------------------------------------------------------------
Intercept            2.83e+04    8676.037    3.261    0.002    1.08e+04   4.58e+04
性别[T.男]          1.533e+04    7083.954    2.164    0.036    1051.228   2.96e+04
身体状况[T.很不健康] -2.177e+04   1.12e+04   -1.944    0.058   -4.43e+04    803.558
```

```
身体状况[T.很健康]          2.244e+04  1.12e+04    2.003  0.051    -133.558    4.5e+04
身体状况[T.比较不健康]     -1.573e+04  1.12e+04   -1.404  0.167   -3.83e+04   6843.558
身体状况[T.比较健康]        7360.0000  1.12e+04    0.657  0.515   -1.52e+04   2.99e+04
==========================================================================================
Omnibus:                       15.173   Durbin-Watson:                   1.897
Prob(Omnibus):                  0.001   Jarque-Bera (JB):               19.736
Skew:                           1.049   Prob(JB):                     5.18e-05
Kurtosis:                       5.252   Cond. No.                         6.56
==========================================================================================
Notes:
[1] Standard Errors assume that the covariance matrix of the errors is correctly specified.
```

由代码框8-6给出的方差分析表可知，受访者性别和身体状况两个因子的 P 值（Pr(>F)）均小于0.05，表示两个因子对受访者的年收入均有显著影响。

代码框8-6中的截距（Intercept）是模型$y_{ijk}=\mu+\alpha_i+\beta_j+\varepsilon_{ijk}$中的常数项$\mu$，它表示不考虑“性别”和“受访者自我认知的身体健康状况”影响时受访者年收入的均值为2.83e+04元。接下来是对健康状况的影响效应α_i和性别的影响效应β_j的估计。由于5个健康程度共有5个参数，在估计模型的参数时，将第三个水平（本例为“一般”）作为参照水平，这相当于强迫$\alpha_3=0$，另外几个参数（很不健康、很健康、比较健康、比较不健康）的估计值实际上就是与参照水平相比较的结果。比如，很不健康的参数$\alpha_1=-2.177e+04$，表示很不健康对年收入的附加效应；性别的参数$\beta_1=1.533e+04$，表示性别为男时对年收入的附加效应（性别为女作为参照水平）；等等。

2. 效应量分析

在两个因子的主效应方差分析中，衡量效应量大小的统计量是**偏效应**（partial effect），即偏η^2。某个因子的偏效应是排除另一个因子的效应后，该因子对因变量的影响大小。计算公式为：

因子A的偏效应量：

$$偏\ \eta^2=\frac{因子\ A\ 的平方和}{因子\ A\ 的平方和+误差平方和}=\frac{SSA}{SSA+SSE} \tag{8.10}$$

因子B的偏效应量：

$$偏\ \eta^2=\frac{因子\ B\ 的平方和}{因子\ B\ 的平方和+误差平方和}=\frac{SSB}{SSB+SSE} \tag{8.11}$$

例如，根据代码框8-6的方差分析表，得到性别和健康状况的偏效应量分别为：

性别的偏效应量：

$$偏\ \eta^2=\frac{(2.936\,845e+09)}{(2.936\,845e+09)+(2.760\,033e+10)}=0.096\,2$$

结果表明：在排除健康状况的影响后，性别解释了年收入误差的9.62%。

身体健康状况的偏效应量：

$$偏\ \eta^2=\frac{(1.267\,231e+10)}{(1.267\,231e+10)+(2.760\,033e+10)}=0.314\,7$$

即在排除性别的影响后，身体健康状况解释了年收入误差的 31.47%。

此外，还可以计算每个因子的主效应量，以反映每个因子对因变量的单独影响大小。主效应量的计算方法是分别将每个因子的平方和除以总平方和。

例如，根据代码框 8-6 的方差分析表，得到性别的主效应量为：

$$\eta^2=\frac{(2.936\,845e+09)}{(2.936\,845e+09)+(1.267\,231e+10)+(2.760\,033e+10)}=0.067\,97$$

身体健康状况的主效应量为：

$$\eta^2=\frac{(1.267\,231e+10)}{(2.936\,845e+09)+(1.267\,231e+10)+(2.760\,033e+10)}=0.293\,3$$

即性别因子单独解释了年收入的 6.797%；身体健康状况因子单独解释了年收入误差的 29.33%。

由于主效应量 η^2 具有可加性（各项效应之和等于 1。注意：偏 η^2 不具有可加性），将两个主效应量相加就是两个因子的**联合效应**（joint effect），它反映了两个因子联合起来对因变量的影响大小。例如，将性别的主效应量和身体状况的主效应量相加，为 0.067 97 + 0.293 3 = 0.361 3，表示性别和身体健康状况两个因子联合起来共解释了年收入误差的 36.13%。

计算主效应方差分析效应量的 Python 代码和结果如代码框 8-7 所示。

代码框 8-7 主效应方差分析的效应量

```
#计算主效应方差分析的效应量
import pandas as pd
import numpy as np
from statsmodels.formula.api import ols
from statsmodels.stats.anova import anova_lm
example8_4 = pd.read_csv('C:/pydata/chap08/example8_4.csv', encoding='gbk')
example8_4.columns = ['性别', '身体状况', '全年总收入']
model2m = ols(formula='全年总收入 ~ 性别 + 身体状况', data=example8_4).fit()
df_res = anova_lm(model2m, typ=1)
df_res['eta_sq'] = df_res['sum_sq']/df_res['sum_sq'].sum()  # 计算主效应量
df_res['eta_sq_part'] = df_res['sum_sq']/(df_res['sum_sq'] + df_res.loc['Residual',
'sum_sq'])  # 计算偏效应量
df_res.loc['Residual', 'eta_sq_part'] = np.nan
print(df_res)
```

```
            df        sum_sq       mean_sq    PR(>F)    eta_sq  eta_sq_part
性别        1.0  2.936845e+09  2.936845e+09  0.035953  0.067968     0.096173
身体状况    4.0  1.267231e+10  3.168078e+09  0.001944  0.293276     0.314663
Residual  44.0  2.760033e+10  6.272801e+08       NaN  0.638756          NaN
```

代码框 8-7 中列出了每个因子的主效应量（eta_sq）和偏效应量（eta_sq_part）。

8.3.3　交互效应分析

1. *效应检验*

如果除考虑性别和身体健康状况两个因子的主效应外，还考虑两个因子搭配对年收入的交互作用，则方差分析的模型为式（8.10）。

对于因子 A 的 I 个处理和因子 B 的 J 个处理，要检验因子 A 的效应、因子 B 的效应、两个因子的交互效应，也就是检验如下假设。

检验因子 A 的假设：

H_0：$\alpha_i = 0$（$i = 1, 2, \cdots, I$）（因子 A 的处理效应不显著）

H_1：α_i 至少有一个不等于 0（因子 A 的处理效应显著）

检验因子 B 的假设：

H_0：$\beta_1 = \beta_2 = 0$（性别对年收入的影响不显著）

H_1：β_1，β_2 至少有一个不等于 0（性别对年收入的影响显著）

检验交互效应的假设：

H_0：$\gamma_{ij} = 0$（交互效应不显著）

H_1：γ_{ij} 至少有一个不等于 0（交互效应显著）

检验上述假设时，与式（8.8）对应的总误差分解过程可用图 8－4 表示。

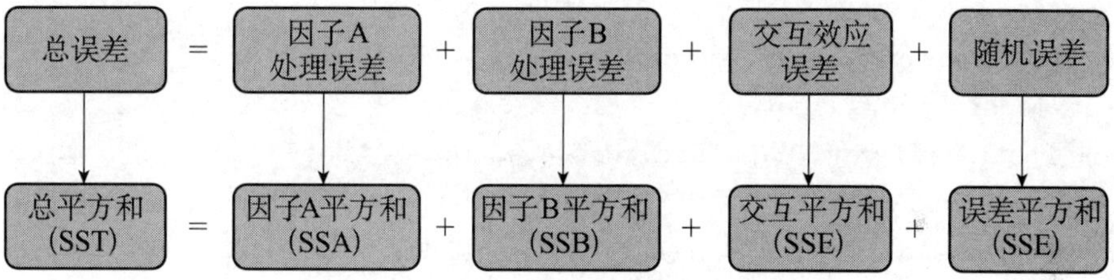

图 8－4　考虑交互效应的误差分解

根据上述误差分解原理，可以构建用于检验的统计量 F_A、F_B、F_{AB}。其原理与只考虑主效应的双因子方差分析类似，其方差分析表如表 8－5 所示。

表 8－5　考虑交互效应的双因子方差分析表

误差来源	平方和 SS	自由度 df	均方 MS	检验统计量 F
因子 A 的处理效应	SSA	$I-1$	$\text{MSA}=\frac{\text{SSA}}{I-1}$	$F_A=\frac{\text{MSA}}{\text{MSE}}$
因子 B 的处理效应	SSB	$J-1$	$\text{MSB}=\frac{\text{SSB}}{J-1}$	$F_B=\frac{\text{MSB}}{\text{MSE}}$
A、B 的交互效应	SSAB	$(I-1)(J-1)$	$\text{MSAB}=\frac{\text{SSAB}}{(I-1)(J-1)}$	$F_{AB}=\frac{\text{MSAB}}{\text{MSE}}$
误差	SSE	$IJ(K-1)$	$\text{MSE}=\frac{\text{SSE}}{IJ(K-1)}$	
总效应	SST	$IJK-1$		

【例 8－5】（数据：example8_4.csv）沿用例 8－4。检验性别、身体健康状况及其交互

效应对年收入的影响是否显著（$\alpha=0.05$）。

解： 设身体健康状况对年收入的附加效应分别为α_1（很不健康）、α_2（比较不健康）、α_3（一般）、α_4（比较健康）、α_5（很健康）；性别（因子 B）对年收入的附加效应分别为β_1（男）、β_2（女）；交互效应为γ_{ij}。

检验身体健康状况效应的假设为：

H_0：$\alpha_1=\alpha_2=\alpha_3=\alpha_4=\alpha_5=0$（健康状况对年收入的影响不显著）

H_1：α_1，α_2，α_3，α_4，α_5至少有一个不等于0（健康状况对年收入的影响显著）

检验性别效应的假设为：

H_0：$\beta_1=\beta_2=0$（性别对年收入的影响不显著）

H_1：β_1，β_2至少有一个不等于0（性别对年收入的影响显著）

检验交互效应的假设：

H_0：$\gamma_{ij}=0$（$i=1，2，3$；$j=1，2$）（交互效应不显著）

H_1：γ_{ij}至少有一个不等于0（交互效应显著）

交互效应方差分析的 Python 代码和结果如代码框 8－8 所示。

代码框 8－8　交互效应的方差分析

```
#拟合交互效应方差分析模型(输出方差分析表)
import pandas as pd
from statsmodels.formula.api import ols
from statsmodels.stats.anova import anova_lm
example8_4 = pd.read_csv('C:/pydata/chap08/example8_4.csv', encoding = 'gbk')
example8_4.columns = ['性别', '身体状况', '全年总收入']
model2m = ols(formula = '全年总收入 ~ 性别 + 身体状况 + 性别:身体状况', data = example8_4).fit()
print(anova_lm(model2m, typ = 1))  # 输出方差分析表
```

```
                df        sum_sq        mean_sq          F      PR(>F)
性别            1.0   2.936845e+09   2.936845e+09   4.385524   0.042627
身体状况        4.0   1.267231e+10   3.168078e+09   4.730818   0.003207
性别:身体状况   4.0   8.136052e+08   2.034013e+08   0.303735   0.873744
Residual       40.0   2.678672e+10   6.696680e+08        NaN        NaN
```

```
#输出模型的其他信息
print(model2m.summary())
```

```
                          OLS Regression Results
==============================================================================
Dep. Variable:              全年总收入   R-squared:                      0.380
Model:                             OLS   Adj. R-squared:                 0.241
Method:                  Least Squares   F-statistic:                    2.725
Date:                 Fri, 22 Oct 2021   Prob (F-statistic):            0.0141
Time:                         13:44:04   Log-Likelihood:               -573.43
No. Observations:                   50   AIC:                            1167.
Df Residuals:                       40   BIC:                            1186.
```

```
Df Model:                          9
Covariance Type:           nonrobust
==============================================================================================
                                          coef    std err        t    P>|t|     [0.025     0.975]
----------------------------------------------------------------------------------------------
Intercept                            2.752e+04   1.16e+04    2.378    0.022   4130.158   5.09e+04
性别[T.男]                            1.688e+04   1.64e+04    1.031    0.309  -1.62e+04      5e+04
身体状况[T.很不健康]                   -1.832e+04   1.64e+04   -1.119    0.270  -5.14e+04   1.48e+04
身体状况[T.很健康]                      1.648e+04   1.64e+04    1.007    0.320  -1.66e+04   4.96e+04
身体状况[T.比较不健康]                 -9660.0000   1.64e+04   -0.590    0.558  -4.27e+04   2.34e+04
身体状况[T.比较健康]                    7680.0000   1.64e+04    0.469    0.641  -2.54e+04   4.08e+04
性别[T.男]:身体状况[T.很不健康]         -6900.0000   2.31e+04   -0.298    0.767  -5.37e+04   3.99e+04
性别[T.男]:身体状况[T.很健康]           1.192e+04   2.31e+04    0.515    0.609  -3.49e+04   5.87e+04
性别[T.男]:身体状况[T.比较不健康]      -1.214e+04   2.31e+04   -0.524    0.603  -5.89e+04   3.46e+04
性别[T.男]:身体状况[T.比较健康]         -640.0000   2.31e+04   -0.028    0.978  -4.74e+04   4.61e+04
==============================================================================================
Omnibus:                      16.245   Durbin-Watson:                   1.896
Prob(Omnibus):                 0.000   Jarque-Bera (JB):               22.295
Skew:                          1.090   Prob(JB):                     1.44e-05
Kurtosis:                      5.440   Cond. No.                         15.3
==============================================================================================

Notes:
[1] Standard Errors assume that the covariance matrix of the errors is correctly specified.
```

代码框8-8中的方差分析表显示，检验性别和身体健康状况的P值均小于0.05，表示两个因子对年收入的影响均显著，而检验交互效应的$P=0.873\,744$，大于0.05，表示交互效应对年收入的影响不显著。

绘制主效应和交互效应图的代码和结果如代码框8-9所示。

代码框8-9　绘制性别和身体健康状况的主效应和交互效应图

```
#图8-5的绘制代码
import pandas as pd
from statsmodels.graphics.api import interaction_plot
import matplotlib.pyplot as plt
plt.rcParams['font.sans-serif'] = ['SimHei']
plt.rcParams['axes.unicode_minus'] = False
plt.subplots_adjust(hspace=0.8, wspace=0.8)

example8_4 = pd.read_csv('C:/pydata/chap08/example8_4.csv', encoding='gbk')
example8_4.columns = ['性别', '身体健康状况', '全年总收入']
y_col = '全年总收入'; x1_col = '身体健康状况'; x2_col = '性别'
```

```
plt.subplots(2, 2, figsize = (10, 8))
ax1 = plt.subplot(221)
interaction_plot(x = example8_4[x2_col], trace = example8_4[x1_col],
                 response = example8_4[y_col],ylabel = y_col, ax = ax1)
plt.legend(loc = 'upper left')
plt.xlabel("")
ax1.set_title(f'{y_col} ~ {x2_col} | {x1_col}')

ax2 = plt.subplot(222)
example8_4.boxplot(column = y_col, by = x1_col, grid = False, ax = ax2)
plt.xlabel("")
ax2.set_title(f'{y_col} ~ {x1_col} | {x1_col}')

ax3 = plt.subplot(223)
example8_4.boxplot(column = y_col, by = x2_col, grid = False, ax = ax3)

ax4 = plt.subplot(224)
interaction_plot(x = example8_4[x1_col], trace = example8_4[x2_col],
                 response = example8_4[y_col],xlabel = x1_col, ylabel = y_col,
                 ax = ax4)

plt.suptitle('年收入:主效应和交互效应图', fontsize = 15)
plt.tight_layout()
```

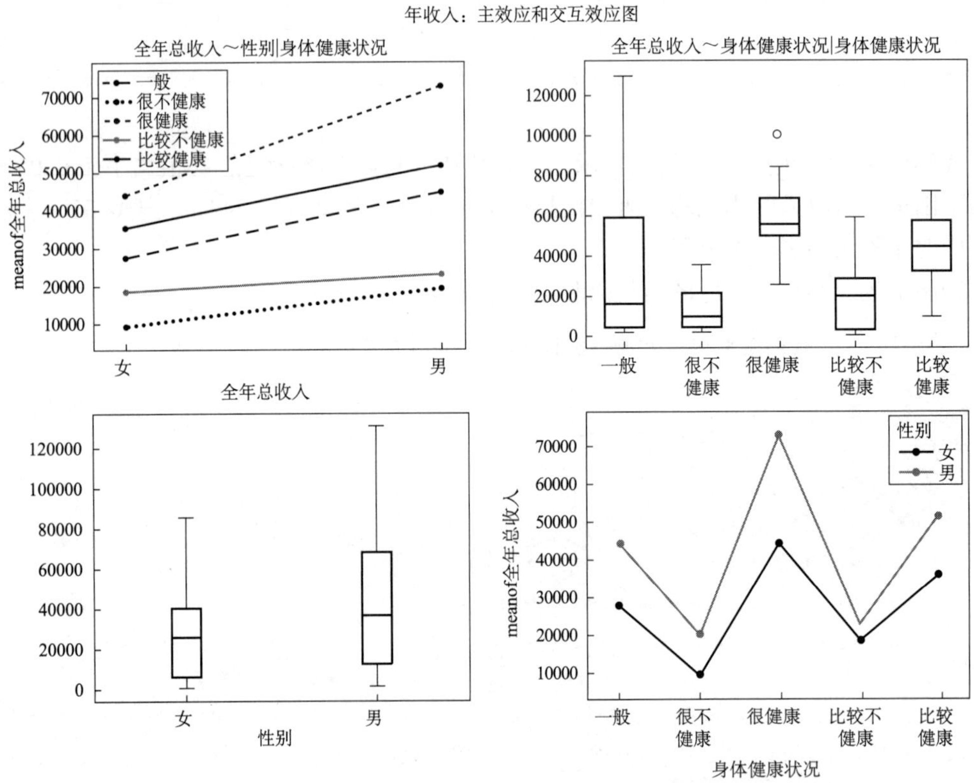

图 8－5　例 8－5 方差分析的主效应和交互效应图

图8-5中的箱线图反映了每个因子的主效应，可观察性别和身体健康状况对全年总收入是否有影响；折线图反映了两个因子的交互效应。由于图中的各条折线基本上是平行的，表示两个因子间无明显的交互效应（无交互效应时，一个因子各处理间均值的差异不会随另一个因子处理的变化而变化，各条折线是平行的。如果各条线明显不平行或之间有交叉，则意味着两个因子的各处理间存在交互效应）。

2. 效应量分析

在两个因子的交互效应方差分析中，衡量效应量大小的统计量仍然是偏效应量，即偏η^2。两个因子的偏效应量计算公式如式（8.10）和式（8.11）所示。交互效应的偏效应量计算公式为：

$$偏\ \eta^2=\frac{交互效应平方和}{交互效应平方和+误差平方和}=\frac{SSAB}{SSAB+SSE} \tag{8.12}$$

例如，根据例8-5的方差分析结果，得到性别、健康状况及其交互效应的偏效应量分别为：

性别的偏效应量：

$$偏\ \eta^2=\frac{(2.936\,845e+09)}{(2.936\,845e+09)+(6.696\,680e+08)}=0.098\,8$$

结果表明：在排除健康状况的影响后，性别解释了年收入误差的9.88%。

身体健康状况的偏效应量：

$$偏\ \eta^2=\frac{(1.267\,231e+10)}{(1.267\,231e+10)+(6.696\,680e+08)}=0.321\,2$$

结果表明：在排除性别的影响后，身体健康状况解释了年收入误差的32.12%。

交互效应的偏效应量：

$$偏\ \eta^2=\frac{(8.136\,052e+08)}{(8.136\,052e+08)+(6.696\,680e+08)}=0.029\,5$$

即在排除性别和身体健康状况的影响后，交互效应解释了年收入误差的2.95%。这么小的偏效应量佐证了上述检验中交互效应不显著的结论。

同样，可以将各因子的平方和分别除以总平方和计算出因子A、因子B的主效应量以及交互效应AB的主效应量。显然，各项主效应之和等于1。

代码框8-10给出了计算交互效应方差分析效应量的代码和结果。

代码框8-10 交互效应方差分析的效应量

```
#交互效应方差分析的效应量
import pandas as pd
import numpy as np
from statsmodels.formula.api import ols
from statsmodels.stats.anova import anova_lm

example8_4 = pd.read_csv('D:\\统计学教材\\全年收入1.csv', encoding='gbk')
example8_4.columns = ['性别', '身体状况', '全年总收入']
model2i = ols(formula='全年总收入~性别+身体状况+性别:身体状况', data=example8_4).fit()
```

```
df_res = anova_lm(model2i, typ = 1)
df_res['eta_sq'] = df_res['sum_sq'] / df_res['sum_sq'].sum()
df_res['eta_sq_part'] = df_res['sum_sq'] / (df_res['sum_sq'] + df_res.loc['Residual', 'sum_sq'])
df_res.loc['Residual', 'eta_sq_part'] = np.nan
print(df_res)
```

```
              df        sum_sq       mean_sq    PR(>F)    eta_sq  eta_sq_part
性别           1.0  2.936845e+09  2.936845e+09  0.042627  0.067968  0.098805
身体状况        4.0  1.267231e+10  3.168078e+09  0.003207  0.293276  0.321151
性别:身体状况    4.0  8.136052e+08  2.034013e+08  0.873744  0.018829  0.029478
Residual      40.0  2.678672e+10  6.696680e+08       NaN  0.619927          NaN
```

8.4 方差分析的假定及其检验

在方差分析模型中，假定误差项 ε 是期望值为 0、方差相等的正态独立随机变量，这些假定实际上也就是对因变量 y 的假定。在做方差分析之前，应首先对这些假定进行检验，考察数据是否适合做方差分析。

8.4.1 正态性检验

正态性（normality）假定要求每个处理所对应的总体都服从正态分布（检验正态性的方法见第 6 章），即对于任意一个处理，其观察值是来自正态分布总体的简单随机样本。例如，在例 8－1 中，要求每个测评时间的电脑性能得分必须服从正态分布，在例 8－4 中，要求每种性别和每种健康状态下的年收入数据都必须服从正态分布。

【例 8－6】（数据：example8_4. csv）沿用例 8－4。分别用 Q－Q 图和检验方法检验男女性别下的年收入数据是否服从正态分布（$\alpha = 0.05$）。

解： 首先，绘制 Q－Q 图来检验年收入是否服从正态分布。当每个处理的样本量足够大时，可以对每个样本绘制 Q－Q 图来检查每个处理对应的总体是否服从正态分布。当每个处理的样本量比较小时，正态概率图中的点很少，提供的正态性信息有限。这时，可以将每个处理的样本数据合并起来绘制一幅正态概率图来检验正态性。代码和结果如代码框 8－11 所示。

代码框 8－11　检验男女全年收入是否符合正态标准

```
#图 8-6 的绘制代码
import pandas as pd
import statsmodels.api as sm
from matplotlib import pyplot as plt
plt.rcParams['font.sans-serif'] = ['SimHei']
plt.rcParams['axes.unicode_minus'] = False

example8_6 = pd.read_csv('C:/pydata/chap08/example8_6.csv', encoding = 'gbk')
example8_6.columns = ['男', '女']
```

```
plt.subplots(1, 2, figsize = (12, 4))

ax1 = plt.subplot(131)
pplot_1 = sm.ProbPlot(example8_6['男'], fit = True)
pplot_1.qqplot(line = 'r', ax = ax1, xlabel = '期望正态值', ylabel = '标准化的观测值')
ax1.set_title('男性全年收入的 Q - Q 图')

ax2 = plt.subplot(132)
pplot_2 = sm.ProbPlot(example8_6['女'], fit = True)
pplot_2.qqplot(line = 'r', ax = ax2, xlabel = '期望正态值', ylabel = '标准化的观测值')
ax2.set_title('女性全年收入的 Q - Q 图')

plt.tight_layout()
```

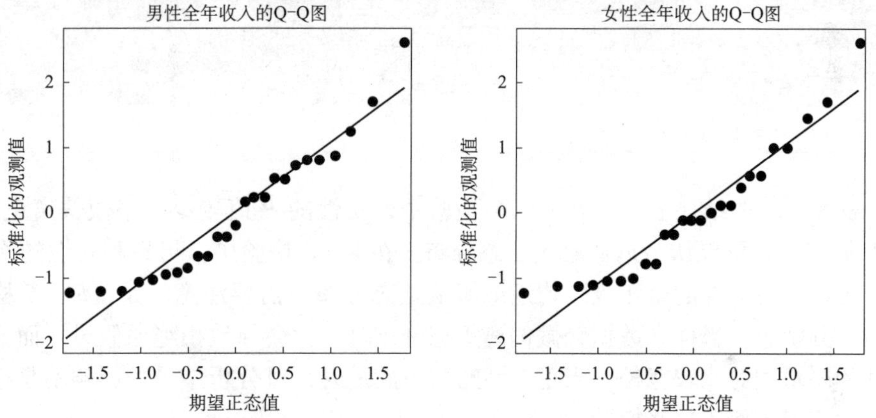

图 8-6　男性和女性年收入的正态 Q-Q 图

图 8-6 显示，男性和女性全年收入的正态 Q-Q 图均存在两端翘尾现象，难以确切判断男性和女性的全年收入是否服从正态分布。因此，可以利用 S-W 检验和 K-S 检验来判断，该检验的原假设是全年收入服从正态分布。检验的代码和结果如代码框 8-12 所示。

代码框 8-12　S-W 和 K-S 正态性检验

```
# S-W 正态性检验(男性)
import pandas as pd
from scipy.stats import shapiro

example8_6 = pd.read_csv('C:/pydata/chap08/example8_6.csv', encoding = 'gbk')
W,p_value = shapiro(example8_6['男'])
print(f"统计量 W = {W: .5f},p 值 = {p_value: .4g}")
```

```
统计量 W = 0.92449,p 值 = 0.06491
```

```
# S-W 正态性检验(女性)
W,p_value = shapiro(example8_6['女'])
print(f"统计量 W = {W: .5f},p 值 = {p_value: .4g}")
```

```
统计量 W=0.91726,p 值 = 0.04439
```

```
# K-S 正态性检验(男性)
import pandas as pd;from scipy.stats import kstest
example8_6 = pd.read_csv('C:/pydata/chap08/example8_6.csv', encoding='gbk')
D,p_value = kstest(example8_6['男'], 'norm', alternative='two-sided', mode='asymp',
        args=(example8_6['男'].mean(),example8_6['男'].std()))
print(f"统计量 D = {D: .5f},p 值 = {p_value: .4g}")
```

```
统计量 D=0.14062,p 值 =0.7061
```

```
# K-S 正态性检验(女性)
D,p_value = kstest(example8_6['女'], 'norm', alternative='two-sided', mode='asymp',
        args=(example8_6['女'].mean(),example8_6['女'].std()))
print(f"统计量 D = {D: .5f},p 值 = {p_value: .4g}")
```

```
统计量 D=0.13169,p 值 =0.7788
```

代码框 8-12 的结果显示，在 S-W 检验中，女性的 P 值较小，略微偏离正态分布，男性的 P 值较大，可以认为近似服从正态分布。在 K-S 检验中，男性和女性的检验 P 值均较大，可以认为男女的全年收入均近似服从正态分布。需要注意的是，S-W 检验对正态性偏离十分敏感，当样本数据轻微偏离正态分布时，也会导致拒绝原假设。而方差分析对正态性的要求相对比较宽松，当正态性略微不满足时，对分析结果的影响不是很大。因此，实际中应谨慎使用这些检验。

8.4.2 方差齐性检验

方差齐性（homogeneity variance）假定要求各处理的总体方差 σ^2 必须相等。比如，在例 8-2 中，要求各测评时间的电脑性能得分的方差都相同，在例 8-4 中，要求每个性别的年收入和每种健康状况的年收入方差都相同。检验方差齐性可以使用图示法，也可以使用标准的统计检验。

1. 图示法

检验方差齐性的图形有箱线图和残差图等。比如，绘制出每个样本数据的箱线图观察其离散程度，如果各样本箱线图的离散程度大致相同，那么方差齐性假定就可能是满足的。检验方差齐性的另一种图示方法是绘制残差图。**残差**（residual）是实际观察值与预测值的差值，残差除以残差的标准差称为**标准化残差**（standardized residual）。以例 8-4 的数据为例，分析不同性别对年收入的影响，绘制残差图的代码和结果如代码框 8-13 所示。

代码框 8-13　用残差图检验方差齐性

```
#图 8-7 的绘制代码(绘制例 8-4 方差分析的残差图和标准化残差的 Q-Q 图)
import pandas as pd
from statsmodels.formula.api import ols
import statsmodels.api as sm
import matplotlib.pyplot as plt
plt.rcParams['font.sans-serif'] = ['SimHei']
plt.rcParams['axes.unicode_minus'] = False

example8_4 = pd.read_csv('C:/pydata/chap08/example8_4.csv', encoding = 'gbk')
example8_4.columns = ['性别', '身体状况', '全年总收入']
model = ols(formula = '全年总收入 ~ 性别', data = example8_4).fit()
plt.subplots(1, 2, figsize = (10, 4.5))
plt.subplot(121)
plt.scatter(model.fittedvalues, model.resid)
plt.xlabel('拟合值')
plt.ylabel('残差')
plt.title('(a) 残差值与拟合值图', fontsize = 15)
plt.axhline(0, ls = '--')

ax2 = plt.subplot(122)
pplot = sm.ProbPlot(model.resid, fit = True)
pplot.qqplot(line = 'r', ax = ax2, xlabel = '期望正态值', ylabel = '标准化的观测值')
ax2.set_title('(b) 正态 Q-Q 图', fontsize = 15)
plt.tight_layout()
```

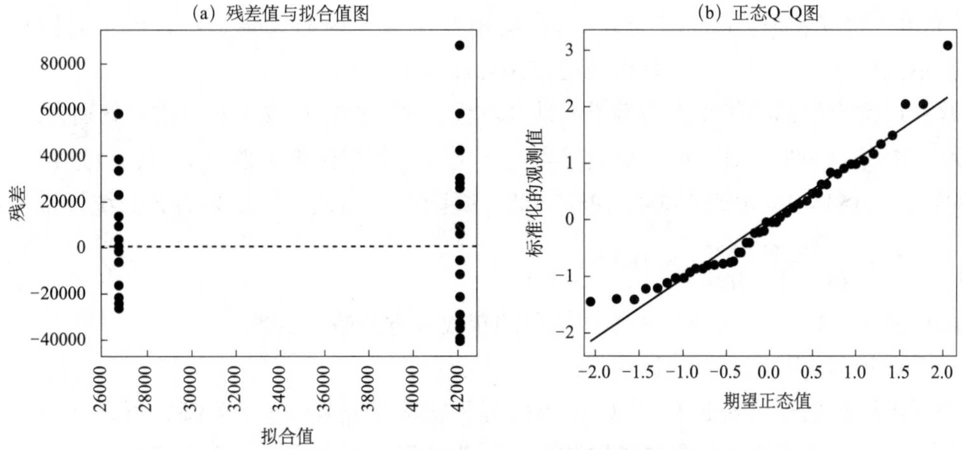

图 8-7　例 8-4 方差分析模型的残差图和标准化残差的 Q-Q 图

图 8－7（a）是残差图，图中的横坐标是模型的拟合值，纵坐标是预测残差。可以看出，两个性别的残差都没有离群点，拟合值和残差的散点随机分布在一个水平带之内，但男性的离散程度略大于女性的离散程度，这表示不同性别的年收入方差略有不齐。此外，该图也可用于评价方差分析模型的拟合效果。如果模型拟合得很好，那么拟合值与残差值的观测点就应该在一条水平线附近波动。图 8－7（a）显示，性别与年收入之间的线性关系假定成立，表示所选的方差分析模型是合理的。

图 8－7（b）是标准化残差的正态 Q－Q 图，该图的作用与图 8－7（a）类似，可用于检验残差的正态性假定是否成立。从图 8－7（b）可以看出，各个点基本上在直线周围分布，没有固定模式，可以认为 ε 的正态性假定基本成立。

2. 检验法

当各处理的样本量较小时，利用图示法很难发现离散程度的差异，这时可以使用检验法。方差齐性的检验法有 Levene 检验、Bartlett 检验等，限于篇幅，本节只介绍 Levene 检验。

对于自变量的 I 个处理，方差齐性检验的假设是：

H_0：$\sigma_1^2=\sigma_2^2=\cdots=\sigma_I^2$

H_1：σ_1^2，σ_2^2，$\cdots$，σ_I^2 至少有两个不同

Levene 检验是由 H. Levene 于 1960 年提出的。该检验既可用于正态总体，也可用于非正态总体。检验统计量为：

$$F=\frac{\text{MSA}}{\text{MSE}}\sim F(I-1,\ n-I) \tag{8.13}$$

式中，MSA 和 MSE 是对因变量实施 $y_i'=|y_i-\bar{x}_i|$ 的变换或 $y_i'=|y_i-M_{e_i}|$ 的变换后进行方差分析得到的处理均方和残差均方，其中的 $\bar{x}_i$ 是第 i 个处理的 y 的平均数，M_{e_i} 第 i 个处理的 y 的中位数。

如果 $P<\alpha$，拒绝 H_0，表示各总体的方差不相等。

【例 8－7】（数据：example8_4. csv）沿用例 8－6。用 Levene 方法检验不同性别的年收入和不同健康状况的年收入是否满足方差齐性（$\alpha=0.05$）。

解：以两个性别的年收入为例说明计算过程。两个性别年收入的中位数分别为：$M_{e_1}=36\ 000$，$M_{e_2}=25\ 000$。对每种性别的年收入分别减去其中位数后取绝对值，再进行方差分析，得到的 MSA＝1 490 580 000，MSE＝287 724 100。由式（8.13）得到的统计量为：

$$F=\frac{1\ 490\ 580\ 000}{287\ 724\ 100}=5.180\ 59$$

相应的 $P=0.027$。可以认为不同性别的年收入方差略有不齐。

Levene 检验的代码和结果如代码框 8－14 所示。

由于不同性别年收入的 $P<0.05$，不同健康状况年收入的 $P>0.05$，可以认为两个性别的年收入方差略有不齐，不同健康状态的年收入满足方差齐性。但在方差分析中，对方差齐性的要求相对比较宽松，当方差略有不齐时，对分析结果的影响不是很大。特别是当各处理的样本量相同时，方差分析对不等方差是稳健的。

代码框 8-14 Levene 方差齐性检验

```
#不同性别年收入的 Levene 检验
import pandas as pd
from scipy.stats import levene

example8_4 = pd.read_csv('C:/pydata/chap08/example8_4.csv', encoding = 'gbk')
example8_4.columns = ['性别', '身体状况', '全年总收入']
sample1 = example8_4.loc[example8_4['性别'] = = '男', '全年总收入'].values
sample2 = example8_4.loc[example8_4['性别'] = = '女', '全年总收入'].values
```

```
统计量 F = 5.18059,p 值 = 0.027
```

```
#不同健康状况年收入的 Levene 检验
sample1 = example8_4.loc[example8_4['身体状况'] = = '很不健康', '全年总收入'].values
sample2 = example8_4.loc[example8_4['身体状况'] = = '比较不健康', '全年总收入'].values
sample3 = example8_4.loc[example8_4['身体状况'] = = '一般', '全年总收入'].values
sample4 = example8_4.loc[example8_4['身体状况'] = = '比较健康', '全年总收入'].values
sample5 = example8_4.loc[example8_4['身体状况'] = = '很健康', '全年总收入'].values
F,p_value = levene(sample1, sample2, sample3, sample4, sample5)
print(f "统计量 F = {B: .5f},p 值 = {p_value: .4g}")
```

```
统计量 F = 5.18059,p 值 = 0.162
```

注:levene 函数中 center 参数默认为'median'.

除正态性和方差齐性假定外，方差分析中还有一个重要的假定，即独立性（independence）。该假定要求每个样本数据来自不同处理的独立样本。比如，在例 8-4 中，两个性别的年收入数据是来自两个不同年收入总体的两个独立样本，五种健康状况的年收入是来自五种健康状况总体的五个独立样本。方差分析对独立性的要求比较严格，若该假设得不到满足，方差分析的结果往往会受到较大影响。独立性需要试验设计之前予以确定，不需要检验。因为在获取数据之前，试验的安排是否独立，研究者本身就是清楚的，而获取数据后独立与否是无法更改的。

总的来看，相对于试验数据，经济社会领域的数据较难达到方差齐性等各个假设，本章例题作为示例仅供大家学习方法使用，实践中要充分重视样本量的大小及其代表性。

习 题

8.1 一家牛奶公司有 4 台机器装填牛奶，每桶的容量为 4L。下面是从 4 台机器中抽取的装填量样本数据（单位：L）：

机器 1	机器 2	机器 3	机器 4
4.05	3.99	3.97	4.00
4.01	4.02	3.98	4.02
4.02	4.01	3.97	3.99

续表

机器 1	机器 2	机器 3	机器 4
4.04	3.99	3.95	4.01
4.00	4.00	4.02	4.00
4.03	4.05	4.00	4.03

（1）检验机器对装填量是否有显著影响（$\alpha=0.01$）。

（2）分析效应量。

（3）采用 HSD 方法比较哪些机器的装填量之间存在显著差异。

（4）检验装填量是否满足正态性和方差齐性。

8.2　一家管理咨询公司为不同的客户提供人力资源管理讲座。每次讲座的内容基本上一样，但听课者有时是高层管理者，有时是中层管理者，有时是基层管理者。该公司认为，不同层次的管理者对讲座的满意度是不同的。讲座结束后随机抽取不同层次的管理者，其满意度评分如下（评分标准是 1～10，10 代表非常满意）：

高层管理者	中层管理者	基层管理者
7	8	5
7	9	6
8	8	5
7	10	7
9	9	4
8	10	8

（1）检验管理者的层次不同是否会导致评分的显著差异（$\alpha=0.05$），并分析效应量。

（2）采用 HSD 方法比较管理者的评分之间的差异。

（3）检验满意度评分是否满足正态性和方差齐性。

8.3　某项目研究了女性的体重与其自我认知的“在过去的四周中，由于健康问题影响到您的工作或其他日常活动的频繁程度”（1 = 总是，2 = 经常，3 = 有时，4 = 很少，5 = 从不）。从每种身体状况的女性中各随机抽取 5 名，获得其体重数据（单位：斤）如下：

总是	经常	有时	很少	从不
150	130	125	118	114
135	110	110	116	102
144	140	110	124	110
120	126	125	108	125
116	124	120	128	112

（1）分析过去四周不同自我认知的健康状况的女性的体重间是否差异显著（$\alpha=$

0.05)，并分析效应量。

(2) 如果有差异，用 HSD 方法检验哪些身体健康状况之间的体重有差异。

8.4　有 5 种不同品种的种子和 4 个不同的施肥方案，在 20 块同样面积的土地上分别采用 5 种种子和 4 个施肥方案搭配进行试验，取得的产量数据如下：

品种	施肥方案			
	1	2	3	4
1	12	9.5	10.4	9.7
2	13.7	11.5	12.4	9.6
3	14.3	12.3	11.4	11.1
4	14.2	14	12.5	12
5	13	14	13.1	11.4

(1) 检验不同品种和施肥方案对产量的影响是否显著（$\alpha=0.05$）。

(2) 计算偏效应量并进行分析。

8.5　沿用习题 8.3，若想了解性别和受访者自我认知的“在过去的四周中，由于健康问题影响到您的工作或其他日常活动的频繁程度”两个因素对受访者体重的影响，通过试验获得的 50 个受访者体重（单位：斤）数据如下：

		受访者健康状况				
		总是	经常	有时	很少	从不
性别	男	146	140	134	132	114
		144	132	130	124	102
		160	146	130	123	110
		145	150	155	140	125
		135	160	160	140	112
	女	150	130	125	118	114
		135	110	110	116	102
		144	140	110	124	110
		120	126	125	108	125
		116	124	120	128	112

(1) 分析性别、受访者健康状况及其交互作用对受访者体重的影响（$\alpha=0.05$）。

(2) 计算偏效应量并进行分析。

第 9 章　一元线性回归分析

研究某些实际问题时往往涉及多个变量。在这些变量中，有一个是研究者特别关注的被预测或被解释的变量，称为**因变量**（dependent variable）或**响应变量**（response variable）。用来预测或解释因变量的一个或多个变量称为**自变量**（independent variable）或**解释变量**（explaining variable）。假定因变量与自变量之间有某种关系，并把这种关系用适当的数学模型表达出来，就可以利用这一模型根据给定的自变量来预测因变量，这就是回归要解决的问题。在回归分析中，只涉及一个自变量时称为一元回归，涉及多个自变量时则称为多元回归。如果因变量与自变量之间是线性关系，则称为**线性回归**（linear regression）；如果因变量与自变量之间是非线性关系，则称为**非线性回归**（nonlinear regression）。

一元线性回归建模的思路大致如下：

第 1 步：确定因变量与自变量之间的关系。

第 2 步：建立线性关系模型，并对模型进行估计和检验。

第 3 步：利用回归方程进行预测。

第 4 步：对回归模型进行诊断。

9.1　确定变量间的关系

建立回归模型时，首先需要确定变量之间的关系，然后依据变量间的关系建立适当的模型。分析变量之间的关系需要解决下面的问题：（1）变量之间是否有关系；（2）如果有，它们之间是什么样的关系；（3）变量之间的关系强度如何；（4）样本所反映的变量之间的关系能否代表总体变量之间的关系。

9.1.1　变量间的关系

变量间的关系大体上分为两种类型，即函数关系和相关关系。函数关系是人们比较熟悉的。设有两个变量 x 和 y，变量 y 随变量 x 变化，并完全依赖于 x，当 x 取某个值时，y 依确定的关系取相应的值，则称 y 是 x 的函数，记为 $y=f(x)$。

在实际问题中，有些变量间的关系并不像函数关系那么简单。例如，家庭收入与家庭支出之间就不是完全确定的关系。收入水平相同的家庭，它们的支出往往不同，而支出相同的家庭，它们的收入水平也可能不同。这意味着家庭支出并不能完全由家庭收入一个因素决定，还受消费水平、银行利率等其他因素的影响。正是由于影响一个变量的因素有多个，才造成了它们间关系的不确定性。变量之间这种不确定的关系称为**相关关系**（correlation）。

相关关系的特点是：一个变量的取值不能由另一个变量唯一确定，当变量 x 取某个值时，变量 y 的取值可能有多个，或者说，当 x 取某个固定的值时，y 的取值对应着一个分布。例如，身高（x）与体重（y）的关系就属于相关关系。一般来说，身材较高的人，其体重一般也较重。但实际情形并非完全如此，体重并不完全由身高一个因素决定，还受饮食习惯等其他许多因素的影响。因此，身高相同的人，体重的取值可能有多个，即身高取某个值时，体重的取值对应着一个分布。

9.1.2　相关关系的描述

描述相关关系的一种常用工具就是散点图。对于两个变量 x 和 y，可以根据散点图的分布形状等判断它们之间有没有关系、有什么样的关系及关系的大致强度等。图 9－1 是随机模拟的不同形态的散点图。

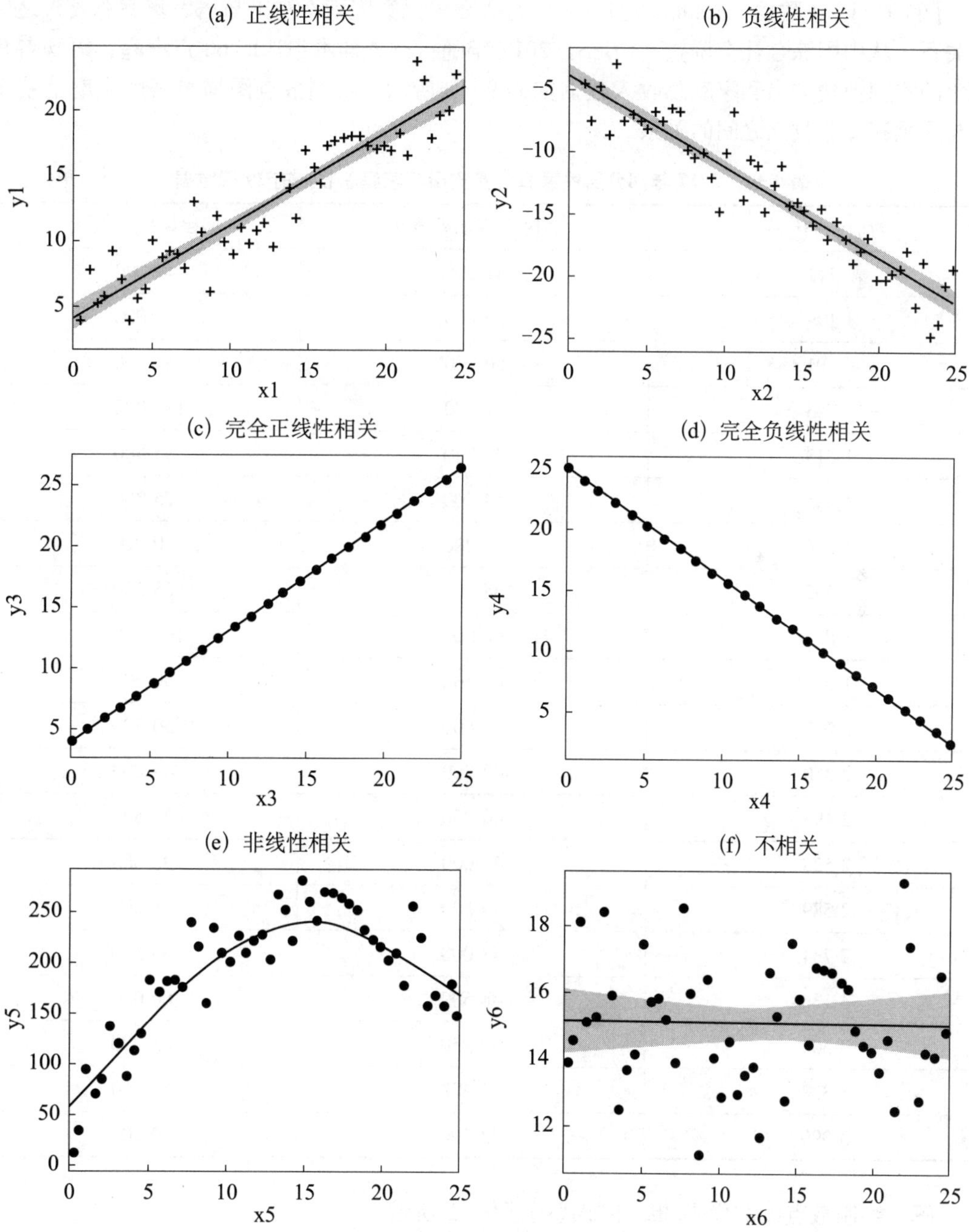

图 9－1　不同形态的散点图

图 9-1(a) 和图 9-1(b) 是典型的线性相关关系形态，两个变量的观测点分布在一条直线周围。图 9-1(a) 显示一个变量的数值增加，另一个变量的数值也随之增加，因而称为正线性相关。图 9-1(b) 显示一个变量的数值增加，另一个变量的数值随之减少，因而称为负线性相关。图 9-1(c) 和图 9-1(d) 显示两个变量的观测点完全落在直线上，称为完全线性相关（这实际上就是函数关系），其中图 9-1(c) 为完全正相关，图9-1(d) 为完全负相关。图 9-1(e) 显示两个变量之间是非线性关系。图 9-1(f) 的观测点随机分布在一个水平带之内，无任何规律，表示变量之间没有相关关系。

【例 9-1】（数据：example9_1. csv）为研究居民家庭消费支出与居民家庭总收入之间的关系，从中国综合社会调查（CGSS）2017 年随机调查样本中选取 60 户家庭，得到各户每年的家庭消费支出和家庭总收入数据如表 9-1 所示。绘制散点图描述居民家庭消费支出与居民家庭总收入之间的关系。

表 9-1　2017 年部分居民家庭消费支出与家庭总收入前 20 行数据　　单位：元

居民户代码	居民家庭消费支出	居民家庭总收入
111	41 600	49 000
199	59 500	82 000
201	50 000	61 500
743	71 500	115 000
1 313	45 700	55 500
1 445	54 500	75 200
1 506	45 200	50 020
1 792	48 100	65 500
1 853	66 500	100 500
1 946	61 500	90 500
2 077	43 600	50 200
2 350	42 800	49 800
2 493	40 850	50 500
2 520	62 000	96 000
2 589	49 500	61 000
2 734	48 000	60 350
3 136	48 500	60 050
3 303	49 950	65 000
3 328	52 400	68 500
3 399	42 500	50 500

解：绘制散点图的代码和结果如代码框 9-1 所示。

代码框9-1 绘制居民家庭消费支出与家庭总收入的散点图

```
#图9-2的绘制代码
import pandas as pd
import seaborn as sns
import matplotlib.pyplot as plt
plt.rcParams['font.sans-serif'] = ['SimHei']
plt.rcParams['axes.unicode_minus'] = False

example9_1 = pd.read_csv('C:/pydata/chap09/example9_1.csv', encoding='gbk')
fig = sns.jointplot(x="居民家庭总收入", y="居民家庭消费支出", data=example9_1,
                    kind="reg", truncate=False,
                    color="steelblue", height=6, ratio=3)
```

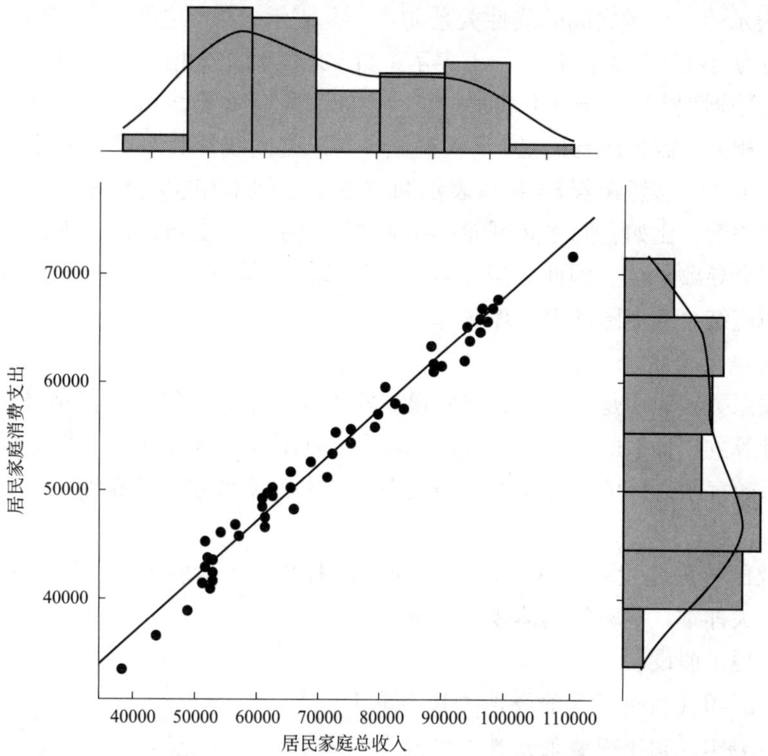

图9-2 居民家庭消费支出与居民家庭总收入的散点图，带有边际直方图与核密度图、拟合直线及置信带

图9-2显示，居民家庭总收入增加，居民家庭消费支出也随之增加，二者的观测点分布在一条直线周围，因而具有正的线性相关关系。两个直方图显示居民家庭消费支出与家庭总收入基本上为对称分布。

9.1.3 关系强度的度量

根据散点图可以判断两个变量之间有无相关关系，并对关系形态做出大致描述，但要准确度量变量间的关系强度，则需要计算相关系数。

1. 相关系数

相关系数（correlation coefficient）是度量两个变量之间线性关系强度的统计量。样本相关系数记为 r，计算公式为：

$$r = \frac{\sum(x_i - \bar{x})(y_i - \bar{y})}{\sqrt{\sum(x_i - \bar{x})^2 \cdot \sum(y_i - \bar{y})^2}} \tag{9.1}$$

按式（9.1）计算的相关系数也称为 **Pearson 相关系数**[①]（Pearson's correlation coefficient）。

计算相关系数时，假定两个变量之间是线性关系，而且两个变量都是随机变量，且服从一个联合的双变量正态分布[②]。此外，样本数据中不应有极端值，否则会对相关系数的值有较大影响。

r 的取值范围在 $-1 \sim +1$ 之间，即 $-1 \leqslant r \leqslant 1$。$|r| \to 1$ 表示两个变量之间的线性关系强；$|r| \to 0$ 表示两个变量之间的线性关系弱。$r>0$ 表示 x 与 y 之间为正线性相关；$r<0$ 表示 x 与 y 之间为负线性相关；$|r|=1$ 表示 x 与 y 之间为完全相关，其中 $r=+1$ 表示 x 与 y 之间为完全正线性相关，$r=-1$ 表示 x 与 y 之间为完全负线性相关；$r=0$ 表示 x 与 y 之间不存在线性相关。需要注意的是，r 仅仅是 x 与 y 之间线性关系的一种度量，它不能用于描述非线性关系。这意味着 $r=0$ 只表示两个变量之间不存在线性相关，并不表示变量之间没有任何关系，比如它们之间可能存在非线性关系。当变量之间的非线性相关程度较强时，就可能会导致 $r=0$。因此，当 $r=0$ 或很小时，不能轻易得出两个变量之间没有关系的结论，而应结合散点图做出合理解释。

2. 相关系数的检验

总体相关系数 ρ 通常是未知的，需要根据样本相关系数 r 作为近似估计。由于 r 是根据样本数据计算的，抽取的样本不同，r 的取值也就不同，因此 r 是一个随机变量。能否用样本相关系数表示总体的相关程度，需要考察样本相关系数的可靠性，也就是进行显著性检验。

相关系数的显著性检验通常采用 R. A. Fisher 提出的 t 检验方法，该检验可用于小样本，也可用于大样本。检验的具体步骤如下。

第 1 步：提出假设：

H_0：$\rho=0$（两个变量的线性关系不显著）

H_1：$\rho \neq 0$（两个变量的线性关系显著）

第 2 步：计算检验统计量：

$$t = \frac{r\sqrt{n-2}}{\sqrt{1-r^2}} \sim t(n-2) \tag{9.2}$$

第 3 步：进行决策。求出统计量的 P 值，如果 $P<\alpha$，拒绝 H_0，表示总体的两个变量之间线性关系显著。

---

① 相关和回归的概念是 1877—1888 年间由 Francis Galton 提出的，但真正使该理论系统化的是 Karl Pearson，为纪念他的贡献相关系数也称为 Pearson 相关系数。

② 注意：并不是简单地要求两个变量各自服从正态分布。

【例9-2】（数据：example9_1.csv）沿用例9-1。计算居民家庭消费支出与居民家庭总收入的相关系数，并检验其显著性（$\alpha=0.05$）。

解：相关分析的代码和结果如代码框9-2所示。

代码框9-2　相关系数的计算和检验

```
#相关系数及其检验
import pandas as pd
from scipy.stats import pearsonr
example9_1 = pd.read_csv('C:/pydata/chap09/example9_1.csv', encoding = 'gbk')
corr, p_value = pearsonr(example9_1['居民家庭消费支出'], example9_1['居民家庭总收入'])
```

```
二者的相关系数为 0.9901,检验的 p 值为 3.517e-51
```

代码框9-2显示，检验的P值接近0，表示居民家庭消费支出与居民家庭总收入之间存在显著的线性相关关系。

9.2　模型估计和检验

确定变量间的关系后，就可以依据关系形态建立适当的回归模型。**回归分析**（regression analysis）是重点考察一个特定的变量（因变量），而把其他变量（自变量）看作影响这一变量的因素，并通过适当的数学模型将变量间的关系表达出来，进而通过一个或几个自变量的取值来预测因变量的取值。

9.2.1　回归模型与回归方程

设因变量为y，自变量为x。模型中只涉及一个自变量时称为一元回归，若y与x之间为线性关系，称为一元线性回归。描述因变量y如何依赖于自变量x和误差项ε的方程称为**回归模型**（regression model）。一元线性回归模型可表示为：

$$y=\beta_0+\beta_1x+\varepsilon \tag{9.3}$$

式中，β_0和β_1为模型的参数。

式（9.3）表示，在一元线性回归模型中，y是x的线性函数（$\beta_0+\beta_1x$部分）加上误差项ε。$\beta_0+\beta_1x$反映了由于x的变化而引起的y的线性变化；ε是称为误差项的随机变量，它是除x以外的其他随机因素对y的影响，是不能由x和y之间的线性关系所解释的y的误差。

建立一元线性回归模型时，首先假定因变量y与自变量x之间为线性关系，而且自变量x的取值是事先给定的（假定x是非随机变量），而y则是随机变量。这意味着对于任何一个给定的x值，y的取值都对应着一个分布，因此，$E(y)=\beta_0+\beta_1x$代表一条直线。但由于单个的数据点是从y的分布中抽出来的，可能不在这条直线上，因此，必须包含一个误差项ε来描述模型的观测点，并对ε做出以下假定：

（1）正态性。ε是一个服从正态分布的随机变量，且期望值为0，即$E(\varepsilon)=0$。这意味着在式（9.3）中，由于β_0和β_1都是常数，有$E(\hat{\beta}_0)=\beta_0$，$E(\hat{\beta}_1)=\beta_1$，因此对于一个给定的x值，y的期望值为$E(y)=\beta_0+\beta_1x$。

（2）方差齐性。对于所有的 x 值，ε 的方差 σ^2 都相同。这意味着对于一个给定的 x 值，y 的方差也都等于 σ^2。

（3）独立性。对于一定的 x 值，它所对应的 ε 与其他 x 值所对应的 ε 不相关。因此，对于一个给定的 x 值，它所对应的 y 值与其他 x 所对应的 y 值也不相关。这表示，在 x 取某个给定值的情形下，y 的变化由误差项 ε 的方差 σ^2 来决定。当 σ^2 较小时，y 的观测值非常靠近直线；当 σ^2 较大时，y 的观测值将偏离直线。对于任何一个给定的 x 值，y 都服从期望值 $E(y)=\beta_0+\beta_1 x$、方差为 σ^2 的正态分布，且对于不同的 x 具有相同的方差。

回归模型中的参数 β_0 和 β_1 是未知的，需要利用样本数据去估计。当用样本统计量 $\hat{\beta}_0$ 和 $\hat{\beta}_1$ 估计参数 β_0 和 β_1 时，就得到了**估计的回归方程**（estimated regression equation），它是根据样本数据求出的回归模型的估计。一元线性回归模型的估计方程为：

$$\hat{y}=\hat{\beta}_0+\hat{\beta}_1 x \tag{9.4}$$

式中，$\hat{\beta}_0$ 为估计的回归直线在 y 轴上的截距；$\hat{\beta}_1$ 为直线的斜率，也称为**回归系数**（regression coefficient），它表示 x 每改变一个单位时，y 的平均改变量。

9.2.2　参数的最小二乘估计

模型参数的估计通常采用**最小二乘估计**（least squares estimation）或称**最小平方法估计**，它是通过使因变量的观测值 y_i 与估计值 $\hat{y}_i$ 之间的离差平方和达到最小来估计 β_0 和 β_1。最小二乘法的含义可用图 9-3 表示。

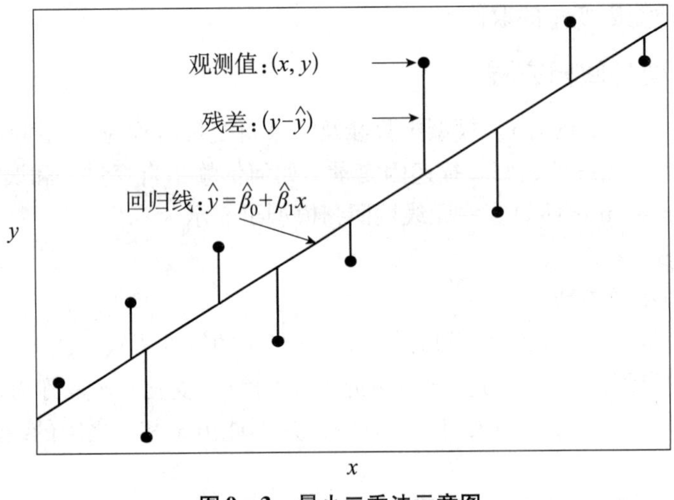

图 9-3　最小二乘法示意图

根据最小二乘法估计参数可知 β_0 和 β_1 的抽样分布，并且在一定条件下，β_0 和 β_1 的最小二乘估计量具有性质 $E(\hat{\beta}_0)=\beta_0$，$E(\hat{\beta}_1)=\beta_1$，与其他估计量相比，其抽样分布具有较小的方差。正是基于上述性质，最小二乘法广泛应用于回归模型参数的估计。

根据最小二乘法，有

$$\sum(y_i-\hat{y}_i)^2=\sum(y_i-\hat{\beta}_0-\hat{\beta}_i x_i)^2 \tag{9.5}$$

最小。令 $Q=\sum(y_i-\hat{y}_i)^2$，在给定样本数据后，Q 是 $\hat{\beta}_0$ 和 $\hat{\beta}_1$ 的函数，且最小值总是存

在。根据微积分的极值定理，对 Q 求相应于 $\hat{\beta}_0$ 和 $\hat{\beta}_1$ 的偏导数，并令其等于 0，便可求出 $\hat{\beta}_0$ 和 $\hat{\beta}_1$，即

$$\begin{cases}\left.\dfrac{\partial Q}{\partial \beta_0}\right|_{\beta_0=\hat{\beta}_0} = -2\sum_{i=1}^{n}(y_i - \hat{\beta}_0 - \hat{\beta}_1 x_i) = 0 \\ \left.\dfrac{\partial Q}{\partial \beta_1}\right|_{\beta_1=\hat{\beta}_1} = -2\sum_{i=1}^{n}x_i(y_i - \hat{\beta}_0 - \hat{\beta}_1 x_i) = 0\end{cases} \tag{9.6}$$

解上述方程组得：

$$\begin{cases}\hat{\beta}_1 = \dfrac{\sum(x_i - \bar{x})(y_i - \bar{y})}{\sum(x_i - \bar{x})^2} \\ \hat{\beta}_0 = \bar{y} - \hat{\beta}_1\bar{x}\end{cases} \tag{9.7}$$

【例 9－3】（数据：example9_1. csv）沿用例 9－1。求居民家庭消费支出（因变量 y）与居民家庭总收入（自变量 x）的估计的回归方程。

解：回归分析的代码和结果如代码框 9－3 所示。

代码框 9－3　一元线性回归分析

```
#回归模型的拟合
fromstatsmodels.formula.api import ols
import pandas as pd

example9_1 = pd.read_csv('C:/pydata/chap09/example9_1.csv', encoding = 'gbk')
model = ols("居民家庭消费支出 ~ 居民家庭总收入",data = example9_1).fit()
print(model.summary())
```

```
                        OLS Regression Results
==============================================================================
Dep. Variable:          居民家庭消费支出     R-squared:                   0.980
Model:                               OLS     Adj. R-squared:              0.980
Method:                    Least Squares     F-statistic:                 2890.
Date:                   Sun, 07 Nov 2021     Prob (F-statistic):       3.52e-51
Time:                           22:36:28     Log-Likelihood:            -514.68
No. Observations:                     60     AIC:                         1033.
Df Residuals:                         58     BIC:                         1038.
Df Model:                              1
Covariance Type:              nonrobust
==============================================================================
                 coef    std err        t     P>|t|     [0.025      0.975]
------------------------------------------------------------------------------
Intercept   1.894e+04    643.529   29.436     0.000   1.77e+04    2.02e+04
居民家庭总收入    0.4725      0.009   53.758     0.000      0.455       0.490
```

```
==============================================================================
Omnibus:                        6.328   Durbin-Watson:                   2.139
Prob(Omnibus):                  0.042   Jarque-Bera (JB):                2.477
Skew:                           0.102   Prob(JB):                        0.290
Kurtosis:                       2.026   Cond. No.                     2.79e+05
==============================================================================

Notes:
[1] Standard Errors assume that the covariance matrix of the errors is correctly
specified.
[2] The condition number is large, 2.79e+05. This might indicate that there are
strong multicollinearity or other numerical problems.
```

```
#输出方差分析表
from statsmodels.stats.anova import anova_lm
anova_lm(model, typ=1)
```

	df	sum_sq	mean_sq	F	PR(>F)
居民家庭总收入	1.0	4.942149e+09	4.942149e+09	2889.886546	3.516606e-51
Residual	58.0	9.918888e+07	1.710153e+06	NaN	NaN

```
#绘制拟合图
import statsmodels.api as sm
import matplotlib.pyplot as plt
plt.rcParams['font.sans-serif'] = ['SimHei']
plt.rcParams['axes.unicode_minus'] = False

fig, ax = plt.subplots(figsize=(9, 6))
sm.graphics.plot_fit(model, exog_idx="居民家庭总收入", ax=ax)
plt.plot(example9_1['居民家庭总收入'], model.fittedvalues, 'r')
plt.annotate(s=r'$\hat{y}=18942.9+0.47*$'+'居民家庭总收入',
        xy=(100000,60000), xytext=(70000,40000),
        arrowprops={'headwidth': 10, 'headlength': 5, 'width': 4, 'facecolor': 'r', 'shrink': 0.1},
        fontsize=14, color='red', ha='left')  #增加带箭头的文本注释
plt.show()
```

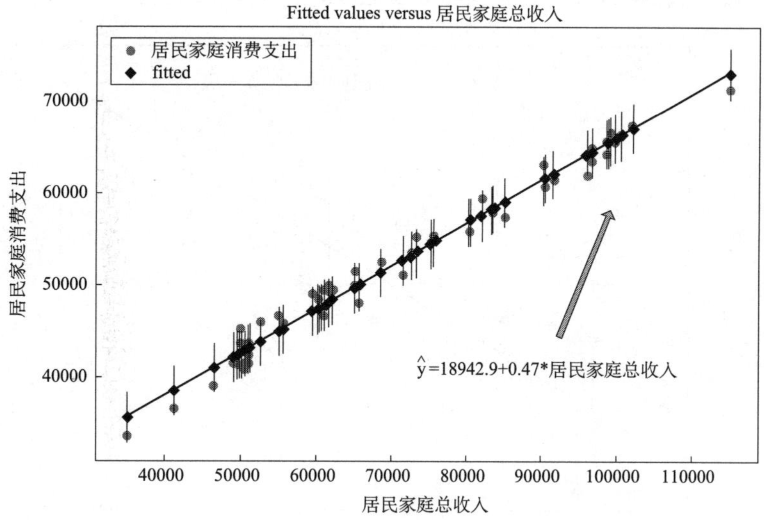

图 9-4　居民家庭消费支出与居民家庭总收入的回归拟合图

代码框 9-3 的结果显示，居民家庭消费支出与居民家庭总收入的估计方程为：

$$\hat{y} = 18\ 942.903\ 1 + 0.472\ 5 \times \text{居民家庭总收入}$$

将居民家庭总收入的各个取值代入上述估计方程，可以得到居民家庭消费支出的各个估计值 $\hat{y}_i$。回归系数 $\hat{\beta}_1 = 0.472\ 5$ 表示，居民家庭总收入每变动（增加或减少）1 元，居民家庭消费支出平均变动（增加或减少）0.472 5 元。截距 $\hat{\beta}_0 = 18\ 942.903\ 1$ 表示居民家庭总收入为 0 时家庭消费支出的均值。不过，在回归分析中，对截距 $\hat{\beta}_0$ 通常不作实际意义上的解释，除非 x 取 0 有实际意义。

代码框 9-3 输出的其他结果将在后面陆续介绍。

9.2.3　模型的拟合优度

根据估计方程 $\hat{y} = \hat{\beta}_0 + \hat{\beta}_1 x_i$，可用自变量 x 的取值来预测因变量 y 的取值，但预测的精度取决于回归模型对观测数据的拟合程度。可以想象，如果各观测点都落在这一直线上，模型就是对数据的完全拟合，此时用 x 来估计 y 是没有误差的。各观测点越是紧密围绕直线，模型对观测数据的拟合程度就越好，反之则越差。回归直线与各观测点的接近程度称为回归模型的**拟合优度**（goodness of fit）。评价拟合优度的一个重要统计量就是**决定系数**（coefficient of determination）。

1. 决定系数

决定系数是对回归模型拟合优度的度量。为理解它的含义，需要考察因变量 y 取值的误差。

因变量 y 的取值是不同的，y 取值的这种波动称为误差。误差来自两个方面：一是自变量 x 的取值不同造成的；二是 x 以外的其他随机因素的影响。对一个具体的观测值来说，误差的大小可以用 $(y_i - \bar{y})$ 来表示，如图 9-5 所示。n 次观测值的总误差可由误差的平方和表示，称为**总平方和**（total sum of squares），记为 SST，即 SST $=(y_i-\bar{y})^2$。

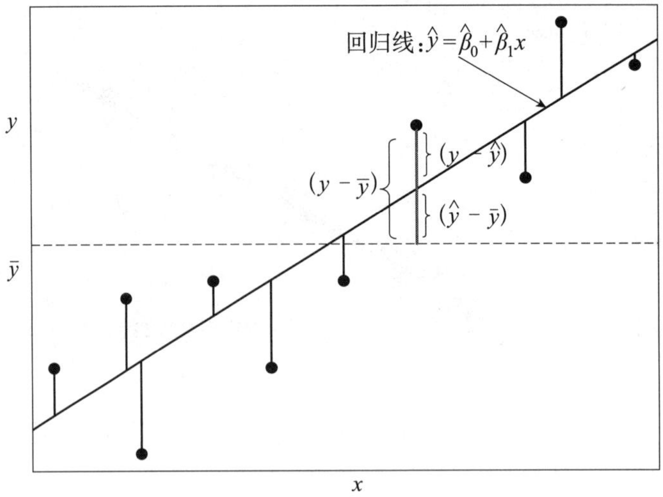

图 9-5　误差分解示意图

图 9-5 显示，每个观测值的误差都可以分解为两部分：$y_i-\bar{y}=(y_i-\hat{y}_i)+(\hat{y}_i-\bar{y})$，两边平方并对所有 n 个点求和，有

$$\sum(y_i-\bar{y})^2=\sum(y_i-\hat{y}_i)^2+\sum(\hat{y}_i-\bar{y})^2+2\sum(y_i-\hat{y}_i)(\hat{y}_i-\bar{y}) \quad (9.8)$$

可以证明，$\sum(y_i-\hat{y}_i)(\hat{y}_i-\bar{y})=0$，因此有

$$\sum(y_i-\bar{y})^2=\sum(y_i-\hat{y}_i)^2+\sum(\hat{y}_i-\bar{y})^2 \quad (9.9)$$

式（9.9）的左边为总平方和 SST，它被分解为两部分。$\sum(\hat{y}_i-\bar{y})^2$ 是回归值 $\hat{y}_i$ 与均值$\bar{y}$的误差平方和，它是由 x 的变化引起的 y 的变化，反映了 y 的总误差中由于 x 的变化引起的 y 的变化部分，是可以由回归直线来解释的 y_i 的误差部分，称为**回归平方和**（regression sum of squares），记为 SSR。$\sum(y_i-\hat{y}_i)^2$ 是实际观测值与回归值的误差平方和，它是除了 x 对 y 的线性影响之外的其他随机因素对 y 的影响，是不能由回归直线来解释的 y_i的误差部分，称为**残差平方和**（residual sum of squares），记为 SSE。三个平方和的关系为：

$$\text{总平方和（SST）}=\text{回归平方和（SSR）}+\text{残差平方和（SSE）} \quad (9.10)$$

从图 9-5 可以看出，回归模型拟合的效果取决于回归平方和 SSR 占总平方和 SST 的比例即 SSR/SST 的大小。各观测值越是靠近直线，SSR/SST 越大，模型拟合得越好。回归平方和占总平方和的比例称为决定系数，记为R^2，其计算公式为：

$$R^2=\frac{\text{SSR}}{\text{SST}}=\frac{\sum(\hat{y}_i-\bar{y})^2}{\sum(y_i-\bar{y})^2} \quad (9.11)$$

R^2度量了模型的拟合程度。若所有观测点都落在直线上，残差平方和 SSE $=0$，$R^2=1$，拟合是完全的；如果 y 的变化与 x 无关，此时 $\hat{y}=\bar{y}$，则$R^2=0$。可见R^2的取值范围是［0，1］。R^2越接近 1，模型的拟合程度就越好；R^2越接近 0，模型的拟合程度就越差。

代码框 9-3 显示的决定系数（R-squared）$R^2=0.938=93.8\%$，它表示在居民家庭消费支出取值的总误差中，有 93.8% 可以由居民家庭消费支出与家庭总收入之间的线性关系来解释，可见模型的拟合程度较高。

2. 残差的标准误

残差的标准误（residual standard error）是残差平方和的均方根，用s_e表示。计算公式为：

$$s_e = \sqrt{\frac{\sum (y_i - \hat{y}_i)^2}{n-k-1}} = \sqrt{\frac{\text{SSE}}{n-k-1}} = \sqrt{\text{MSE}} \tag{9.12}$$

式中，k 为自变量的个数，在一元线性回归中，$n-k-1=n-2$。

s_e是度量各观测值在直线周围分散程度的一个统计量，它反映了实际观测值y_i与回归估计值 $\hat{y}_i$ 之间的差异程度。s_e也是对误差项 ε 的标准差 σ 的估计，它可以看作在排除了 x 对 y 的线性影响后，y 随机波动大小的一个估计量。从实际意义看，s_e反映了用估计的回归方程预测 y 时产生的预测误差大小。各观测值越靠近直线，s_e就越小，根据回归方程进行预测也就越准确；若各观测值全部落在直线上，$s_e=0$，此时用 x 预测 y 是没有误差的。

根据代码框 9－3 的方差分析表，计算得到的残差标准误$s_e=1\ 085$，它表示用居民家庭总收入来预测居民家庭消费支出时平均的预测误差为 1 085 元。

9.2.4　模型的显著性检验

在建立回归模型之前，已经假定 x 与 y 是线性关系，但这种假定是否成立，需要检验后才能确定。回归分析中的显著性检验主要包括线性关系检验和回归系数检验。

1. 线性关系检验

线性关系检验简称 F 检验，它检验因变量 y 和自变量 x 之间的线性关系是否显著，或者说，它们之间能否用一个线性模型 $y=\beta_0+\beta_1 x+\varepsilon$ 来表示。检验统计量的构造是以回归平方和（SSR）以及残差平方和（SSE）为基础的。将 SSR 除以其相应自由度（SSR 的自由度是自变量的个数 k，一元线性回归中自由度为 1）的结果称为回归**均方**（mean square），记为 MSR；将 SSE 除以其相应自由度（SSE 的自由度为 $n-k-1$，一元线性回归中自由度为 $n-2$）的结果称为残差均方，记为 MSE。如果原假设（H_0：$\beta_1=0$，两个变量之间的线性关系不显著）成立，则比值 MSR/MSE 服从分子自由度为 k、分母自由度为（$n-k-1$）的 F 分布，即

$$F=\frac{\text{SSR}/k}{\text{SSE}/n-k-1}=\frac{\text{MSR}}{\text{MSE}} \sim F(k,\ n-k-1) \tag{9.13}$$

如果H_0成立，MSR/MSE 的值应接近 1；如果H_0不成立，MSR/MSE 的值将变得无穷大。因此，较大的 MSR/MSE 值将导致拒绝H_0，此时就可以断定 x 与 y 之间的线性关系显著。线性关系检验的具体步骤如下：

第 1 步：提出假设：

H_0：$\beta_1=0$（两个变量之间的线性关系不显著）

H_1：$\beta_1\neq 0$（两个变量之间的线性关系显著）

第 2 步：计算检验统计量 F。

第 3 步：做出决策。求出统计量的 P 值，设定显著性水平 α，若 $P<\alpha$，则拒绝H_0，表示两个变量之间的线性关系显著。

代码框 9 - 3 给出的检验统计量（F-statistic）$F=2\ 890$，$P=3.52e-51$ 接近 0，拒绝 H_0，表示居民家庭消费支出与家庭总收入之间的线性关系显著。

除了使用 F 检验外，还可以利用残差图来分析线性关系假定，这一问题将在 9.4 节中介绍。

2. 回归系数的检验和推断

回归系数检验简称 t 检验，它用于检验自变量对因变量的影响是否显著。在一元线性回归中，由于只有一个自变量，回归系数检验与线性关系检验是等价的（在多元线性回归中这两种检验不再等价）。其检验假设为：

H_0：$\beta_1=0$（自变量对因变量的影响不显著）

H_1：$\beta_1\neq0$（自变量对因变量的影响显著）

检验统计量的构造是以回归系数β_1的抽样分布为基础的。统计证明，$\hat{\beta}_1$服从正态分布，期望值为 $E(\hat{\beta}_1)=\beta_1$，标准误的估计量为：

$$s_{\hat{\beta}_i}=\frac{s_e}{\sqrt{\sum x_i^2-\frac{1}{n}(x_i)^2}} \tag{9.14}$$

将回归系数标准化，即可得到检验β_1的统计量 t。在H_0成立的条件下，$\hat{\beta}_1-\beta_1=\hat{\beta}_1$，因此检验统计量为：

$$t=\frac{\hat{\beta}_1}{s_{\hat{\beta}_1}}\sim t(n-2) \tag{9.15}$$

确定显著性水平 α，并根据自由度 $df=n-2$ 计算出统计量的 P 值，若 $P<\alpha$，则拒绝 H_0，表示 x 对 y 的影响显著。

代码框 9 - 3 给出的检验统计量 $t=29.436$，显著性水平 $P=0.000$（软件输出结果仅保留 3 位小数，实际 P 值不等于 0，接近 0），拒绝H_0，表示居民家庭总收入是影响居民家庭消费支出的一个显著因素。

除对回归系数进行检验外，还可以对其进行区间估计。在 $1-\alpha$ 置信水平下，回归系数β_1的置信区间为：

$$\hat{\beta}_1\pm t_{\alpha/2}(n-2)\frac{s_e}{\sqrt{\sum_{i=1}^{n}(x_i-\bar{x})^2}} \tag{9.16}$$

回归模型中常数项 β_0 的置信区间为：

$$\hat{\beta}_0\pm t_{\alpha/2}(n-2)\,s_e\sqrt{\frac{1}{n}+\frac{\bar{x}}{\sum_{i=1}^{n}(x_i-\bar{x})^2}} \tag{9.17}$$

根据代码框 9 - 3 计算出的β_1的 95% 的置信区间为（0.538，0.662），β_0的 95% 的置信区间为（1 291.135，4 806.432）。其中β_1的置信区间表示家庭总收入每变动 1 元，家庭消费支出的平均改变量在 0.538 ~ 0.662 元之间。

9.3 利用回归方程进行预测

回归分析的目的之一是根据所建立的回归方程用给定的自变量来预测因变量。如果对

于 x 的一个给定值 x_0，求出 y 的一个预测值 $\hat{y}_0$，就是点估计。在点估计的基础上，可以求出 y 的一个估计区间。估计区间有两种：均值的置信区间和个别值的预测区间。

9.3.1　均值的置信区间

均值的置信区间是对 x 的一个给定值 x_0 求出 y 的均值的估计区间。比如，在例 9-3 中，根据居民家庭消费支出与居民家庭总收入的估计回归方程 $\hat{y}=(1.894e+04)+0.4725\times$ 居民家庭总收入，求出居民家庭总收入为 8.5 万元时居民家庭消费支出均值的估计区间，这个区间就是因变量的置信区间。

设 $E(y_0)$ 为给定 x_0 时 y 的期望值。当 $x=x_0$ 时，$\hat{y}_0=\hat{\beta}_0+\hat{\beta}_1x_0$ 就是 $E(y_0)$ 的点估计值。根据参数估计原理，y 的均值的置信区间等于点估计值 ± 估计误差，即 $\hat{y}_0\pm E$。E 是由所要求的置信水平的分位数值和点估计量（$\hat{y}_0$）的标准误构成的。用 $s_{\hat{y}_0}$ 表示 $\hat{y}_0$ 的标准误的估计量，统计证明，求 y 的均值的置信区间时，$s_{\hat{y}_0}$ 的计算公式为：

$$s_{\hat{y}_0}=s_e\sqrt{\frac{1}{n}+\frac{(x_0-\bar{x})^2}{\sum_{i=1}^{n}(x_i-\bar{x})^2}} \tag{9.18}$$

因此，$E(y_0)$ 在 $1-\alpha$ 置信水平下的置信区间为：

$$\hat{y}_0\pm t_{\alpha/2}\,s_e\sqrt{\frac{1}{n}+\frac{(x_0-\bar{x})^2}{\sum_{i}^{n}(x_i-\bar{x})^2}} \tag{9.19}$$

当 $x_0=\bar{x}$ 时，$\hat{y}_0$ 的标准误的估计量最小，此时有 $s_{\hat{y}_0}=s_e\sqrt{1/n}$。也就是说，当 $x_0=\bar{x}$ 时，估计是最准确的。x_0 偏离 $\bar{x}$ 越远，y 的均值的置信区间就变得越宽，估计的效果越不好。

9.3.2　个别值的预测区间

个别值的**预测区间**（prediction interval）是对 x 的一个给定值 x_0 求出 y 的一个个别值的估计区间。比如，在例 9-3 中，如果不是想估计居民家庭总收入为 8.5 万元时居民家庭消费支出均值的区间，只是想估计居民家庭总收入为 8.5 万元的那个地区家庭消费支出的区间，这个区间就是个别值的预测区间。

与置信区间类似，y 的个别值的预测区间等于点估计值 ± 估计误差，即 $\hat{y}_0\pm E$。E 是由所要求的置信水平的分位数值和点估计量（$\hat{y}_0$）的标准误构成的。用 s_{ind} 表示估计 y 的个别值时 $\hat{y}_0$ 的标准差的估计量，统计证明，s_{ind} 的计算公式为：

$$s_{ind}=s_e\sqrt{1+\frac{1}{n}+\frac{(x_0-\bar{x})^2}{\sum_{i}^{n}(x_i-\bar{x})^2}} \tag{9.20}$$

在 $1-\alpha$ 置信水平下，y 的一个个别值的预测区间为：

$$\hat{y}_0\pm t_{\alpha/2}\,s_e\sqrt{1+\frac{1}{n}+\frac{(x_0-\bar{x})^2}{\sum_{i}^{n}(x_i-\bar{x})^2}} \tag{9.21}$$

与式（9.18）相比，式（9.20）的根号内多了数值 1。因此，即使是对同一个 x_0，这两个区间的宽度也不一样，预测区间要比置信区间宽一些。这两个区间的示意图如图 9－6 所示。

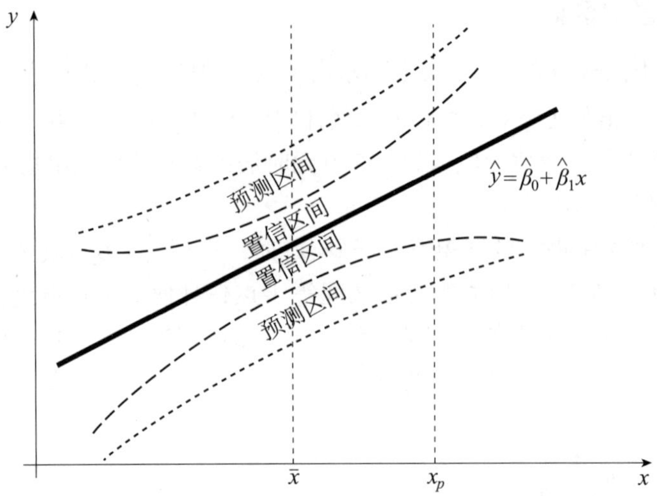

图 9－6　置信区间和预测区间示意图

图 9－6 显示，两个区间的宽度不一样，y 的个别值的预测区间要宽一些。二者的差别显示，估计 y 的均值比预测 y 的一个个别值更准确一些。同样，当$x_0=\bar{x}$时，预测效果是最好的。

【例 9－4】（数据：example9_1. csv）沿用例 9－1。求 600 户居民家庭消费支出 95% 的置信区间和预测区间。

解：代码和结果如代码框 9－4 所示。

代码框 9－4　计算居民家庭消费支出的置信区间和预测区间

```
#计算点预测值、置信区间和预测区间
import pandas as pd
from statsmodels.formula.api import ols
from statsmodels.stats.outliers_influence import summary_table

example9_1 = pd.read_csv('C:/pydata/chap09/example9_1.csv', encoding = 'gbk')
model = ols("居民家庭消费支出 ~ 居民家庭总收入",data = example9_1).fit()

conf_level = 0.95
st,_,_ = summary_table(model, alpha = 1 - conf_level)
columns = [x + "" + y for (x, y) in zip(st.data[0], st.data[1])]
df_res = pd.DataFrame()  # 将 SimpleTable 转为 DataFrame
for i in range(len(st.data) - 2):
    df_res = df_res.append(pd.DataFrame(st.data[i + 2], index = columns).T)
df_res.reset_index(drop = True, inplace = True)
round(df_res,2)
```

	Obs	Dep Var Population	Predicted Value	Mean ci 95% low	Mean ci 95% upp	Predict ci 95% low	Predict ci 95% upp	Residual
0	1	41600	42097.25	41588.06	42606.43	39430.48	44764.01	-497.25
1	2	59500	57690.99	57298.41	58083.56	55044.01	60337.96	1809.01
2	3	50000	48003.97	47629.66	48378.27	45359.64	50648.29	1996.03
3	4	71500	73284.73	72434.27	74135.18	70532.34	76037.11	-1784.73
4	5	45700	45168.74	44738.36	45599.12	42515.89	47821.59	531.26
5	6	54500	54477.73	54130.42	54825.04	51837.09	57118.37	22.27
6	7	45200	42579.23	42083.33	43075.14	39914.97	45243.49	2620.77
7	8	48100	49894.12	49544.25	50243.98	47253.14	52535.09	-1794.12
8	9	66500	66432.93	65808.32	67057.54	63741.74	69124.12	67.07
9	10	61500	61707.56	61221.51	62193.6	59045.11	64370	-207.56
10	11	43600	42664.29	42170.7	43157.88	40000.46	45328.12	935.71
11	12	42800	42475.28	41976.53	42974.02	39810.48	45140.07	324.72
12	13	40850	42806.05	42316.3	43295.81	40142.93	45469.18	-1956.05
13	14	62000	64306.51	63746.85	64866.17	61629.65	66983.37	-2306.51
14	15	49500	47767.7	47389.53	48145.87	45122.82	50412.57	1732.3
15	16	48000	47460.55	47077.11	47843.99	44814.91	50106.18	539.45
16	17	48500	47318.79	46932.82	47704.75	44672.78	49964.79	1181.21
17	18	49950	49657.85	49305.6	50010.09	47016.55	52299.14	292.15
18	19	52400	51311.73	50971.68	51651.78	48672.03	53951.42	1088.27
19	20	42500	42806.05	42316.3	43295.81	40142.93	45469.18	-306.05

注:截取前20行输出结果,其中删除了本章未介绍的一些内容.

```
#绘制置信区间和预测区间图(见图9-7)
import matplotlib.pyplot as plt
plt.rcParams['font.sans-serif'] = ['SimHei']
plt.rcParams['axes.unicode_minus'] = False

df_res['居民家庭总收入'] = example9_1['居民家庭总收入']
df_plot = df_res.sort_values(by = '居民家庭总收入')
df_plot.reset_index(drop = True, inplace = True)

plt.figure(figsize = (8, 5))
plt.scatter(df_plot['居民家庭总收入'], df_plot['Dep Var Population'])
p1, = plt.plot(df_plot['居民家庭总收入'], df_plot['Predicted Value'])
p2, = plt.plot(df_plot['居民家庭总收入'], df_plot['Mean ci 95%  low'], 'r:')
p3, = plt.plot(df_plot['居民家庭总收入'], df_plot['Mean ci 95%  upp'], 'r:')
p4, = plt.plot(df_plot['居民家庭总收入'], df_plot['Predict ci 95%  low'], 'g--')
p5, = plt.plot(df_plot['居民家庭总收入'], df_plot['Predict ci 95%  upp'], 'g--')
plt.xlabel('居民家庭总收入')
```

```
plt.ylabel('居民家庭消费支出')
plt.legend([p1, p3, p5], ['回归线', '置信区间', '预测区间'])
plt.show()
```

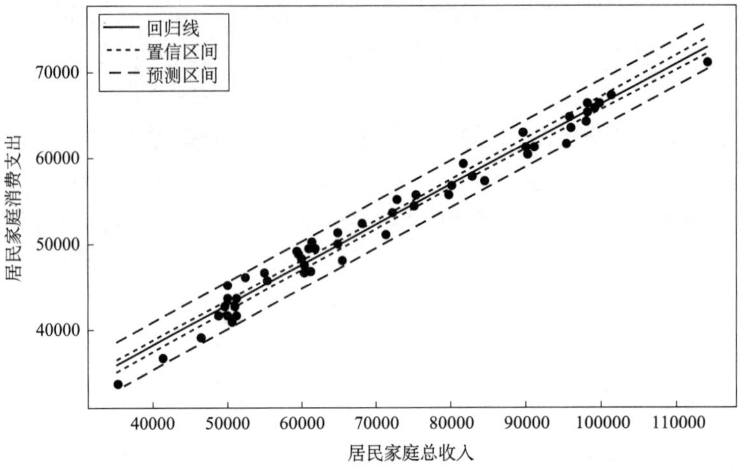

图 9-7　居民家庭消费支出 95% 的置信区间和预测区间

代码框 9-4 的预测结果中分别给出了样本观测序号（Obs）、居民家庭消费支出的观测值（Dep Var Population）、点预测值（Predicted Value）、均值 95% 的置信下限（Mean ci 95% low）和置信上限（Mean ci 95% upp）、个别值的 95% 的预测下限（Predict ci 95% low）和预测上限（Predict ci 95% upp）、预测的残差（Residual）。图 9-7 是居民家庭消费支出与家庭总收入的散点图，中间的实线是拟合的回归直线，其两侧的虚线是居民家庭消费支出均值的 95% 的置信带，最外面的两条虚线是居民家庭消费支出个别值的 95% 的预测带。

9.4　回归模型的诊断

在回归模型 $y=\beta_0+\beta_1x+\varepsilon$ 中，首先假定 y 与 x 之间是线性关系，同时假定 ε 是期望值为 0、方差相等且服从正态分布的独立随机变量。判断模型假定是否成立的过程就是回归模型的诊断。模型诊断除了可以使用一些检验方法（如利用 F 检验判断线性关系假定）外，也可以通过**残差分析**（residual analysis）来完成。残差分析的主要手段是绘制**残差图**（residual plot）。

9.4.1　残差与残差图

残差是因变量的观测值 y_i 与根据回归方程求出的估计值 $\hat{y}_i$ 之差，用 e 表示，它反映了用估计的回归方程预测 y_i 而引起的误差。第 i 个观测值的残差可表示为：

$$e_i=y_i-\hat{y}_i \tag{9.22}$$

残差除以它的标准误后的结果称为**标准化残差**（standardized residual），用 z_e 表示。第 i 个观测值的标准化残差可表示为：

$$z_{e_i}=\frac{e_i}{s_e}=\frac{y_i-\hat{y}_i}{s_e} \tag{9.23}$$

式中，s_e为残差的标准误。

代码框 9－4 中给出了例 9－3 的回归残差，下面我们再给出标准化残差，并将居民家庭消费支出、点预测值、残差一并列出，如代码框 9－5 所示。

代码框 9－5　例 9－3 的残差和标准化残差

```
#查看例 9 -3 的残差和标准化残差
import pandas as pd
import numpy as np
from statsmodels.formula.api import ols

example9_1 = pd.read_csv('C:/pydata/chap09/example9_1.csv', encoding = 'gbk')
model = ols("居民家庭消费支出 ~ 居民家庭总收入",data = example9_1).fit()
df = pd.DataFrame({"居民户代码": example9_1['id'],
                  "居民家庭消费支出": example9_1['居民家庭消费支出'],
                  "点预测值":model.fittedvalues,
                  "残差": model.resid,
                  "标准化残差": np.array(model.resid_pearson)})
round(df,4)
```

	居民户代码	居民家庭消费支出	点预测值	残差	标准化残差
0	111	41600	42097.2452	-497.2452	-0.3802
1	199	59500	57690.9858	1809.0142	1.3833
2	201	50000	48003.9651	1996.0349	1.5263
3	743	71500	73284.7264	-1784.7264	-1.3648
4	1313	45700	45168.7396	531.2604	0.4062
5	1445	54500	54477.7302	22.2698	0.017
6	1506	45200	42579.2335	2620.7665	2.0041
7	1792	48100	49894.1155	-1794.1155	-1.3719
8	1853	66500	66432.9313	67.0687	0.0513
9	1946	61500	61707.5553	-207.5553	-0.1587
10	2077	43600	42664.2903	935.7097	0.7155
11	2350	42800	42475.2753	324.7247	0.2483
12	2493	40850	42806.0516	-1956.0516	-1.4958
13	2520	62000	64306.5121	-2306.5121	-1.7638
14	2589	49500	47767.6963	1732.3037	1.3247
15	2734	48000	47460.5469	539.4531	0.4125
16	3136	48500	47318.7856	1181.2144	0.9033
17	3303	49950	49657.8467	292.1533	0.2234
18	3328	52400	51311.7283	1088.2717	0.8322
19	3399	42500	42806.0516	-306.0516	-0.234
20	3489	38950	40915.9012	-1965.9012	1.5033

注:截取前 20 行输出结果.

检验 ε 的假定是否成立，可以通过残差图分析来完成。残差图的横轴是自变量的值 x_i 或因变量的预测值 $\hat{y}_i$，纵轴是对应的残差 e_i，x_i（或 $\hat{y}_i$）与对应的 e_i 在图中用一个点表示。

为解读残差图，先考察一下残差图的形态及其所反映的信息。图 9-8 显示了几种不同形态的残差图。

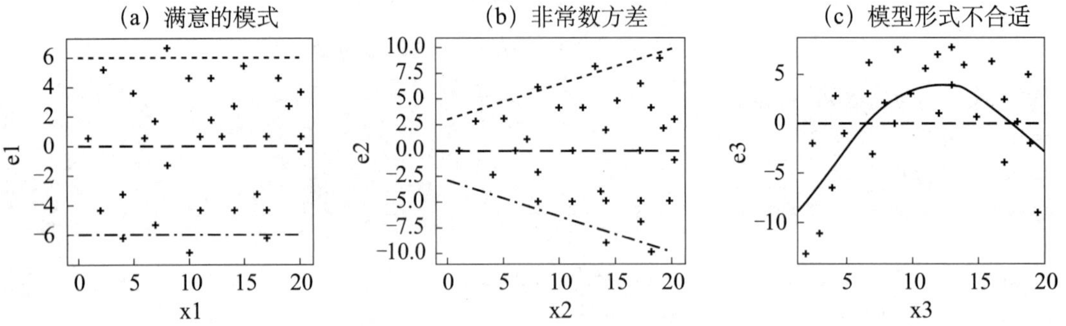

图 9-8 不同形态的残差图

若关于 ε 等方差的假定成立，且描述 y 与 x 之间关系的回归模型是合理的，那么残差图中的所有点都应以均值 0 为中心随机分布在一条水平带中间，如图 9-8（a）所示。但如果对所有的 x 值，ε 的方差是不同的，例如，对于较大的 x 值相应的残差也较大（或对于较大的 x 值相应的残差较小），如图 9-8（b）所示，这就意味着违背了 ε 方差相等的假设，称为**异方差性**（heteroscedasticity）。如果残差图如图 9-8（c）所示，表示所选择的回归模型不合理，这时应考虑非线性回归模型。

9.4.2 检验模型假定

利用残差图可以判断模型的方差齐性假定是否成立。如果满足方差齐性，残差图中的各个点基本上以 0 轴为中心随机分布在一个水平带之内。残差的正态性检验除了使用 S-W 检验和 K-S 检验外，也可以通过绘制残差的正态 Q-Q 图来完成。例 9-3 模型诊断的残差图和残差的正态 Q-Q 图如代码框 9-6 所示。

代码框 9-6 例 9-3 的模型诊断

```
# 图 9-9 的绘制代码
import pandas as pd
import numpy as np
from statsmodels.formula.api import ols
import statsmodels.api as sm
import matplotlib.pyplot as plt
plt.rcParams['font.sans-serif'] = ['SimHei']
plt.rcParams['axes.unicode_minus'] = False

example9_1 = pd.read_csv('C:/pydata/chap09/example9_1.csv', encoding = 'gbk')
model = ols("居民家庭消费支出 ~ 居民家庭总收入",data = example9_1).fit()
plt.subplots(1, 2, figsize = (10, 4))
```

```
plt.subplot(121)
plt.scatter(model.fittedvalues, model.resid)
plt.xlabel('拟合值')
plt.ylabel('残差')
plt.title('(a) 残差值与拟合值图', fontsize=15)
plt.axhline(0, ls='--')

ax2=plt.subplot(122)
pplot=sm.ProbPlot(model.resid, fit=True)
pplot.qqplot(line='r', ax=ax2, xlabel='期望正态值', ylabel='标准化的观测值')
ax2.set_title('(b)正态Q-Q图', fontsize=15)

plt.show()
```

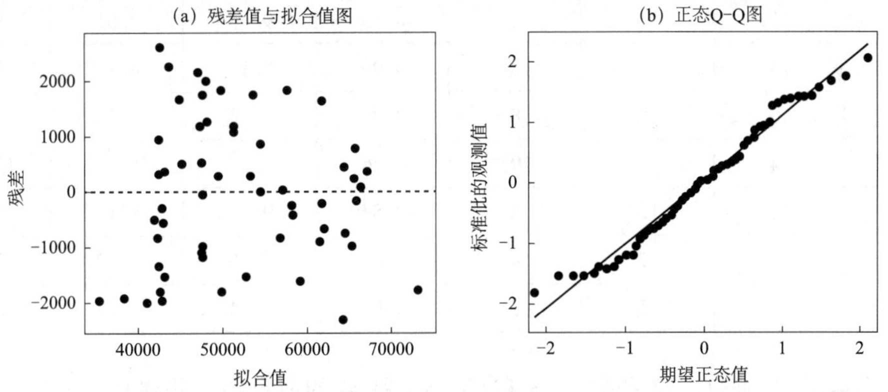

图9-9　居民家庭消费支出与居民家庭总收入的回归诊断图

图9-9(a) 显示，各个残差点基本上以0轴为中心随机分布在一个水平带之内没有任何固定的模式，也没有异方差现象。图9-9(b) 的正态Q-Q图显示，各个点基本上在直线周围随机分布，没有固定模式。因此，在居民家庭消费支出与居民家庭总收入的线性模型中，关于ε正态性和方差齐性的假定基本成立。

判断残差是否独立的有效方法是根据收集自变量和因变量数据时的先验知识。就截面数据的回归来说，利用先验知识就可以判断残差是否独立。但对于时间序列数据，后期的数据往往与前期的数据有一定关系，因而残差会呈现出一定的自相关，此时就需要进行检验。

判断残差之间是否存在自相关的方法之一是使用 Durbin-Watson 检验，简称 D-W 检验。该检验的原假设为残差无自相关，检验统计量为：

$$d=\frac{\sum_{i=1}^{n}(e_t-e_{t-1})^2}{\sum_{i=1}^{n}e_t^2} \tag{9.24}$$

式中，e_t为第t期残差；e_{t-1}为第$t-1$期残差；n为观测值的个数。

代码框9－3输出的回归结果中包含D－W检验的统计量值（Durbin-Watson：2.139），使用 statsmodels. stats 中 stattools 子模块的 durbin_ watson 函数也可以得到该统计量。检验结果是不拒绝原假设，显示残差无自相关。

习　题

9.1　下面是来自 R 软件的著名的 anscombe 数据集。

x1	x2	x3	x4	y1	y2	y3	y4
10	10	10	8	8.04	9.14	7.46	6.58
8	8	8	8	6.95	8.14	6.77	5.76
13	13	13	8	7.58	8.74	12.74	7.71
9	9	9	8	8.81	8.77	7.11	8.84
11	11	11	8	8.33	9.26	7.81	8.47
14	14	14	8	9.96	8.1	8.84	7.04
6	6	6	8	7.24	6.13	6.08	5.25
4	4	4	19	4.26	3.1	5.39	12.5
12	12	12	8	10.84	9.13	8.15	5.56
7	7	7	8	4.82	7.26	6.42	7.91
5	5	5	8	5.68	4.74	5.73	6.89

分别绘制 x1 和 y1、x2 和 y2、x3 和 y3、x4 和 y4 的散点图，并建立一元线性回归模型，从散点图和各回归模型中你会得到哪些启示？

9.2　随机抽取 10 家航空公司，对其最近一年的航班准点率和顾客投诉次数进行调查，所得数据如下：

航空公司编号	航班准点率（%）	投诉次数（次）
1	81.8	21
2	76.6	58
3	76.6	85
4	75.7	68
5	73.8	74
6	72.2	93
7	71.2	72
8	70.8	122
9	91.4	18
10	68.5	125

（1）用航班准点率作自变量，顾客投诉次数作因变量，求出估计的回归方程，并解

释回归系数的意义。

（2）检验回归系数的显著性（$\alpha=0.05$）。

（3）如果航班准点率为 80%，估计顾客的投诉次数。

9.3　随机抽取 7 家超市，得到其广告费支出和销售额数据如下：

超市	广告费支出（万元）	销售额（万元）
A	1	19
B	2	32
C	4	44
D	6	40
E	10	52
F	14	53
G	20	54

用广告费支出作自变量 x，销售额作因变量 y，建立回归模型，并对模型进行诊断和评价。

第 10 章 多元线性回归分析

在许多实际问题中，影响因变量的因素往往有多个，这种一个因变量同多个自变量的回归就是**多元回归**（multiple regression）。当因变量与各自变量之间为线性关系时，称为**多元线性回归**（multiple linear regression）。多元线性回归分析的原理与一元线性回归基本相同，但计算和分析的内容要复杂得多，需要借助统计软件来完成。本章主要介绍多元线性回归，并将重点放在 R 输出结果的解读及其应用上。

10.1 多元线性回归模型及其参数估计

多元线性回归建模的思路大致如下：

第 1 步：确定所关注的因变量 y 和影响因变量的 k 个自变量。

第 2 步：假定因变量 y 与 k 个自变量之间为线性关系，并建立线性关系模型。

第 3 步：对模型进行估计和检验。

第 4 步：判别模型中是否存在多重共线性，如果存在，进行处理。

第 5 步：利用回归方程进行预测。

第 6 步：对回归模型进行诊断。

10.1.1 回归模型与回归方程

设因变量为 y，k 个自变量分别为x_1，x_2，…，x_k，描述因变量 y 依赖于自变量x_1，x_2，…,x_k和误差项 ε 的方程称为**多元线性回归模型**（multiple linear regression model）。其一般形式可表示为：

$$y = \beta_0 + \beta_1 x_1 + \beta_2 x_2 + \cdots + \beta_k x_k + \varepsilon \tag{10.1}$$

式中，β_0，β_1，β_2，…，β_k为模型的参数；ε 为误差项。

式（10.1）表示，y 是x_1，x_2，…，x_k的线性函数（$\beta_0 + \beta_1 x_1 + \beta_2 x_2 + \cdots + \beta_k x_k$部分）加上误差项 ε。误差项反映了除x_1，x_2，…，x_k对 y 的线性关系之外的随机因素对 y 的影响，是不能由x_1，x_2，…，x_k与 y 之间的线性关系所解释的 y 的误差。

在多元线性回归模型中，对误差项 ε 同样有三个基本假定：

（1）正态性。ε 是一个服从正态分布的随机变量，且期望值为 0，即 $E(\varepsilon) = 0$。这意味着对于给定的x_1，x_2，…，x_k的值，y 的期望值为$E(y) = \beta_0 + \beta_1 x_1 + \beta_2 x_2 + \cdots + \beta_k x_k$。

（2）方差齐性。对于自变量x_1，x_2，…，x_k的所有值，ε 的方差σ^2都相同。

（3）独立性。对于自变量x_1，x_2，…，x_k的一组给定值，它所对应的 ε 与x_1，x_2，…，x_k与任意一组其他值所对应的 ε 不相关。同样，对于给定的x_1，x_2，…，x_k的值，因变量 y 是一个服从正态分布的随机变量。

依据回归模型的假定，有

$$E(y)=\beta_0+\beta_1x_1+\beta_2x_2+\cdots+\beta_kx_k \tag{10.2}$$

式（10.2）称为**多元线性回归方程**（multiple linear regression equation），它描述了因变量 y 的期望值与自变量x_1，x_2，…，x_k之间的关系。

回归模型中的参数β_0，β_1，β_2，…，β_k是未知的，需要利用样本数据去估计。当用样本估计量$\hat{\beta}_0$，$\hat{\beta}_1$，$\hat{\beta}_2$，…，$\hat{\beta}_k$去估计模型中的参数β_0，β_1，β_2，…，β_k时，就得到了**估计的多元线性回归方程**（estimated multiple linear regression equation），其一般形式为：

$$\hat{y}=\hat{\beta}_0+\hat{\beta}_1x_1+\hat{\beta}_2x_2+\cdots+\hat{\beta}_kx_k \tag{10.3}$$

式中，$\hat{\beta}_0$，$\hat{\beta}_1$，$\hat{\beta}_2$，…，$\hat{\beta}_k$为参数β_0，β_1，β_2，…，β_k的估计量；$\hat{y}$为因变量 y 的估计量。其中的$\hat{\beta}_1$，$\hat{\beta}_2$，…，$\hat{\beta}_k$为偏回归系数。$\hat{\beta}_1$表示当x_2，x_3，…，x_k不变时，x_1每改变一个单位因变量 y 的平均改变量；$\hat{\beta}_2$表示当x_1，x_3，…，x_k不变时，x_2每改变一个单位因变量 y 的平均改变量，其余偏回归系数的含义类似。

10.1.2　参数的最小二乘估计

多元线性回归模型中的参数β_0，β_1，β_2，…，β_k仍然用最小二乘法来估计，也就是使残差平方和最小，即

$$Q=\sum(y_i-\hat{y}_i)^2=\sum(y_i-\hat{\beta}_0-\hat{\beta}_1x_1-\cdots-\hat{\beta}_kx_k)^2=\min \tag{10.4}$$

由此得到求解$\hat{\beta}_0$，$\hat{\beta}_1$，$\hat{\beta}_2$，…，$\hat{\beta}_k$的标准方程组为：

$$\begin{cases}\left.\dfrac{\partial Q}{\partial\beta_0}\right|_{\beta_0=\hat{\beta}_0}=0\\ \left.\dfrac{\partial Q}{\partial\beta_1}\right|_{\beta_1=\hat{\beta}_i}=0,\ i=1,\ 2,\ \cdots,\ k\end{cases} \tag{10.5}$$

【例 10－1】（数据：example10_1.csv）居民家庭消费支出可能受到多种因素影响，比如居民家庭总收入、受访者年龄、受访者全年总收入、家庭常住人口等。为分析居民家庭消费支出的影响因素，随机抽取中国综合社会调查（CGSS）中的 60 个家庭，得到 2017 年各户的有关数据如表 10－1 所示。建立多元线性回归模型，并解释各回归系数的含义。

表 10－1　2017 年 60 个家庭的有关数据（前 10 行）

居民户代码	y	x_1	x_2	x_3	x_4
111	41 600	49 000	57	25 000	2
199	59 500	82 000	36	82 000	1
201	50 000	61 500	28	61 500	1
743	71 500	115 000	32	115 000	1
1 313	45 700	55 500	45	26 400	2
1 445	54 500	75 200	30	75 000	3
1 506	45 200	50 020	56	27 600	2
1 792	48 100	65 500	49	54 000	2
1 853	66 500	100 500	37	50 000	2
1 946	61 500	90 500	29	30 000	3

在表 10 - 1 中，y 为居民家庭消费支出（元）；x_1 为居民家庭总收入（元）；x_2 为受访者年龄（岁）；x_3 为受访者全年总收入（元）；x_4 为家庭常住人口（人）。

解： 多元线性回归的代码和结果如代码框 10 - 1 所示。

代码框 10 - 1　多元线性回归分析

```
#回归模型的拟合
from statsmodels.formula.api import ols
import pandas as pd

example10_1 = pd.read_csv('C:/pydata/chap10/example10_1.csv', encoding = 'gbk')
model = ols("y ~ x1 + x2 + x3 + x4 ",data = example10_1).fit()
print(model.summary())
```

```
                            OLS Regression Results
==============================================================================
Dep. Variable:                      y   R-squared:                       0.985
Model:                            OLS   Adj. R-squared:                  0.984
Method:                 Least Squares   F-statistic:                     888.2
Date:                Thu, 04 Nov 2021   Prob (F-statistic):           3.05e-49
Time:                        11:38:58   Log-Likelihood:                -507.03
No. Observations:                  60   AIC:                             1024.
Df Residuals:                      55   BIC:                             1035.
Df Model:                           4
Covariance Type:            nonrobust
==============================================================================
                 coef    std err          t      P>|t|      [0.025      0.975]
------------------------------------------------------------------------------
Intercept   2.438e+04   1534.983     15.882      0.000    2.13e+04    2.75e+04
x1             0.4532      0.013     36.149      0.000       0.428       0.478
x2           -56.6435     18.228     -3.107      0.003     -93.173     -20.114
x3            -0.0097      0.010     -0.943      0.350      -0.030       0.011
x4          -343.1776    150.159     -2.285      0.026    -644.103     -42.252
==============================================================================
Omnibus:                        1.715   Durbin-Watson:                   2.374
Prob(Omnibus):                  0.424   Jarque-Bera (JB):                1.275
Skew:                           0.116   Prob(JB):                        0.529
Kurtosis:                       2.325   Cond. No.                     8.98e+05
==============================================================================

Warnings:
[1] Standard Errors assume that the covariance matrix of the errors is correctly
specified.
[2] The condition number is large, 8.98e+05. This might indicate that there are
strong multicollinearity or other numerical problems.
```

```
#输出方差分析表
fromstatsmodels.stats.anova import anova_lm
anova_lm(model, typ=1)
```

	df	sum_sq	mean_sq	F	PR(>F)
x1	1.0	4.942149e+09	4.942149e+09	3536.826301	1.323792e-51
x2	1.0	1.485477e+07	1.485477e+07	10.630750	1.911681e-03
x3	1.0	1.818586e+05	1.818586e+05	0.130146	7.196623e-01
x4	1.0	7.298557e+06	7.298557e+06	5.223179	2.616599e-02
Residual	55.0	7.685370e+07	1.397340e+06	NaN	NaN

根据代码框 10-1 的输出结果，得到估计的多元线性回归方程为：

$$\hat{y}=24\,378.203\,4+0.453\,2\,x_1-56.643\,5\,x_2-0.009\,7\,x_3-343.177\,6\,x_4$$

各回归系数的实际意义为：

$\hat{\beta}_1=0.453\,2$，表示在受访者年龄、受访者全年总收入、家庭常住人口不变的条件下，居民家庭总收入每增加 1 万元，居民家庭消费支出平均增加 4 532 元。

$\hat{\beta}_2=-56.643\,5$，表示在居民家庭总收入、受访者全年总收入、家庭常住人口不变的条件下，户主年龄每增加 1 岁，居民家庭消费支出平均减少 56.64 元。

$\hat{\beta}_3=-0.009\,7$，表示在居民家庭总收入、受访者年龄、家庭常住人口不变的条件下，受访者全年总收入每增加 1 万元，居民家庭消费支出平均减少 97 元。

$\hat{\beta}_4=-343.177\,6$，表示在居民家庭总收入、受访者年龄、受访者全年总收入不变的条件下，家庭常住人口每增加 1 人，居民家庭消费支出平均减少 343.18 元。

代码框 10-1 还列出了各回归系数的置信区间①。比如，β_1 的 95% 的置信区间为 (0.428，0.478)，其含义是：在受访者年龄、受访者全年总收入、家庭常住人口不变的条件下，居民家庭总收入每增加 1 万元，居民家庭消费支出的平均变动在 4 280～4 780 元之间。其他几个回归系数置信区间的含义类似。

10.2 拟合优度和显著性检验

10.2.1 模型的拟合优度

多元线性回归模型的拟合优度可以用多重决定系数来评估。

1. 多重决定系数

在多元线性回归中，因变量的总误差平方和 $SST=\sum(y_i-\bar{y})^2$ 同样被分解成两部分：回归平方和 $SSR=\sum(\hat{y}_i-\bar{y})^2$ 与残差平方和 $SSE=\sum(y_i-\hat{y}_i)^2$，显然有 SST = SSR + SSE。**多重决定系数**（multiple coefficient of determination）是多元线性回归中回归平方和占总平方和的比例，计算公式为：

① 回归系数 β_i 在 $1-\alpha$ 置信水平下的置信区间为：$\hat{\beta}_i\pm t_{\alpha/2}(n-k-1)\,s_{\hat{\beta}_i}$。

$$R^2 = \frac{SSR}{SST} \tag{10.6}$$

R^2度量了多元线性回归模型的拟合优度，它表示在因变量 y 的总误差中被多个自变量共同解释的比例。

在多元线性回归中，自变量个数的增加将影响因变量中被估计回归方程解释的误差数量。当增加自变量时，会使预测误差变小，从而减少残差平方和 SSE。当 SSE 变小时，SSR 就会变大，从而使R^2变大。如果模型中增加一个自变量，即使这个自变量在统计上并不显著，R^2也会变大。因此，为避免增加自变量而高估R^2，统计学家使用样本量 n 和自变量的个数 k 去调整 R^2，计算出**调整的多重决定系数**（adjusted multiple coefficient of determination），记为R_a^2，其计算公式为：

$$R_a^2 = 1 - (1 - R^2) \times \frac{n-1}{n-k-1} \tag{10.7}$$

R_a^2的解释与R^2类似，不同的是R_a^2同时考虑了样本量（n）和模型中自变量的个数（k）的影响，这就使得R_a^2的值始终小于R^2，而且R_a^2的值不会随模型中自变量个数的增加而越来越接近 1。因此，在多元线性回归分析中，通常用调整的多重决定系数来评估回归模型的拟合优度。

R^2的平方根称为多重相关系数，也称为复相关系数，它度量了因变量同 k 个自变量的整体相关程度。

根据代码框 10-1 的输出结果，多重决定系数（R-squared）$R^2 = 0.985 = 98.5\%$，调整的多重决定系数（Adj. R-squared）$R_a^2 = 0.984 = 98.4\%$，其意义与R^2相同，它表示在用样本量和模型中自变量的个数进行调整后，在居民家庭消费支出取值的总误差中，被居民家庭总收入、受访者年龄、受访者全年总收入和家庭常住人口这 4 个自变量解释的比例为 98.4%，显示模型的拟合程度较高。

2. 估计标准误

多元线性回归中的估计标准误是其残差平方和的平方根，即残差的标准差，它是多元回归模型中误差项 ε 的方差σ^2的一个估计量。计算公式为：

$$s_e = \sqrt{\frac{\sum (y_i - \hat{y}_i)^2}{n-k-1}} = \sqrt{\frac{SSE}{n-k-1}} \tag{10.8}$$

式中，k 为自变量的个数。

s_e是预测误差的标准差的估计量，其含义可解释为：根据自变量x_1，x_2，…，x_k来预测因变量 y 时的平均预测误差。

代码框 10-1 的输出中结果未包含估计标准误差的值，估计方差分析表可得估计标准误$s_e = 1\ 182.1$。其含义是：根据所建立的多元线性回归方程，用居民家庭总收入、受访者年龄、受访者全年总收入和家庭常住人口这 4 个自变量预测居民家庭消费支出时，平均的预测误差为 1 182.1 元。

10.2.2　模型的显著性检验

在一元线性回归中，由于只有一个自变量，F 检验（线性关系检验）与 t 检验（回归系数检验）是等价的。在多元回归中，这两种检验不再等价。F 检验主要是检验因变量同多个自变量的整体线性关系是否显著。在 k 个自变量中，只要有一个自变量同因变量的线性关系显著，F 检验就显著，但这不一定意味着每个自变量同因变量的关系都显著。t 检验则是对每个回归系数分别进行检验，以判断每个自变量对因变量的影响是否显著。

1. 线性关系检验

线性关系检验是检验因变量 y 与 k 个自变量之间的关系是否显著，也称为整体显著性检验。检验的具体步骤为：

第 1 步：提出假设：

H_0：$\beta_1=\beta_2=\cdots=\beta_k=0$

H_1：β_1，β_2，…，β_k 至少有一个不等于 0

第 2 步：计算检验统计量 F：

$$F=\frac{\text{SSR}/k}{\text{SSE}/(n-k-1)}\sim F(k,n-k-1) \tag{10.9}$$

第 3 步：做出决策。给定显著性水平 α，根据分子自由度 k，分母自由度 $(n-k-1)$ 计算出统计量的 P 值。若 $P<\alpha$，拒绝 H_0，表示 y 与 k 个自变量之间的线性关系显著。

2. 回归系数检验

要判断每个自变量对因变量的影响是否都显著，需要对各回归系数 $\beta_i(i=1,2,\cdots,k)$ 分别进行 t 检验，具体步骤如下：

第 1 步：提出假设。对于任意参数 $\beta_i(i=1,2,\cdots,k)$，有

H_0：$\beta_i=0$

H_1：$\beta_i\neq0$

第 2 步：计算检验统计量 t：

$$t_i=\frac{\hat{\beta}_i}{s_{\hat{\beta}_i}}\sim t(n-k-1) \tag{10.10}$$

式中，$s_{\hat{\beta}_i}$ 为回归系数 $\hat{\beta}_i$ 的抽样分布的标准差。

第 3 步：做出决策。给定显著性水平 α，根据自由度 $(n-k-1)$ 计算出统计量的 P 值。若 $P<\alpha$，则拒绝 H_0，表示回归系数 β_i 显著。

【例 10-2】（数据：example10_1.csv）沿用例 10-1。对回归模型的线性关系和回归系数分别进行显著性检验（$\alpha=0.05$）。

解：检验线性关系提出的假设如下：

H_0：$\beta_1=\beta_2=\beta_3=\beta_4=0$

H_1：β_1，β_2，β_3，β_4 至少有一个不等于 0

根据代码框 10-1 输出的结果，$F=888.2$，显著性水平 $P=3.05e-49$，接近 0，拒绝 H_0，表示居民家庭消费支出与居民家庭总收入、受访者年龄、受访者全年总收入和家庭常住人口之间的线性关系显著。

检验回归系数提出的假设如下。对于任意参数 $\beta_i(i=1,2,3,4)$：

H_0：$\beta_i=0$，H_1：$\beta_i\neq0$

根据代码框 10-1 输出的结果，$t_1=36.149$，$t_2=-3.107$，$t_3=-0.943$，$t_4=-2.285$，相应的显著性水平 P 分别为 0.000、0.003、0.350、0.026。其中 β_1、β_2 和 β_4 所

对应的显著性水平小于 0.05，β_3所对应的显著性水平大于 0.05。这表示在影响居民家庭消费支出的 4 个自变量中，居民家庭总收入、受访者年龄和家庭常住人口的影响是显著的，受访者全年总收入不显著。

当然，得出上述结论还需要有其他证据，因为变量没有通过检验，也可能是其他原因造成的。比如，当自变量之间高度相关时，就有可能导致某一个或几个回归系数通不过检验，但这并不一定意味着没通过检验的那些自变量对因变量的影响就不显著。实际上，单独做每个自变量与居民家庭消费支出的一元线性回归，各回归系数检验的显著性水平（P 值）均接近 0，结果都是显著的（请读者自己去验证）。自变量之间相关造成的这种问题，在统计上称为多重共线性。这一问题将在 10.3 节讨论。

10.2.3 模型诊断

与一元回归类似，仍然可以用残差图来诊断模型的各项假定。绘制残差图的代码和结果如代码框 10-2 所示。

代码框 10-2　绘制残差图诊断模型

```
#绘制残差图诊断模型(见图 10-1)
import pandas as pd
import numpy as np
from statsmodels.formula.api import ols
import statsmodels.api as sm
import matplotlib.pyplot as plt
plt.rcParams['font.sans-serif'] = ['SimHei']
plt.rcParams['axes.unicode_minus'] = False

example10_1 = pd.read_csv('C:/pydata/chap10/example10_1.csv', encoding = 'gbk')
model = ols("y ~ x1 + x2 + x3 + x4 ",data = example10_1).fit()
x = model.fittedvalues; y = model.resid

plt.subplots(1, 2, figsize = (10, 4))
plt.subplot(121)
plt.scatter(model.fittedvalues, model.resid)
plt.xlabel('拟合值')
plt.ylabel('残差')
plt.title('(a) 残差值与拟合值图', fontsize = 15)
plt.axhline(0, ls = '--')

ax2 = plt.subplot(122)
pplot = sm.ProbPlot(model.resid, fit = True)
pplot.qqplot(line = 'r', ax = ax2, xlabel = '期望正态值', ylabel = '标准化的观测值')
ax2.set_title('(b)正态 Q-Q 图', fontsize = 15)
plt.show()
```

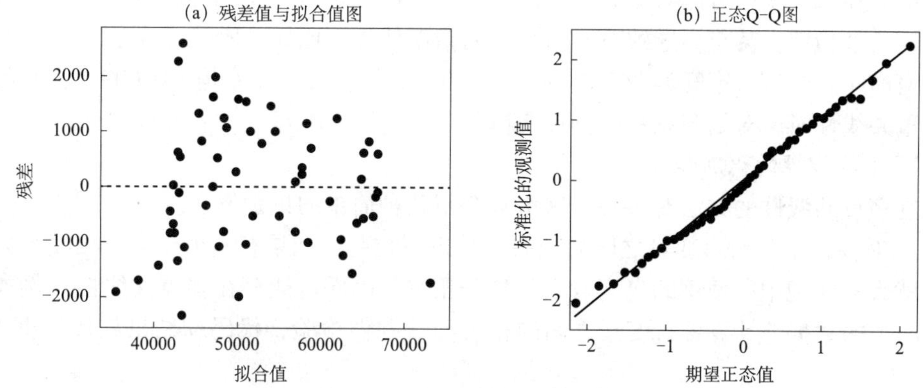

图 10 − 1 回归模型的诊断图

图 10 − 1(a) 显示，残差的分布似乎不是很随机，但是否需要尝试建立非线性模型还需要做进一步的分析。图 10 − 1(b) 显示残差基本上满足正态性假定，读者可以对残差进行正态性检验以获得更多的证据。

10.3 多重共线性及其处理

当回归模型中使用两个或两个以上自变量时，这些自变量往往会提供多余的信息。也就是说，这些自变量之间彼此相关。比如，在例 10 − 1 所建立的回归模型中使用了 4 个自变量，虽然它们对预测居民家庭消费支出都有作用，但由于这 4 个自变量之间可能存在相关关系，它们在预测中所提供的信息是有重复的。当回归模型中两个或两个以上的自变量彼此相关时，称回归模型中存在**多重共线性**（multicollinearity）。

10.3.1 多重共线性及其识别

在有些问题中，所使用的自变量之间存在相关关系是很平常的事，但是在回归分析中存在多重共线性将会产生某些问题。

1. 多重共线性所产生的问题

多重共线性会给回归分析带来以下问题：

首先，变量之间高度相关时，可能会造成回归结果的混乱，甚至会把分析引入歧途。比如，在例 10 − 1 的回归中，F 检验显示居民家庭消费支出与 4 个自变量之间的线性关系显著，而 t 检验显示其中 β_1、β_2 和 β_4 显著，回归系数 β_3 不显著。这种检验结果看起来矛盾，但实际上并不然。因为 F 检验显示线性关系显著，只是说居民家庭消费支出至少同 4 个自变量中的一个线性关系显著，并非意味着同每个自变量的线性关系都显著。事实上，4 个自变量在预测居民家庭消费支出时可能都有贡献（读者可就 4 个自变量分别进行一元线性回归进行验证），只不过一些自变量的贡献与另一些自变量的贡献相互重叠了。比如受访者全年总收入和居民家庭总收入是包含关系，可能有很强的相关性。代码框 10 − 1 的输出结果下方也给出了提示："条件数大（为 8.98e + 05），这表明可能有强多重共线性或其他数值问题。"

其次，多重共线性可能对参数估计值的正负号产生影响，特别是β_i的正负号有可能同预期的正负号相反，甚至会导致对回归系数的错误估计。比如一般认为受访者个人的全年总收入增加应该会带来家庭消费支出的增加，但 x_3 目前的估计值是 -0.009 7。因此，当存在多重共线性时，对回归系数的解释要慎重。

2. 多重共线性的识别和处理

识别多重共线性的方法有多种，这里只介绍几种简单的识别方法。

(1) 对模型中各对自变量之间的相关系数进行检验。如果有一个或多个相关系数是显著的，就表示模型中所使用的自变量之间显著相关，因而可能存在多重共线性。例如，根据例 10-1 的数据，计算各自变量之间的相关系数并做检验，代码和结果如代码框 10-3 所示。

代码框 10-3　自变量之间的相关系数及其检验

```
#计算相关系数矩阵
import pandas as pd

example10_1 = pd.read_csv('C:/pydata/chap10/example10_1.csv', encoding = 'gbk')
corr = example10_1.iloc[:,2:].corr()
corr
```

	x1	x2	x3	x4
x1	1.000000	-0.652981	0.649640	-0.251663
x2	-0.652981	1.000000	-0.452793	0.218055
x3	0.649640	-0.452793	1.000000	-0.565459
x4	-0.251663	0.218055	-0.565459	1.000000

```
#相关系数的显著性检验
from scipy.stats import pearsonr

col = ['x1', 'x2', 'x3', 'x4']
df_pvalue = pd.DataFrame(index = col, columns = col)
fori in range(2, 6):
    for j in range(2,6):
        cor, p_value = pearsonr(example10_1.iloc[:,i], example10_1.iloc[:,j])
        df_pvalue.iloc[i -2, j -2] = p_value
df_pvalue
```

	x1	x2	x3	x4
x1	0	1.56389e-08	1.9564e-08	0.0524147
x2	1.56289e-08	0	0.000280624	0.0941848
x3	1.9564e-08	0.000280624	0	2.50721e-06
x4	0.0524147	0.0941848	2.50721e-06	0

代码框 10－3 中的 P 值显示，前三个自变量两两之间均显著相关。因此，例 10－1 所建立的多元线性回归模型中可能存在多重共线性。

（2）考察各回归系数的显著性。当模型的 F 检验显著时，多个回归系数的 t 检验却不显著，表示模型中可能存在多重共线性。本例的回归结果就出现了这种情形。

（3）分析回归系数的正负号。如果回归系数的正负号与预期的相反，表示模型中可能存在多重共线性。本例中未出现这种情形。

（4）用**容忍度**（tolerance）和**方差扩大因子**（variance inflation factor，VIF）来识别共线性。

某个自变量的容忍度等于 1 减去该自变量为因变量而其余 $k-1$ 个自变量为预测变量时所得到的线性回归模型的判定系数，即 $1-R_i^2$。容忍度越小，多重共线性越严重。通常认为容忍度小于 0.1 时，存在严重的多重共线性。

方差扩大因子等于容忍度的倒数，即

$$\mathrm{VIF}=\frac{1}{1-R_i^2} \tag{10.11}$$

显然，VIF 的最小值是 1，值越大表示多重共线性越严重。一般来说，VIF≥10，存在严重的多重共线性；5≤VIF＜10，共线性属于可容忍水平，此时，可根据实际需要决定是否对共线性进行处理；VIF＜5，共线性属于理想水平，表示共线性很轻微，可以忽略。例如，从代码框的回归结果看，容忍度均大于 0.1，VIF 均小于 10，这说明本例建立的回归模型共线性并不严重。计算容忍度和 VIF 的代码和结果如代码框 10－4 所示。

代码框 10－4　计算容忍度和 VIF

```
import pandas as pd
from statsmodels.formula.api import ols

def vif(df_exog, exog_name):
    exog_use = list(df_exog.columns)
    exog_use.remove(exog_name)
    model = ols(f"{exog_name} ~ {'+'.join(list(exog_use))}", data = df_exog).fit()
    rsq = model.rsquared
    return 1. / (1. - rsq)

example10_1 = pd.read_csv('C:/pydata/chap10/example10_1.csv', encoding = 'gbk')
df_vif = pd.DataFrame()
for x in ['x1', 'x2', 'x3', 'x4']:
    vif_i = vif(example10_1.iloc[:, 2:], x)
    df_vif.loc['VIF', x] = vif_i

df_vif.loc["tolerance"] = 1 / df_vif.loc['VIF']
df_vif
```

	x1	x2	x3	x4
VIF	2.489473	1.752975	2.466641	1.526483
tolerance	0.401691	0.570459	0.405410	0.655101

代码框 10-4 的结果显示，容忍度均大于 0.1，VIF 均小于 10，这说明本例建立的回归模型共线性并不严重。居民家庭总收入与受访者全年总收入之间存在较高的相关性，注意到受访者个人收入是家庭收入的一部分，不应同时出现在回归方程中。随后的分析从方法上也证实二者不应同时出现，而使用家庭总收入对应家庭消费支出更合适。

如果模型中存在严重的多重共线性问题，就应采取某种解决措施①。比如，可以将一个或多个相关的自变量从模型中剔除，使保留的自变量尽可能不相关。如果共线性不严重，从预测的效果来看，可以在模型中保留所有的自变量，但应避免对单个参数β_i进行 t 检验，并将对因变量 y 的推断限定在自变量样本值的范围内。

10.3.2　变量选择与逐步回归

建立多元线性回归模型时，不要试图引入更多的自变量，除非确实有必要。如果在建立模型之前就有选择地确定进入模型的自变量，也可以避免多重共线性问题。变量选择的方法主要有**向前选择**（forward selection）、**向后剔除**（backward elimination）、**逐步回归**（stepwise regression）等。

1. 向前选择

向前选择是从模型中没有自变量开始，按下列步骤选择自变量来拟合模型。

首先，分别拟合因变量 y 对 k 个自变量（x_1，x_2，…，x_k）的一元线性回归模型，共有 k 个，然后找出 F 统计量的值最大的（或 P 值最小的）模型及其自变量x_i，并将该自变量首先引入模型（如果所有模型均无统计上的显著性，则运算过程终止，没有模型被拟合）。

其次，在模型已经引入x_i的基础上，分别拟合引入模型外的 $k-1$ 个自变量（x_1，…，x_{i-1}，x_{i+1}，…，x_k）的回归模型，即自变量组合为 x_i+x_1，…，x_i+x_{i-1}，x_i+x_{i+1}，…，x_i+x_k的 $k-1$ 个回归模型。然后分别考察这 $k-1$ 个模型，挑选出 F 统计量的值最大的（或 P 值最小的）含有两个自变量的模型，并将使 F 值最大的（或 P 值最小的）那个自变量x_j引入模型。如果除x_i之外的 $k-1$ 个自变量中没有一个是统计上显著的，则运算过程终止。如此反复进行，直至模型外的自变量均无统计显著性为止。

向前选择法的特点是：只要某个自变量被增加到模型中，这个变量就一定会保留在模型中。

2. 向后剔除

与向前选择法相反，向后剔除的基本过程如下：

首先，拟合因变量对所有 k 个自变量的回归模型。考察 $p(p<k)$个去掉一个自变量的模型（这些模型中的每一个都有 $k-1$ 个自变量），使模型的 SSE 值减小最少的自变量（F 统计量的值最小或其 P 值最大）被挑选出来并从模型中剔除。

其次，考察 $p-1$ 个去掉一个自变量的模型（这些模型中的每一个都有 $k-2$ 个自变

① 处理多重共线性问题有很多办法，感兴趣的读者可参考回归方面的书籍。

量)，使模型的 SSE 值减小最少的自变量被挑选出来并从模型中剔除。如此反复进行，直至剔除一个自变量不会使 SSE 显著减小为止。这时，模型中所剩的自变量都是显著的。

向后剔除法的特点是：只要某个自变量被从模型中剔除，这个变量就不会再进入模型中。

3. 逐步回归

逐步回归是避免多重共线性的另一种有效方法①，它将上述两种方法结合起来筛选自变量。逐步回归法的前两步与向前选择法相同。不过在新增加一个自变量后，它会对模型中所有的变量重新进行考察，看看有没有可能剔除某个自变量。如果在新增加一个自变量后，前面增加的某个自变量对模型的贡献变得不显著，这个变量就会被剔除。按此方法不停地增加变量并考虑剔除之前增加的变量的可能性，直至增加变量已经不能导致 SSE 显著减小（这个过程可通过 F 检验来完成）。

逐步回归法的特点是：在前面步骤中增加的自变量在后面的步骤中有可能被剔除，而在前面步骤中剔除的自变量在后面的步骤中也可能重新进入模型。

利用逐步回归选择自变量的标准不同，得到的最终模型也就不同。R 中的逐步回归以**赤池信息准则**（Akaike information criterion，AIC）为选择标准，选择使 AIC 值最小的变量建立模型。AIC 由日本学者赤池提出，除应用于线性模型的变量筛选外，还应用于时间序列自回归模型阶数的确定。

AIC 由两部分组成：一部分反映模型的拟合精度，另一部分反映模型中参数的个数，即模型的繁简程度。AIC 值越小，表示拟合的模型精度越高而且越简洁。当用最小二乘法拟合模型时，计算公式为：

$$AIC = n\ln\left(\frac{\mathrm{SSE}}{n}\right) + 2p \tag{10.12}$$

式中，n 为样本量；p 为模型中参数的个数（包括常数项）。

【例 10－3】（数据：example10_1. csv）沿用例 10－1。用逐步回归方法建立居民家庭消费支出(y)与居民家庭总收入(x_1)、受访者年龄(x_2)、受访者全年总收入(x_3)和家庭常住人口(x_4)的回归模型。

解：用 Python 做逐步回归需要编写很长的代码，比较麻烦，这里采用 R 软件根据 AIC 对例 10－1 的数据进行逐步回归，最后保留的 3 个自变量是x_1（居民家庭总收入）、x_2（受访者年龄）和x_4（家庭常住人口），根据这 3 个自变量进行回归得到的结果如代码框 10－5 所示。

代码框 10－5　y 与自变量 x_1、x_2、x_4 回归模型

```
#拟合 y 与自变量 x1、x2、x4 回归模型
import pandas as pd
from statsmodels.formula.api import ols


example10_1 =pd.read_csv('C:/pydata/chap10/example10_1.csv', encoding ='gbk')
model2 = ols("y ~ x1 + x2 + x4 ",data = example10_1).fit()
print(model2.summary())
```

① 除了逐步回归外，岭回归（ridge regression）是一种专门用于多重共线性数据分析的回归方法。它实际上是一种改良的最小二乘法，通过放弃最小二乘法的无偏性，以损失部分信息、降低精度为代价来寻求效果稍差但回归系数更符合实际的回归方程。当然，由于多重共线性，有些重要的解释变量也可能无法进入到分析中。

```
                            OLS Regression Results
==============================================================================
Dep. Variable:                      y   R-squared:                       0.985
Model:                            OLS   Adj. R-squared:                  0.984
Method:                 Least Squares   F-statistic:                     1186.
Date:                Thu, 04 Nov 2021   Prob (F-statistic):           1.26e-50
Time:                        13:15:38   Log-Likelihood:                -507.51
No. Observations:                  60   AIC:                             1023.
Df Residuals:                      56   BIC:                             1031.
Df Model:                           3
Covariance Type:            nonrobust
==============================================================================
                 coef    std err          t      P>|t|      [0.025      0.975]
------------------------------------------------------------------------------
Intercept   2.414e+04   1512.928     15.957      0.000    2.11e+04    2.72e+04
x1             0.4469      0.011     42.171      0.000       0.426       0.468
x2           -56.4458     18.209     -3.100      0.003     -92.922     -19.969
x4          -266.0621    125.791     -2.115      0.039    -518.052     -14.072
==============================================================================
Omnibus:                        2.210   Durbin-Watson:                   2.440
Prob(Omnibus):                  0.331   Jarque-Bera (JB):                1.483
Skew:                           0.132   Prob(JB):                        0.476
Kurtosis:                       2.276   Cond. No.                     7.27e+05
==============================================================================
```

```
#方差分析表
from statsmodels.stats.anova import anova_lm
anova_lm(model2, typ=1)
```

	df	sum_sq	mean_sq	F	PR(>F)
x1	1.0	4.942149e+09	4.942149e+09	3543.879685	2.525776e-52
x2	1.0	1.485477e+07	1.485477e+07	10.651951	1.877080e-03
x4	1.0	6.238819e+06	6.238819e+06	4.473687	3.888320e-02
Residual	56.0	7.809529e+07	1.394559e+06	NaN	NaN

根据代码框 10－5 的回归结果得到最终的估计方程为：

$$\hat{y} = 24\ 142.253\ 3 + 0.446\ 9\ x_1 - 56.445\ 8\ x_2 - 266.062\ 1\ x_4$$

最后，再对上述模型进行诊断，看看这一模型是否满足各种假定。绘制模型诊断图的 Python 代码和结果如代码框 10－6 所示。

代码框 10-6　含有 3 个自变量回归模型的诊断

```
#绘制残差图诊断模型(见图 10-2)
import pandas as pd
import numpy as np
from statsmodels.formula.api import ols
import statsmodels.api as sm
import matplotlib.pyplot as plt
plt.rcParams['font.sans-serif'] = ['SimHei']
plt.rcParams['axes.unicode_minus'] = False

example10_1 = pd.read_csv('C:/pydata/chap10/example10_1.csv', encoding = 'gbk')
model2 = ols("y ~ x1 + x2 + x4 ",data = example10_1).fit()
x = model2.fittedvalues; y = model2.resid

plt.subplots(1, 2, figsize = (10, 4))
plt.subplot(121)
plt.scatter(model2.fittedvalues, model2.resid)
plt.xlabel('拟合值')
plt.ylabel('残差')
plt.title('(a) 残差值与拟合值图', fontsize =15)
plt.axhline(0, ls ='--')

ax2 = plt.subplot(122)
pplot = sm.ProbPlot(model2.resid, fit = True)
pplot.qqplot(line ='r', ax = ax2, xlabel ='期望正态值', ylabel ='标准化的观测值')
ax2.set_title('正态 Q-Q 图', fontsize =15)
plt.show()
```

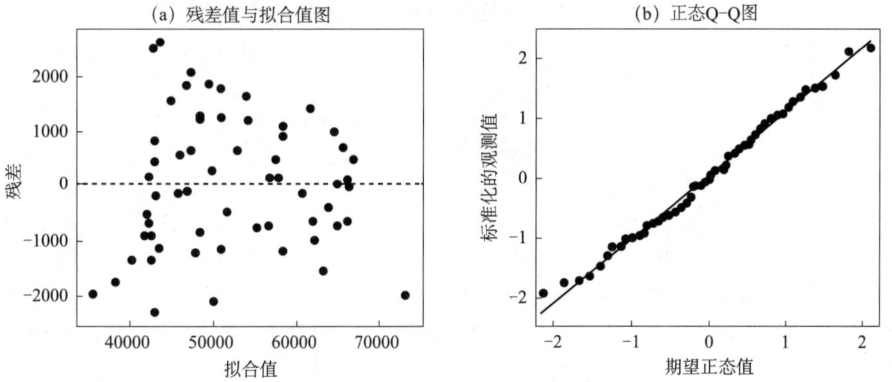

图 10-2　含有 3 个自变量的回归模型的诊断图

图 10-2 的残差图和残差的正态 Q-Q 图显示的信息与图 10-1 类似。从回归诊断结果看，经逐步回归建立的多元线性回归模型仍有进一步改进的余地。这说明虽然逐步回归解决

了模型中的共线性问题，但并不意味着这个模型就是一个好的模型。如果在模型中加入一些新项，比如考虑加入二次项，也许会对模型的改善有帮助。有兴趣的读者可以自己去尝试。

10.4 相对重要性和模型比较

在实际建模时，通常会关心两个问题：一是哪些自变量对预测更重要；二是所建立的模型是否包含了建模所必需的自变量。

10.4.1 自变量的相对重要性

哪些自变量对因变量的预测相对来说更重要，哪些相对来说不重要，了解这一问题对建模会有一定的参考价值。如果各自变量之间独立，那么根据自变量与因变量之间的相关系数大小就可以对重要性做出排序，相关系数大的显然更重要。但在实际问题中，各自变量之间往往有一定的相关性，这就会使评估变得复杂很多。评估自变量相对重要性的方法之一就是比较**标准化回归系数**（standardized regression coefficient）。

标准化回归系数是将因变量和所有自变量都标准化后进行回归得到的回归系数。计算标准化回归系数时，首先将因变量和各个自变量进行标准化①处理，然后根据标准化后的值进行回归，得到的方程称为**标准化回归方程**（standardized regression equation），该方程中的回归系数就是标准化回归系数，用 $\bar{\beta}$ 表示。$\bar{\beta}_i$的含义是：在其他自变量取值不变的条件下，自变量x_i（这里是指原始数据）每变动一个标准差，因变量平均变动$\bar{\beta}_i$个标准差。显然，$\bar{\beta}_i$的绝对值越大，说明该自变量x_i对因变量的影响就越大，相对于其他自变量而言，它对因变量的预测也就越重要。

【例 10-4】（数据：example10_1.csv）沿用例 10-1。计算标准化回归系数，分析各自变量对预测居民家庭消费支出的相对重要性。

解： 这里已经对 example10_1 的数据做了标准化，并另存为 zexample10_1，相应的变量名修改为 zy，zx1，zx2，zx3，zx4。根据标准化数据进行回归得到的结果如代码框10-7所示。

代码框 10-7 计算例 10-1 的标准化回归系数

```
import pandas as pd
from statsmodels.formula.api import ols
from scipy import stats          # scipy 是基于 numpy 的科学计算包

example10_1 = pd.read_csv('C:/pydata/chap10/example10_1.csv', encoding = 'gbk')
example10_1.drop(['id'],axis = 1,inplace = True)         # 删除居住户 id 一列
z = stats.zscore(example10_1,ddof = 1)                         # 数据框标准化
df = pd.DataFrame(z,columns = ['zy','zx1','zx2','zx3','zx4'])  # 将数组转换成数据框并重新命名

modelz = ols("zy ~ zx1 + zx2 + zx3 + zx4 ",df).fit()
print(modelz.summary())
```

① 标准化的计算公式为：$z_i = (x_i - \bar{x}) / s$，见第 3 章。

	coef	std err	t	P > |t|	[0.025	0.975]
Intercept	-2.359e-16	0.017	-1.43e-14	1.000	-0.033	0.033
zx1	0.9496	0.026	36.149	0.000	0.897	1.002
zx2	-0.0685	0.022	-3.107	0.003	-0.113	-0.024
zx3	-0.0246	0.026	-0.943	0.350	-0.077	0.028
zx4	-0.0470	0.021	-2.285	0.026	-0.088	-0.006

代码框 10－7 中的 coef 列即为标准化回归系数，$\bar{\beta}_1 = 0.949\ 6$，$\bar{\beta}_2 = -0.068\ 5$，$\bar{\beta}_3 = -0.024\ 6$，$\bar{\beta}_4 = -0.047\ 0$。$x_1$的标准化回归系数$\bar{\beta}_1 = 0.949\ 6$ 表示在其他自变量不变的条件下，居民家庭总收入每改变一个标准差，居民家庭消费支出平均改变 0.949 6 个标准差。其他系数的含义类似。

按标准化回归系数的绝对值大小排序为 $|\bar{\beta}_1| > |\bar{\beta}_2| > |\bar{\beta}_4| > |\bar{\beta}_3|$，可见在 4 个自变量中，居民家庭总收入（$x_1$）是预测居民家庭消费支出最重要的变量，而受访者全年总收入（x_3）是最不重要的变量。

10.4.2 模型比较

在多元线性回归建模中，总是希望所建立的模型能最好地拟合数据，同时又不希望模型包含一些不必要的自变量。如果一个模型包含建模所需的必要自变量就足以很好地拟合数据，而将多余的自变量剔除，避免给建模或模型的解释带来不必要的麻烦，这样的模型就是我们要寻找的简约模型。

逐步回归可以将不必要（有共线性问题）的自变量剔除，但逐步回归得到的模型是否很好地拟合了数据（虽然共线性问题不存在了），或者说，是否就比使用所有自变量的模型好，这需要将二者进行比较才能得出结论。

在回归模型中，如果一个模型包含另一个模型的所有项，并且至少有一个额外项，则称这两个模型是**嵌套模型**（nested model）。这里的所有项是指包含全部自变量x_1，x_2，…，x_k，或者还包含自变量的二次项如x_ix_j以及x_i^2等。假定只有两个自变量x_1和 x_2，模型如下：

模型 1：$E(y) = \beta_0 + \beta_1 x_1 + \beta_2 x_2$

模型 2：$E(y) = \beta_0 + \beta_1 x_1 + \beta_2 x_2 + \beta_3 x_1 x_2 + \beta_4 x_1^2$

模型 2 包含模型 1 的所有项，并且多了两个附加项。模型 1 被嵌套在模型 2 里，这两个模型就是嵌套模型。

在嵌套模型中，包含所有项的模型称为**完全模型**（full model），或称全模型。相对完全模型较简单的模型称为**简化模型**（reduced model）。比如模型 2 就是完全模型，模型 1 就是简化模型。

完全模型是否比简化模型提供了更多的预测信息？这一问题等价于完全模型中的β_3和β_4是否至少有一个不等于 0。也就是需要检验下面的假设：

H_0：$\beta_3 = \beta_4 = 0$（模型中的二次项不会对 y 的预测提供信息）

H_1：β_3 和 β_4 至少有一个不为 0（模型中至少有一个二次项对 y 的预测提供信息）

进行上述检验的步骤是：首先，用最小二乘法拟合简化模型，并计算相应的残差平方和（SSE_R）；其次，拟合完全模型，并计算出它的残差平方和（SSE_F）；然后计算出二者的差值（$SSE_R - SSE_F$）进行比较。如果二次项对模型有贡献，那么SSE_F应该比SSE_R小很多。二者相差越大，说明完全模型比简化模型提供了越多的信息。上述检验一般性的表达如下。设

简化模型：

$$E(y) = \beta_0 + \beta_1 x_1 + \beta_2 x_2 + \cdots + \beta_g x_g \tag{10.13}$$

完全模型：

$$E(y) = \beta_0 + \beta_1 x_1 + \beta_2 x_2 + \cdots + \beta_g x_g + \beta_{g+1} x_{g+1} + \cdots + \beta_k x_k \tag{10.14}$$

检验假设：

H_0：$\beta_{g+1} = \beta_{g+2} = \cdots = \beta_k = 0$

H_1：β_{g+1}，β_{g+2}，…，β_k 至少有一个不为 0

检验统计量：

$$F = \frac{(SSE_R - SSE_F)/(k-g)}{SSE_F/(n-k-1)} \sim F(k-g,\ n-k-1) \tag{10.15}$$

完全模型中的参数个数（包含常数项）为（$k+1$），简化模型中的参数个数为（$g+1$）。如果检验的 P 值很小，就拒绝H_0，表示完全模型比简化模型的拟合效果要好；如果 P 值较大，不拒绝H_0，表示简化模型和完全模型的拟合效果一样好。由于建模时将更多的自变量引入模型，不仅增加了建模的复杂性，而且造成了解释上的困难，因此，当不能拒绝H_0时，就考虑采用简化模型。

式（10.15）能比较两个模型的残差平方和的差异是否显著，该方法要求两个模型必须是嵌套的，否则不能比较。用 AIC 准则也可以比较模型，它不要求模型必须是嵌套的。AIC 值小，说明模型用较少的参数（或自变量）就获得了足够的拟合度，因而模型将被优先选择。

【例 10－5】（数据：example10_1. csv）利用例 10－1 和例 10－3 的回归结果，对两个模型进行比较（$\alpha = 0.05$）。

解：例 10－1 是使用全部 4 个自变量建立的模型，可以把它看作完全模型。例 10－3 是经逐步回归剔除了一个自变量，使用x_1、x_2、x_4（相应的回归系数为β_1、β_2、β_4）3 个自变量建立的模型，这里把它看作简化模型。现在利用模型比较方法来说明逐步回归模型的效果是否与使用全部自变量的模型有差异。如果没有差异，说明逐步回归模型预测效果并不差，依据建模的简约原则，自然会选择逐步回归模型。如果二者差异显著，可以考虑使用含有 4 个自变量的回归模型（或者尝试建立其他模型，比如，增加二次项等）。使用式（10.15）进行比较的步骤如下：

提出假设：

H_0：$\beta_3 = 0$（x_3 不会对 y 的预测提供信息）

H_1：$\beta_3 \neq 0$（x_3 对 y 的预测提供信息）

根据上面的回归结果可知，$SSE_R = 26\ 505\ 550$，$SSE_F = 24\ 717\ 150$。由此计算的统计量如下：

$$F=\frac{(78\ 095\ 290-76\ 853\ 700)/(4-3)}{76\ 853\ 700/(60-4-1)}=0.888\ 54$$

由 Python 函数得 $P=0.349\ 995>0.05$，不拒绝H_0，逐步回归模型与含有 4 个自变量的回归模型无显著差异。

代码框 10－8 给出了模型比较的代码和结果。

代码框 10－8　比较逐步回归模型与含所有 4 个自变量的回归模型

```
#用 anova 比较
import pandas as pd
import numpy as np
from statsmodels.formula.api import ols
from statsmodels.stats.anova import anova_lm

example10_1 =pd.read_csv('C:/pydata/chap10/example10_1.csv', encoding='gbk')
model1=ols("y~x1+x2+x3+x4",data=example10_1).fit()
model2=ols("y~x1+x2+x4",data=example10_1).fit()
anova_lm(model2, model1, typ=1)
```

	df_resid	ssr	df_diff	ss_diff	F	Pr(>F)
0	56.0	7.809529e+07	0.0	NaN	NaN	NaN
1	55.0	7.685370e+06	1.0	1.241597e+06	0.888543	0.349995

```
#用 AIC 比较
pd.DataFrame([model2.aic, model1.aic], ['model2','model1'], columns=['AIC'])
```

	AIC
model2	1023.018370
model1	1024.056797

代码框 10－8 给出了两个模型的自由度（df_resid）、残差平方和（ssr）、自由度的差值（df_diff）、平方和的差值（ss_diff）、检验统计量（F）及其相应的 P 值（Pr（>F））。由于 $P=0.349\ 995>0.05$，不拒绝H_0，没有证据显示两个模型有显著差异。AIC 的比较结果显示，逐步回归模型的 AIC 更小，意味着它比包含全部 4 个自变量的模型更好。

上述检验结果表明，用所有 4 个自变量建立回归模型与用逐步回归选择的 3 个自变量建立模型，预测效果其实差异不大。从回归建模的简约原则看，选择逐步回归保留的 3 个自变量建立模型比较合适，以避免增加自变量给回归带来的复杂性和解释上的困难。如果检验结果拒绝H_0，则需要考虑用 4 个自变量建立回归模型或其他模型。

10.5　利用回归方程进行预测

建立回归模型后，可根据给定的 k 个自变量，求出因变量 y 的平均数的置信区间和个别值的预测区间。由于置信区间和预测区间的计算公式复杂，这里不再列出，利用 Python 很容易得到预测结果。

【例 10－6】（数据：example10_1. csv）沿用例 10－1。利用逐步回归得到的回归方程

$\hat{y}=24\,142.253\,3+0.446\,9\,x_1-56.445\,8\,x_2-266.062\,1\,x_4$，求居民家庭消费支出95% 的置信区间和预测区间，以及$x_1=60\,000$，$x_2=40$，$x_4=3$ 时居民家庭消费支出的点预测值。

解：代码框 10-9 显示了代码和结果，其中包括点预测值、残差（res）、标准化残差、置信区间、预测区间。

代码框 10-9 用回归方程进行预测

```
#计算点预测值、置信区间和预测区间
import pandas as pd
from statsmodels.formula.api import ols
from statsmodels.stats.outliers_influence import summary_table
example10_1 = pd.read_csv('C:/pydata/chap10/example10_1.csv', encoding = 'gbk')
model  = ols("y ~ x1 + x2 + x4",data = example10_1).fit()

conf_level = 0.95
st,_,_ = summary_table(model, alpha = 1 - conf_level)
columns = [x +'' + y for (x, y) in zip(st.data[0], st.data[1])]
df_res = pd.DataFrame()  # 将 SimpleTable 转为 DataFrame
for i in range(len(st.data) - 2):
    df_res = df_res.append(pd.DataFrame(st.data[i + 2], index = columns).T)
df_res.reset_index(drop = True, inplace = True)

df_res.drop(columns = ['Std Error Mean Predict','Student Residual',
            'Std Error Residual'],inplace = True) # 删除列
round(df_res,2)
```

	Obs	Dep Var Population	Predicted Value	Mean ci 95% low	Mean ci 95% upp	Predict ci 95% low	Predictci 95% upp	Residual
0	1	41600	42290.24	41753.55	42826.92	39864.47	44716.00	-690.24
1	2	59500	58488.97	57921.28	59056.65	56056.15	60921.78	1011.03
2	3	50000	49779.33	48798.20	50760.46	47218.28	52340.37	220.67
3	4	71500	73462.06	72652.69	74271.42	70961.78	75962.33	-1962.06
4	5	45700	45872.36	45340.16	46404.56	43447.58	48297.14	-172.36
5	6	54500	55256.68	54595.06	55918.3	52800.24	57713.11	-756.68
6	7	45200	42802.51	42281.02	43323.99	40380.06	45224.96	2397.49
7	8	48100	50115.45	49742.77	50488.14	47720.62	52510.29	-2015.45
8	9	66500	66433.89	65865.63	67002.14	64000.94	68866.84	66.11
9	10	61500	62150.51	61532.27	62768.75	59705.40	64595.62	-650.51
10	11	43600	42842.67	42383.54	43301.79	40432.87	45252.47	757.33
11	12	42800	43002.59	42442.34	43562.83	40571.50	45433.68	-202.59
12	13	40850	43073.46	42559.99	43586.92	40652.72	45494.20	2223.46
13	14	62000	63495.65	62802.2	64189.09	61030.45	65960.84	-1495.65
14	15	49500	48314.07	47735.29	48892.86	45878.64	50749.51	1185.93
15	16	48000	47418.86	46966.24	47871.48	45010.30	49827.43	581.14
16	17	48500	46792.95	46321.32	47264.58	44380.74	49205.16	1707.05
17	18	49950	51061.21	50271.18	51851.24	48567.12	53555.29	-1111.21
18	19	52400	51246.50	50931.97	51561.03	48860.03	53632.98	1153.50
19	20	42500	42355.83	41822.80	42888.87	39930.87	44780.80	144.17

```
注:截取前 20 行输出结果.
```

```
#求 x1 =60000,x2 =40,x4 =3 时 y 的点预测值
model.predict(exog = dict(x1 =60000, x2 =40, x4 =3))
```

```
0    47899.520443
dtype: float64
```

10.6　哑变量回归

前面介绍的回归自变量都是数值的，但实际问题中，有时需要利用类别自变量来处理问题，比如，性别（男、女）、户口所在地（城镇、农村）、各省市的区域位置（东部、中部、西部）等。由于这些类别变量的取值本身是用文字描述的，要把它们放进回归模型中，必须先将文字用代码来表示，这种代码化的类别自变量称为**哑变量**（dummy variable）或**虚拟变量**。在回归模型中使用哑变量时称为哑变量回归或虚拟变量回归。

10.6.1　在模型中引入哑变量

如何将哑变量引入回归模型中呢？当类别自变量只有两个水平（取值）时，比如性别（男、女），可在回归中引入一个哑变量；当类别自变量有两个以上水平时，比如服务企业的类型（零售业、旅游业、航空业等），需要在回归模型中引入一个以上的哑变量。一般而言，如果类别自变量有 k 个水平，需要在回归模型中引入 $k-1$ 个哑变量。对于有 k 个水平的类别自变量，引入的哑变量表示为：

$$x_1=\begin{cases}1, & \text{水平 }1\\0, & \text{其他水平}\end{cases},\quad x_2=\begin{cases}1, & \text{水平 }2\\0, & \text{其他水平}\end{cases},\quad \cdots,\quad x_{k-1}=\begin{cases}1, & \text{水平 }k-1\\0, & \text{其他水平}\end{cases}$$

对于只有两个水平的类别自变量，将哪个水平指定为 1，哪个水平指定为 0，完全是任意的。

10.6.2　含有一个哑变量的回归

下面通过一个例子说明将一个哑变量引入回归模型后如何解释回归结果。

【例 10－7】（数据：example10_7. csv）沿用例 10－1。假定在分析影响居民家庭消费支出的因素中，再考虑“城乡因素”变量，其取值为“城市”和“农村”。为便于理解，原来的 4 个自变量这里只保留居民家庭总收入这一个数值自变量。假定调查得到的数据如表 10－2 所示。

表 10－2　居民家庭消费支出、居民家庭总收入和城乡因素（前 20 行）

居民户 Id	居民家庭消费支出 y	居民家庭总收入 x_1	城乡因素 x_2
111	41 600	49 000	城市
199	59 500	82 000	城市
201	50 000	61 500	农村
743	71 500	115 000	城市

续表

居民户 Id	居民家庭消费支出 y	居民家庭总收入 x_1	城乡因素 x_2
1 313	45 700	55 500	农村
1 445	54 500	75 200	城市
1 506	45 200	50 020	城市
1 792	48 100	65 500	农村
1 853	66 500	100 500	城市
1 946	61 500	90 500	城市
2 077	43 600	50 200	农村
2 350	42 800	49 800	农村
2 493	40 850	50 500	农村
2 520	62 000	96 000	城市
2 589	49 500	61 000	城市
2 734	48 000	60 350	农村
3 136	48 500	60 050	城市
3 303	49 950	65 000	城市
3 328	52 400	68 500	城市
3 399	42 500	50 500	农村

建立以下两个模型，并比较引入哑变量和不引入哑变量对回归结果的影响。

(1) 居民家庭消费支出与家庭总收入的一元回归模型。

(2) 居民家庭消费支出与家庭总收入和城乡因素的二元回归模型。

解：建立居民家庭消费支出与居民家庭总收入的一元回归模型，代码和结果如代码框 10－10 所示。

代码框 10－10　居民家庭消费支出与居民家庭总收入的一元回归

```
#居民家庭消费支出与居民家庭总收入的一元回归模型
from statsmodels.formula.api import ols
import pandas as pd

example10_7 = pd.read_csv('C:/pydata/chap10/example10_7.csv', encoding = 'gbk')
models = ols("居民家庭消费支出 ~ 居民家庭总收入",data = example10_7).fit()
print(models.summary())
```

```
                            OLS Regression Results
==============================================================================
Dep. Variable:              居民家庭消费支出   R-squared:                       0.980
Model:                            OLS   Adj. R-squared:                  0.980
Method:                 Least Squares   F-statistic:                     2890.
Date:                Thu, 04 Nov 2021   Prob (F-statistic):           3.52e-51
Time:                        14:37:12   Log-Likelihood:                -514.68
No. Observations:                  60   AIC:                             1033.
Df Residuals:                      58   BIC:                             1038.
Df Model:                           1
Covariance Type:            nonrobust
==============================================================================
                 coef    std err          t      P>|t|      [0.025      0.975]
------------------------------------------------------------------------------
Intercept   1.894e+04    643.529     29.436      0.000    1.77e+04    2.02e+04
居民家庭总收入      0.4725      0.009     53.758      0.000       0.455       0.490
==============================================================================
Omnibus:                        6.328   Durbin-Watson:                   2.139
Prob(Omnibus):                  0.042   Jarque-Bera (JB):                2.477
Skew:                           0.102   Prob(JB):                        0.290
Kurtosis:                       2.026   Cond. No.                     2.79e+05
==============================================================================

Warnings:
[1] Standard Errors assume that the covariance matrix of the errors is correctly specified.
```

```
#方差分析表
from statsmodels.stats.anova import anova_lm
anova_lm(models, typ=1)
```

	df	sum_sq	mean_sq	F	PR(>F)
居民家庭总收入	1.0	4.942149e+09	4.942149e+09	2889.886546	3.516606e-51
Residual	58.0	9.918888e+07	1.710153e+06	NaN	NaN

代码框10-10列出的$R^2=0.980$，表示居民家庭总收入解释了家庭消费支出误差的98.0%；F检验的$P=3.52e-51$，表示模型显著；回归系数$\hat{\beta}_1=0.4725$，表示居民家庭总收入每变动1元，家庭消费支出平均变动0.4725元。

现在建立引入城乡因素这一类别变量的二元回归模型，看看对回归结果有什么影响。设居民家庭总收入为x_1，城乡因素为x_2，引入下面的哑变量：

$$x_2=\begin{cases}1，城市\\0，农村\end{cases}$$

建立包含哑变量的二元回归模型，代码和结果如代码框10-11所示。

代码框 10-11　包含哑变量的二元回归

```
#居民家庭消费支出与居民家庭总收入和城乡因素的二元回归
from statsmodels.formula.api import ols
import pandas as pd

example10_7 = pd.read_csv('C:/pydata/chap10/example10_7.csv', encoding='gbk')
modeld = ols("居民家庭消费支出 ~ 居民家庭总收入 + 城乡因素",data = example10_7).fit()
print(modeld.summary())
```

```
                            OLS Regression Results
==============================================================================
Dep. Variable:            居民家庭消费支出   R-squared:                       0.985
Model:                             OLS   Adj. R-squared:                  0.985
Method:                  Least Squares   F-statistic:                     1927.
Date:                 Thu, 04 Nov 2021   Prob (F-statistic):           4.58e-53
Time:                         14:47:34   Log-Likelihood:                -505.67
No. Observations:                   60   AIC:                             1017.
Df Residuals:                       57   BIC:                             1024.
Df Model:                            2
Covariance Type:             nonrobust
==============================================================================
                    coef    std err          t      P>|t|      [0.025      0.975]
------------------------------------------------------------------------------
Intercept      1.978e+04    589.575     33.557      0.000    1.86e+04     2.1e+04
城乡因素[T.城市]  1785.2031    399.580      4.468      0.000     985.057    2585.349
居民家庭总收入      0.4442      0.010     44.764      0.000       0.424       0.464
==============================================================================
Omnibus:                        0.586   Durbin-Watson:                   2.060
Prob(Omnibus):                  0.746   Jarque-Bera (JB):                0.686
Skew:                          -0.064   Prob(JB):                        0.710
Kurtosis:                       2.492   Cond. No.                     3.05e+05
==============================================================================

Warnings:
[1] Standard Errors assume that the covariance matrix of the errors is correctly specified.
```

注:模型中城乡因素为"城市"时 x2 = 1,"农村"时 x2 = 0.

```
#方差分析表
from statsmodels.stats.anova import anova_lm
anova_lm(modeld, typ=1)
```

	df	suq_sq	mean_sq	F	PR(>F)
城乡因素	1.0	2.385311e+09	2.385311e+09	1850.754467	3.767047e-45
居民家庭总收入	1.0	2.582563e+09	2.582563e+09	2003.801566	4.172361e-46
Residual	57.0	7.346341e+07	1.288832e+06	NaN	NaN

由代码框10-11输出的结果得到二元回归方程为：

$\hat{y}$ = 19 784.633 1 + 0.444 2 × 居民家庭总收入 + 1 785.203 1 × 城乡因素

模型检验的P值为4.58e-53，表示居民家庭消费支出与居民家庭总收入和城乡因素的二元回归模型显著。检验城乡因素变量的$P=0.000$，表示它对居民家庭消费支出的影响显著。检验居民家庭总收入的$P=0.000$，表示居民家庭总收入对居民家庭消费支出的影响显著。调整的决定系数$R_a^2=0.985=98.5\%$，表示居民家庭总收入和城乡因素共同解释了居民家庭消费支出误差的98.5%，比不加入城乡因素变量时的R^2(98.0%)高了0.5个百分点(98.5%-98.0%)。

为解释回归方程中各系数的含义，先考察含有一个数值自变量（居民家庭总收入x_1）和一个哑变量（城乡因素x_2）的回归方程$E(y)=\beta_0+\beta_1x_1+\beta_2x_2$。

当方程中含有一个哑变量时，为合理地解释β_1和β_2，先考虑$x_2=1$（城乡因素为“城市”）的情形，用$E(y|$城市$)$表示已知城乡因素为“城市”时的居民家庭消费支出，则有

$$E(y|\text{城市})=\beta_0+\beta_1x_1+\beta_2\times1=(\beta_0+\beta_2)+\beta_1x_1$$

同样，城乡因素为“农村”（$x_2=0$）时，则有

$$E(y|\text{农村})=\beta_0+\beta_1x_1+\beta_2\times0=\beta_0+\beta_1x_1$$

通过比较可以看到，这两个方程的斜率都是β_1，但截距不同。城乡因素为“城市”时，方程的截距是$(\beta_0+\beta_2)$；城乡因素为“农村”时，方程的截距是β_0。

β_0表示城乡因素为“农村”时的期望居民家庭消费支出。

$\beta_0+\beta_2$表示城乡因素为“城市”时的期望居民家庭消费支出。

β_1表示居民家庭总收入每变动1元，城乡因素为“城市”或城乡因素为“农村”时居民家庭消费支出的平均变动水平。

β_2表示城乡因素为“城市”时的期望消费支出与城乡因素为“农村”时的期望消费支出之间的差值，即$(\beta_0+\beta_2)-\beta_0=\beta_2$。

如果β_2是正的，表示城乡因素为“城市”时的居民家庭消费支出高于城乡因素为“农村”时的居民家庭消费支出；如果β_2是负的，表示城乡因素为“城市”时的居民家庭消费支出低于城乡因素为“农村”时的居民家庭消费支出；如果$\beta_2=0$，表示城乡因素为“城市”时的居民家庭消费支出与城乡因素为“农村”时的居民家庭消费支出之间没有差别。

根据本例得到的二元回归方程可知：

$\hat{\beta}_0=19\ 784.633\ 1$，表示城乡因素为“农村”时的居民家庭消费支出的期望值为19 785元。

$\hat{\beta}_0+\hat{\beta}_2=19\ 784.633\ 1+1\ 785.203\ 1=21\ 569.836\ 2$，表示城乡因素为“城市”时，居民家庭消费支出的期望值为21 570元。

$\hat{\beta}_1=0.444\ 2$，表示居民家庭总收入每增加1万元，城乡因素为“城市”或“农村”时，居民家庭消费支出的平均增加值4 442元。

$\hat{\beta}_2=1\ 785.203\ 1$，表示城乡因素为“城市”时的居民家庭消费支出的期望值比城乡因素为“农村”时的居民家庭消费支出的期望值高1 785元。

因此，当$x_2=0$（城乡因素为“农村”）时，有

$$\hat{y}=19\ 784.633\ 1+0.444\ 2\ x_1$$

当$x_2=1$(城乡因素为“城市”)时，有

$$\hat{y}=(19\ 784.633\ 1+1\ 785.203\ 1)+0.444\ 2\ x_1=21\ 569.836\ 2+0.444\ 2\ x_1$$

实际上，将城乡因素作为哑变量引入模型，为预测居民家庭消费支出提供了两个方程：一个对应于城乡因素为“城市”时的居民家庭消费支出，一个对应于城乡因素为“农村”时的居民家庭消费支出。这两个方程的唯一区别是截距不同，而它们的截距差值正是城乡因素为“城市”时和城乡因素为“农村”时的居民家庭消费支出期望值的差值(1 785 元)。

图 10－3 展示了两个回归方程的图像。代码和结果如代码框 10－12 所示。

代码框 10－12　城乡因素为“城市”和“农村”时的两个回归方程的图像

```
#城乡因素为"城市"和"农村"时的两个回归方程的图像(见图 10-3)
import pandas as pd
import numpy as np
from statsmodels.formula.api import ols
import matplotlib.pyplot as plt
plt.rcParams['font.sans-serif'] = ['SimHei']

example10_7 =pd.read_csv('C:/pydata/chap10/example10_7.csv', encoding ='gbk')
example10_7['城乡因素'] =example10_7['城乡因素'].replace({'城市': 1, '农村': 0})
modeld =ols("居民家庭消费支出 ~居民家庭总收入 +城乡因素",data =example10_7).fit()

plt.figure(figsize = (9, 6))
plt.scatter(example10_7['居民家庭总收入'], example10_7['居民家庭消费支出'], c =
example10_7['城乡因素'])
slope =modeld.params['居民家庭总收入']
intercept1 =modeld.params['Intercept']
intercept2 =modeld.params['Intercept'] +modeld.params['城乡因素']
x =np.array([30000, 120000])
plt.plot(x, (intercept2 +slope * x))
plt.plot(x, (intercept1 +slope * x), 'r --')
plt.legend(['城乡因素 =城市', '城乡因素 =农村'])
plt.xlabel('居民家庭总收入')
plt.ylabel('居民家庭消费支出')
plt.title('模型:居民家庭消费支出 ~居民家庭总收入 +城乡因素')
plt.show()
```

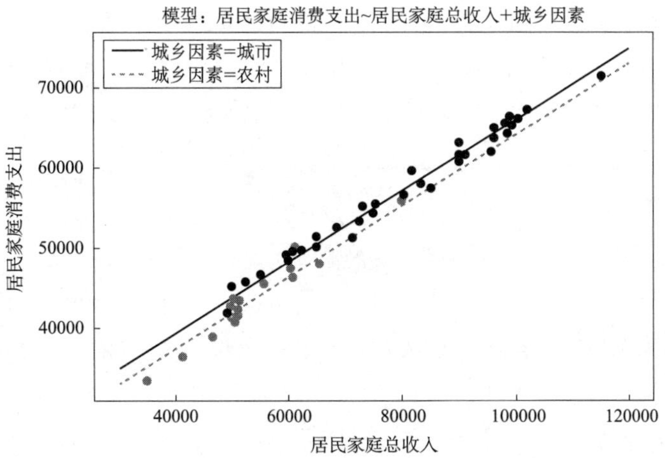

图 10-3　城乡因素为“城市”和“农村”时的两个回归方程

最后，根据居民家庭消费支出与居民家庭总收入和城乡因素的二元回归方程来预测居民家庭消费支出。代码和结果如代码框 10-13 所示。

代码框 10-13　哑变量回归预测

```
from statsmodels.formula.api import ols
import pandas as pd

example10_7 = pd.read_csv('C:/pydata/chap10/example10_7.csv', encoding = 'gbk')
modeld = ols("居民家庭消费支出 ~ 居民家庭总收入 + 城乡因素",data = example10_7).fit()
df_res = example10_7.copy()
df_res['点预测值'] = modeld.fittedvalues
df_res['残差'] = modeld.resid
round(df_res,4)
```

	居民户 Id	居民家庭消费支出	居民家庭总收入	城乡因素	点预测值	残差
0	111	41600	49000	城市	43335.5169	-1735.5169
1	199	59500	82000	城市	57994.0365	1505.9635
2	201	50000	61500	农村	47102.7834	2897.2166
3	743	71500	115000	城市	72652.5562	-1152.5562
4	1313	45700	55500	农村	44437.5980	1262.4020
5	1445	54500	75200	城市	54973.4931	-473.4931
6	1506	45200	50020	城市	43788.5984	1411.4016
7	1792	48100	65500	农村	48879.5737	-779.5737
8	1853	66500	100500	城市	66211.6915	288.3085
9	1946	61500	90500	城市	61769.7159	-269.7159

10	2077	43600	50200	农村	42083.3509	1516.6491
11	2350	42800	49800	农村	41905.6719	894.3281
12	2493	40850	50500	农村	42216.6102	-1366.6102
13	2520	62000	96000	城市	64212.8025	-2212.8025
14	2589	49500	61000	城市	48665.8877	834.1123
15	2734	48000	60350	农村	46591.9562	1408.0438
16	3136	48500	60050	城市	48243.9000	256.1000
17	3303	49950	65000	城市	50442.6779	-492.6779
18	3328	52400	68500	城市	51997.3694	402.6306
19	3399	42500	50500	农村	42216.6102	283.3898

注:截取前 20 行的输出结果.

下面对增加了城乡因素这一哑变量的回归模型与只包含居民家庭总收入这一自变量的回归模型进行比较，看看增加哑变量对预测效果是否有显著影响。进行模型比较的代码和结果如代码框 10-14 所示。

代码框 10-14　只含居民家庭总收入一个变量和增加城乡因素哑变量的回归模型的比较

```
#用 anova 比较
import pandas as pd
import numpy as np
from statsmodels.formula.api import ols
from statsmodels.stats.anova import anova_lm
example10_7 =pd.read_csv('C:/pydata/chap10/example10_7.csv', encoding ='gbk')

models  =ols("居民家庭消费支出 ~居民家庭总收入",data =example10_7).fit()
modeld  = ols("居民家庭消费支出 ~居民家庭总收入 +城乡因素",data =example10_7).fit()
anova_lm(models, modeld, typ =1)
```

	df_resid	ssr	df_diff	ss_diff	F	Pr(>F)
0	58.0	9.918888e+07	0.0	NaN	NaN	NaN
1	57.0	7.346341e+07	1.0	2.572548e+07	19.960306	0.000038

```
#用 AIC 比较
pd.DataFrame([models.aic, modeld.aic], ['models', 'modeld'], columns = ['AIC'])
```

	AIC
models	1033.364140
modeld	1017.349829

由于 $P=0.000\,038$，拒绝H_0，表示两个模型有显著差异。哑变量回归模型的 AIC 也较小，这意味着模型加入城乡因素这一哑变量对预测效果有显著影响。因此，可选用含哑变量的回归模型作为最终的预测模型。

10.7 Logistic 回归

前面介绍了回归自变量出现虚拟变量（又称二分变量（binary variable））的情况，那么因变量是二分变量时应该如何建立回归模型，如解释一个家庭是否有住房、各省区市人均 GDP 水平的高低等？由于这些二分变量本身仅有两个取值，多元回归模型中自变量回归系数的解释就无法被理解为当其他因素不变时，给定自变量变化一个单位导致的因变量变化水平。对于因变量是二分变量的一类回归模型，统计上一般用线性概率模型（linear probability model, LPM）来处理，这里我们介绍其中比较基础的一种建模方法，即 Logistic 回归方法。

10.7.1 Logistic 回归的基本原理

设因变量 y 只取 0，1 两个值，首先考虑线性回归模型

$$y_i = \beta_0 + \beta_1 x_{i1} + \beta_2 x_{i2} + \cdots + \beta_p x_{ip} + \varepsilon_i \tag{10.16}$$

式中，x_1，x_2，…，x_p是与 y 相关的确定性变量，n 组观测数据为（x_{i1}，x_{i2}，…，x_{ip}；y_i）($i=1$，2，…，n)。

由于y_i是 0－1 型 Bernoulli 随机变量，得到如下概率分布

$$P(y_i=1)=\pi_i \tag{10.17}$$

$$P(y_i=0)=1-\pi_i \tag{10.18}$$

根据离散型随机变量期望值的定义，可得

$$E(y_i)=1(\pi_i)+0(1-\pi_i)=\pi_i \tag{10.19}$$

进而

$$E(y_i)=\pi_i=\beta_0+\beta_1 x_{i1}+\beta_2 x_{i2}+\cdots+\beta_p x_{ip} \tag{10.20}$$

所以 $E(y_i)=\beta_0+\beta_1 x_{i1}+\beta_2 x_{i2}+\cdots+\beta_p x_{ip}$是自变量水平为$x_i$时$y_i=1$的概率。

受到概率分布的取值限制，需要使$0\leqslant E(y_i)=\pi_i\leqslant 1$，一般的回归方程本身不具有这种限制，因此应该改进回归模型，让回归函数在$[0,1]$区间内，常用的是 Logistic 函数。Logistic 函数的形式为：

$$f(x)=\frac{\mathrm{e}^x}{1+\mathrm{e}^x}=\frac{1}{1+\mathrm{e}^{-x}} \tag{10.21}$$

此时采用 Logistic 函数作为回归函数，使得y_i与x_{i1}，x_{i2}，…，x_{ip}的关系如下：

$$E(y_i)=\pi_i=f(\beta_0+\beta_1 x_{i1}+\beta_2 x_{i2}+\cdots+\beta_p x_{ip}) \tag{10.22}$$

对于 Logistic 回归，y_i服从均值为$\pi_i=f(\beta_0+\beta_1 x_{i1}+\beta_2 x_{i2}+\cdots+\beta_p x_{ip})$的0－1型分布，仍满足 $P(y_i=1)=\pi_i$，$P(y_i=0)=1-\pi_i$的概率函数。

为了实现对β_0，β_1，β_2，…，β_p的估计，此处采用最大似然估计法。

首先可以把y_i的概率函数合写为：

$$P(y_i)=\pi_i^{y_i}(1-\pi_i)^{1-y_i},\ y_i=0,1;\ i=1,2,\cdots,n \tag{10.23}$$

于是，y_1，y_2，…，y_n的似然函数为：

$$L=\prod_{i=1}^{n}P(y_i)=\prod_{i=1}^{n}\pi_i^{y_i}(1-\pi_i)^{1-y_i} \tag{10.24}$$

对似然函数 L 取自然对数，得

$$\ln L = \sum_{i=1}^{n}\left[y_i \ln \pi_i + (1-y_i)\ln(1-\pi_i)\right] = \sum_{i=1}^{n}\left[y_i \ln \frac{\pi_i}{1-\pi_i} + \ln(1-\pi_i)\right] \tag{10.25}$$

对于 Logistic 回归，将

$$\pi_i = \frac{\exp(\beta_0+\beta_1 x_{i1}+\beta_2 x_{i2}+\cdots+\beta_p x_{ip})}{1+\exp(\beta_0+\beta_1 x_{i1}+\beta_2 x_{i2}+\cdots+\beta_p x_{ip})} \tag{10.26}$$

代入，得

$$\ln L = \sum_{i=1}^{n}\{y_i(\beta_0+\beta_1 x_{i1}+\cdots+\beta_p x_{ip}) - \ln[1+\exp(\beta_0+\beta_1 x_{i1}+\beta_2 x_{i2}+\cdots+\beta_p x_{ip})]\} \tag{10.27}$$

最大似然估计就是选取β_0，β_1，β_2，…，β_p的估计值$\hat{\beta}_0$，$\hat{\beta}_1$，$\hat{\beta}_2$，…，$\hat{\beta}_p$，使得 $\ln L$ 达到极大。

10.7.2　Logistic 回归建模

下面通过一个例子说明针对因变量为二分变量的 Logistic 回归的模型估计和解释。

【例 10－8】（数据：example10_8. csv）在分析受访者是否拥有房产（取值 1 代表有，0 代表无）的影响因素时，考虑受访者年龄、子女数量、全年总收入三个变量。在中国综合社会调查（CGSS）的 2017 年度数据中，234 位受访者的部分数据如表 10－3 所示。

表 10－3　234 位受访者的年龄、子女数量、全年总收入和房产情况（前 20 行）

序号	是否拥有房产 y	受访者年龄 x_1	子女数量 x_2	全年总收入（万元）x_3
1	1	22	0	4. 8
2	1	27	0	20
3	1	81	2	6
4	1	43	0	20
5	1	35	1	6. 5
6	1	34	1	6
7	1	66	1	4. 3
8	1	55	1	26
9	1	51	2	6
10	1	64	1	3. 6
11	0	90	0	0. 72
12	0	35	1	8
13	0	63	2	1. 2
14	0	45	1	0. 25
15	0	52	1	2
16	0	58	1	3. 6
17	0	65	2	3. 6
18	0	43	1	5
19	0	61	1	3. 12
20	0	52	1	6
……	……	……	……	……

请尝试建立 y 与自变量之间的 Logistic 回归模型。

解： 建立 Logistic 回归模型，代码和结果如代码框 10 - 15 所示。

代码框 10 - 15　Logistic 回归

```
#是否拥有房产与各自变量的 Logistic 回归模型
from sklearn.linear_model import LogisticRegression
import pandas as pd

example10_8 = pd.read_csv('C:/pydata/chap10/example10_8.csv', encoding = 'gbk')
xlst, ysgn = ['受访者年龄', '子女数量', '受访者全年总收入'], '是否拥有房产'
x, y = example10_8[xlst], example10_8[ysgn]
model = LogisticRegression(penalty = 'l2', solver = 'liblinear', C = 10000)
#Python 会默认正则化,此处取参数 C 为一个很大的数以便取消正则化
model.fit(x.values, y.values)
print(model.coef_)
print(model.intercept_)
```

```
[[-0.04152213  0.60008752  0.09705239]]
[0.66452169]
```

代码框中输出的第一行数值是 3 个自变量前面的系数，第二行数值是常数项，代入回归方程可得：

$$\hat{p}=\frac{\exp(0.665-0.042x_1+0.600x_2+0.097x_3)}{1+\exp(0.665-0.042x_1+0.600x_2+0.097x_3)}$$

$\hat{p}$ 即为 y 取 1 的概率估计，也就是拥有房产的概率估计值。系数的解释需要转换为线性模型的系数，以 x_2 为例，系数为 0.600，可以理解为当 x_2 每变动 1 时，拥有房产的概率变动 exp(0.600) = 1.82，即家庭每增加 1 位子女，拥有房产的概率增加 0.82 (1.82 - 1.00)。

Logistic 回归的回归系数也可以估计标准误差和检验显著性水平。此处的 3 个自变量都是显著的，这可以通过 Wald 检验得出。另外，每个自变量在回归方程中的重要性也可以通过比较 Wald 值（或显著性概率值）得知，Wald 值越大（或显著性概率值越小）则显著性越高，说明该自变量越重要。

习　题

10.1　为分析影响不良贷款的因素，一家商业银行在所属的多家分行中随机抽取 25 家，得到不良贷款、贷款余额、应收贷款、贷款项目个数、固定资产投资等有关数据如下：

不良贷款（亿元）	贷款余额（亿元）	应收贷款（亿元）	贷款项目个数（个）	固定资产投资（亿元）
0.9	67.3	6.8	5	51.9
1.1	111.3	19.8	16	90.9
4.8	173.0	7.7	17	73.7
3.2	80.8	7.2	10	14.5
7.8	199.7	16.5	19	63.2
2.7	16.2	2.2	1	2.2
1.6	107.4	10.7	17	20.2
12.5	185.4	27.1	18	43.8
1.0	96.1	1.7	10	55.9
2.6	72.8	9.1	14	64.3
0.3	64.2	2.1	11	42.7
4.0	132.2	11.2	23	76.7
0.8	58.6	6.0	14	22.8
3.5	174.6	12.7	26	117.1
10.2	263.5	15.6	34	146.7
3.0	79.3	8.9	15	29.9
0.2	14.8	0.6	2	42.1
0.4	73.5	5.9	11	25.3
1.0	24.7	5.0	4	13.4
6.8	139.4	7.2	28	64.3
11.6	368.2	16.8	32	163.9
1.6	95.7	3.8	10	44.5
1.2	109.6	10.3	14	67.9
7.2	196.2	15.8	16	39.7
3.2	102.2	12.0	10	97.1

（1）用不良贷款作因变量，建立多元线性回归模型。

（2）分析模型中是否存在共线性。

（3）比较 4 个自变量在不良贷款中的相对重要性。

（4）用 anova 和 AIC 两种方法对模型进行比较和分析。

10.2 本题数据来自 R 软件的 mtcars 数据集，该数据集摘自 1974 年《美国汽车趋势》杂志，包括 32 款汽车（1973—1974 年款）的油耗、汽车设计和性能等共 11 个指标。根据该数据集，以行驶距离（disp）为因变量，每加仑油行驶的英里数（mpg）、气缸数（cyl）、后轴比（drat）、总马力（hp）和汽车自重（wt）为自变量，建立多元线性回归模型，并对模型进行综合评估。

10.3 为分析某行业中的薪水有无性别歧视，从该行业中随机抽取 15 名员工，有关数据如下：

月薪（元）y	工龄(年) x_1	性别 x_2
6 548	3. 2	男
6 629	3. 8	男
6 011	2. 7	女
6 229	3. 4	女
6 746	3. 6	男
6 528	4. 1	男
6 018	3. 8	女
6 190	3. 4	女
6 551	3. 3	男
5 985	3. 2	女
6 610	3. 5	男
6 432	2. 9	男
6 215	3. 3	女
5 990	2. 8	女
6 585	3. 5	男

（1）建立月薪与工龄的一元回归模型。

（2）建立月薪与工龄和性别的二元回归模型。

（3）对两个模型进行比较，看看引入性别这一哑变量对预测月薪是否有用。

10.4　与例 10－8 类似，在分析受访者是否拥有房产（取值 1 代表有，0 代表无）的影响因素时，现只考虑子女数量和全年总收入两个变量，部分数据如下：

序号	是否拥有房产 y	子女数量 x_1	全年总收入（万元）x_2
1	1	1	7
2	1	2	1
3	1	1	10
4	1	2	10
5	1	2	4
6	1	3	4
7	1	0	0. 8
8	1	1	7
9	1	0	10
10	1	0	2
11	0	0	5
12	0	1	6
13	0	0	0. 2
14	0	0	15

续表

序号	是否拥有房产 y	子女数量 x_1	全年总收入（万元）x_2
15	0	0	4
16	0	1	10
17	0	1	2
18	0	0	10
19	0	1	3
20	0	0	9
……	……	……	……

请尝试建立 Logistic 回归模型，并解释其回归方程。

第 11 章　时间序列分析

企业销售额明年会达到多少？下个月汽车销售价格会下降吗？某只股票明天会上涨吗？现实生活中经常会关心未来的事，也就是要对未来做出预测。时间序列分析主要是根据历史数据建立适当的模型对未来的可能取值做出预测。预测的依据之一是这些现象在过去一段时间里是如何变化的，这就需要考察时间序列的变化模式，并假定这种模式在未来一段时间会延续，进而建立适当的模型进行预测。

11.1　时间序列的成分和预测方法

时间序列（time series）是按时间顺序记录的一组数据。其中观察的时间可以是年份、季度、月份或其他任何时间形式。为便于表述，本章中用 t 表示所观察的时间，$\hat{Y}_t(t=1, 2, \cdots, n)$ 表示在时间 t 上的观测值。

11.1.1　时间序列的成分

时间序列的变化可能受一种或几种因素的影响，导致它在不同时间上取值的差异，这些影响因素就是时间序列的**成分**（components），它是建立预测模型的依据之一。一个时间序列通常由 4 种成分组成，即趋势、季节变动、循环波动和不规则波动。

趋势（trend）是时间序列在一段较长时期内呈现出来的持续向上或持续向下的变动。比如，可以想象一个地区的 GDP 是年年增长的，一个企业的生产成本是逐年下降的，这些都是趋势。趋势在一定观察期内可能呈线性变化，但随着时间的推移也可能呈现出非线性变化。

季节变动（seasonal fluctuation）是时间序列呈现出的以年为周期长度的固定变动模式，这种模式年复一年出现。它是诸如气候条件、生产条件、节假日或风俗习惯等各种因素影响的结果。农业生产、交通运输、旅游、商品销售等都有明显的季节变动特征。比如，一个商场在节假日的打折促销会使销售额增加，铁路和航空客运在节假日会迎来客流高峰，一个水力发电企业会因水流高峰的到来而发电量猛增，这些都是季节变化引起的。

循环波动（cyclical fluctuation）也称周期波动，它是时间序列呈现出的非固定长度的周期性变动。比如，人们经常听到的景气周期、加息周期这类术语就是所谓的循环波动。循环波动的周期可能会持续一段时间，但与趋势不同，它不是朝着单一方向的持续变动，而是涨落相间的交替波动，比如经济从低谷到高峰，又从高峰慢慢滑入低谷，而后慢慢回升；它也不同于季节变动，季节变动有比较固定的规律，且变动周期为一年，而循环波动则无固定规律，变动周期多在一年以上且周期长短不一。观察周期波动需要非常长的时间序列数据，就大多数商务与经济数据而言，由于数据量的限制，难以找出波动的周期，因此，当序列较短时，可不必考虑周期波动。

不规则波动（irregular variations）也称随机波动，它是时间序列中除去趋势、季节变动和循环波动之后剩余的波动。随机波动是一些偶然因素引起的，通常总是夹杂在时间序列中，致使时间序列产生一种波浪形或振荡式变动。随机波动的因素不可预知，也不能控制，因此在分析时通常不予单独考虑。

时间序列的 4 种成分，即趋势（T）、季节变动（S）、循环波动（C）和不规则波动（e）与观测值的关系可以用**加法模型**（additive model）表示，也可以用**乘法模型**（multiplicative model）表示。当不考虑周期成分时，加法模型可表示为：

$$Y_t = \mathrm{T}_t + \mathrm{S}_t + \mathrm{e}_t \tag{11.1}$$

乘法模型可表示为：

$$Y_t = \mathrm{T}_t \times \mathrm{S}_t \times \mathrm{e}_t \tag{11.2}$$

图 11－1 是含有不同成分的时间序列图。

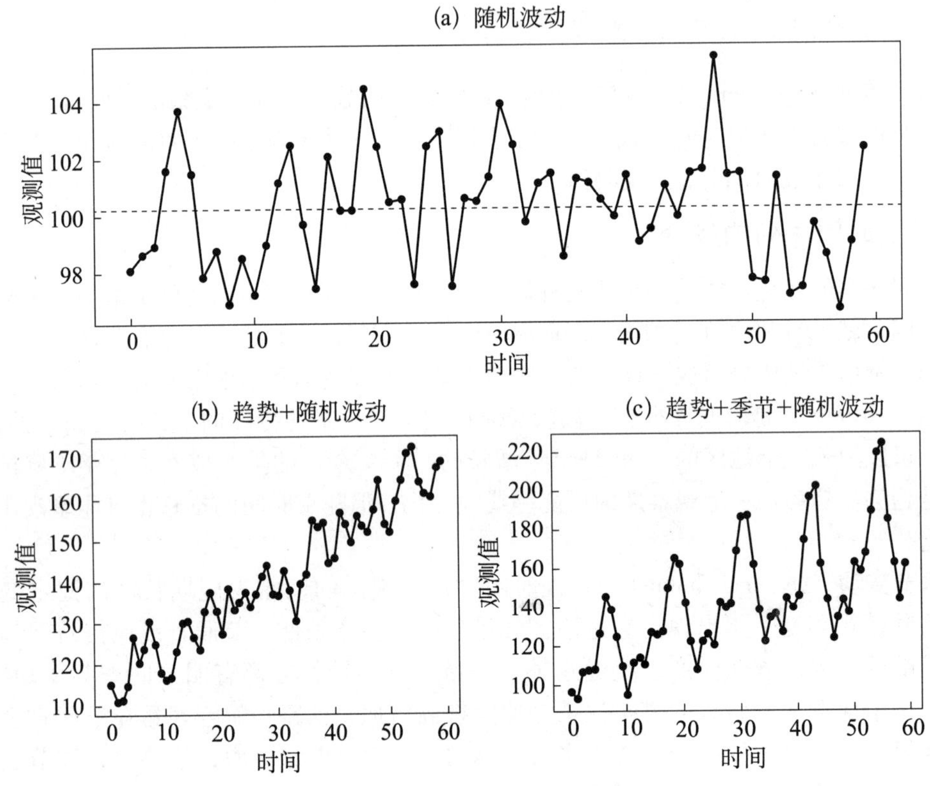

图 11－1　含有不同成分的时间序列

一个时间序列可能只有一种成分，也可能同时含有几种成分。观察时间序列的图形可以大致判断时间序列所包含的成分。下面通过几个实际的时间序列来观察其所包含的成分。

【例 11－1】（数据：example11_1. csv）表 11－1 是 2000—2020 年我国发电量、居民消费水平、原煤产量和 CPI（居民消费价格指数）的时间序列数据。绘制图形观察其所包含的成分。

表 11－1　2000—2020 年我国的发电量等时间序列

年份	发电量 (亿千瓦时)	居民消费水平 (元)	原煤产量 (亿吨)	CPI (上年＝100)
2000	13 556.00	3 712	13.84	100.4
2001	14 808.02	3 968	14.72	100.7
2002	16 540.00	4 270	15.50	99.2
2003	19 105.75	4 555	18.35	101.2
2004	22 033.10	5 071	21.23	103.9
2005	25 002.60	5 688	23.65	101.8
2006	28 657.26	6 319	25.70	101.5
2007	32 815.53	7 454	27.60	104.8
2008	34 668.82	8 505	29.03	105.9
2009	37 146.51	9 249	31.15	99.3
2010	42 071.60	10 575	34.28	103.3
2011	47 130.19	12 668	37.64	105.4
2012	49 875.53	14 074	39.45	102.6
2013	54 316.35	15 586	39.74	102.6
2014	57 944.57	17 220	38.74	102.0
2015	58 145.73	18 857	37.47	101.4
2016	61 331.60	20 801	34.11	102.0
2017	66 044.47	22 969	35.24	101.6
2018	71 661.33	25 245	36.98	102.1
2019	75 034.28	27 504	38.46	102.9
2020	77 790.60	27 438	39.02	102.5

资料来源：国家统计局网站，www.stats.gov.cn。

解：绘制时间序列图的代码和结果如代码框 11－1 所示。

代码框 11－1　绘制表 11－1 数据的时间序列图

```
#图 11-2 的绘制代码
import pandas as pd
import matplotlib.pyplot as plt
import seaborn as sns
plt.rcParams['font.sans-serif'] = ['SimHei']    #用来正常显示中文标签
plt.rcParams['axes.unicode_minus'] = False   #用来正常显示负号
#读取数据
example11_1 = pd.read_csv('C:/pydata/chap11/example11_1.csv',encoding = 'gbk')
example11_1['年份'] = pd.to_datetime(example11_1['年份'],format = '%Y')
```

```
#绘制图形
plt.figure(figsize = (10,8))
plt.subplots_adjust(left = 0.1,bottom = 0.1,top = 0.9,right = 0.95,hspace = 0.25,
wspace = 0.25)
plt.subplot(2,2,1)   #绘制子图
sns.scatterplot(example11_1['年份'],example11_1['发电量'])
sns.lineplot(example11_1['年份'],example11_1['发电量'])
plt.subplot(2,2,2)
sns.scatterplot(example11_1['年份'],example11_1['居民消费水平'])
sns.lineplot(example11_1['年份'],example11_1['居民消费水平']).
plt.subplot(2,2,3)
sns.scatterplot(example11_1['年份'],example11_1['原煤产量'])
sns.lineplot(example11_1['年份'],example11_1['原煤产量'])
plt.subplot(2,2,4)
sns.scatterplot(example11_1['年份'],example11_1['CPI'])
sns.lineplot(example11_1['年份'],example11_1['CPI'])
```

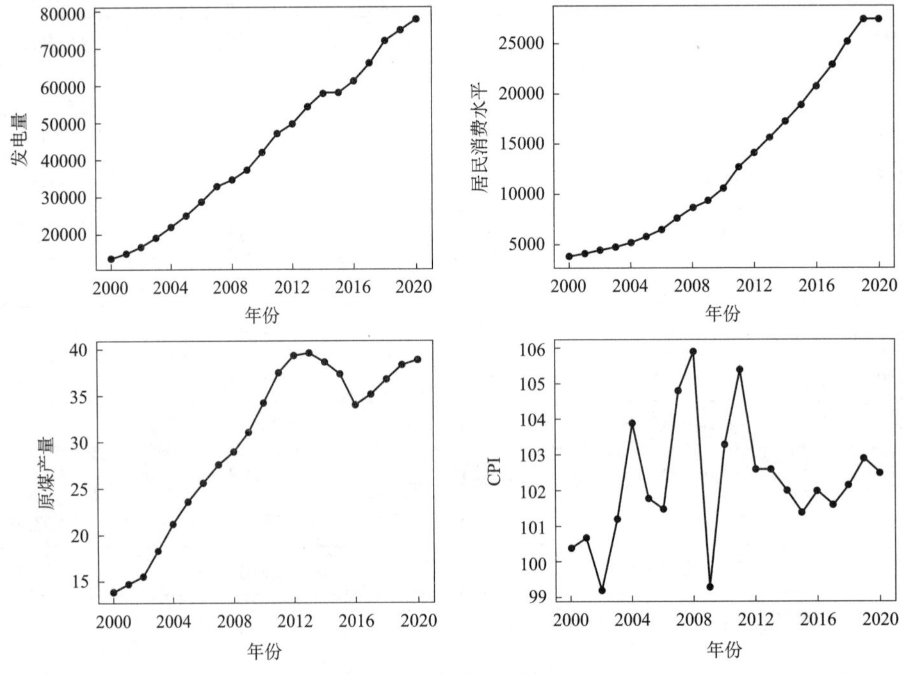

图 11－2　表 11－1 中 4 个时间序列的折线图

图 11－2 显示，发电量呈现一定的线性趋势；居民消费水平呈现一定的指数变化趋势；原煤产量呈现一定的多阶曲线变化；CPI 则没有明显的变化模式，呈现一定的随机波动。

11.1.2　预测方法的选择与评估

选择什么样的方法进行预测，首先取决于历史数据的变化模式，即时间序列所包含的成分；其次取决于所能获得的历史数据的多少，有些方法只需少量的数据就能进行预测，而有些方法要求较多的数据；最后，方法的选择还取决于所要求的预测期的长短，有些方

法只能进行短期预测，有些则可以进行相对长期的预测。表 11－2 列出了本章介绍的预测方法及其适合的数据模式、对数据的要求和预测期的长短等。

表 11－2　预测方法的选择

预测方法	适合的数据模式	对数据的要求	预测期
简单指数平滑	随机波动	5 个以上	短期
Holt 指数平滑	线性趋势	5 个以上	短期至中期
一元线性回归	线性趋势	10 个以上	短期至中期
指数模型	非线性趋势	10 个以上	短期至中期
多项式函数	非线性趋势	10 个以上	短期至中期
Winters 指数平滑	趋势和季节成分	至少有 4 个周期的季度或月份数据	短期至中期
分解预测	趋势、季节和循环成分	至少有 4 个周期的季度或月份数据	短期、中期、长期

在选择出预测方法并利用该种方法进行预测后，还需要对所选择的方法进行评估，以确定所选择的方法是否合适。

一种预测方法的好坏取决于预测误差的大小。预测误差是预测值与实际值的差值，度量方法有**平均误差**（mean error）、**平均绝对误差**（mean absolute deviation）、**均方误差**（mean square error）、**平均百分比误差**（mean percentage error）和**平均绝对百分比误差**（mean absolute percentage error）等，其中较为常用的是均方误差。对于同一个时间序列有几种可供选择的预测方法时，以预测误差最小者为宜。

均方误差是误差平方和的平均数，用 MSE 表示，计算公式为：

$$\mathrm{MSE}=\frac{\sum_{i=1}^{n}(Y_i-F_i)^2}{n} \tag{11.3}$$

式中，Y_i为第 i 期的实际值；F_i为第 i 期的预测值；n 为预测误差的个数。

11.2　指数平滑预测

指数平滑预测是利用时间序列的平滑值进行预测的方法，因而也称为平滑法。根据时间序列所包含的成分不同，有不同的平滑预测模型。

11.2.1　指数平滑模型的一般表达

如果一个时间序列包含趋势、季节和随机成分，设季节周期长度为 p（季度数据 $p=4$，月份数据 $p=12$），指数平滑加法模型（R 称之为 Holt-Winters 指数平滑模型）的一般表达式为：

$$\hat{Y}_{t+h}=a_t+hb_t+s_{t-p+h} \tag{11.4}$$

式中：$\hat{Y}_{t+h}$为 $t+h$ 期的预测值；

h 为要预测的 t 期以后的时期数；

$a_t=\alpha(Y_t-s_{t-p})+(1-\alpha)(a_{t-1}+b_{t-1})$，即 t 期的平滑值；

$b_t=\beta(a_t-a_{t-1})+(1-\beta)b_{t-1}$，即 t 期的趋势值；

$s_t=\gamma(Y_t-a_t)+(1-\gamma)s_{t-p}$，即 t 期的季节成分。

式中，α、β、γ 分别为模型的参数，也称平滑系数，取值范围均在 0 ~ 1（含 0 和 1）。Y_t 为 t 期的实际值；a_{t-1}为 $t-1$ 期的平滑值；b_{t-1}为 $t-1$ 期的趋势值；s_t为 t 期的季节调整因子，s_{t-p}为 $t-p$ 期的季节调整因子。

式（11.4）通常简称为 **Winters 加法模型**（Winters's additive model），它表示预测值是随机成分（平滑值）、趋势成分、季节成分三者之和。因此，Winters 模型通常用于含有趋势成分、季节成分和随机成分序列的预测。

如果序列不含有季节成分，式（11.4）可表示为：

$$\hat{Y}_{t+h}=a_t+hb_t \tag{11.5}$$

式（11.5）称为 Holt 指数平滑预测模型，通常简称为 **Holt 模型**（Holt's model），该模型适用于对含有趋势成分序列的预测。

如果序列不含有趋势成分和季节成分，序列的波动是随机因素所致，式（11.4）可表示为：

$$\hat{Y}_{t+h}=a_tY_t+(1-\alpha)a_t \tag{11.6}$$

式（11.6）称为**简单指数平滑模型**（simple exponential smoothing model）。该模型主要用于随机序列的平滑预测。简单指数平滑通常只得到 $t+1$ 期的预测值。

季节周期长度为 p 的指数平滑**乘法模型**（multiplicative model）的一般表达式（R 称之为 Holt-Winters 乘法模型）为：

$$\hat{Y}_{t+h}=(a_t+h\times b_t)\times s_{t-p+h} \tag{11.7}$$

式中：

$a_t=\alpha(Y_t/s_{t-p})+(1-\alpha)(a_{t-1}+b_{t-1})$；

$b_t=\beta(a_t-a_{t-1})+(1-\beta)b_{t-1}$；

$s_t=\gamma(Y_t/a_t)+(1-\gamma)s_{t-p}$。

11.2.2 简单指数平滑预测

简单指数平滑预测是加权平均的一种特殊形式，它是把 t 期的实际值Y_t和 t 期的平滑值a_t加权平均作为 $t+h$ 期的预测值，如式（11.6）所示。观测值离现时越远，其权数越小，并随时间呈指数下降，因而称为指数平滑。

由于在开始计算时没有第 1 期的平滑值a_1，通常可以设a_1等于第 1 期的实际值，即 $a_1=Y_1$，或者设$a_1=(Y_1+Y_2+Y_3)/3$。在使用 Python 做指数平滑预测时，系统会自动优化初始值。

使用简单指数平滑法预测的关键是确定一个合适的平滑系数 α。因为不同的 α 对预测结果会产生不同的影响。当 $\alpha=0$ 时，预测值只是重复上一期的预测结果；当 $\alpha=1$ 时，预测值就是上一期的实际值。α 越接近 1，模型对时间序列变化的反应就越及时，因为它对当前的实际值赋予了比预测值更大的权数。同样，α 越接近 0，意味着对当前的预测值赋予了更大的权数，因此模型对时间序列变化的反应就越慢。在使用 Python 做指数平滑预测时，系统会自动确定一个最合适的 α 值。

简单指数平滑法的优点是只需少数几个观测值就能进行预测，方法相对简单，其缺点是预测值往往滞后于实际值，而且无法考虑趋势和季节成分。

【例 11－2】（数据：example11_1. csv）沿用例 11－1。采用简单指数平滑模型预测 2021 年的 CPI，并将实际值和预测值绘制成图形进行比较。

解：图 11－2 显示，CPI 序列没有明显的变化模式，呈现出一定的随机波动，因此可采用式（11. 6）给出的简单指数平滑模型做预测。代码和结果如代码框 11－2 所示。

代码框 11－2　CPI 的简单指数平滑预测

```
import pandas as pd
from statsmodels.tsa.holtwinters import SimpleExpSmoothing, ExponentialSmoothing,
Holt
import matplotlib.pyplot as plt
plt.rcParams['font.sans-serif'] = ['SimHei'] #用来正常显示中文标签
example11_1 = pd.read_csv('C:/pydata/chap11/example11_1.csv',encoding = 'gbk')
example11_1.index = pd.date_range(start = "2000", end = "2020", freq = "AS")

#简单指数平滑预测
cpiforecast = SimpleExpSmoothing(example11_1['CPI']).fit(smoothing_level = 0.1,
optimized = True)
cpiforecast.params  # 输出模型参数
```

```
{'smoothing_level': 0.1,
 'smoothing_trend': nan,
 'smoothing_seasonal': nan,
 'damping_trend': nan,
 'initial_level': 101.94169642473355,
 'initial_trend': nan,
 'initial_seasons': array([], dtype = float64),
 'use_boxcox': False,
 'lamda': None,
 'remove_bias': False}
```

```
#模型拟合值
cpiforecast.fittedvalues
```

```
2000-01-01    101.941696
2001-01-01    101.787526
2002-01-01    101.678774
2003-01-01    101.430896
2004-01-01    101.407807
2005-01-01    101.657026
2006-01-01    101.671323
2007-01-01    101.654191
```

```
2008-01-01    101.968772
2009-01-01    102.361895
2010-01-01    102.055705
2011-01-01    102.180135
2012-01-01    102.502121
2013-01-01    102.511909
2014-01-01    102.520718
2015-01-01    102.468646
2016-01-01    102.361782
2017-01-01    102.325604
2018-01-01    102.253043
2019-01-01    102.237739
2020-01-01    102.303965
Freq: AS-JAN, dtype: float64
```

注:statsmodels 包中的 SimpleExpSmoothing 函数可以创建平滑预测类,使用 fit 方法可以对数据进行简单指数平滑预测,确定参数 α 和初始值,其中 smoothing_level=0.1 指定平滑系数 α,initial_level 给出训练后的初始值 a_1.

```
#绘制观测值和拟合值(图 11-3)
example11_1['CPI_ses'] = cpiforecast.fittedvalues
plt.figure(figsize=(8,5))
l1, =plt.plot(example11_1['年份'],example11_1['CPI'],linestyle='-', marker='o')
l2, =plt.plot(example11_1['年份'],example11_1['CPI_ses'],linestyle='--', marker='^')
plt.legend(handles=[l1,l2],labels=['观测值','预测值'],loc='best',prop={'size': 15})
plt.xlabel('时间',size=15)
plt.ylabel("CPI",size=15)
```

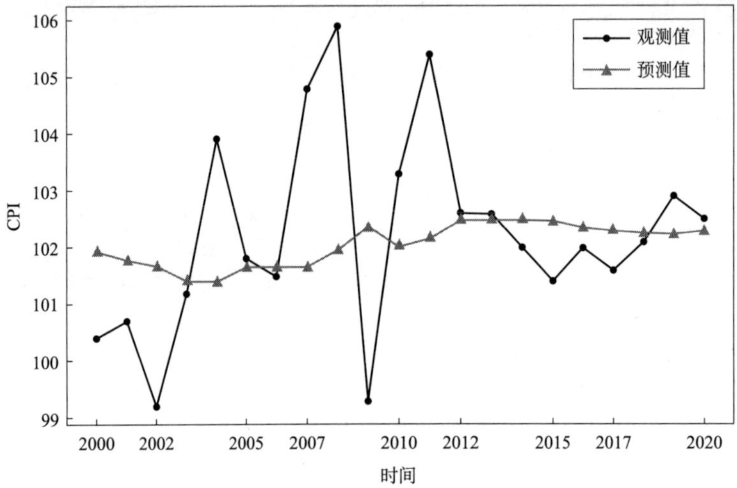

图 11-3　CPI 的观测值与简单指数平滑拟合值

```
#获得样本外的预测值(2021 年)
cpi_forecast = cpiforecast.forecast(1)
cpi_forecast
```

```
2021-01-01    102.323569
Freq: AS-JAN, dtype: float64
```

```
#绘制实际值和预测值(图 11-4)
import scipy
#绘制实际值
ax=example11_1['CPI'].plot(
    figsize=(8,5),
    marker="o",
    color="black",
)
ax.set_ylabel("CPI",size=15)
ax.set_xlabel("时间",size=15)
# cpiforecast.fittedvalues.plot(ax=ax, style="--", color="green")
#绘制预测值
cpiforecast.forecast(1).plot(
     ax=ax, style="--", marker="o", color="green"
)

#绘制置信区间
simulations = cpiforecast.simulate(1, repetitions=1000, error="add",
                          random_errors=scipy.stats.norm# random_errors="bootstrap"
                           )
low_CI_95=cpiforecast.forecast(1)-1.96*simulations.std(axis=1)
high_CI_95=cpiforecast.forecast(1)+1.96*simulations.std(axis=1)
low_CI_80=cpiforecast.forecast(1)-1.28*simulations.std(axis=1)
high_CI_80=cpiforecast.forecast(1)+1.28*simulations.std(axis=1)

plt.fill_between(['2020','2022-01-01'],low_CI_95,high_CI_95,alpha=0.3,
                 color='grey')
plt.fill_between(['2020-01-01','2022-01-01'],low_CI_80,high_CI_80,alpha=0.3,
                 color='blue')
plt.xlim('2000-01-01','2022-01-01')
plt.show()
```

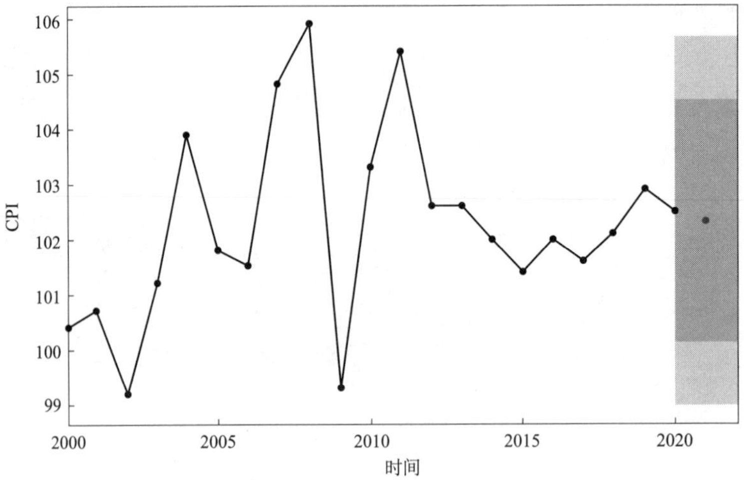

图 11-4　CPI 的观测值与 2021 年的简单指数平滑预测值

注:利用 simulate 方法可以通过 Boostrap 等方法得到预测值的方差,可估算预测值的 80% 和 95% 的置信区间,在图中用阴影标出.

图 11-4 中的折线是 CPI 观测值，圆点是 2021 年预测值，灰色区域是预测值的置信区间，其中浅色区域是 95% 的置信区间，深色区域是 80% 的置信区间。

11.2.3　Holt 指数平滑预测

Holt 指数平滑预测是以其提出者 C. C. Holt 的名字命名的，通常简称为 Holt 模型。当时间序列存在趋势时，简单指数平滑的预测结果总是滞后于实际值。而 Holt 模型则改进了简单指数平滑模型，它将趋势成分考虑进来，用平滑值对序列的线性趋势进行修正，建立线性平滑模型进行预测。Holt 模型如式（11.5）所示。

【例 11-3】（数据：example11_1. csv）沿用例 11-1。用 Holt 指数平滑模型预测 2021 年的发电量，并将实际值和预测值绘制成图形进行比较。

解： 图 11-2（a）显示，发电量具有明显的线性趋势，因此可采用 Holt 指数平滑模型进行预测。代码和结果如代码框 11-3 所示。

代码框 11-3　发电量的 Holt 指数平滑预测

```
#Holt 指数平滑预测
import pandas as pd
from statsmodels.tsa.holtwinters import SimpleExpSmoothing, ExponentialSmoothing, Holt
import matplotlib.pyplot as plt
plt.rcParams['font.sans-serif'] = ['SimHei'] #用来正常显示中文标签
example11_1 = pd.read_csv('C:/pydata/chap11/example11_1.csv',encoding = 'gbk')
example11_1.index = pd.date_range(start = "2000", end = "2020", freq = "AS")
powerforecast = Holt(example11_1['发电量']).fit(optimized = True)  # Holt 指数平滑模型
powerforecast.params  # 输出模型系数
```

```
{'smoothing_level': 0.995,
'smoothing_trend': 0.30797619047619046,
'smoothing_seasonal': nan,
'damping_trend': nan,
'initial_level': 13556.0,
'initial_trend': 1252.0200000000004,
'initial_seasons': array([], dtype = float64),
'use_boxcox': False,
'lamda': None,
'remove_bias': False}
```

注:本例 Holt 指数平滑预测选择的模型参数 alpha = 0.995,beta = 0.3080.系数 a = 13556.0,b = 1252.0.

```
#绘制拟合图(图 11 -5)
example11_1['发电量_holt'] = powerforecast.fittedvalues
plt.figure(figsize = (8,5.5))
l1, = plt.plot(example11_1['年份'],example11_1['发电量'],linestyle = '-', marker = 'o')
l2, = plt.plot(example11_1['年份'],example11_1['发电量_holt'],linestyle = '--',
               marker = '^')
plt.legend(handles = [l1,l2],labels = ['观测值','预测值'],loc = 'best',prop = {'size': 15})
plt.xlabel('时间')
plt.ylabel("发电量")
```

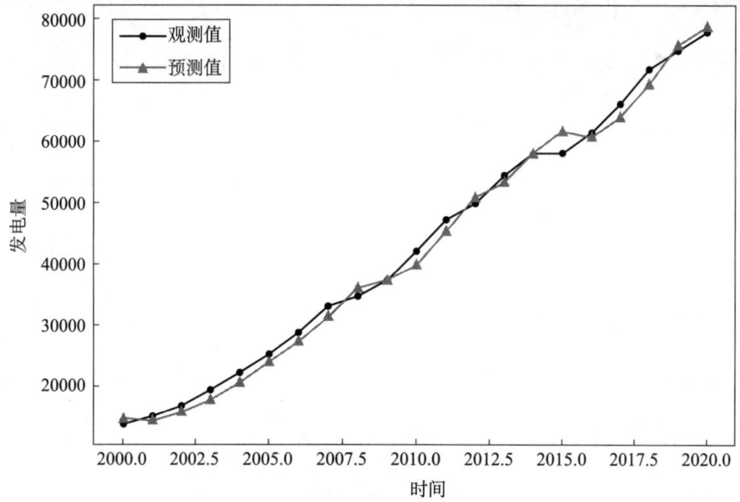

图 11 -5　发电量的 Holt 指数平滑拟合

```
#2021 年发电量的预测
powerforecast.forecast(1)
```

```
2021 -01 -01     81323.265995
Freq: AS - JAN, dtype: float64
```

注:利用预测模型可以预测各年的发电量,比如,要预测 2022 年的发电量,设置参数 steps = 2 即可.

```
#绘制实际值和预测值(图 11-6)
import scipy
#绘制实际值
ax = example11_1['发电量'].plot(
    figsize = (8, 5),
    marker = "o",
    color = "black",
)
ax.set_ylabel("发电量",size =15)
ax.set_xlabel("时间",size =15)
#绘制预测值
powerforecast.forecast(1).plot(
    ax = ax, style = "--", marker = "o", color = "green"
)

#绘制置信区间
simulations = powerforecast.simulate(1, repetitions = 1000, error = "add",
                                     random_errors = scipy.stats.norm)
low_CI_95 = powerforecast.forecast(1) - 1.96 * simulations.std(axis = 1)
high_CI_95 = powerforecast.forecast(1) + 1.96 * simulations.std(axis = 1)
low_CI_80 = powerforecast.forecast(1) - 1.28 * simulations.std(axis = 1)
high_CI_80 = powerforecast.forecast(1) + 1.28 * simulations.std(axis = 1)

plt.fill_between(['2020','2022-01-01'],low_CI_95,high_CI_95,alpha = 0.3,
                 color = 'grey')
plt.fill_between(['2020-01-01','2022-01-01'],low_CI_80,high_CI_80,alpha = 0.3,
                 color = 'blue')
plt.xlim('2000-01-01','2022-01-01')
plt.show()
```

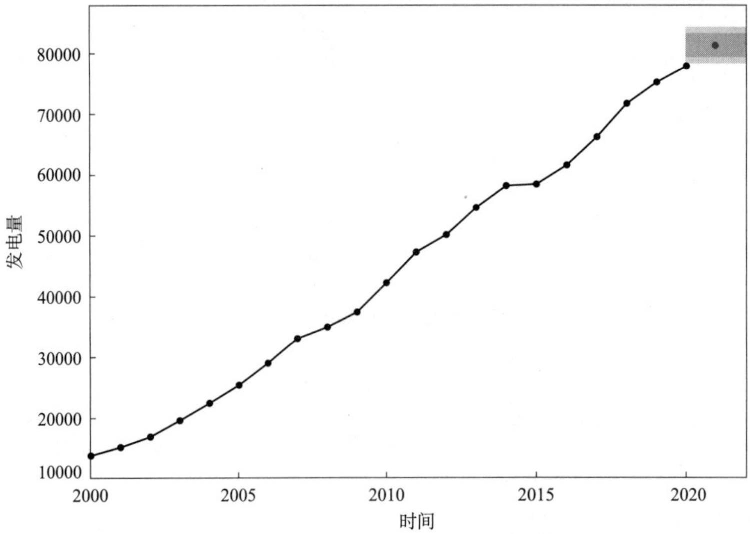

图 11-6　发电量的 Holt 指数平滑预测

图 11-6 中的折线是发电量的观测值，圆点是 2021 年的预测值，灰色区域是预测值的置信区间，其中浅色区域是 95% 的置信区间，深色区域是 80% 的置信区间。

11.2.4　Winters 指数平滑预测

Holt 指数平滑模型适用于含有趋势成分但不含季节成分序列的预测。如果时间序列中既含有趋势成分又含有季节成分，可以使用 Winters 指数平滑模型进行预测，如式（11.4）所示。

【例 11-4】（数据：example11_4. csv）表 11-3 是一家饮料生产企业 2016—2020 年各季度的销售量数据。采用 Winters 模型预测 2021 年的销售量，并将实际值和预测值绘制成图形进行比较。

表 11-3　某饮料生产企业 2016—2020 年各季度的销售量数据　　单位：万吨

月份	2016 年	2017 年	2018 年	2019 年	2020 年
1 月	116.2	136.3	151.2	163.2	172.8
2 月	111.8	133.0	144.5	152.6	164.2
3 月	128.2	152.2	170.9	173.8	194.9
4 月	129.1	150.2	167.0	167.0	190.1
5 月	129.6	152.6	170.4	174.2	201.6
6 月	151.2	179.5	202.6	208.8	226.6
7 月	174.7	198.2	223.2	235.7	263.0
8 月	166.6	194.4	224.2	242.4	268.3
9 月	149.8	170.4	193.9	193.9	222.2
10 月	131.5	146.9	166.6	172.3	195.4
11 月	113.8	130.1	146.4	148.8	173.8
12 月	133.4	146.9	161.3	161.8	194.4

解：首先绘制销售量的折线图，以确定使用的预测模型。代码和结果如代码框 11-4 所示。

代码框 11-4　绘制饮料销售量变化图

```
#绘制各年销售量的走势图、按年折叠图、各年同月份图(图 11-7)
import pandas as pd
import seaborn as sns
import matplotlib.pyplot as plt
from statsmodels.tsa.holtwinters import SimpleExpSmoothing, ExponentialSmoothing,
Holt
example11_4 = pd.read_csv('C:/pydata/chap11/example11_4.csv',encoding='gbk')
df = pd.melt(example11_4,id_vars=['月份'],var_name='年份',value_name='销售量')
df['日期'] = df['年份'] + "-" + df['月份']
df['日期'] = pd.to_datetime(df['日期'].map(lambda x : x.replace("年","").replace("
月","")))
```

```
plt.figure(figsize = (10,8))
#绘制子图 -- 占两行
plt.subplot2grid((2,2),loc = (0,0),colspan = 2)
plt.plot(df['日期'],df['销售量'],linestyle = '-', marker = 'o')
for i in range(2016,2022):
    plt.vlines(pd.to_datetime(str(i) + " - 01 - 01"),100,280,linestyles = '--',
color = 'red')
plt.xlabel('日期')
plt.ylabel("销售量")
plt.title('(a)观测值图')
plt.subplot2grid((2,2),loc = (1,0))
sns.lineplot(df['月份'],df['销售量'],hue = df['年份'])
plt.title("(b)按年折叠图")
plt.subplot2grid((2,2),loc = (1,1))
sns.boxplot(df['月份'],df['销售量'])
plt.title("(c)按月箱线图")
```

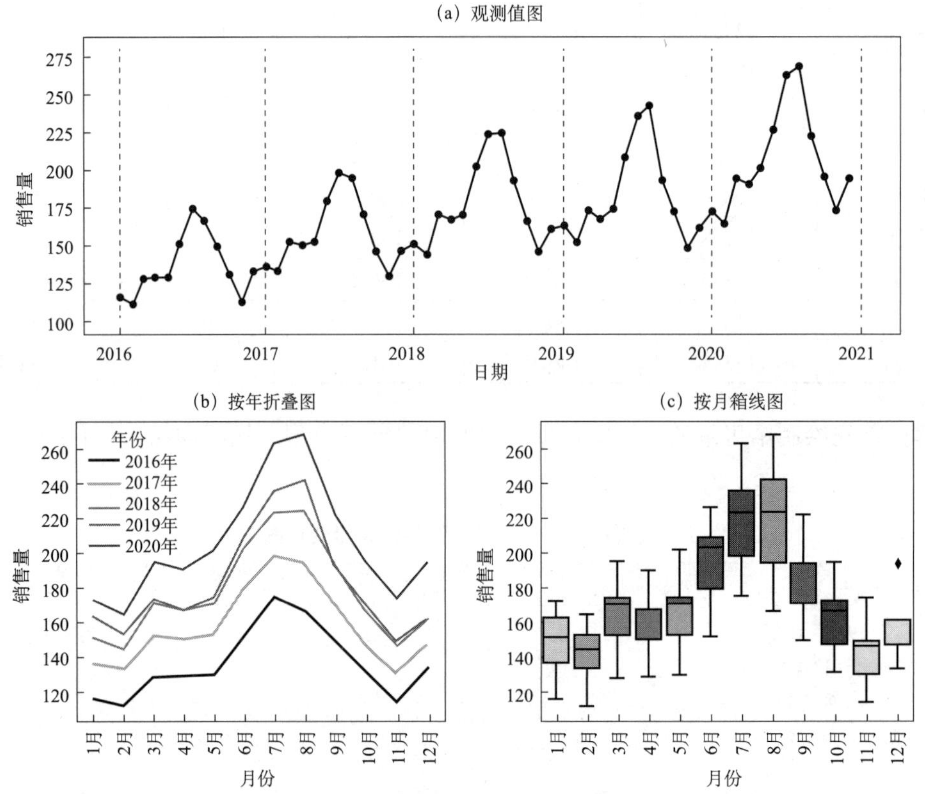

图 11-7　饮料销售量的变化图

图 11-7（a）显示，2016—2020 年各季度销售量的走势有明显的季节成分和线性趋势。图 11-7（b）显示，各月的销售量的折线几乎没有交叉，形状基本相同，表示存在

季节变化；由于后面年份的销售量明显高于前面年份的销售量，表示存在线性上升趋势。图 11－7（c）中的中位数同样显示具有季节成分和趋势成分。因此，本例数据适合用 Winters 指数平滑模型进行预测。代码和结果如代码框 11－5 所示。

代码框 11－5　绘制饮料销售量的 Winters 指数平滑预测

```
#确定模型参数 α,β 和 γ 以及模型系数 a,b 和 s
saleforecast = ExponentialSmoothing(df['销售量'],
                                    trend = "add",
                                    seasonal = "add",seasonal_periods =12,
                                    initialization_method = "estimated",).fit()
saleforecast.params
```

```
{'smoothing_level': 0.8510472468423637,
'smoothing_trend': 8.127954165593674e-08,
'smoothing_seasonal': 3.0448892562850415e-09,
'damping_trend': nan,
'initial_level': 131.6689054869396,
'initial_trend': 1.3724616304485846,
'initial_seasons': array([-16.62551983, -24.71823742,-3.31065196,-8.00367237,
          -4.37647573,22.31098239,46.15835757,45.00583322,
         10.49376596, -14.37864013, -35.71068651, -20.10288463]),
'use_boxcox': False,
'lamda': None,
'remove_bias': False}
```

```
# Winters 模型的拟合图(图 11-8)
df['销售量_hw'] = saleforecast.fittedvalues
plt.figure(figsize = (8,5.5))
l1, = plt.plot(df['日期'],df['销售量'],linestyle = '-', marker = 'o')
l2, = plt.plot(df['日期'],df['销售量_hw'],linestyle = '--', marker = '^')
plt.legend(handles = [l1,l2],labels = ['观测值','预测值'],loc = 'best',prop = {'size': 15})
plt.xlabel('时间')
plt.ylabel("销售量")
```

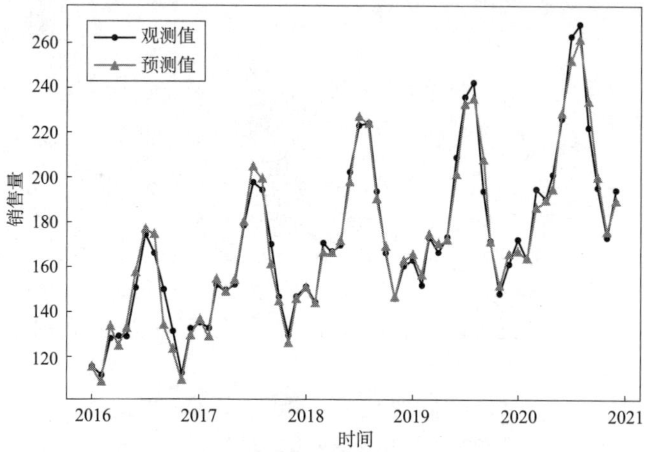

图 11－8　饮料销售量的 Winters 指数平滑拟合

```
#Winters 模型 2021 年预测
saleforecast1 = saleforecast.forecast(12)
saleforecast1
```

```
2021-01-01    198.763847
2021-02-01    192.043591
2021-03-01    214.823638
2021-04-01    211.503080
2021-05-01    216.502738
2021-06-01    244.562658
2021-07-01    269.782494
2021-08-01    270.002432
2021-09-01    236.862826
2021-10-01    213.362882
2021-11-01    193.403297
2021-12-01    210.383560
Freq: MS, dtype: float64
```

```
#Winters 模型的预测图(图 11-9)
import scipy
#绘制实际值
ax = df['销售量'].plot(
    figsize = (8, 5),
    marker = "o",
    color = "black",
)
ax.set_ylabel("销售量",size = 15)
ax.set_xlabel("时间",size = 15)
#绘制 12 期预测值
saleforecast.forecast(12).plot(
      ax = ax, style = "--", marker = "o", color = "green"
)

#绘制置信区间
simulations = saleforecast.simulate(12, repetitions = 100, error = "add",
                                    random_errors = scipy.stats.norm)
low_CI_95 = saleforecast.forecast(12) - 1.96 * simulations.std(axis = 1)
high_CI_95 = saleforecast.forecast(12) + 1.96 * simulations.std(axis = 1)
low_CI_80 = saleforecast.forecast(12) - 1.28 * simulations.std(axis = 1)
high_CI_80 = saleforecast.forecast(12) + 1.28 * simulations.std(axis = 1)

#plt.fill_between(['2016-01','2022-01-01'],low_CI_95,high_CI_95,alpha = 0.3,color = 'grey')
#plt.fill_between(['2016-01','2022-01-01'],low_CI_80,high_CI_80,alpha = 0.3,color = 'blue')
#plt.xlim('2016-01-01','2022-01-01')
```

```
simulations.plot(ax=ax, style="-", alpha=0.05, color="grey", legend=False)
plt.show()
```

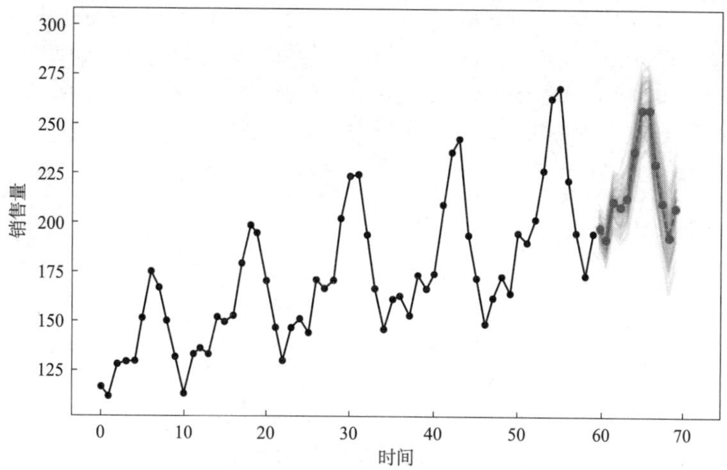

图 11-9　饮料销售量的 Winters 指数平滑预测

11.3　趋势外推预测

趋势外推预测是将观测值与时间的关系用模型表达出来，同时假定这种关系在未来的一段时间里可以延续，这样，就可以利用这种关系模型进行外推预测。当序列存在明显的线性趋势时，可使用线性趋势模型进行预测。如果序列存在某种非线性变化形态，则可以使用非线性模型进行预测。

11.3.1　线性趋势预测

线性趋势（linear trend）是时间序列按一个固定的常数（不变的斜率）增长或下降。例如，观察图 11-2 的发电量序列图就会发现有明显的线性趋势。序列为线性趋势时，除了可以用 Holt 指数平滑模型进行预测外，还可使用一元线性回归模型进行预测。

用 $\hat{Y}_t$ 表示 Y_t 的预测值，t 表示时间变量，一元线性回归的预测方程可表示为：

$$\hat{Y}_t = b_0 + b_1 t \tag{11.8}$$

式中，b_1 为趋势线的斜率，表示时间 t 改变一个单位时观测值的平均改变值。趋势方程中的两个待定系数 b_0 和 b_1 可根据最小平方法求得。一元线性回归预测的误差可用估计标准误差（残差的标准差）来衡量。

【例 11-5】（数据：example11_1.csv）沿用例 11-1。用一元线性回归方程预测 2021 年的发电量，将实际值和预测值绘制成图形进行比较，同时将预测的残差与 Holt 模型预测的残差绘制成图形进行比较。

解：一元线性回归预测的代码和结果如代码框 11-6 所示。

代码框 11-6　发电量的一元线性回归预测

```
#拟合一元回归模型
import pandas as pd
import statsmodels.formula.api as smf
example11_1 = pd.read_csv('C:/pydata/chap11/example11_1.csv',encoding = 'gbk')
# example11_1['年份'] = pd.to_datetime(example11_1['年份'],format = '% Y')
fit = smf.ols("发电量 ~ 年份",data = example11_1).fit()
print(fit.summary())
```

```
OLS Regression Results
==============================================================================
Dep. Variable:                    发电量   R-squared:                       0.994
Model:                            OLS   Adj. R-squared:                  0.994
Method:                 Least Squares   F-statistic:                     3127.
Date:                Wed, 20 Oct 2021   Prob (F-statistic):           1.51e-22
Time:                        06:53:05   Log-Likelihood:                -184.47
No. Observations:                  21   AIC:                             372.9
Df Residuals:                      19   BIC:                             375.0
Df Model:                           1
Covariance Type:            nonrobust
==============================================================================
                 coef    std err          t      P>|t|      [0.025      0.975]
------------------------------------------------------------------------------
Intercept  -6.685e+06    1.2e+05    -55.557      0.000   -6.94e+06   -6.43e+06
年份        3347.3759     59.864     55.916      0.000    3222.078    3472.673
==============================================================================
Omnibus:                        1.261   Durbin-Watson:                   0.687
Prob(Omnibus):                  0.532   Jarque-Bera (JB):                0.913
Skew:                           0.492   Prob(JB):                        0.633
Kurtosis:                       2.725   Cond. No.                     6.67e+05
==============================================================================
Notes:
[1] Standard Errors assume that the covariance matrix of the errors is correctly specified.
[2] The condition number is large, 6.67e+05. This might indicate that there are
strong multicollinearity or other numerical problems.
```

```
#各年的预测值
predata = fit.predict(pd.DataFrame({"年份":range(2000,2022,1)}))
print(predata)
```

```
0     9653.852078
1    13001.228013
2    16348.603948
3    19695.979883
```

```
4      23043.355818
5      26390.731753
6      29738.107688
7      33085.483623
8      36432.859558
9      39780.235494
10     43127.611429
11     46474.987364
12     49822.363299
13     53169.739234
14     56517.115169
15     59864.491104
16     63211.867039
17     66559.242974
18     69906.618909
19     73253.994844
20     76601.370779
21     79948.746714
dtype: float64
```

```
#各年的残差
res = fit.resid
res
```

```
0       3902.147922
1       1806.791987
2        191.396052
3       -590.229883
4      -1010.255818
5      -1388.131753
6      -1080.847688
7       -269.953623
8      -1764.039558
9      -2633.725494
10     -1056.011429
11       655.202636
12        53.166701
13      1146.610766
14      1427.454831
15     -1718.761104
16     -1880.267039
17      -514.772974
18      1754.711091
```

```
19    1780.285156
20    1189.229221
dtype: float64
```

```
#各年观测值和预测值比较图(图 11-10)
plt.figure(figsize=(9,6))
l1,=plt.plot(example11_1['年份'],example11_1['发电量'],linestyle='-', marker='o')
l2,=plt.plot(pd.DataFrame({"年份":range(2000,2022,1)}),predata,
             linestyle='--', marker='^')
plt.vlines(2020,0,80000,linestyle='--',color='red')
plt.legend(handles=[l1,l2],labels=['观测值','预测值'],loc='best',prop={'size': 15})
plt.xlabel('时间',size=15)
plt.ylabel("发电量",size=15)
```

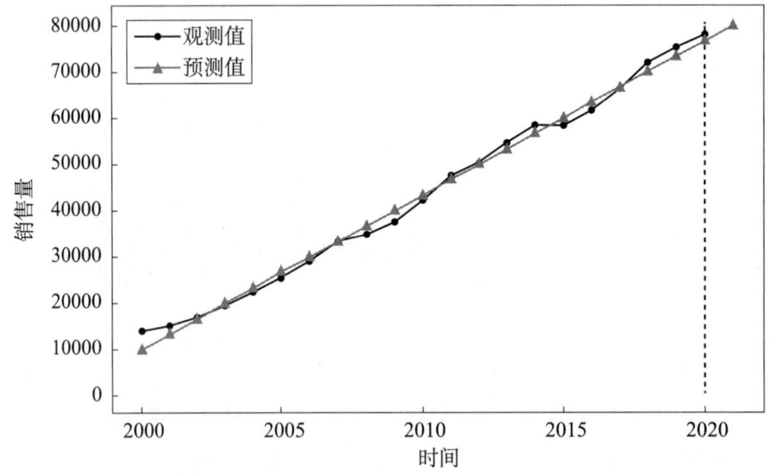

图 11-10　发电量的一元线性回归预测

```
#一元线性回归与 Holt 模型预测残差的比较(图 11-11)
res1=powerforecast.resid
res2=fit.resid
plt.figure(figsize=(8,6))
l1=plt.scatter(range(len(res1)),res1, marker='o')
l2=plt.scatter(range(len(res2)),res2, marker='^')
plt.hlines(0,0,20,linestyle='--',color='red')
plt.legend(handles=[l1,l2],labels=['Holt 模型预测残差','一元线性回归预测残差'],
           loc='best',prop={'size': 15})
plt.xlabel('时间',size=15)
plt.ylabel("残差",size=15)
```

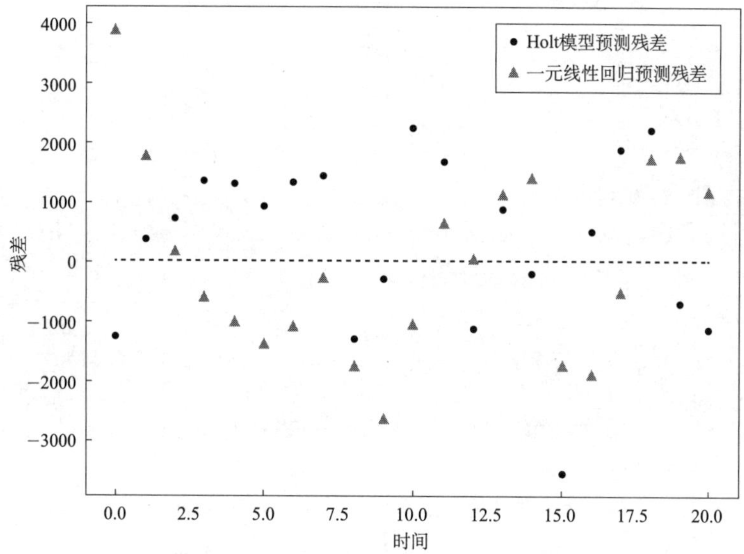

图 11-11　发电量一元线性回归预测和 Holt 指数平滑预测的残差图

由代码框 11-6 的输出结果得到一元线性回归预测方程为：$\hat{Y}_t = -6\ 685\ 000 + 3\ 347.38t$，决定系数$R^2 = 99.4\%$。$P = 1.51\mathrm{e}-22$，表示模型显著。$b_1 = 3\ 347.38$，表示时间每变动一年，发电量平均变动 3 347.38 亿千瓦时。图 11-10 显示出预测效果非常好。

图 11-11 显示，Holt 指数平滑预测的残差比一元线性回归预测的残差要小一些，分布也更随机，但两者预测的效果差不多。

11.3.2　非线性趋势预测

非线性趋势（non-linear trend）有各种各样复杂的形态。例如，图 11-2 中的居民消费水平和原煤产量就有不同的非线性形态。下面介绍几种常用的非线性趋势预测方法。

1. 指数曲线

指数曲线（exponential curve）用于描述以几何级数递增或递减的现象，即时间序列的观测值Y_t按指数规律变化，或者说时间序列的逐期观测值按一定的增长率增长或衰减。图 11-2 中的居民消费水平走势就呈现出某种指数变化趋势（读者可以用一元线性回归模型和指数模型分别预测，比较二者的预测效果）。指数曲线的方程为：

$$\hat{Y}_t = b_0 \exp(b_1 t) = b_0 \mathrm{e}^{b_1 t} \tag{11.9}$$

式中，b_0，b_1为待定系数；exp 为自然对数 ln 的反函数；e = 2.718 281 828 459。

【例 11-6】（数据：example11_1.csv）沿用例 11-1。用指数曲线预测 2021 年的居民消费水平，并将实际值和预测值绘制成图形进行比较。

解：指数曲线预测的代码和结果如代码框 11-7 所示。

代码框 11-7 居民消费水平的指数曲线预测

```
#指数曲线拟合
import pandas as pd
import numpy as np
import statsmodels.formula.api as smf
example11_1 = pd.read_csv('C:/pydata/chap11/example11_1.csv',encoding = 'gbk')
# example11_1 ['年份'] = pd.to_datetime(example11_1 ['年份'],format = '% Y')
example11_1 ['年份 1'] = example11_1 ['年份'] - 1999
fit = smf.ols("np.log(居民消费水平) ~ 年份 1",data = example11_1).fit()
print(fit.summary())
```

```
                            OLS Regression Results
==============================================================================
Dep. Variable:        np.log(居民消费水平)   R-squared:                       0.993
Model:                             OLS   Adj. R-squared:                  0.993
Method:                  Least Squares   F-statistic:                     2836.
Date:                 Tue, 14 Sep 2021   Prob (F-statistic):           3.79e-22
Time:                         01:46:19   Log-Likelihood:                 31.226
No. Observations:                   21   AIC:                            -58.45
Df Residuals:                       19   BIC:                            -56.36
Df Model:                            1
Covariance Type:             nonrobust
==============================================================================
                 coef    std err          t      P>|t|      [0.025      0.975]
------------------------------------------------------------------------------
Intercept      8.0430      0.026    309.074      0.000       7.989       8.097
年份 1          0.1104      0.002     53.250      0.000       0.106       0.115
==============================================================================
Omnibus:                        2.129   Durbin-Watson:                   0.470
Prob(Omnibus):                  0.345   Jarque-Bera (JB):                1.220
Skew:                          -0.590   Prob(JB):                        0.543
Kurtosis:                       3.048   Cond. No.                         26.2
==============================================================================
Notes:
```

```
#历史数据及 2021 年居民消费水平的预测
predata = np.exp(fit.predict(pd.DataFrame({"年份 1":range(1,23)})))
predata
```

```
0       3474.927558
1       3880.376000
2       4333.131453
3       4838.713618
4       5403.286221
5       6033.732163
6       6737.737430
7       7523.884794
8       8401.758452
9       9382.060865
10     10476.743242
11     11699.151234
12     13064.187644
13     14588.494103
14     16290.653962
15     18191.418842
16     20313.961628
17     22684.158977
18     25330.906789
19     28286.472484
20     31586.888391
21     35272.391028
dtype: float64
```

```
#各年的预测残差
res = example11_1['居民消费水平'] - np.exp(fit.predict(example11_1['年份1']))
res
```

```
0        237.072442
1         87.624000
2        -63.131453
3       -283.713618
4       -332.286221
5       -345.732163
6       -418.737430
7        -69.884794
8        103.241548
9       -133.060865
10        98.256758
11       968.848766
12      1009.812356
13       997.505897
14       929.346038
```

```
15      665.581158
16      487.038372
17      284.841023
18      -85.906789
19     -782.472484
20    -4148.888391
dtype: float64
```

```
#实际值和预测值的比较图(图11-12)
plt.figure(figsize = (8,5.5))
l1, =plt.plot(example11_1['年份'],example11_1['居民消费水平'], linestyle ='-',
              marker ='o')
l2, =plt.plot(range(2000,2022),predata,linestyle = "--", marker = '^')
plt.vlines(2020,0,36000,linestyle ='--',color ='red')
plt.legend(handles = [l1,l2],labels = ['观测值','预测值'],loc ='best',prop = {'size': 15})
plt.xlabel('时间',size =15)
plt.ylabel("居民消费水平",size =15)
```

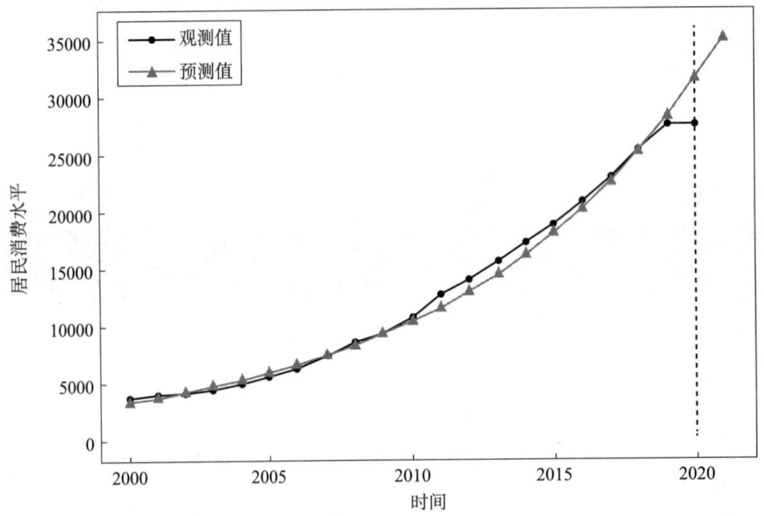

图 11-12 居民消费水平的指数曲线预测

```
#残差图(图11-13)
plt.figure(figsize = (8,5.5))
l1 =plt.plot(range(len(res)),res, linestyle ='--',marker ='o')
plt.hlines(0,0,20,linestyle ='--',color ='red')
plt.xlabel('时间',size =15)
plt.ylabel("残差",size =15)
```

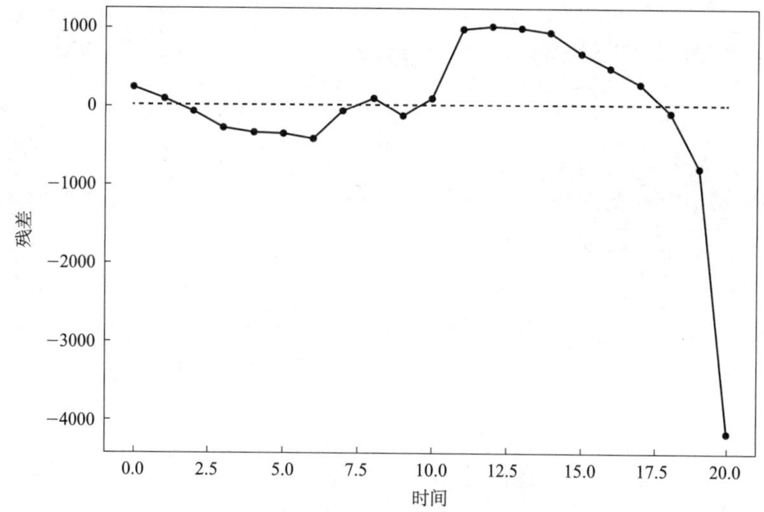

图 11－13　居民消费水平指数曲线预测的残差

2. 多阶曲线

有些现象的变化形态比较复杂，它们不是按照某种固定的形态变化，而是有升有降，在变化过程中可能有几个拐点，这时就需要拟合多项式函数。当只有一个拐点时，可以拟合二阶曲线，即抛物线；当有两个拐点时，需要拟合三阶曲线；当有 $k-1$ 个拐点时，需要拟合 k 阶曲线。k 阶曲线函数的一般形式为：

$$\hat{Y}_t = b_0 + b_1 t + b_2 t^2 + \cdots + b_k t^k \tag{11.10}$$

将其线性化后可根据回归中的最小二乘法求得曲线中的系数 b_0，b_1，b_2，…，b_k。

【例 11－7】（数据：example11_1.csv）沿用例 11－1。分别拟合二阶曲线和三阶曲线预测 2021 年的原煤产量，并将实际值和预测值绘制成图形进行比较，同时将二阶曲线的预测残差与三阶曲线的预测残差绘制成图形进行比较。

解：从图 11－2 中可以看出，原煤产量的变化可以拟合二阶曲线（抛物线，视为有一个拐点），也可以考虑拟合三阶曲线（视为有两个拐点）或四阶曲线（视为有三个拐点），等等。这里分别拟合二阶曲线和三阶曲线进行预测（读者也可以采用其他阶数的曲线进行预测），并对预测效果进行比较。二阶曲线和三阶曲线预测的代码和结果如代码框 11－8 所示。

代码框 11－8　原煤产量二阶曲线和三阶曲线预测

```
#拟合二阶曲线模型
import pandas as pd
import numpy as np
import matplotlib.pyplot as plt
import seaborn as sns
import statsmodels.formula.api as smf
```

```
example11_1 = pd.read_csv('C:/pydata/chap11/example11_1.csv',encoding = 'gbk')
# example11_1['年份'] = pd.to_datetime(example11_1['年份'],format = '% Y')
example11_1['年份1'] = example11_1['年份'] - 1999
#线性回归模型
fit1 = smf.ols("原煤产量 ~ 年份1 + np.square(年份1)",data = example11_1).fit()
print(fit1.summary())
```

```
OLS Regression Results
==============================================================================
Dep. Variable:                原煤产量   R-squared:                       0.949
Model:                            OLS   Adj. R-squared:                  0.943
Method:                 Least Squares   F-statistic:                     167.4
Date:                Tue, 14 Sep 2021   Prob (F-statistic):           2.35e-12
Time:                        01:52:47   Log-Likelihood:                -44.208
No. Observations:                  21   AIC:                             94.42
Df Residuals:                      18   BIC:                             97.55
Df Model:                           2
Covariance Type:            nonrobust
==============================================================================
                      coef    std err          t      P>|t|      [0.025      0.975]
------------------------------------------------------------------------------
Intercept           7.6878      1.550      4.961      0.000       4.432      10.943
年份1               3.3729      0.324     10.396      0.000       2.691       4.055
np.square(年份1)   -0.0932      0.014     -6.509      0.000      -0.123      -0.063
==============================================================================
Omnibus:                        0.339   Durbin-Watson:                   0.555
Prob(Omnibus):                  0.844   Jarque-Bera (JB):                0.495
Skew:                           0.194   Prob(JB):                        0.781
Kurtosis:                       2.356   Cond. No.                         705.
==============================================================================

Notes:
[1] Standard Errors assume that the covariance matrix of the errors is correctly specified.
```

```
#二阶曲线预测值(predata1)
predata1 = fit1.predict(pd.DataFrame({"年份1":range(1,23)}))
predata1
```

```
0      10.967442
1      14.060664
2      16.967425
3      19.687725
4      22.221565
5      24.568944
```

```
6      26.729861
7      28.704318
8      30.492315
9      32.093850
10     33.508924
11     34.737538
12     35.779691
13     36.635383
14     37.304615
15     37.787385
16     38.083695
17     38.193544
18     38.116932
19     37.853859
20     37.404325
21     36.768331
dtype: float64
```

```
#二阶曲线预测值的残差(residual1)
res1 = fit1.resid
res1
```

```
0      2.872558
1      0.659336
2     -1.467425
3     -1.337725
4     -0.991565
5     -0.918944
6     -1.029861
7     -1.104318
8     -1.462315
9     -0.943850
10     0.771076
11     2.902462
12     3.670309
13     3.104617
14     1.435385
15    -0.317385
16    -3.973695
17    -2.953544
18    -1.136932
19     0.606141
20     1.615675
dtype: float64
```

```
#拟合三阶曲线预测模型
fit2 = smf.ols("原煤产量 ~ 年份1 + np.square(年份1) + np.power(年份1,3)",data = example11_1).fit()
print(fit2.summary())
```

```
OLS Regression Results
==============================================================================
Dep. Variable:              原煤产量      R-squared:                   0.953
Model:                           OLS      Adj. R-squared:              0.944
Method:                Least Squares      F-statistic:                 114.0
Date:               Tue, 14 Sep 2021      Prob (F-statistic):       1.84e-11
Time:                       01:54:47      Log-Likelihood:            -43.418
No. Observations:                 21      AIC:                         94.84
Df Residuals:                     17      BIC:                         99.01
Df Model:                          3
Covariance Type:           nonrobust
==============================================================================
                       coef    std err         t     P>|t|     [0.025    0.975]
------------------------------------------------------------------------------
Intercept            9.5721      2.244     4.266     0.001      4.839    14.306
年份1                2.4506      0.863     2.841     0.011      0.630     4.271
np.square(年份1)     0.0092      0.090     0.102     0.920     -0.181     0.199
np.power(年份1, 3)  -0.0031      0.003    -1.152     0.265     -0.009     0.003
==============================================================================
Omnibus:                   0.633      Durbin-Watson:               0.594
Prob(Omnibus):             0.729      Jarque-Bera (JB):            0.239
Skew:                     -0.260      Prob(JB):                    0.887
Kurtosis:                  2.950      Cond. No.                 1.95e+04
==============================================================================

Notes:
[1] Standard Errors assume that the covariance matrix of the errors is correctly specified.
[2] The condition number is large, 1.95e+04. This might indicate that there are
strong multicollinearity or other numerical problems.
```

```
# #三阶曲线预测值(predata2)
predata2 = fit2.predict(pd.DataFrame({"年份1":range(1,23)}))
predata2
```

```
0    12.028760
1    14.485191
2    16.922738
3    19.322781
4    21.666701
5    23.935877
```

```
6       26.111690
7       28.175522
8       30.108751
9       31.892758
10      33.508924
11      34.938630
12      36.163255
13      37.164180
14      37.922785
15      38.420452
16      38.638559
17      38.558488
18      38.161619
19      37.429332
20      36.343008
21      34.884027
dtype: float64
```

```
#三阶曲线预测值的残差(residual2)
res2 = fit2.resid
res2
```

```
0        1.811240
1        0.234809
2       -1.422738
3       -0.972781
4       -0.436701
5       -0.285877
6       -0.411690
7       -0.575522
8       -1.078751
9       -0.742758
10       0.771076
11       2.701370
12       3.286745
13       2.575820
14       0.817215
15      -0.950452
16      -4.528559
17      -3.318488
18      -1.181619
19       1.030668
20       2.676992
dtype: float64
```

```
#实际值和预测值曲线(图 11-14)
plt.figure(figsize=(8,5.5))
l1,=plt.plot(example11_1['年份'],example11_1['原煤产量'],linestyle='-', marker='o')
l2,=plt.plot(pd.DataFrame({"年份":range(2000,2022,1)}),predata1,linestyle='--',
             marker='^')
l3,=plt.plot(pd.DataFrame({"年份":range(2000,2022,1)}),predata2,linestyle='--',
             marker='d')
plt.vlines(2020,0,45,linestyle='--',color='red')
plt.legend(handles=[l1,l2,l3],labels=['观测值','二阶曲线','三阶曲线'],loc='best',
           prop={'size': 15})
plt.xlabel('时间',size=15)
plt.ylabel("原煤产量",size=15)
```

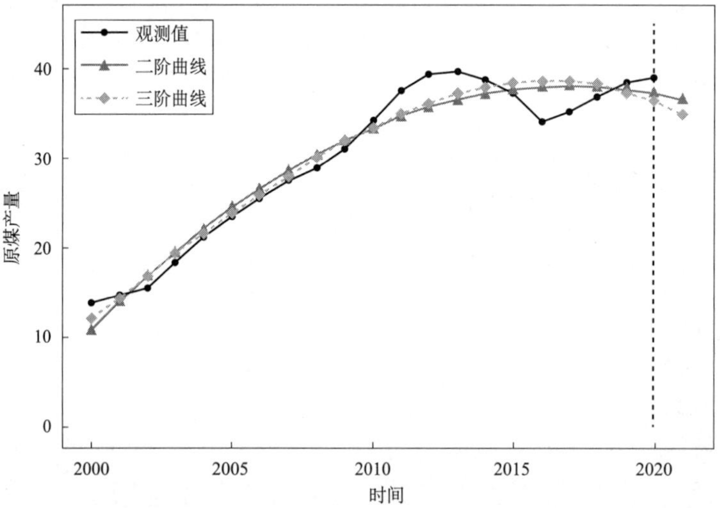

图 11-14　原煤产量的二阶曲线和三阶曲线预测

```
#二阶曲线和三阶曲线的预测残差比较(图 11-15)
res1=fit1.resid
res2=fit2.resid
plt.figure(figsize=(8,5.5))
l1=plt.scatter(range(len(res1)),res1, marker='o')
l2=plt.scatter(range(len(res2)),res2, marker='^')
plt.hlines(0,0,20,linestyle='--',color='red')
plt.legend(handles=[l1,l2],labels=['二阶曲线残差','三阶曲线残差'],loc='best',prop={'
size': 15})
plt.xlabel('时间',size=15)
plt.ylabel("残差",size=15)
```

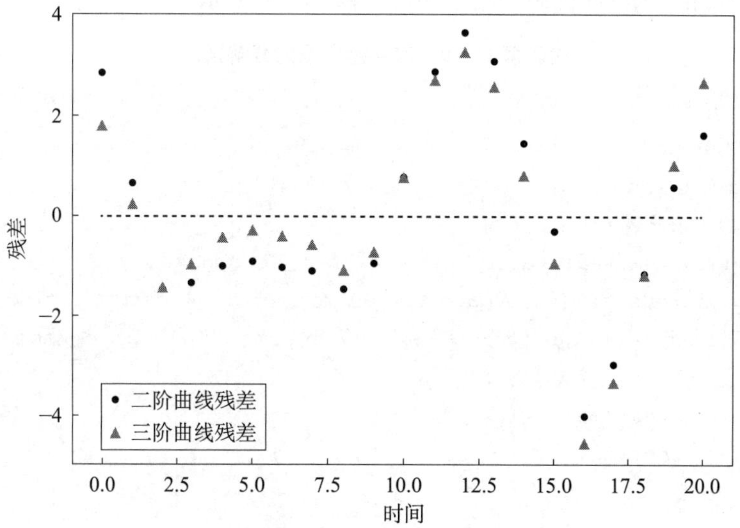

图 11－15　原煤产量的二阶曲线和三阶曲线预测的残差

图 11－15 显示，三阶曲线预测的残差与二阶曲线预测的残差大小接近，就本例而言，采用二阶曲线预测和三阶曲线预测均可。

11.4　分解预测

如果时间序列同时包含趋势、季节变动和随机波动等多种成分，除了可以使用 Winters 指数平滑模型预测外，还可以使用分解法进行预测。

分解预测是先将时间序列的各个成分依次分解出来再进行预测。该方法是适合对含有趋势、季节、循环等多种成分的序列进行预测的一种传统方法。该方法相对来说简单，结果易于解释，而且在很多情形下能得到很好的预测结果，因此至今仍被使用。

采用分解法进行预测时，需要先找出季节成分并将其从序列中分离出去，然后建立预测模型进行预测。分解法预测通常按下列步骤进行。

第 1 步：确定并分离季节成分。季节成分一般用**季节指数**（seasonal index）来表示。首先计算出季节指数，然后将季节成分从时间序列中分离出去，即用序列的每一个观测值除以相应的季节指数，以消除季节成分。

第 2 步：建立预测模型并进行预测。根据消除季节成分后的序列建立预测模型。当消除季节成分后的序列呈线性趋势时，可用一元线性回归模型预测；呈非线性趋势时，可选择适当的非线性模型进行预测。

第 3 步：计算最终预测值。将第 2 步得到的预测值乘以相应的季节指数，得到最终预测值。

下面通过一个例子说明分解预测的过程。

【例 11－8】（数据：example11_4. csv）沿用例 11－4。采用分解法预测 2021 年各季度的饮料销售量，并将实际值和预测值绘制成图形进行比较，同时将预测的残差与 Winters 指数平滑预测的残差绘制成图形进行比较。

解：分解预测的 Python 代码和结果如代码框 11－9 所示。

代码框 11－9　饮料销售量的分解预测

```
#序列分解及输出季节成分(季节指数)
import pandas as pd
import seaborn as sns
import matplotlib.pyplot as plt
from statsmodels.tsa.seasonal import seasonal_decompose
example11_4 = pd.read_csv('C:/pydata/chap11/example11_4.csv',encoding = 'gbk')
df = pd.melt(example11_4,id_vars = ['月份'],var_name = '年份',value_name = '销售量')
df['日期'] = df['年份'] + " - " + df['月份']
df['日期'] = pd.to_datetime(df['日期'].
map(lambda x : x.replace("年",'').replace("月",'')))
df.index = df['日期']
#时间序列分解
salecompose = seasonal_decompose(df['销售量'],model = 'multiplicative', period = 12)
salecompose.seasonal[0:12]
```

```
日期
2016-01-01    0.906134
2016-02-01    0.854699
2016-03-01    0.983637
2016-04-01    0.951471
2016-05-01    0.977391
2016-06-01    1.137169
2016-07-01    1.269072
2016-08-01    1.249877
2016-09-01    1.065096
2016-10-01    0.920941
2016-11-01    0.797575
2016-12-01    0.886937
Name: seasonal, dtype: float64
```

注：函数 seasonal_decompose (x,mode = 'additive','period = None)用于分解一个时间序列的季节、趋势和不规则成分。参数 model = "additive"指定分解使用加法模型，model = " multiplicative "指定分解使用乘法模型。更多信息查阅函数帮助。

```
#绘制成分分解图(图 11-16)
fig1 = salecompose.plot()
fig1.set_size_inches(8,12)
fig1.show()
```

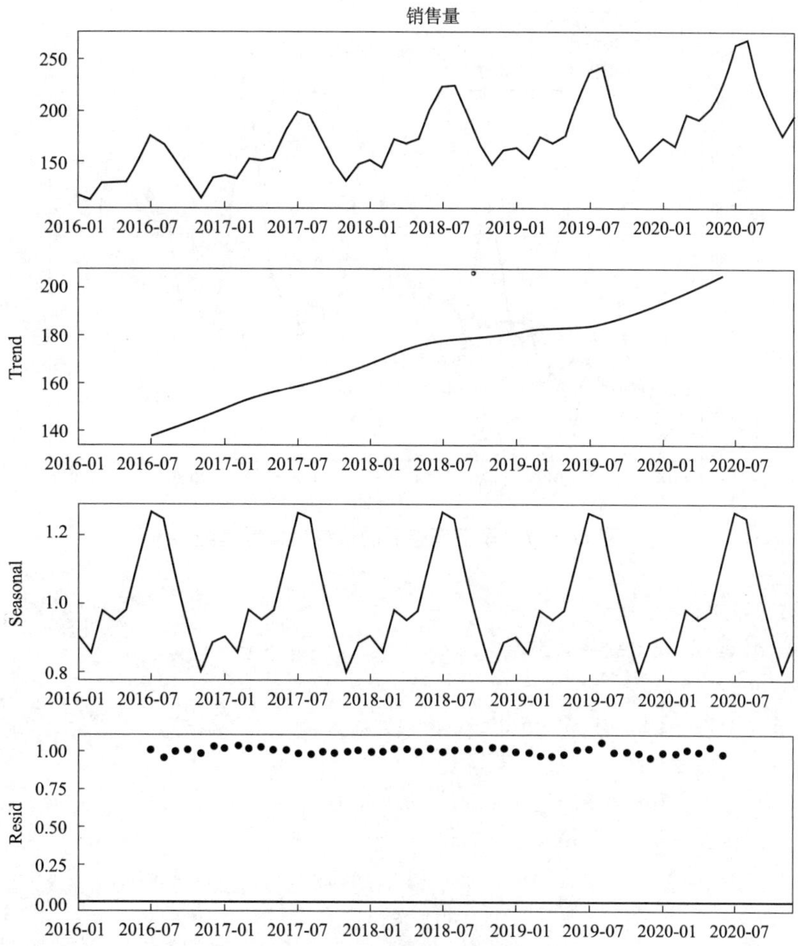

图 11-16　饮料销售量各成分的分解图

```
#季节调整后的序列图(图 11-17)
seasonaladjust = df['销售量'] /salecompose.seasonal
plt.figure(figsize = (8,5.5))
l1, =plt.plot(df['日期'],df['销售量'],linestyle ='-', marker ='o')
l2, =plt.plot(df['日期'],seasonaladjust,linestyle ='- -', marker ='^')
plt.legend(handles = [l1,l2],labels = ['销售量','销售量的季节调整'],loc ='best',prop = {'
size': 15})
plt.xlabel('时间')
plt.ylabel("销售量")
```

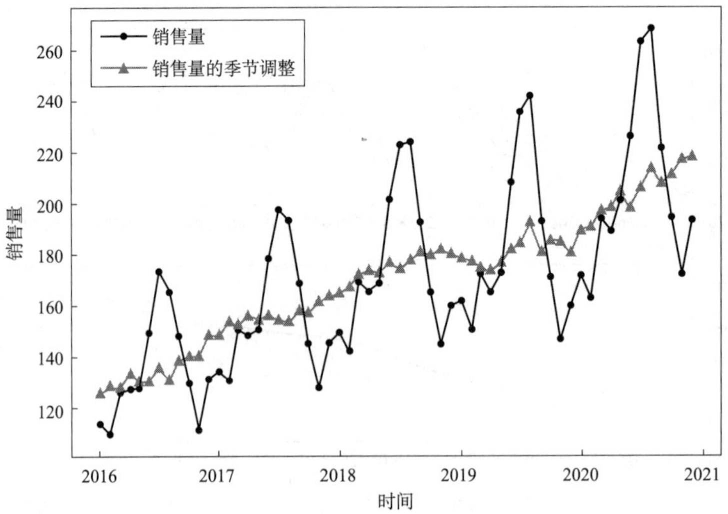

图 11－17　季节调整后的饮料销售量趋势

```
#拟合季节调整后序列的线性模型
import statsmodels.formula.api as smf
import numpy as np
df['销售量季节调整'] = seasonaladjust
df['x'] = range(1,len(df)+1)
fit = smf.ols("销售量季节调整 ~ x",data = df).fit()
predata = fit.predict(pd.DataFrame({'x':range(1,len(df)+1+12)})) *
                                    np.tile(salecompose.seasonal.iloc[0:12].
                                    values,6)
#计算残差
res1 = df['销售量'].values - predata.iloc[0:60]
res1

#绘制观测值和预测值图(图 11-18)
plt.figure(figsize = (8,5.5))
l1, = plt.plot(df['日期'],df['销售量'],linestyle ='-', marker ='o')
l2, = plt.plot(pd.date_range(start ='2016-1-1',periods =72,freq ='MS'),predata,
          linestyle ='--', marker ='^')
plt.legend(handles = [l1,l2],labels = ['销售量','销售量的分解预测'],loc ='best',
        prop = {'size': 15})
plt.vlines('2020-12-1',100,300,linestyle ='--',color ='red')
plt.xlabel('时间')
plt.ylabel("销售量")
```

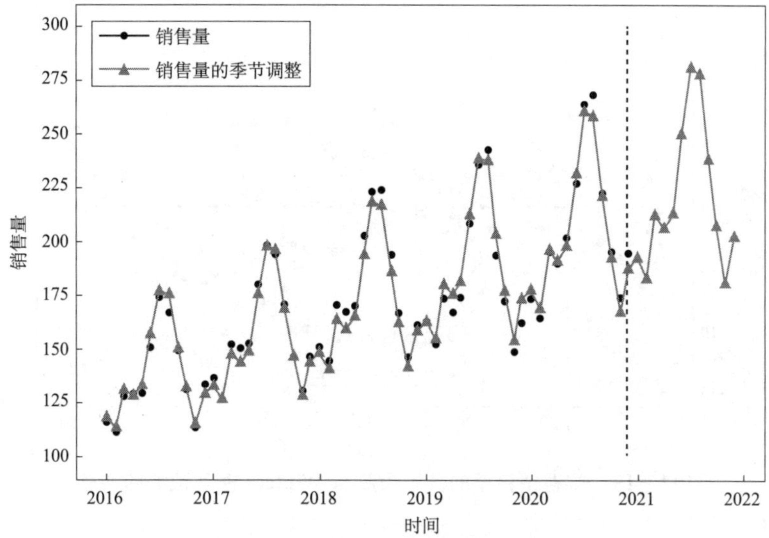

图 11－18　饮料销售量的分解预测

```
#分解预测与 Winters 模型预测残差的比较(图 11-19)
saleforecast = ExponentialSmoothing(df['销售量'],
                                    trend = "add",
                                    seasonal = "add",seasonal_periods = 12,
                                    initialization_method = "estimated",).fit()
#Winters 模型的残差
res2 = df['销售量'] - saleforecast.fittedvalues
plt.figure(figsize = (8,8),dpi = 80)
l1 =plt.scatter(range(len(res1)),res1, marker ='o')
l2 =plt.scatter(range(len(res2)),res2, marker ='^')
plt.hlines(0,0,60,linestyle ='--',color ='red')
plt.legend(handles = [l1,l2],labels = ['分解预测残差','Winters 模型残差'],loc ='best',
           prop = {'size': 15})
plt.xlabel('时间',size =15)
plt.ylabel("残差",size =15)
```

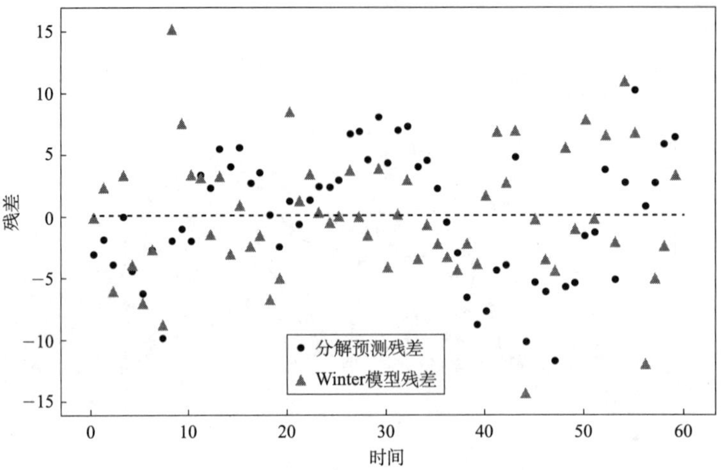

图 11-19 饮料销售量的分解预测与 Winters 模型预测的残差

11.5 时间序列平滑

利用短期移动平均对时间序列进行平滑，可以去除时间序列中的随机波动，有利于观察其变化趋势或形态。比如，股票价格指数中的 5 日移动平均、10 日移动平均等就属于此类。

移动平均（moving average）是选择固定长度的移动间隔，对时间序列逐期移动求得平均数作为平滑值。设移动间隔长度为 m（$1<m<t$），则 t 期的移动平均平滑值 T_t 为：

$$T_t=\frac{Y_{t-k}+Y_{t-k+1}+\cdots+Y_t+\cdots+Y_{t+k-1}+Y_{t+k}}{m} \tag{11.11}$$

式中，$k=(m-1)/2$。

移动平均值是相应观测值的代表值，因此需要中心化。当移动间隔长度 m 为奇数时（比如，$m=3$，$k=1$），第 1 个 3 期移动平均值是第 1 个、第 2 个、第 3 个值的平均，中心化后结果应该对应第 2 个观测值（T_2 对应于 Y_2）；第 2 个 3 期移动平均值是第 2 个、第 3 个、第 4 个值的平均，中心化后结果应该对应第 3 个观测值（T_3 对应于 Y_3），以此类推。

当 m 为偶数时（比如，$m=4$，$k=1.5$，向上取整 $k=2$，向下取整 $k=1$），中心化移动平均值是两个 4 期移动平均值的再平均。比如，第 1 个 4 期移动平均值是第 1 个、第 2 个、第 3 个、第 4 个值的平均值和第 2 个、第 3 个、第 4 个、第 5 个值的平均值的平均，中心化后结果应该对应第 3 个观测值（T_3 对应于 Y_3），第 2 个 4 期移动平均值是第 2 个、第 3 个、第 4 个、第 5 个值的平均值和第 3 个、第 4 个、第 5 个、第 6 个值的平均值的平均，中心化后结果应该对应第 4 个观测值（T_4 对应于 Y_4），以此类推。表 11-4 是一个虚拟时间序列移动平均的计算结果。

表 11-4　虚拟的移动平均中心化计算结果

时间	观测值	$m=3$ 中心化移动平均	$m=5$ 中心化移动平均	$m=4$ 非中心化移动平均	$m=4$ 中心化值移动平均
1	10	N/A	N/A	N/A	N/A
2	20	20	N/A	N/A	N/A
3	30	30	30	N/A	30
4	40	40	40	25	40
5	50	50	50	35	50
6	60	60	60	45	60
7	70	70	70	55	70
8	80	80	80	65	80
9	90	90	N/A	75	N/A
10	100	N/A	N/A	85	N/A

【例 11-9】（数据：example11_1. csv）沿用例 11-1。分别采用 $m=3$ 和 $m=5$ 对 CPI 数据进行移动平均平滑，并将实际值和平滑值绘制成图形进行比较。

解：使用 Python 的 pandas 包中的 rolling 函数、numpy 包中的 concolve 函数等均可做移动平均。使用 rolling 函数移动平均的代码和结果如代码框 11-10 所示。

代码框 11-10　CPI 数据的移动平均（$m=3$ 和 $m=5$）

```
example11_1 = pd.read_csv('C:/pydata/chap11/example11_1.csv',encoding = 'gbk')
example11_1['年份'] = pd.to_datetime(example11_1['年份'],format = '% Y')
example11_1['CPI_m3'] = example11_1['CPI'].rolling(window = 3,center = True).mean()
example11_1['CPI_m5'] = example11_1['CPI'].rolling(window = 5,center = True).mean()
print(example11_1[['年份','CPI','CPI_m3','CPI_m5']])
```

```
           年份     CPI      CPI_m3     CPI_m5
0   2000-01-01   100.4         NaN        NaN
1   2001-01-01   100.7  100.100000        NaN
2   2002-01-01    99.2  100.366667     101.08
3   2003-01-01   101.2  101.433333     101.36
4   2004-01-01   103.9  102.300000     101.52
5   2005-01-01   101.8  102.400000     102.64
6   2006-01-01   101.5  102.700000     103.58
7   2007-01-01   104.8  104.066667     102.66
8   2008-01-01   105.9  103.333333     102.96
9   2009-01-01    99.3  102.833333     103.74
10  2010-01-01   103.3  102.666667     103.30
11  2011-01-01   105.4  103.766667     102.64
12  2012-01-01   102.6  103.533333     103.18
13  2013-01-01   102.6  102.400000     102.80
14  2014-01-01   102.0  102.000000     102.12
```

```
15      2015-01-01    101.4    101.800000    101.92
16      2016-01-01    102.0    101.666667    101.82
17      2017-01-01    101.6    101.900000    102.00
18      2018-01-01    102.1    102.200000    102.22
19      2019-01-01    102.9    102.500000       NaN
20      2020-01-01    102.5           NaN       NaN
```

```
#绘制实际值和平滑值的比较图形(图 11-20)
plt.figure(figsize=(8,5.5))
l1,=plt.plot(example11_1['年份'],example11_1['CPI'],linestyle='-', marker='o',
             color='black')
l2,=plt.plot(example11_1['年份'],example11_1['CPI_m3'],linestyle='--', marker='^',
             color='r')
l3,=plt.plot(example11_1['年份'],example11_1['CPI_m5'],linestyle='--', marker='^',
             color='b')
plt.legend(handles=[l1,l2,l3],labels=['CPI','3 期移动平均','5 期移动平均'],loc='best',
           prop={'size': 15})
plt.xlabel('时间',size=15)
plt.ylabel("CPI",size=15)
```

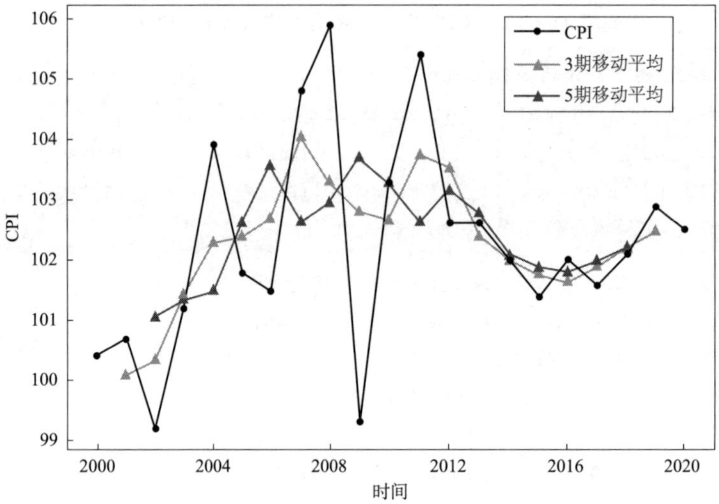

图 11-20　CPI 的实际值和平滑值的比较

注:函数 rolling 中的参数 window 为移动平均间隔长度;"center"表示是否放在中心位置."Nan"表示没有移动平均值的位置显示为 Nan.更多信息查阅函数帮助.

习　题

11.1　下面是某只股票连续 35 个交易日的收盘价格。

时间	收盘价格	时间	收盘格	时间	收盘价格
1	33.82	13	33.36	25	32.36
2	33.64	14	33.18	26	32.36
3	34.00	15	33.00	27	32.36
4	34.09	16	32.64	28	32.64
5	34.27	17	32.55	29	32.73
6	34.27	18	32.64	30	32.45
7	34.00	19	32.73	31	32.45
8	33.82	20	32.45	32	32.27
9	33.91	21	32.36	33	32.36
10	33.82	22	32.00	34	33.00
11	33.55	23	31.64	35	33.18
12	33.36	24	32.09		

（1）分别采用 $m=5$ 和 $m=10$ 对收盘价格进行平滑，并绘制出实际值与平滑值的图形进行比较。

（2）分别采用以下方法进行预测，并绘制预测图和残差图，对结果进行比较。

（a）简单指数平滑和 Holt 指数平滑；

（b）一元线性回归和指数曲线；

（c）二阶多项式和三阶多项式。

11.2　下表给出了 1991—1997 年各月份的二氧化碳浓度数据。

月份	1991 年	1992 年	1993 年	1994 年	1995 年	1996 年	1997 年
1 月	354.59	355.88	356.63	358.34	359.98	362.09	363.23
2 月	355.63	356.63	357.10	358.89	361.03	363.29	364.06
3 月	357.03	357.72	358.32	359.95	361.66	364.06	364.61
4 月	358.48	359.07	359.41	361.25	363.48	364.76	366.40
5 月	359.22	359.58	360.23	361.67	363.82	365.45	366.84
6 月	358.12	359.17	359.55	360.94	363.30	365.01	365.68
7 月	356.06	356.94	357.53	359.55	361.94	363.70	364.52
8 月	353.92	354.92	355.48	357.49	359.50	361.54	362.57
9 月	352.05	352.94	353.67	355.84	358.11	359.51	360.24
10 月	352.11	353.23	353.95	356.00	357.80	359.65	360.83
11 月	353.64	354.09	355.30	357.59	359.61	360.80	362.49
12 月	354.89	355.33	356.78	359.05	360.74	362.38	364.34

（1）绘制观测值图、按年折叠图和同月份图，观察该数据的变化特征和变化模式。

（2）分别使用 Winters 指数平滑法和分解法预测 1998 年和 1999 年各月份的二氧化碳浓度，并画出预测图和预测的残差图，分析预测的效果。

参考书目

[1] 贾俊平 . 统计学：Python 实现 . 北京：高等教育出版社，2021.

[2] 吴喜之 . Python：统计人的视角 . 北京：中国人民大学出版社，2018.

[3] 吴喜之，张敏 . Python：数据科学的手段 . 北京：中国人民大学出版社，2021.

[4] Wes McKinney. 利用 Python 进行数据分析：原书第 2 版. 徐敬一，译 . 北京：机械工业出版社，2018.

[5] 高春艳，刘志铭 . Python 数据分析：从入门到实践 . 长春：吉林大学出版社，2020.

[6] 江雪松，邹静 . Python 数据分析 . 北京：清华大学出版社，2020.

[7] 马里奥 · 多布勒，蒂姆 · 高博曼 . Python 数据可视化 . 李瀛宇，译 . 北京：清华大学出版社，2020.

[8] 丹尼尔 · 陈 . Python 数据分析：活用 Pandas 库 . 武传海，译 . 北京：人民邮电出版社，2020.

[9] 贾俊平 . 数据可视化分析：基于 R 语言 . 2 版 . 北京：中国人民大学出版社，2021.

[10] 贾俊平 . 统计学：基于 R. 4 版 . 北京：中国人民大学出版社，2021.

图书在版编目（CIP）数据

数据分析基础：基于 Python 的实现 / 贾俊平主编；吴翌琳，甄峰副主编．-- 北京：中国人民大学出版社，2022.7

（基于 Python 的数据分析丛书）

ISBN 978-7-300-30792-3

Ⅰ．①数… Ⅱ．①贾… ②吴… ③甄… Ⅲ．①软件工具 - 程序设计 Ⅳ．①TP311.561

中国版本图书馆 CIP 数据核字（2022）第 114344 号

基于 Python 的数据分析丛书

数据分析基础——基于 Python 的实现

主　编　贾俊平

副主编　吴翌琳　甄　峰

Shuju Fenxi Jichu——Jiyu Python de Shixian

出版发行	中国人民大学出版社		
社　　址	北京中关村大街 31 号	**邮政编码**	100080
电　　话	010 - 62511242（总编室）		010 - 62511770（质管部）
	010 - 82501766（邮购部）		010 - 62514148（门市部）
	010 - 62515195（发行公司）		010 - 62515275（盗版举报）
网　　址	http://www.crup.com.cn		
经　　销	新华书店		
印　　刷	北京宏伟双华印刷有限公司		
规　　格	185 mm × 260 mm　16 开本	**版　　次**	2022 年 7 月第 1 版
印　　张	20.5 插页 1	**印　　次**	2022 年 7 月第 1 次印刷
字　　数	491 000	**定　　价**	49.00 元

中国人民大学出版社　管理分社

教师教学服务说明

中国人民大学出版社管理分社以出版经典、高品质的工商管理、统计、市场营销、人力资源管理、运营管理、物流管理、旅游管理等领域的各层次教材为宗旨。

为了更好地为一线教师服务，近年来管理分社着力建设了一批数字化、立体化的网络教学资源。教师可以通过以下方式获得免费下载教学资源的权限：

- 在中国人民大学出版社网站 www.crup.com.cn 进行注册，注册后进入“会员中心”，在左侧点击“我的教师认证”，填写相关信息，提交后等待审核。我们将在一个工作日内为您开通相关资源的下载权限。

- 如您急需教学资源或需要其他帮助，请加入教师 QQ 群或在工作时间与我们联络。

中国人民大学出版社　管理分社

教师 QQ 群：64833426（仅限教师加入）

联系电话：010-82501048，62515782，62515735

电子邮箱：glcbfs@crup.com.cn

通讯地址：北京市海淀区中关村大街甲 59 号文化大厦 1501 室（100872）